SMALL ARMS OF WORLD WAR II

【図解】第二次大戦 各国小火器

■作画　上田 信
■解説　沼田和人

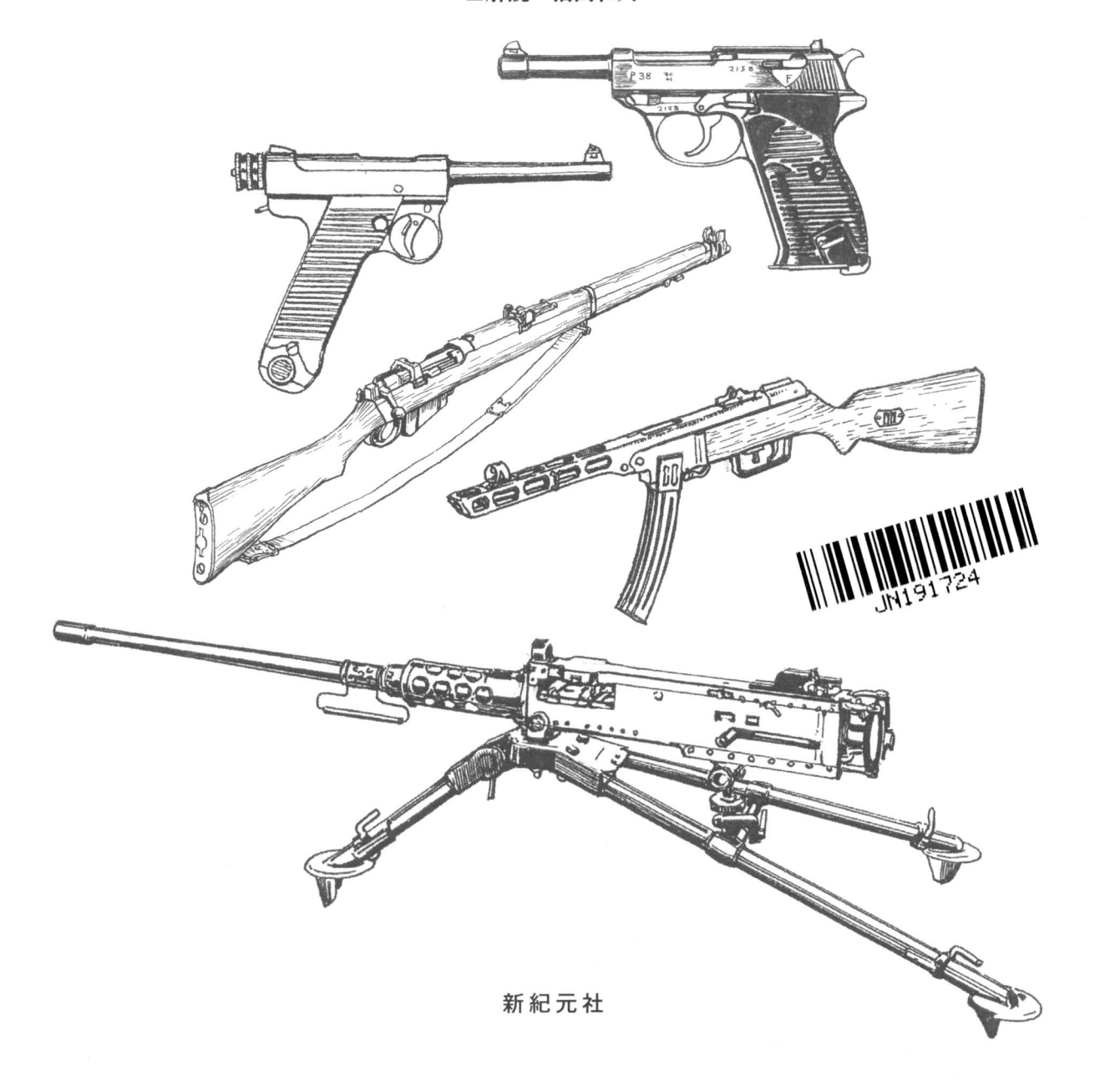

新紀元社

C O N T E N T S

アメリカ軍

第二次大戦中、世界に先駆けて
セミオートマチックライフル（半自動小銃）の全面的な
配備を実現させたアメリカ軍。これを可能にしたのは、
大量生産を行える工業力だけでなく、建国以来、
銃の開発・生産を行ってきた優れた
銃器メーカーの存在が大きかった。

ピストル

20世紀初頭、軍用ピストルはリボルバーからオートマチックへと変わりつつあった。アメリカ軍もその時流に乗り、新型のオートマチックピストルM1911を採用する。1926年に改良型のM1911A1が制式化され、第二次大戦ではM1911A1とそれを補充するために数種類のリボルバーが使用された。

M1911及びM1911A1

口径：45口径（11.43mm）
弾薬：.45ACP弾（11.43×23mm）
装弾数：ボックスマガジン7発
動作形式：セミオートマチック
全長：217mm
銃身長：126mm
重量：1.1kg

1906年1月、アメリカ陸軍はセミオートマチックピストルのトライアルを始めた。アメリカのコルト社を含む国内外7社がこのトライアルに参加し、1911年3月に採用されたのが、コルト社のモデルで、"U.S.オートマチックピストル・キャリバー .45モデル・オブ1911"の制式名称が与えられた。

《M1911》

〔M1911→M1911A1への改良箇所1〕
フロントサイトの幅が厚くなる。リアサイトの照準溝の幅も広がり、照準しやすくなった。

〔改良箇所2〕
コッキングを容易にするため、ハンマーに滑り止めの溝を追加し、ハンマースパーを延長。

《M1911A1》

〔改良箇所5〕
トリガーに指が届きやすくするため、トリガーを短くし、さらにグリップフレームの一部にもリリーフカットが設けられた。

〔改良箇所3〕
グリップセフティのスパーが延長された。

〔改良箇所4〕
メインスプリングハウジングをアーチ形に変更。

射撃時に親指と人差し指の間を負傷しないようにグリップセフティのスパーを延長した。

〔改良箇所6〕
グリップ全体にチェッカリングが施されている。

M1911を改良したM1911A1は、1926年5月17日に採用された。第二次大戦では、軍からの発注に対応するため、コルト社以外の銃器メーカーでも生産されている。

M1917リボルバー

第一次大戦時、M1911の不足を補うために製造が容易なリボルバーモデルで急遽、採用されたのがM1917である。S&W社とコルト社で生産され、第二次大戦では後方基地の警備などで使用された。

〔リムド弾〕
通常、リボルバーピストルに使用される弾薬は底部のリム（緑）が張り出しているタイプ。

《 S&W D.A. M1917 》

口径：45口径
動作形式：ダブル/シングルアクション
弾薬：45ACP弾
装弾数：6発
全長：270mm（S&W）、274mm（コルト）
銃身長：140mm
重量：1.0kg（S&W）/1.1kg（コルト）

〔リムレス弾〕
オートマチックピストルで使用されるリム部分のサイズが薬莢と同径のタイプ。

〔ハーフムーンクリップ〕
M1917リボルバーでは、M1911A1と同じ.45ACP弾を使用するため、リムレス弾でもシリンダーに装填可能とした"ハーフムーンクリップ"が考案された。1個のクリップに3発が付属し、クリップごとシリンダーに装填する。

《 コルト D.A. M1917 》

《 M1917用M2ホルスター 》

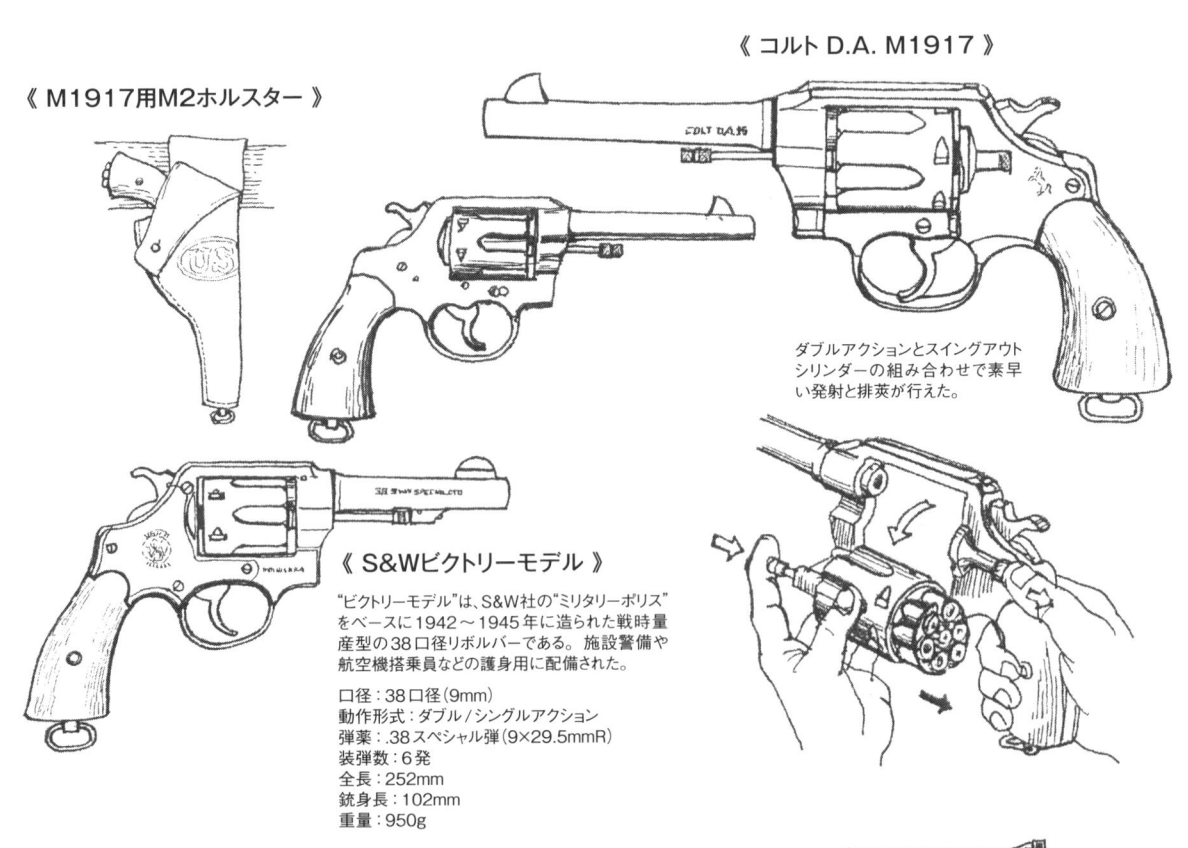

ダブルアクションとスイングアウトシリンダーの組み合わせで素早い発射と排莢が行えた。

《 S&Wビクトリーモデル 》

"ビクトリーモデル"は、S&W社の"ミリタリーポリス"をベースに1942～1945年に造られた戦時量産型の38口径リボルバーである。施設警備や航空機搭乗員などの護身用に配備された。

口径：38口径（9mm）
動作形式：ダブル/シングルアクション
弾薬：.38スペシャル弾（9×29.5mmR）
装弾数：6発
全長：252mm
銃身長：102mm
重量：950g

シグナルピストル

地上、海上、航空機の機上において使用。通常の信号や救難信号用に照明弾や信号弾を打ち上げるために使われた。

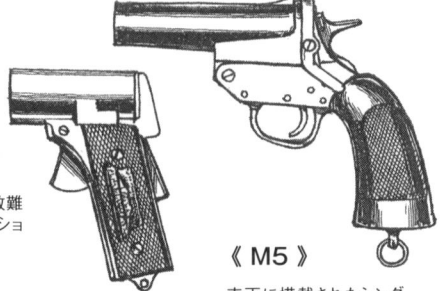

《 AN-M8 》

陸海軍の航空隊で使用された救難用。中折れ式ダブルアクションモデル。

口径：37mm
全長：213mm
重量：952g

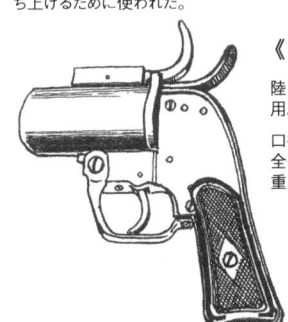

《 M2 》

陸軍航空隊の救難用シングルアクションモデル。

口径：37mm
全長：137mm
重量：1.4kg

《 M5 》

車両に搭載されたシングルアクションモデル。

口径：10ゲージ（19mm）
全長：190mm
重量：739g

ライフル

第二次大戦当初、アメリカ軍の主力ライフルはボルトアクションのM1903A1だったが、M1ライフルの量産体勢が整い、大量生産が始まったことにより、1943年までにはセミオートマチックのM1ライフルがアメリカ軍主力ライフルとなった。

M1ライフル（M1ガーランド）

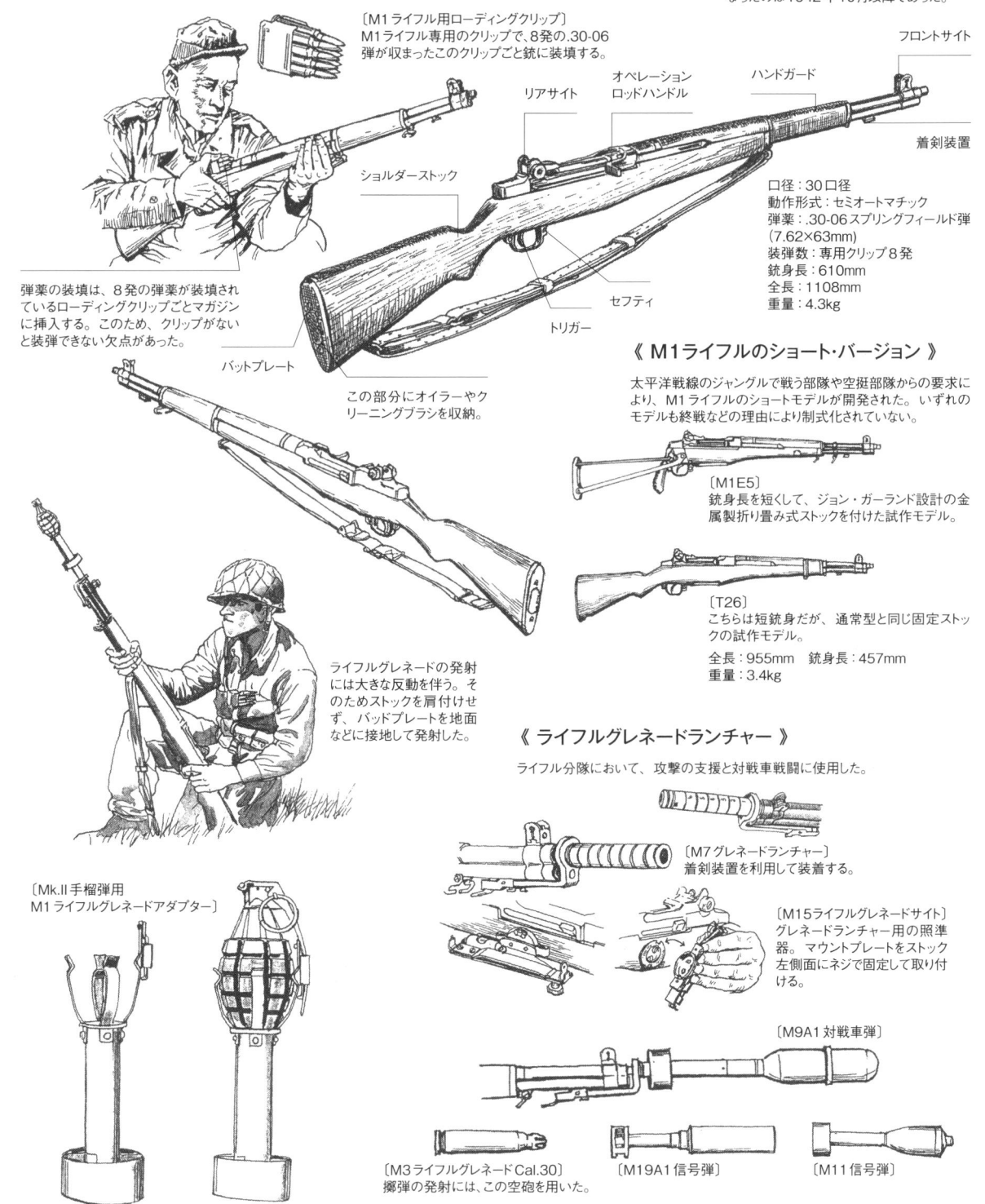

〔M1ライフル用ローディングクリップ〕
M1ライフル専用のクリップで、8発の.30-06弾が収まったこのクリップごと銃に装填する。

リアサイト

オペレーションロッドハンドル

ハンドガード

フロントサイト

着剣装置

ショルダーストック

口径：30口径
動作形式：セミオートマチック
弾薬：.30-06スプリングフィールド弾（7.62×63mm）
装弾数：専用クリップ8発
銃身長：610mm
全長：1108mm
重量：4.3kg

弾薬の装填は、8発の弾薬が装填されているローディングクリップごとマガジンに挿入する。このため、クリップがないと装弾できない欠点があった。

セフティ

トリガー

バットプレート

この部分にオイラーやクリーニングブラシを収納。

ライフルグレネードの発射には大きな反動を伴う。そのためストックを肩付けせず、バッドプレートを地面などに接地して発射した。

〔Mk.II手榴弾用
M1ライフルグレネードアダプター〕

《 M1 》

M1ライフルは、1936年に開発されたセミオートマチック（半自動）ライフルである。制式名称は "U.S.ライフル・キャリバー .30, M1" であるが、開発者の名前からM1ガーランドとも呼ばれる。1938年から配備されたが、主力ライフルとして実戦で使用されるようになったのは1942年10月以降であった。

《 M1ライフルのショート・バージョン 》

太平洋戦線のジャングルで戦う部隊や空挺部隊からの要求により、M1ライフルのショートモデルが開発された。いずれのモデルも終戦などの理由により制式化されていない。

〔M1E5〕
銃身長を短くして、ジョン・ガーランド設計の金属製折り畳み式ストックを付けた試作モデル。

〔T26〕
こちらは短銃身だが、通常型と同じ固定ストックの試作モデル。

全長：955mm　銃身長：457mm
重量：3.4kg

《 ライフルグレネードランチャー 》

ライフル分隊において、攻撃の支援と対戦車戦闘に使用した。

〔M7グレネードランチャー〕
着剣装置を利用して装着する。

〔M15ライフルグレネードサイト〕
グレネードランチャー用の照準器。マウントプレートをストック左側面にネジで固定して取り付ける。

〔M9A1 対戦車弾〕

〔M3ライフルグレネードCal.30〕
擲弾の発射には、この空砲を用いた。

〔M19A1 信号弾〕

〔M11信号弾〕

ボルトアクション式ライフル

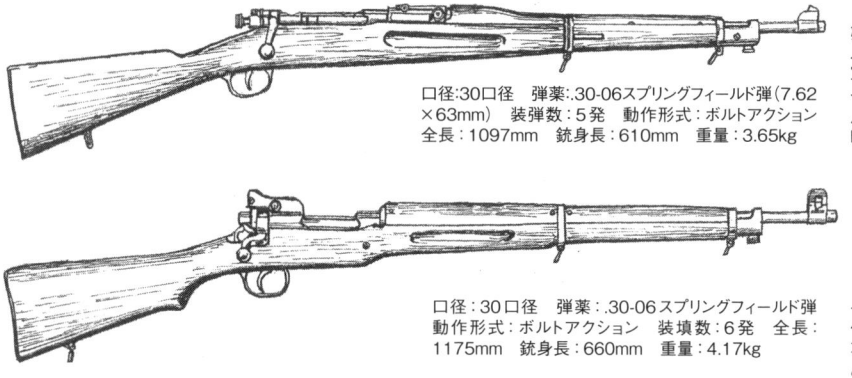

《 M1903A1 》

第一次大戦で活躍したボルトアクション式ライフル M1903の改良型。1942年以降、アメリカ軍の主力ライフルはセミオートマチック式のM1ライフルに移行するが、戦時の大量動員により不足するM1ライフルを補うため、一部の部隊ではM1903A1を依然使用した。

口径：30口径　弾薬：.30-06スプリングフィールド弾（7.62×63mm）　装弾数：5発　動作形式：ボルトアクション　全長：1097mm　銃身長：610mm　重量：3.65kg

《 M1917エンフィールド 》

イギリス軍のP14ライフルをアメリカで.03-06弾仕様に改造したライフル。第二次大戦時には、不足するM1ライフルの補充として非戦闘部隊などに配備された。

口径：30口径　弾薬：.30-06スプリングフィールド弾　動作形式：ボルトアクション　装填数：6発　全長：1175mm　銃身長：660mm　重量：4.17kg

スナイパーライフル

第二次大戦時のアメリカ軍は、M1903とM1をベースにしたスナイパーライフルを配備した。スコープは、終戦までに陸軍と海兵隊により複数のモデルが使用されている。

海兵隊の狙撃兵は、太平洋のジャングル戦で活躍した。

《 M1903ライフル　スナイパーモデル 》

〔M1903A5〕
海兵隊が使用したスナイパーライフル。倍率が5倍のウインチェスター A5スコープを装備している。

〔M1903A4〕
陸軍は、1943年にスナイパーライフルの整備を始め、M1903A3を改良したM1903A4を採用した。

《 M1917ライフル　スナイパーモデル 》

第一次大戦時に造られたM1917のスナイパーモデル。第二次大戦においても少数が使用された。

《 M1ライフル　スナイパーモデル 》

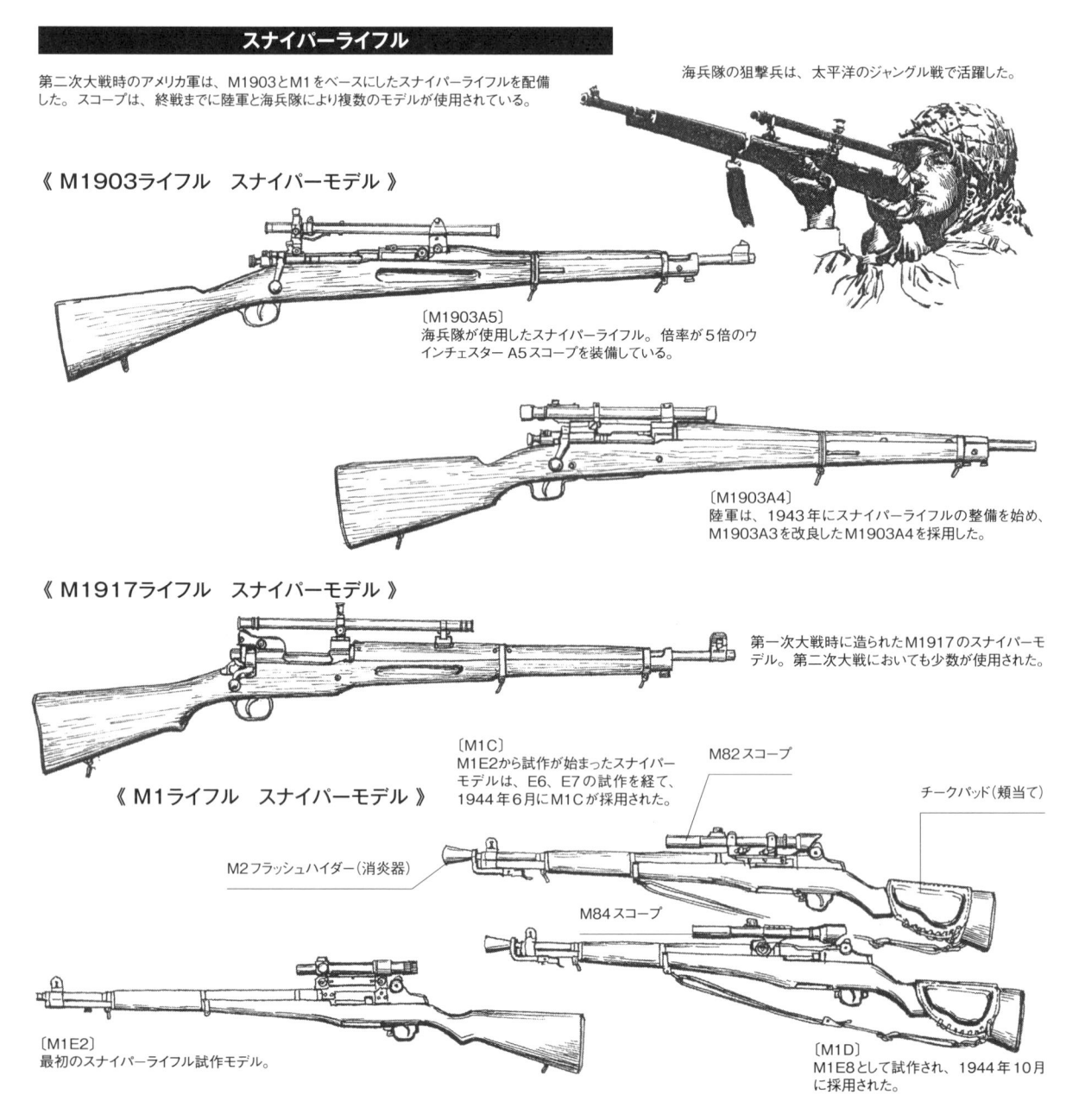

〔M1C〕
M1E2から試作が始まったスナイパーモデルは、E6、E7の試作を経て、1944年6月にM1Cが採用された。

M82スコープ

チークパッド（頬当て）

M2フラッシュハイダー（消炎器）

M84スコープ

〔M1E2〕
最初のスナイパーライフル試作モデル。

〔M1D〕
M1E8として試作され、1944年10月に採用された。

M1/M2/T3カービン

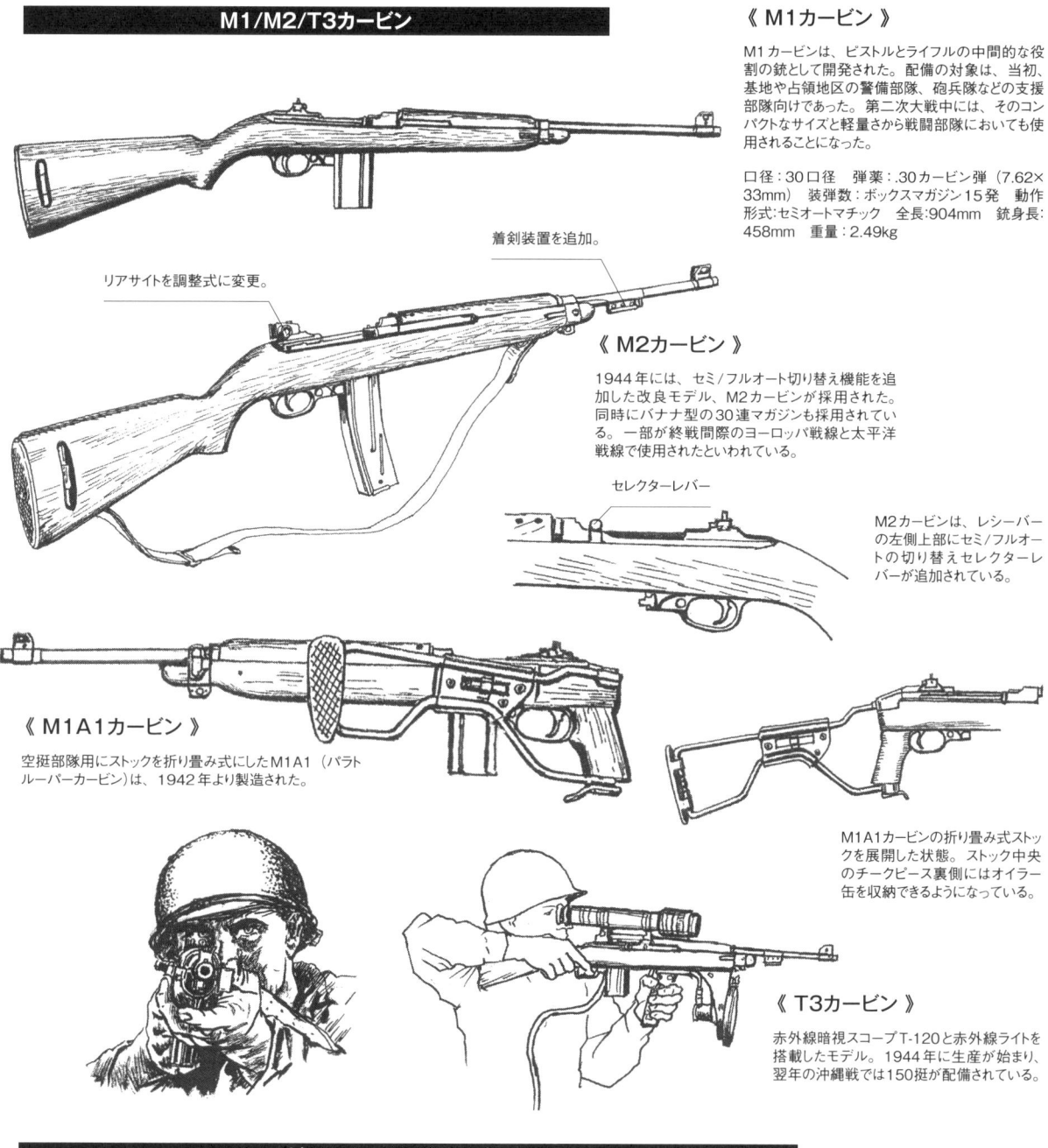

《 M1カービン 》

M1カービンは、ピストルとライフルの中間的な役割の銃として開発された。配備の対象は、当初、基地や占領地区の警備部隊、砲兵隊などの支援部隊向けであった。第二次大戦中には、そのコンパクトなサイズと軽量さから戦闘部隊においても使用されることになった。

口径：30口径　弾薬：.30カービン弾（7.62×33mm）　装弾数：ボックスマガジン15発　動作形式：セミオートマチック　全長：904mm　銃身長：458mm　重量：2.49kg

リアサイトを調整式に変更。

着剣装置を追加。

《 M2カービン 》

1944年には、セミ/フルオート切り替え機能を追加した改良モデル、M2カービンが採用された。同時にバナナ型の30連マガジンも採用されている。一部が終戦間際のヨーロッパ戦線と太平洋戦線で使用されたといわれている。

セレクターレバー

M2カービンは、レシーバーの左側上部にセミ/フルオートの切り替えセレクターレバーが追加されている。

《 M1A1カービン 》

空挺部隊用にストックを折り畳み式にしたM1A1（パラトルーパーカービン）は、1942年より製造された。

M1A1カービンの折り畳み式ストックを展開した状態。ストック中央のチークピース裏側にはオイラー缶を収納できるようになっている。

《 T3カービン 》

赤外線暗視スコープT-120と赤外線ライトを搭載したモデル。1944年に生産が始まり、翌年の沖縄戦では150挺が配備されている。

ジョンソンM1941ライフル

1939年にメルビィン・ジョンソンが開発したセミオートライフル。既にM1ライフルの採用が決定していたことや、M1ライフルに比べて構造的な問題もあり制式採用には至らなかった。太平洋戦争が始まると、オランダ軍向けに生産されていたこのライフルを海兵隊が購入し、空挺部隊に配備している。

口径：30口径
弾薬：7.62×63mm（.30-06スプリングフィールド弾）
装弾数：ロータリー型マガジン10発
動作形式：セミオートマチック
全長：1165mm
銃身長：560mm
重量：4.31kg

ロータリーマガジンは、ジョンソンM1941ライフルの特徴の一つ。装弾は右側面からローディングクリップを使って行う。

サブマシンガン

アメリカ陸軍では、サブマシンガンを補助兵器に位置付けていた。そのため当初、配備されたのはMP（憲兵隊）、車両搭乗員、偵察部隊などに限定されていた。しかし、第二次大戦では、市街地やジャングルにおける近接戦闘に適していたことから、歩兵部隊の将校や下士官、空挺部隊の将兵にも多用された。

M1928/M1928A1

《 M1928 》

トンプソン・サブマシンガンは1919年に開発され、最初に海兵隊がM1921を限定採用した。その後、海軍と海兵隊はM1928として制式採用する。

口径：45口径
弾薬：.45ACP弾
装填数：ボックスマガジン20発、30発、ドラムマガジン50発
動作形式：セミ／フルオートマチック切り替え
全長：857mm
銃身長：267mm
重量：4.87kg
発射速度：600～725発／分

《 M1928A1 》

海軍から遅れること10年、1938年にアメリカ陸軍はM1928をM1928A1として採用した。

《 軽量型M1928A1 》

軽量化と生産性向上のために試作された。レシーバーはアルミ合金、ストックやピストルグリップは合成樹脂製で造られている。しかし、レシーバーの強度不足を解決できず、採用に至らなかった。

銃口の跳ね上がりを制御するコンペンセイターが標準装備された。

〔M1928/M1928A1用50連ドラムマガジン〕
.45ACP弾を50発装填可能。アメリカ軍だけでなくイギリス軍でも使用された。

〔100連マガジン〕
軍用には採用されなかった。ドラムマガジンは重くかさばり、弾が前後に揺れて音を立てるなどの欠点があった。そのため、ボックスマガジンの使用が主流となっていく。

ドラムマガジン（イラストは50連）は、ゼンマイにより装填された弾を給弾する方式になっている。

陸軍は機械化した騎兵部隊の偵察隊にサブマシンガンを配備した。

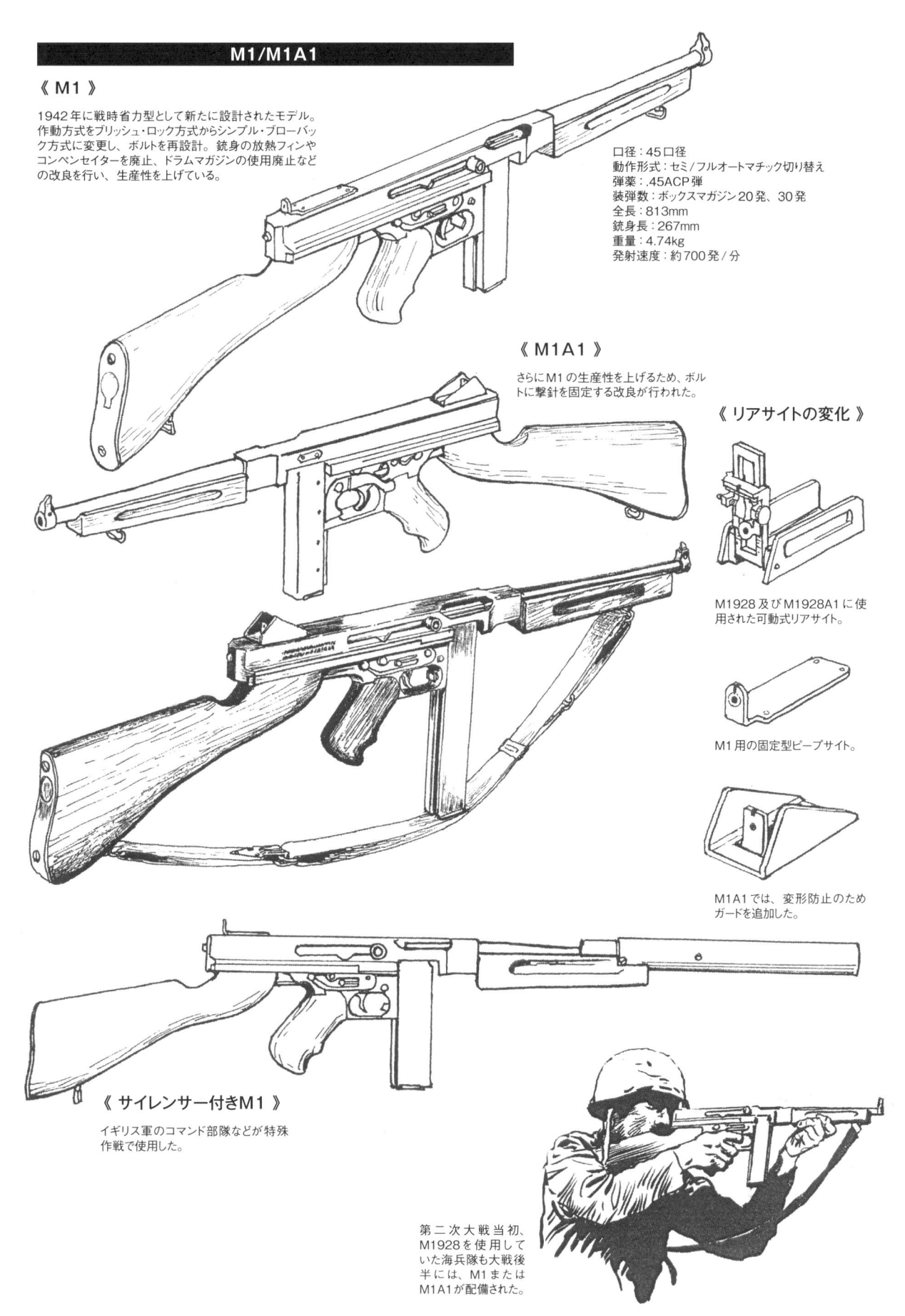

M1/M1A1

《 M1 》

1942年に戦時省力型として新たに設計されたモデル。作動方式をブリッシュ・ロック方式からシンプル・ブローバック方式に変更し、ボルトを再設計。銃身の放熱フィンやコンペンセイターを廃止、ドラムマガジンの使用廃止などの改良を行い、生産性を上げている。

口径：45口径
動作形式：セミ/フルオートマチック切り替え
弾薬：.45ACP弾
装弾数：ボックスマガジン20発、30発
全長：813mm
銃身長：267mm
重量：4.74kg
発射速度：約700発/分

《 M1A1 》

さらにM1の生産性を上げるため、ボルトに撃針を固定する改良が行われた。

《 リアサイトの変化 》

M1928及びM1928A1に使用された可動式リアサイト。

M1用の固定型ピープサイト。

M1A1では、変形防止のためガードを追加した。

《 サイレンサー付きM1 》

イギリス軍のコマンド部隊などが特殊作戦で使用した。

第二次大戦当初、M1928を使用していた海兵隊も大戦後半には、M1またはM1A1が配備された。

M3/M3A1グリスガン

《 M3 》

トンプソン・サブマシンガンの後継モデルとして1943年1月に制式採用された。生産性を徹底的に重視したことから、金属プレスと電気溶接を多用して造られている。そのシルエットがグリス充填機に似ていたことから"グリスガン"と呼ばれるようになった。

《 M3A1 》

M3の生産性をさらに高めるため改良されたバリエーションで、1944年12月に採用された。ボルトのコッキングレバーが廃止され、ストックはバレルの分解組み立てレンチ、マガジンへ弾薬を装填する際のローダー機能も有している。

口径：45口径 弾薬：.45ACP弾 装弾数：ボックスマガジン30発 動作形式：フルオートマチック 全長：745mm、570mm(ストック収縮時) 銃身長：203mm 重量：3700g 発射速度：400～450発/分

コッキングハンドルが廃止されたことでM3A1は、ボルトを指で直接コッキングする方式が採られた。銃口先端に付けるM9フラッシュハイダーもアクセサリーとして用意されていた。

その他のサブマシンガン

口径：45口径 弾薬：.45ACP弾 装弾数：ボックスマガジン12発、20発 動作形式：セミ/フルオートマチック切り替え 全長：959mm(M50)、794mm(M55) 銃身長：279mm 重量：3.1kg(M50)、2.8kg(M55)

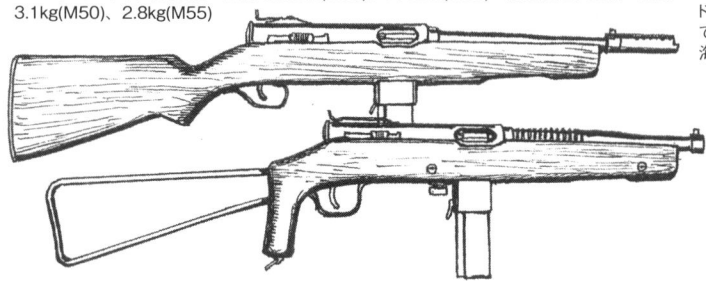

《 レイジングM50 》

ユージン・G.レイジングが開発/設計し、ハーリントン&リチャードソン社が製造販売したサブマシンガン。本来は警察向けであったが、不足するトンプソン・サブマシンガンに代わり海兵隊が採用した。

《 レイジングM55 》

マズルブレーキを廃止し、金属のワイヤーストックとピストルグリップに変更し、全長を短くしたショートモデル。主に空挺部隊と装甲車両搭乗員用が装備した。

《 UD(ユナイテッド・ディフェンス)M42 》

アメリカ軍の諜報機関OSS(戦略諜報局)の隊員や敵占領下で活動するレジスタンス用に造られたサブマシンガン。20連マガジン1本の他に、2本を上下逆さに溶接したマガジンも用意されていた。

《 M2サブマシンガン 》

トンプソン・サブマシンガンの後継モデルとして開発、1942年4月に採用されたサブマシンガン。しかし、同年12月、M3サブマシンガンの採用により、400挺で生産は打ち切られた。

口径：45口径 弾薬：.45ACP弾 装弾数：ボックスマガジン20発、30発 動作形式：フルオートマチック 全長：813mm 銃身長：305mm 重量：4.19kg 発射速度：570発/分

口径：9mm 弾薬：9×19mm(9mmパラベラム弾) 装弾数：ボックスマガジン20発 動作形式：セミ/フルオートマチック切り替え 全長：820mm 銃身長：279mm 重量：4.1kg 発射速度：700発/分

機関銃

アメリカ軍は、30口径と50口径モデルの機関銃を分隊や小隊の支援火器として使用している。また、これらの機関銃は車両などにも搭載された。

ブラウニング・オートマチックライフルM1918（BAR）

第一次大戦の末期、1918年に採用された分隊支援用のフルオートライフル。"ブラウニングオートマチックライフル"の名称の頭文字を取り、"BAR（バーまたはビーエーアール）"と呼ばれた。ライフルの名称が付くが、その用途から軽機関銃に分類される場合が多い。第二次大戦では、M1918の改良型A2が使用されている。

口径：30口径　弾薬：.30-06スプリングフィールド弾　装弾数：ボックスマガジン20発（着脱式マガジン）　動作形式：セミ/フルオートマチック切り替え　全長：1214mm　銃身長：610mm　重量：9.07kg　発射速度：300〜650発/分

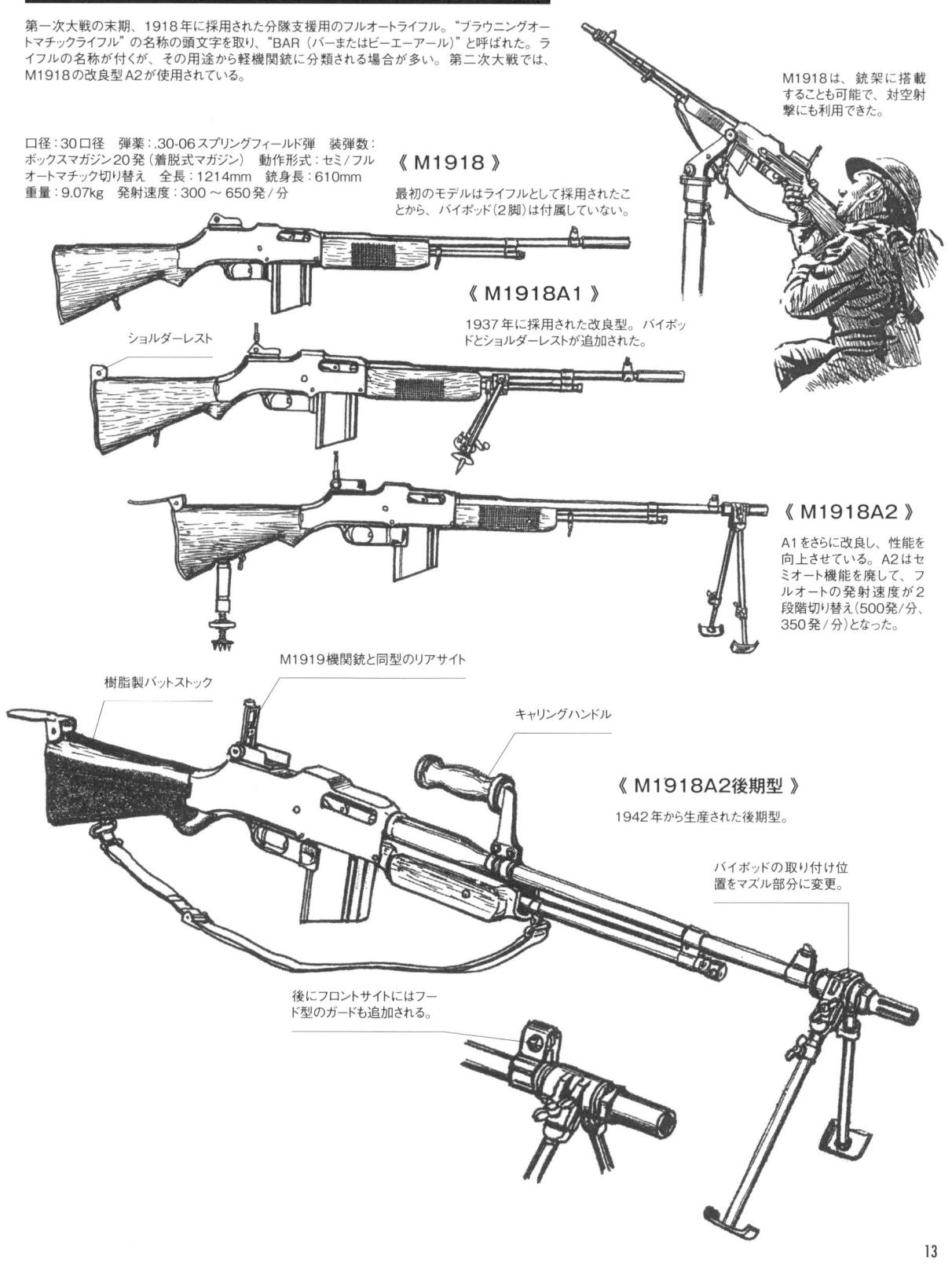

M1918は、銃架に搭載することも可能で、対空射撃にも利用できた。

《 M1918 》

最初のモデルはライフルとして採用されたことから、バイポッド（2脚）は付属していない。

《 M1918A1 》

1937年に採用された改良型。バイポッドとショルダーレストが追加された。

ショルダーレスト

《 M1918A2 》

A1をさらに改良し、性能を向上させている。A2はセミオート機能を廃して、フルオートの発射速度が2段階切り替え（500発/分、350発/分）となった。

樹脂製バットストック

M1919機関銃と同型のリアサイト

キャリングハンドル

《 M1918A2後期型 》

1942年から生産された後期型。

バイポッドの取り付け位置をマズル部分に変更。

後にフロントサイトにはフード型のガードも追加される。

《 M1918のアクセサリー 》

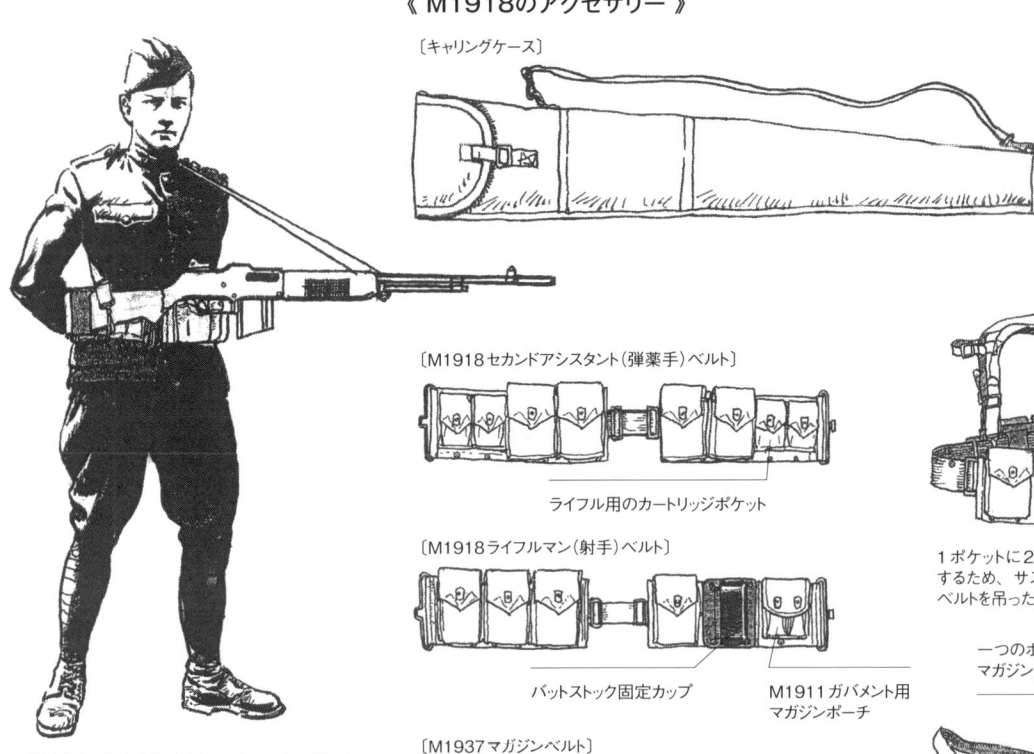

〔キャリングケース〕

〔M1918セカンドアシスタント（弾薬手）ベルト〕

ライフル用のカートリッジポケット

〔M1918ライフルマン（射手）ベルト〕

バットストック固定カップ

M1911ガバメント用
マガジンポーチ

〔M1937マガジンベルト〕

重量が7kg以上あるM1918は、スリングを肩
掛けし、マガジンベルトに付属するカップにバット
ストックを挿入して保持した。

1ポケットに2本のマガジンを収納
するため、サスペンダーを使用して
ベルトを吊った。

一つのポーチにスペア
マガジンが2個入る。

〔M1918バンダリア〕

ジョンソンM1941軽機関銃

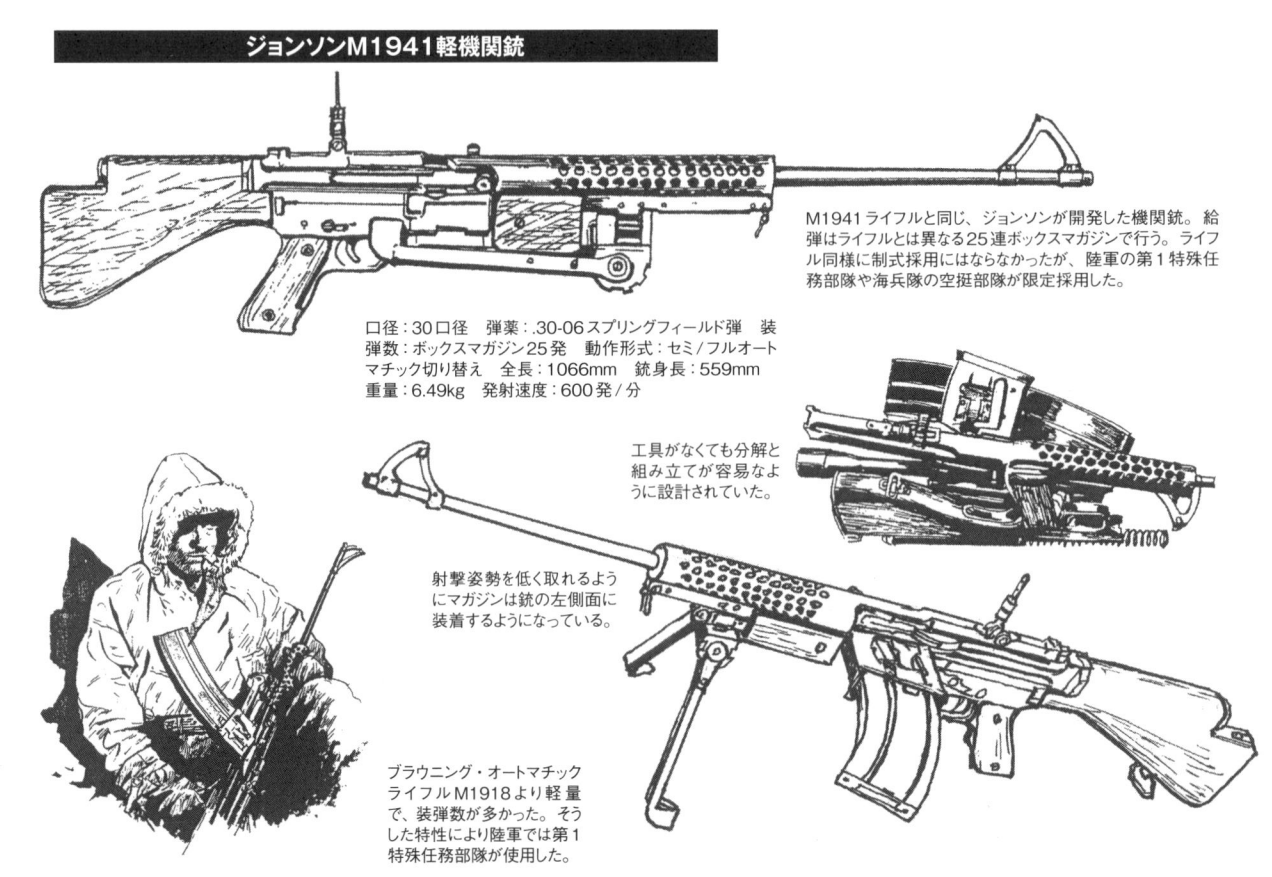

M1941ライフルと同じ、ジョンソンが開発した機関銃。給
弾はライフルとは異なる25連ボックスマガジンで行う。ライ
フル同様に制式採用にはならなかったが、陸軍の第1特殊任
務部隊や海兵隊の空挺部隊が限定採用した。

口径：30口径　弾薬：.30-06スプリングフィールド弾　装
弾数：ボックスマガジン25発　動作形式：セミ/フルオート
マチック切り替え　全長：1066mm　銃身長：559mm
重量：6.49kg　発射速度：600発/分

工具がなくても分解と
組み立てが容易なよ
うに設計されていた。

射撃姿勢を低く取れるよ
うにマガジンは銃の左側面に
装着するようになっている。

ブラウニング・オートマチック
ライフルM1918より軽量
で、装弾数が多かった。そう
した特性により陸軍では第1
特殊任務部隊が使用した。

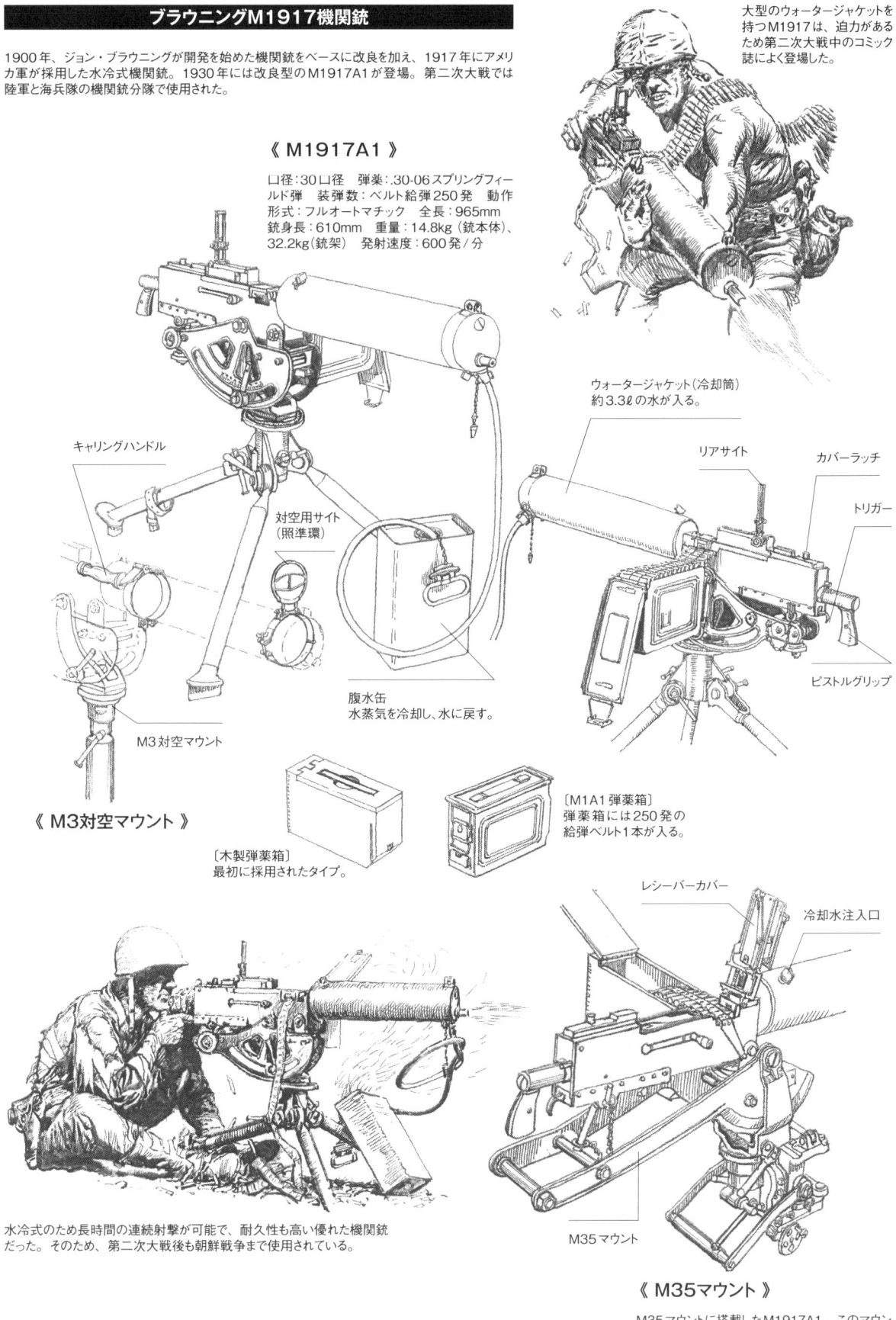

ブラウニングM1917機関銃

1900年、ジョン・ブラウニングが開発を始めた機関銃をベースに改良を加え、1917年にアメリカ軍が採用した水冷式機関銃。1930年には改良型のM1917A1が登場。第二次大戦では陸軍と海兵隊の機関銃分隊で使用された。

大型のウォータージャケットを持つM1917は、迫力があるため第二次大戦中のコミック誌によく登場した。

《 M1917A1 》

口径：30口径　弾薬：.30-06スプリングフィールド弾　装弾数：ベルト給弾250発　動作形式：フルオートマチック　全長：965mm　銃身長：610mm　重量：14.8kg（銃本体）、32.2kg（銃架）　発射速度：600発 / 分

キャリングハンドル

対空用サイト（照準環）

ウォータージャケット（冷却筒）約3.3ℓの水が入る。

リアサイト

カバーラッチ

トリガー

ピストルグリップ

M3対空マウント

腹水缶
水蒸気を冷却し、水に戻す。

《 M3対空マウント 》

〔木製弾薬箱〕
最初に採用されたタイプ。

〔M1A1 弾薬箱〕
弾薬箱には250発の給弾ベルト1本が入る。

水冷式のため長時間の連続射撃が可能で、耐久性も高い優れた機関銃だった。そのため、第二次大戦後も朝鮮戦争まで使用されている。

レシーバーカバー

冷却水注入口

M35マウント

《 M35マウント 》

M35マウントに搭載したM1917A1。このマウントは装甲車やトラックなどの車両に装備された。

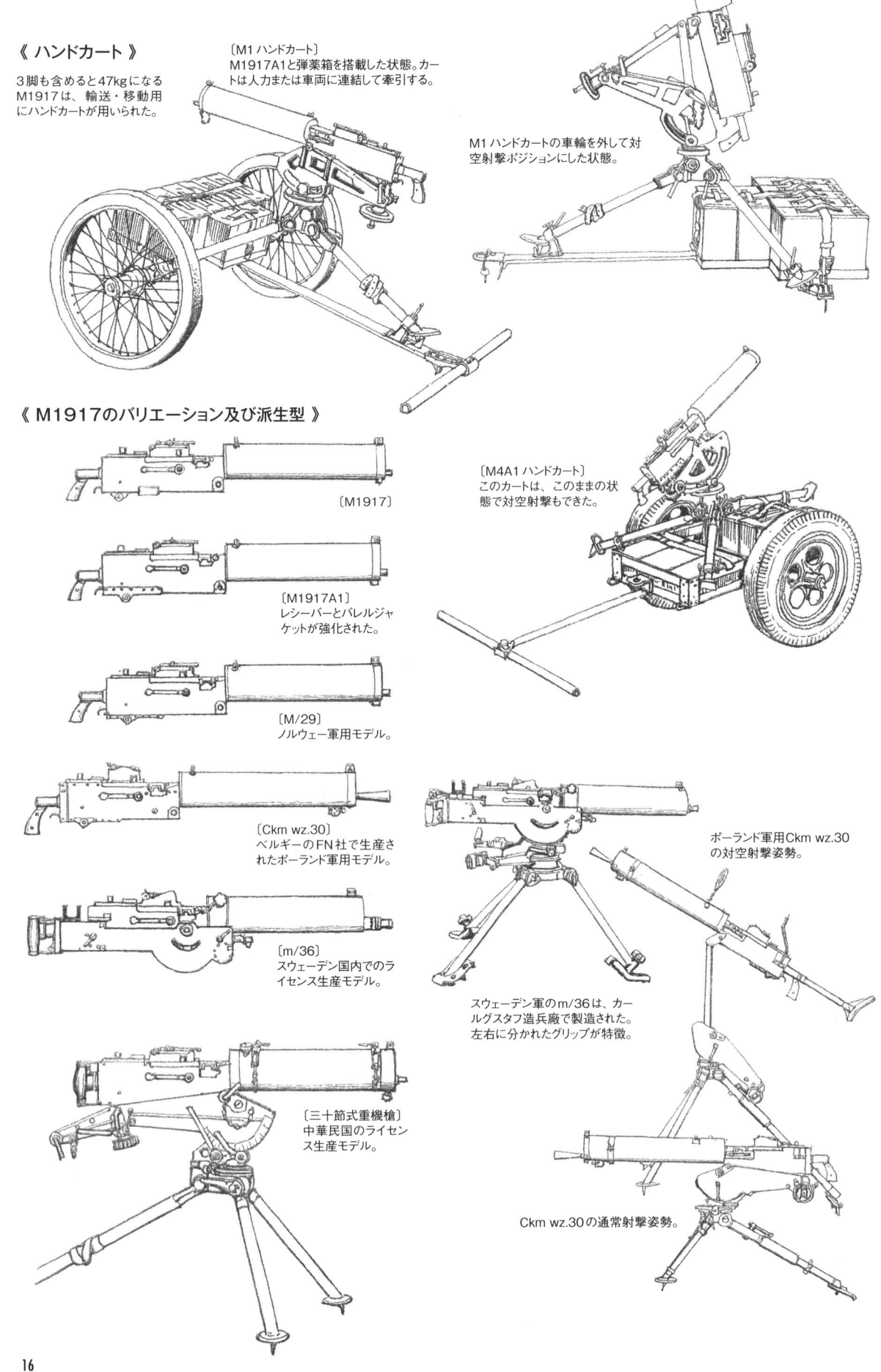

《 ハンドカート 》

3脚も含めると47kgになる
M1917は、輸送・移動用
にハンドカートが用いられた。

〔M1 ハンドカート〕
M1917A1と弾薬箱を搭載した状態。カート
は人力または車両に連結して牽引する。

M1 ハンドカートの車輪を外して対
空射撃ポジションにした状態。

《 M1917のバリエーション及び派生型 》

〔M1917〕

〔M1917A1〕
レシーバーとバレルジャ
ケットが強化された。

〔M/29〕
ノルウェー軍用モデル。

〔Ckm wz.30〕
ベルギーのFN社で生産さ
れたポーランド軍用モデル。

〔m/36〕
スウェーデン国内でのライ
センス生産モデル。

〔三十節式重機槍〕
中華民国のライセン
ス生産モデル。

〔M4A1 ハンドカート〕
このカートは、このままの状
態で対空射撃もできた。

ポーランド軍用Ckm wz.30
の対空射撃姿勢。

スウェーデン軍のm/36は、カー
ルグスタフ造兵廠で製造された。
左右に分かれたグリップが特徴。

Ckm wz.30の通常射撃姿勢。

ブラウニングM1919機関銃

M1919機関銃は、M1917の後継モデルとして軽量化を図るため空冷式で設計された。バリエーションは、重機関銃や車載用のA4、軽機関銃として運用するA6などがある。この他に航空機搭載型も造られた。

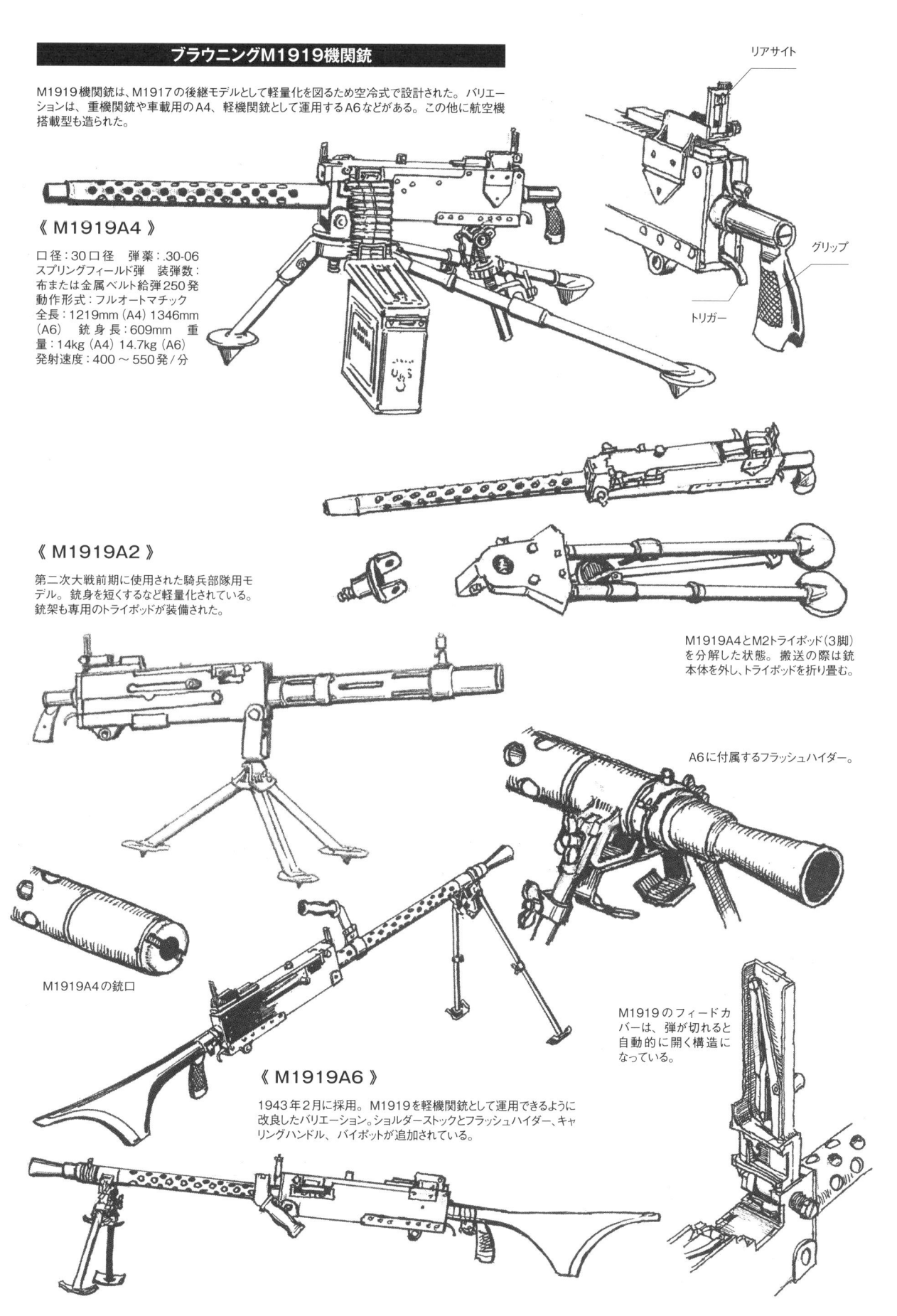

リアサイト

グリップ

トリガー

《 M1919A4 》

口径：30口径　弾薬：.30-06スプリングフィールド弾　装弾数：布または金属ベルト給弾250発動作形式：フルオートマチック全長：1219mm（A4）1346mm（A6）　銃身長：609mm　重量：14kg（A4）14.7kg（A6）発射速度：400 〜 550発 / 分

《 M1919A2 》

第二次大戦前期に使用された騎兵部隊用モデル。銃身を短くするなど軽量化されている。銃架も専用のトライポッドが装備された。

M1919A4とM2トライポッド（3脚）を分解した状態。搬送の際は銃本体を外し、トライポッドを折り畳む。

A6に付属するフラッシュハイダー。

M1919A4の銃口

M1919のフィードカバーは、弾が切れると自動的に開く構造になっている。

《 M1919A6 》

1943年2月に採用。M1919を軽機関銃として運用できるように改良したバリエーション。ショルダーストックとフラッシュハイダー、キャリングハンドル、バイポッドが追加されている。

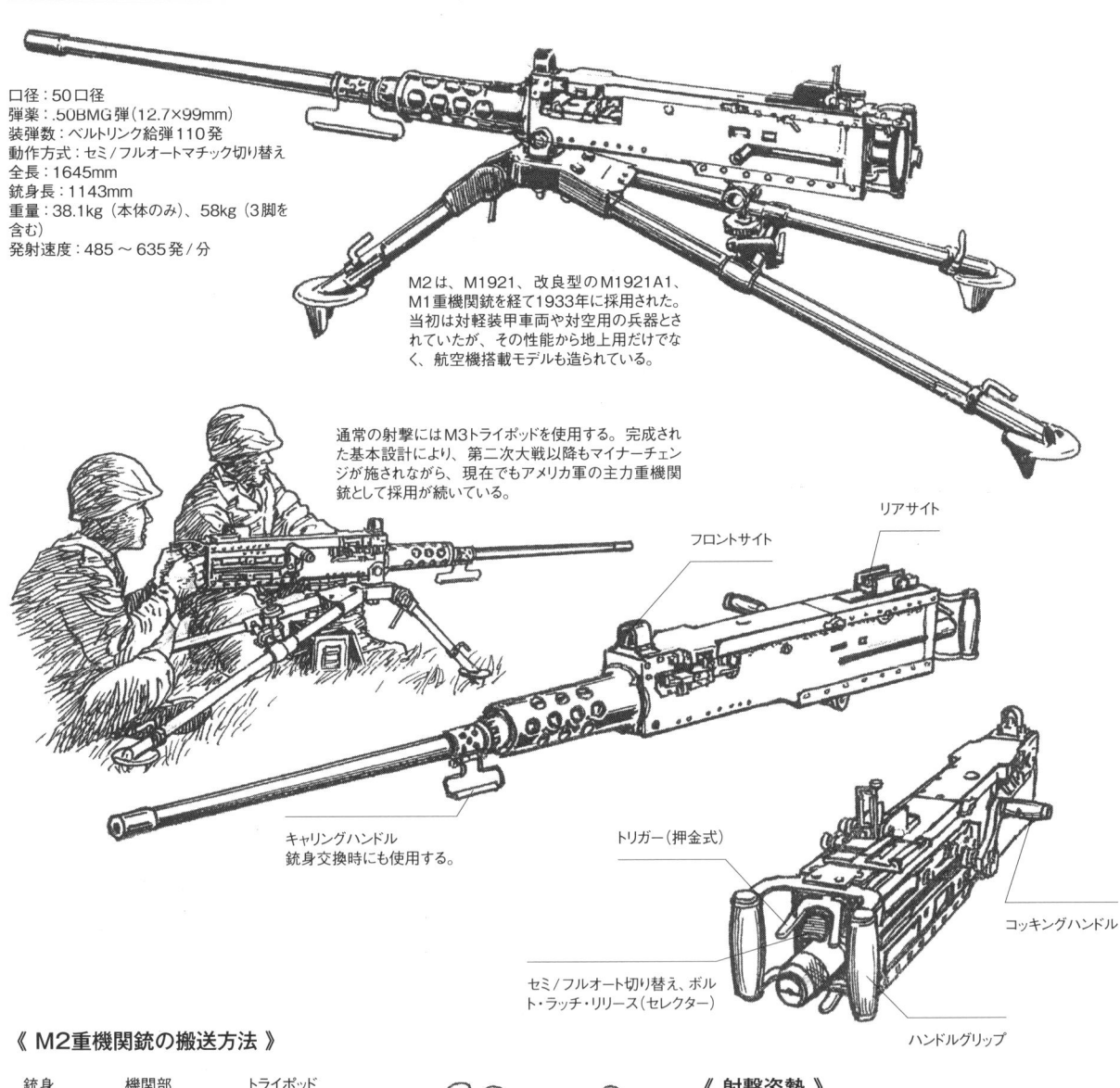

口径：50口径
弾薬：.50BMG弾（12.7×99mm）
装弾数：ベルトリンク給弾110発
動作方式：セミ/フルオートマチック切り替え
全長：1645mm
銃身長：1143mm
重量：38.1kg（本体のみ）、58kg（3脚を含む）
発射速度：485 〜 635発/分

M2は、M1921、改良型のM1921A1、M1重機関銃を経て1933年に採用された。当初は対軽装甲車両や対空用の兵器とされていたが、その性能から地上用だけでなく、航空機搭載モデルも造られている。

通常の射撃にはM3トライポッドを使用する。完成された基本設計により、第二次大戦以降もマイナーチェンジが施されながら、現在でもアメリカ軍の主力重機関銃として採用が続いている。

フロントサイト

リアサイト

キャリングハンドル
銃身交換時にも使用する。

トリガー（押金式）

コッキングハンドル

セミ/フルオート切り替え、ボルト・ラッチ・リリース（セレクター）

ハンドルグリップ

《 M2重機関銃の搬送方法 》

銃身　　機関部　　トライポッド

〔分解搬送〕
M2は3名で搬送するので、"3インファントリー・ウェポン"と呼ばれた。

〔2名搬送〕

《 射撃姿勢 》

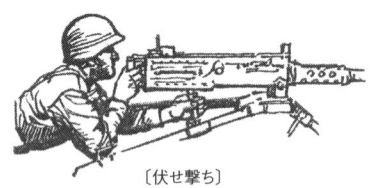

〔伏せ撃ち〕
左手は、銃の高低及び方向転輪に添えて着弾を修正する。

〔3名搬送〕

バレルが熱い時にはキャリングハンドルを使用する。

〔座り撃ち〕

ショットガン

アメリカ軍におけるショットガンの歴史は古く、19世紀末には軍用銃として陸軍が採用している。第一次大戦では塹壕戦の近接戦闘でショットガンの有効性が認められた。第二次大戦時でも使用は続き、基地の警備用の他、陸軍航空隊はトラップ射撃を応用して機関銃手の訓練に用いた。

第一次大戦の塹壕戦で活躍し、"トレンチガン"と呼ばれるようになる。その威力にドイツ軍は残酷だと非難した。

ウインチェスターM1897/M1912

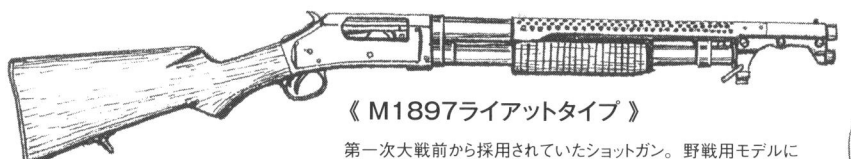

《 M1897ライアットタイプ 》

第一次大戦前から採用されていたショットガン。野戦用モデルには、放熱ジャケット及び銃剣の着剣装置が付属する。

口径：18.53mm　弾薬：12ゲージ　装弾数：チューブ型マガジン 4+1 発　動作形式：スライドアクション　全長：1000mm　銃身長：510mm　重量：3.6kg

《 M1912ライアットタイプ 》

M1897に次いで採用されたショットガン。1960年代前半まで使用された。

口径：18.53mm　装弾数：チューブ型マガジン4+1発　動作形式：スライドアクション　全長：1015mm　銃身長：508mm　重量：3.2kg

《 M1917バイヨネット着剣装置 》

着剣装置は、ライアットタイプに付けられた。

《 M1917バイヨネット 》

銃剣は、M1917ライフル用が共用された。

《 ショットガンのスライドアクション 》

ハンマー　ブリーチボルト　弾薬（初弾）　チェンバー

スライド　弾薬（第2弾）　チューブマガジン

キャリア

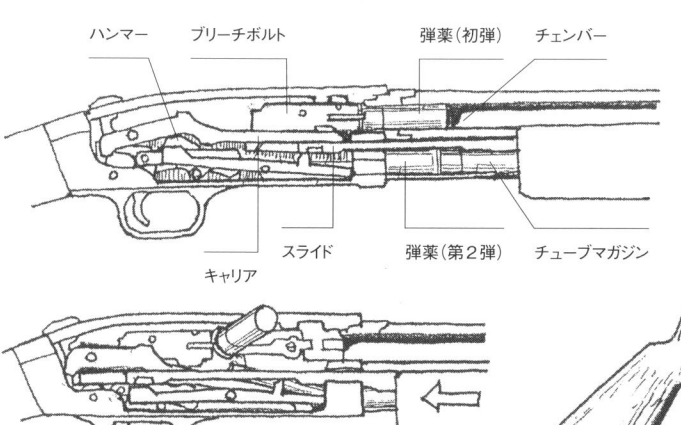

スライドアクションとは、手動でフォアエンド（先台）を前後にスライドさせて装填、射撃、排莢を行う方式で。"ポンプアクション"などとも呼ばれる。

射撃後、フォアエンドを手前にスライドさせると薬莢が排出され、スライドを前方に戻すと第2弾がチェンバーに装填される。

アメリカ軍が採用した各ショットガンは、警備や野戦で使用するライアットモデルの他に、トラップ射撃とスキート射撃モデルも訓練用に備えていた。

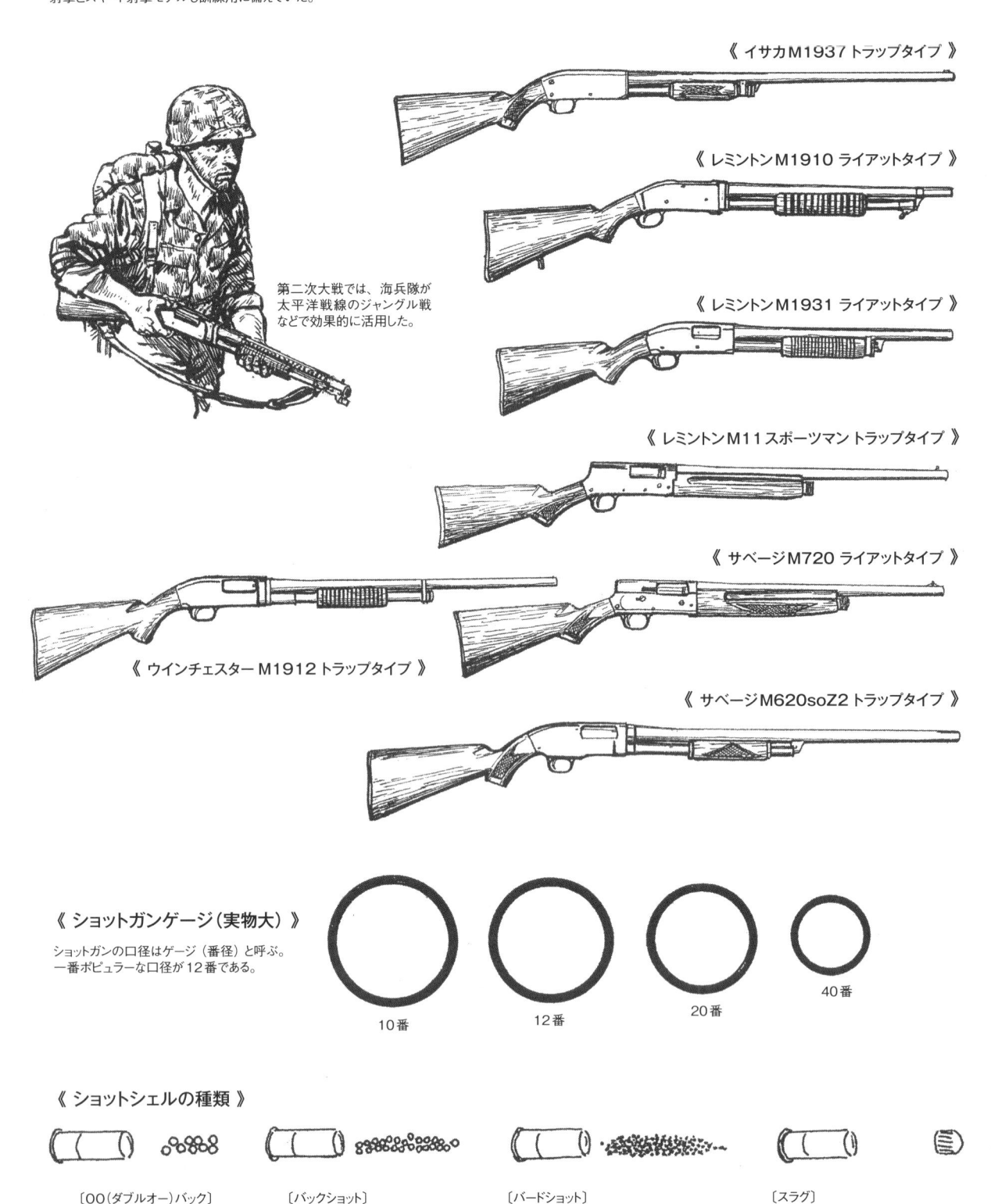

第二次大戦では、海兵隊が太平洋戦線のジャングル戦などで効果的に活用した。

《 イサカM1937 トラップタイプ 》

《 レミントンM1910 ライアットタイプ 》

《 レミントンM1931 ライアットタイプ 》

《 レミントンM11 スポーツマン トラップタイプ 》

《 サベージM720 ライアットタイプ 》

《 ウインチェスター M1912 トラップタイプ 》

《 サベージM620soZ2 トラップタイプ 》

《 ショットガンゲージ（実物大）》

ショットガンの口径はゲージ（番径）と呼ぶ。一番ポピュラーな口径が12番である。

10番　　12番　　20番　　40番

《 ショットシェルの種類 》

〔OO（ダブルオー）バック〕
直径8.4mm/9粒

〔バックショット〕
直径6.2mm/27粒
主に鹿撃ちに使われる。

〔バードショット〕
直径2.8 ～ 3.8mm/110 ～ 260粒
鳥撃ち用に使われる。50m以上離れると対人用には向かない。

〔スラグ〕
12ゲージのスラグ弾は435gあり、パワーは.44マグナムの3倍以上。対人用のラバースラグ弾もある。

対戦車ロケットランチャー（バズーカ）

対戦車ロケットランチャーは、ライフルグレネードより威力ある携行型の対戦車兵器として開発された。実戦投入は、1942年11月の北アフリカ戦線"トーチ作戦"からである。同兵器は、改良を加えながら終戦まで使用された。ロケットランチャーは、その形状が当時の人気コメディアンが使用していた自作楽器"バズーカ"に似ていたことから、"バズーカ"の愛称で呼ばれるようになった。

M1/M1A1ロケットランチャー

《 M1後期型 》

M1は、1942年6月に制式化されたロケットランチャー。ロケット弾の発射は、乾電池を使用した電気発火方式により行う。前期型と後期型があり、後期型では照準器の形状が改良されている。

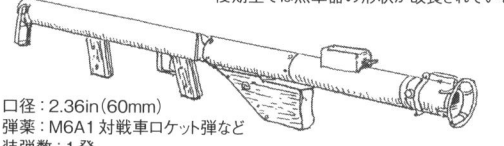

口径：2.36in（60mm）
弾薬：M6A1対戦車ロケット弾など
装弾数：1発
動作形式：乾電池式電気発火
全長：1370mm
重量：5.9kg
有効射程：137m
装甲貫徹力：着弾角60°で約70mm厚

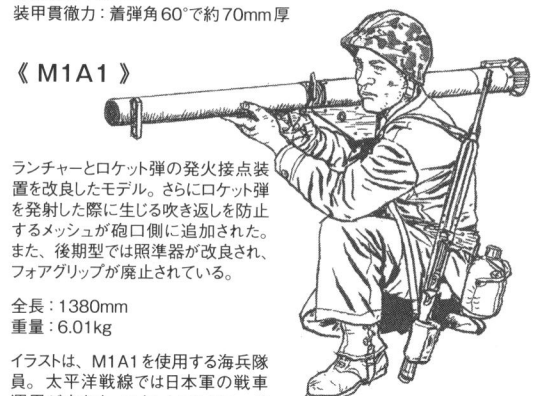

M1前期型を構える アメリカ兵士。

〔M6対戦車ロケット弾〕
M1ロケットランチャーとともに採用されたロケット弾。M6A1、M6A2、M6A3など改良されたバリエーションがM1A1とM9ロケットランチャーで使用された。

《 M1A1 》

ランチャーとロケット弾の発火接点装置を改良したモデル。さらにロケット弾を発射した際に生じる吹き返しを防止するメッシュが砲口側に追加された。また、後期型では照準器が改良され、フォアグリップが廃止されている。

全長：1380mm
重量：6.01kg

イラストは、M1A1を使用する海兵隊員。太平洋戦線では日本軍の戦車運用が少なく、ロケットランチャーは陣地攻撃に多用された。

M9ロケットランチャー

携帯時にランチャーを中央から分割できるなど、新たな設計となり、1943年6月に採用された。翌年4月には、発火方式を電磁誘導式に改良したM9A1が制定されている。

口径：60mm　弾薬：M6A1/M6A3対戦車ロケット弾など
装弾数：1発　動作形式：乾電池式電気発火（M9）、電磁誘導式電気発火（M9A1）
全長：1550mm、800.1mm（携行状態）　重量：6.5kg（M9）、7.2kg（M9A1）
有効射程：137m　装甲貫徹力：着弾角60°で約70～100mm厚

空挺隊員が降下時に携帯しやすいように、前後パーツに分解できた。

火炎放射器

アメリカ軍は、1940年7月にポータブル型の火炎放射器の開発を始め、E1及びE1R1が試作された。このプロトタイプを経て、1941年8月にM1火炎放射器が制式採用された。

《 M1火炎放射器 》

ノズルに付いたボンベの水素を放出し、乾電池で点火した。1943年6月には改良型のM1A1が採用されている。

点火用水素ガスボンベ
圧力調整バルブ
窒素タンク
燃料タンク

重量：32kg（M1）、31kg（M1A1）
燃料容量：18.9ℓ　燃料：ナパームとガソリン混合　有効放射距離：20m　最大放射距離：43m
放射時間：10秒

放射レバー

《 M2火炎放射器 》

M2は1944年4月に採用となる。タンクの容量とノズルの変更が行われ、ノズル先端に点火用カートリッジを装填し、着火するシステムに改良された。

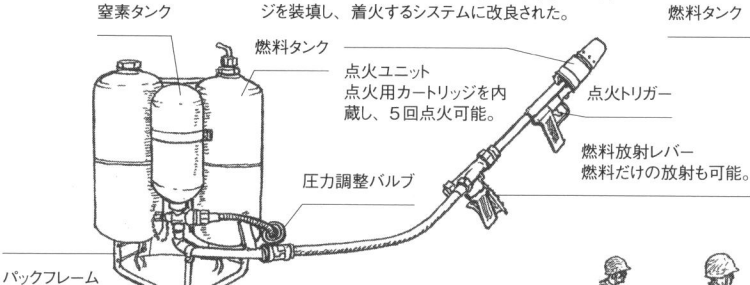

窒素タンク
燃料タンク
点火ユニット
点火用カートリッジを内蔵し、5回点火可能。
点火トリガー
燃料放射レバー
燃料だけの放射も可能。
圧力調整バルブ
バックフレーム

重量：30kg　燃料容量：15ℓ　燃料：ナパームとガソリン混合　有効放射距離：20m　最大放射距離：40m　放射時間：6～9秒

火炎放射器は、太平洋戦線で日本軍のトーチカや陣地攻撃に多用された。各モデルとも燃料の放射には窒素ガスを使用した。

火炎放射器射手はM1911A1のみ携行するので、2名の護衛兵が随伴した。

手榴弾

アメリカ軍は、有名な破片型Mk.II手榴弾を筆頭に、爆風による攻撃型手榴弾、照明手榴弾、催涙手榴弾、煙幕手榴弾など多種多様な手榴弾を使用した。

Mk.II手榴弾

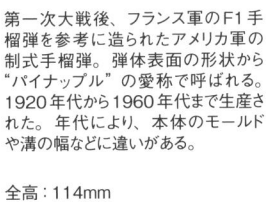

第一次大戦後、フランス軍のF1手榴弾を参考に造られたアメリカ軍の制式手榴弾。弾体表面の形状から"パイナップル"の愛称で呼ばれる。1920年代から1960年代まで生産された。年代により、本体のモールドや溝の幅などに違いがある。

全高：114mm
直径：58mm
重量：595g
炸薬：TNT 56g、EC無煙火薬（初期）

手榴弾の弾体の色は、1920年代が黒またはグレー、1930年代から1942年までは黄色、1942年以降はオリーブドラブである。他に訓練用は赤（1920年代〜1930年代）や水色（1940年代以降）に塗られていた。

《 Mk.II手榴弾の構造 》

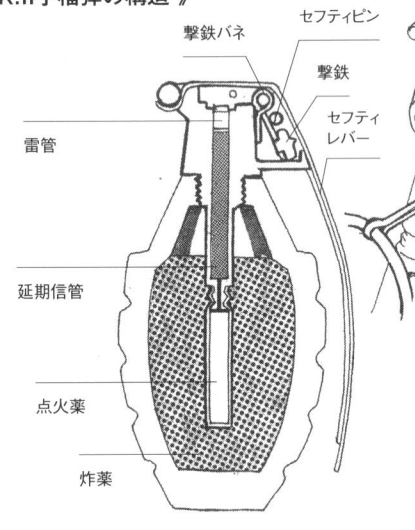

撃鉄バネ
セフティピン
撃鉄
セフティレバー
雷管
延期信管
点火薬
炸薬

《 M204ヒューズ 》

第二次大戦後半以降に生産された起爆用のヒューズ。撃鉄をセフティレバーで抑え、ピンで固定している。延期時間は4〜5秒。ヒューズはM204以外に、Mk.IIは、採用以来、改良が重ねられたことから、ヒューズの形式も数種類存在する。

《 手榴弾の携帯 》

アメリカ兵はジャケットなどのポケットに入れるか、セフティレバーを利用してサスペンダーやピストルベルトに装着した。

シャツのポケットに装着した兵士。

オーバーコートの大きなボタンホールを利用した携行例。

紐を使って、サスペンダーに固定している兵士。

《 手榴弾ポーチ 》

手榴弾ポーチを使用するガダルカナル島の海兵隊員。

手榴弾11個を携帯できるポーチ。第一次大戦の装備だったが、海兵隊の一部が使用した。

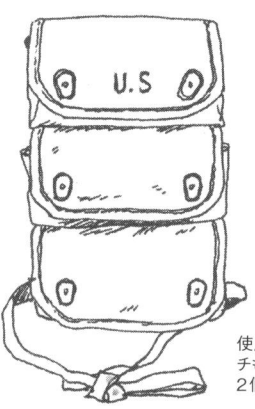

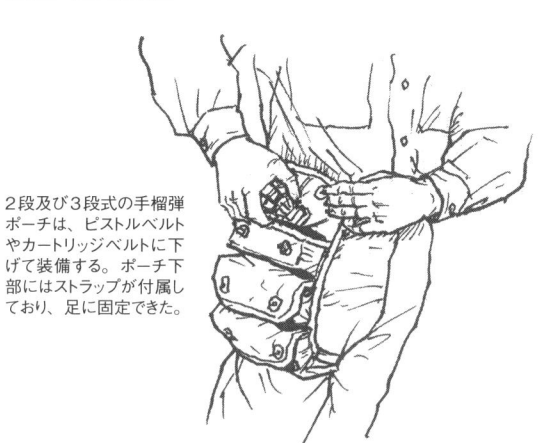

2段及び3段式の手榴弾ポーチは、ピストルベルトやカートリッジベルトに下げて装備する。ポーチ下部にはストラップが付属しており、足に固定できた。

使用例は少ないが、2段式と3段式のポーチも用意されていた。1ポケットにMk.IIなら2個、煙幕手榴弾なら1個を収納できた。

その他の手榴弾

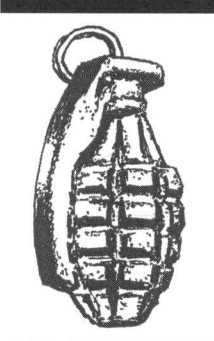

《 Mk.IA1訓練用手榴弾 》

鋳造で一体成形された投擲訓練用のダミー手榴弾。

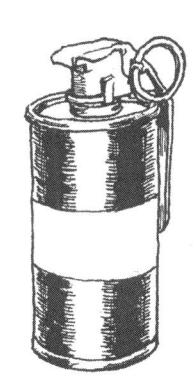

《 Mk.IIIA1手榴弾 》

爆風により敵を殺傷する攻撃型の手榴弾。

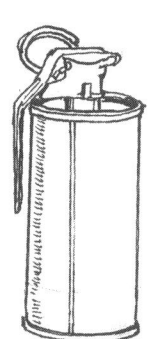
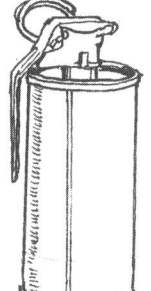

《 M18煙幕手榴弾 》

信号または煙幕に使用する手榴弾。白、赤、黄、黒、緑、紫の5色がある。

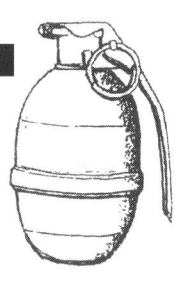

《 Mk.I照明手榴弾 》

発火すると弾体が上下に分離して、下半分が燃焼発光する。1944年に採用。

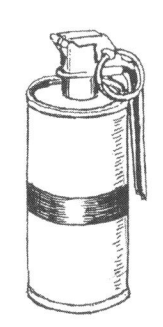

《 M6催涙手榴弾 》

DMとCSの2種類の催涙剤が充填された手榴弾。

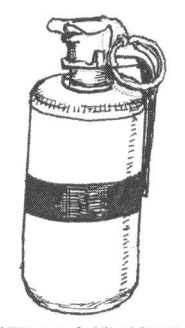

《 M15白燐手榴弾 》

燐の発火による焼夷弾または煙幕弾として使用。

《 T13手榴弾 》

OSS（戦略諜報局）の要求により開発された手榴弾。正規軍ではない工作員やレジスタンスなど素人でも投げやすいように野球のボールと同じサイズで造られていた。

銃 剣

M1バイヨネット

M1ライフル用に生産された銃剣。第一次大戦後、歩兵戦術の変化や移動時の機械化が進むと、刀身の長い銃剣は必要性が低くなっていった。そのため、M1バイヨネットは、それまでの銃剣より短く改良し、1943年から製造された。

全長：360mm
刀身長：250mm

M1バイヨネットは、M1905と同じデザインで造られたので、M1ライフルだけでなく、M1903ライフルにも使用できた。

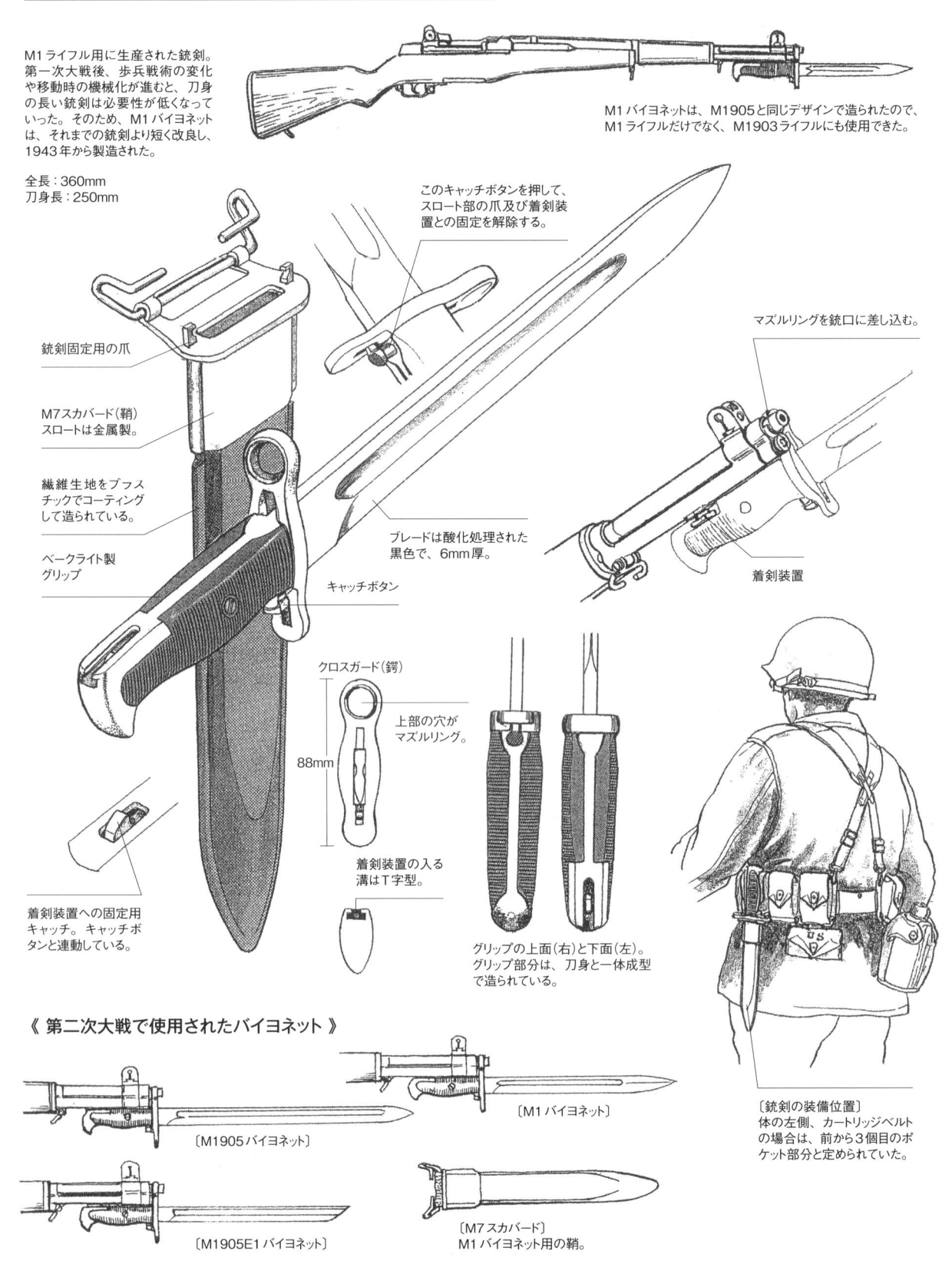

このキャッチボタンを押して、スロート部の爪及び着剣装置との固定を解除する。

マズルリングを銃口に差し込む。

銃剣固定用の爪

M7スカバード（鞘）スロートは金属製。

繊維生地をプラスチックでコーティングして造られている。

ベークライト製グリップ

ブレードは酸化処理された黒色で、6mm厚。

着剣装置

キャッチボタン

クロスガード（鍔）

上部の穴がマズルリング。

88mm

着剣装置の入る溝はT字型。

着剣装置への固定用キャッチ。キャッチボタンと連動している。

グリップの上面（右）と下面（左）。グリップ部分は、刀身と一体成型で造られている。

《 第二次大戦で使用されたバイヨネット 》

〔M1905バイヨネット〕

〔M1バイヨネット〕

〔M1905E1バイヨネット〕

〔M7スカバード〕
M1バイヨネット用の鞘。

〔銃剣の装備位置〕
体の左側、カートリッジベルトの場合は、前から3個目のポケット部分と定められていた。

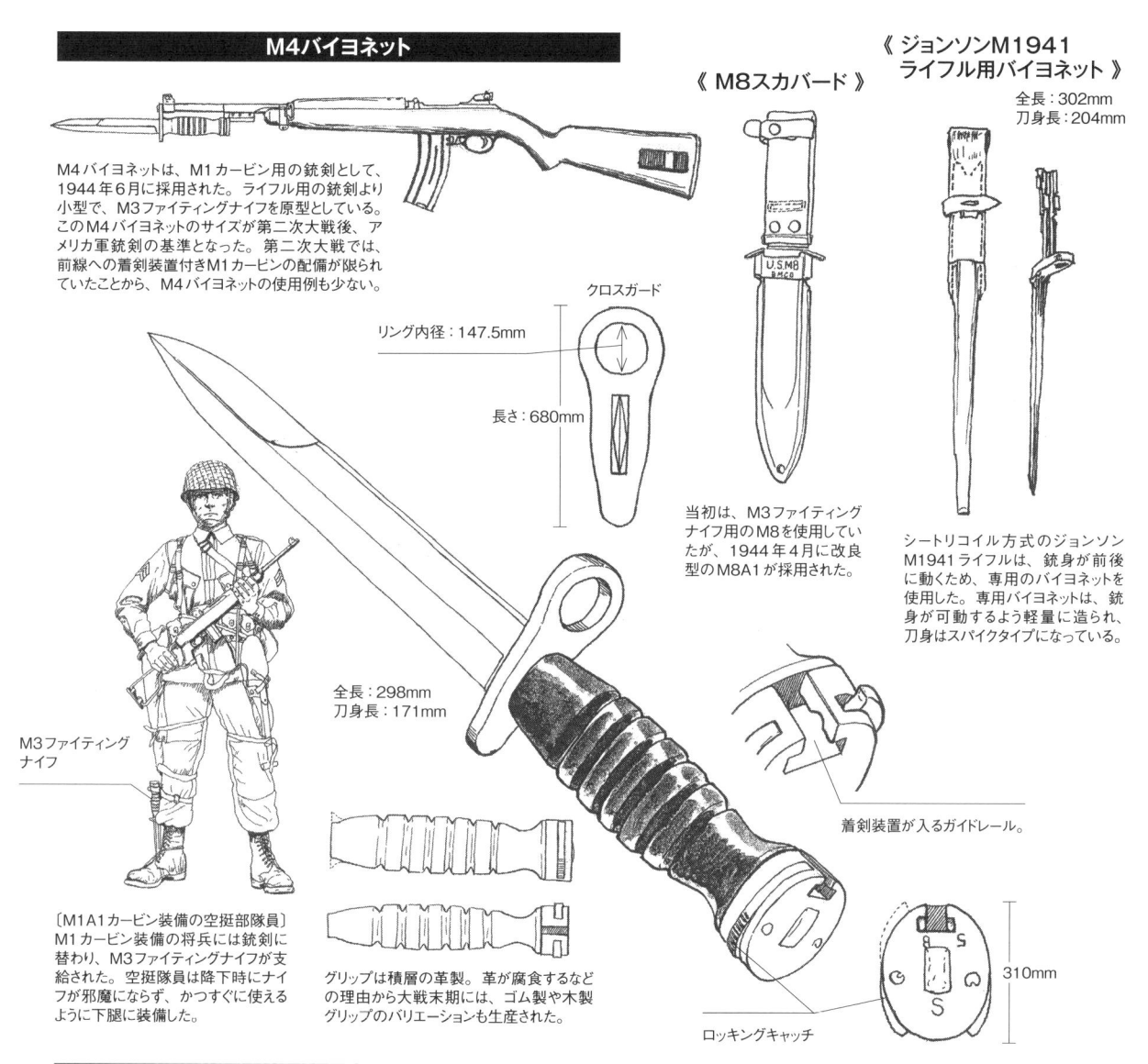

M4バイヨネット

M4バイヨネットは、M1カービン用の銃剣として、1944年6月に採用された。ライフル用の銃剣より小型で、M3ファイティングナイフを原型としている。このM4バイヨネットのサイズが第二次大戦後、アメリカ軍銃剣の基準となった。第二次大戦では、前線への着剣装置付きM1カービンの配備が限られていたことから、M4バイヨネットの使用例も少ない。

《 M8スカバード 》

《 ジョンソンM1941 ライフル用バイヨネット 》

全長：302mm
刀身長：204mm

リング内径：147.5mm

クロスガード

長さ：680mm

U.S.M8

当初は、M3ファイティングナイフ用のM8を使用していたが、1944年4月に改良型のM8A1が採用された。

シートリコイル方式のジョンソンM1941ライフルは、銃身が前後に動くため、専用のバイヨネットを使用した。専用バイヨネットは、銃身が可動するよう軽量に造られ、刀身はスパイクタイプになっている。

M3ファイティングナイフ

全長：298mm
刀身長：171mm

着剣装置が入るガイドレール。

〔M1A1カービン装備の空挺部隊員〕
M1カービン装備の将兵には銃剣に替わり、M3ファイティングナイフが支給された。空挺隊員は降下時にナイフが邪魔にならず、かつすぐに使えるように下腿に装備した。

グリップは積層の革製。革が腐食するなどの理由から大戦末期には、ゴム製や木製グリップのバリエーションも生産された。

ロッキングキャッチ

310mm

コンバットナイフ

銃剣以外にも戦闘用のファイティングナイフや航空機搭乗員用にサバイバルナイフが用意されていた。

《 M1918Mk.Iトレンチナイフ 》

第一次大戦時に白兵戦用に採用されたナイフ。刀身はダガータイプ、ナックル型のグリップは真ちゅう製。鞘はプレス加工の鉄製である。

全長：298mm　刀身長：171mm

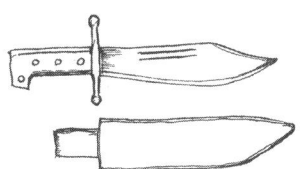

《 コリンズ#18マチェット 》

本来は、航空機などのサバイバル用の山刀。"V-44ボウイナイフ"または"ガンホーナイフ"とも呼ばれる。海兵隊などが戦闘用に使用した。

全長：435.5mm　刀身長：238mm

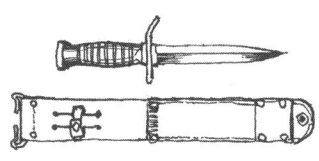

《 M3ファイティングナイフ 》

1943年3月に採用された戦闘用ナイフ。空挺部隊やM1カービン携行の将兵などが装備した。鞘は革製のM6スカバードとM8スカバードが使用されている。

全長：286mm　刀身長：171mm

《 V-42ファイティングナイフ 》

陸軍の第1特殊任務部隊や海兵隊の特殊部隊であるレイダースの隊員が使用した短剣型のナイフ。刀身はダガータイプで、切るだけでなく刺すことにも特化したナイフである。

全長：317mm　刀身長：170.7mm

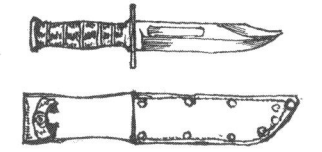

《 1219C2コンバットナイフ 》

海兵隊が1942年11月に採用した戦闘用ナイフ。製造メーカーの商標から、"Ka-Bar（ケイバー）ナイフ"とも呼ばれる。

全長：301.6mm　刀身長：180mm

弾薬箱

M1アムニッションボックス

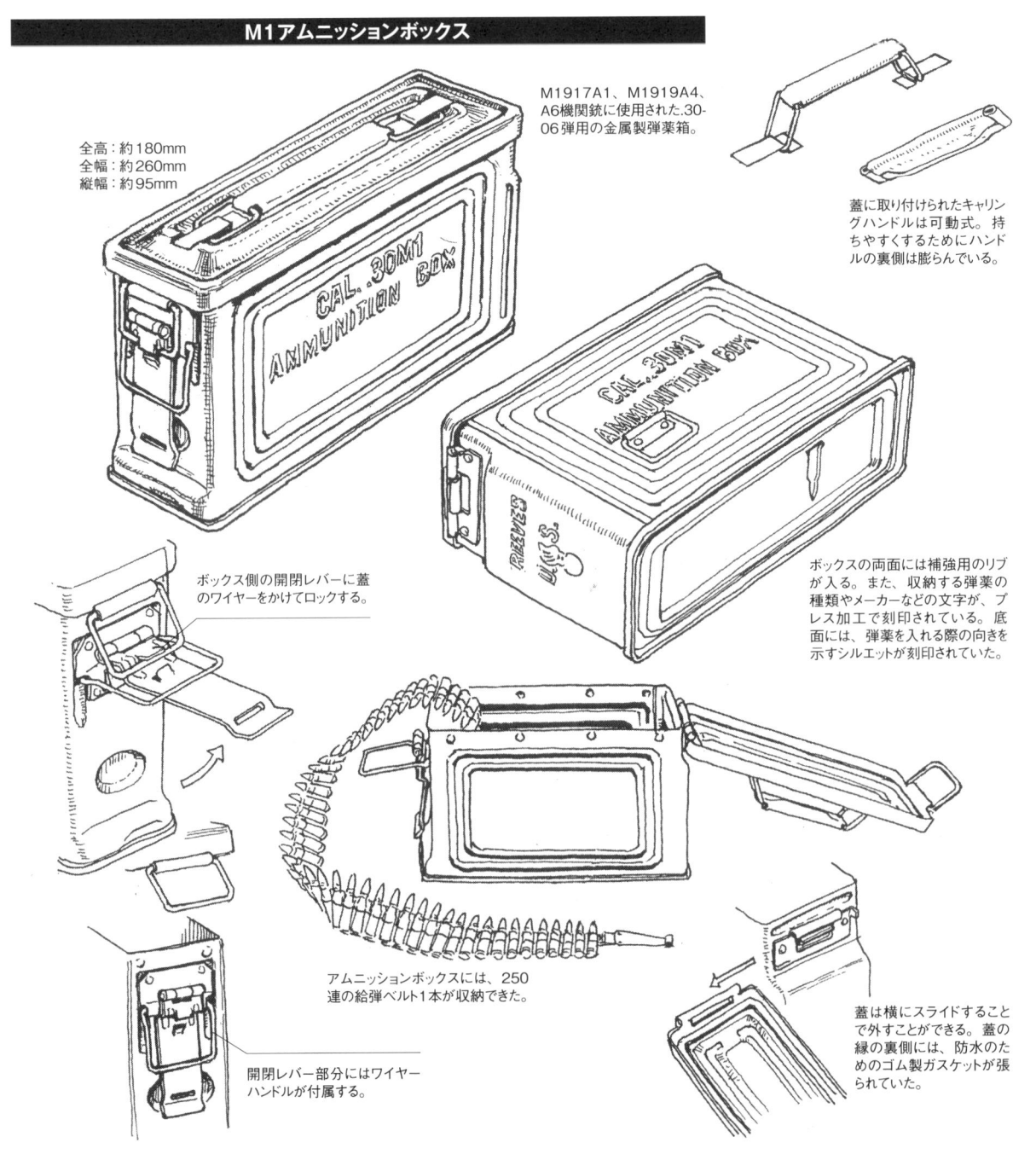

M1917A1、M1919A4、A6機関銃に使用された.30-06弾用の金属製弾薬箱。

全高：約180mm
全幅：約260mm
縦幅：約95mm

蓋に取り付けられたキャリングハンドルは可動式。持ちやすくするためにハンドルの裏側は膨らんでいる。

ボックス側の開閉レバーに蓋のワイヤーをかけてロックする。

ボックスの両面には補強用のリブが入る。また、収納する弾薬の種類やメーカーなどの文字が、プレス加工で刻印されている。底面には、弾薬を入れる際の向きを示すシルエットが刻印されていた。

アムニッションボックスには、250連の給弾ベルト1本が収納できた。

開閉レバー部分にはワイヤーハンドルが付属する。

蓋は横にスライドすることで外すことができる。蓋の縁の裏側には、防水のためのゴム製ガスケットが張られていた。

M1A1アムニッションボックス

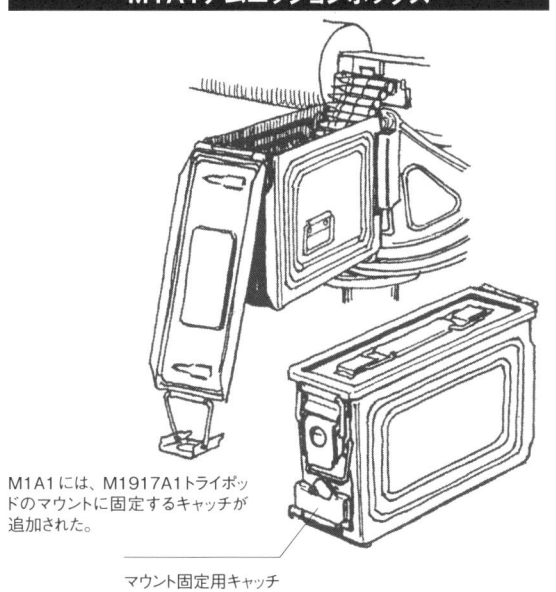

M1A1には、M1917A1トライポッドのマウントに固定するキャッチが追加された。

マウント固定用キャッチ

木製アムニッションボックス

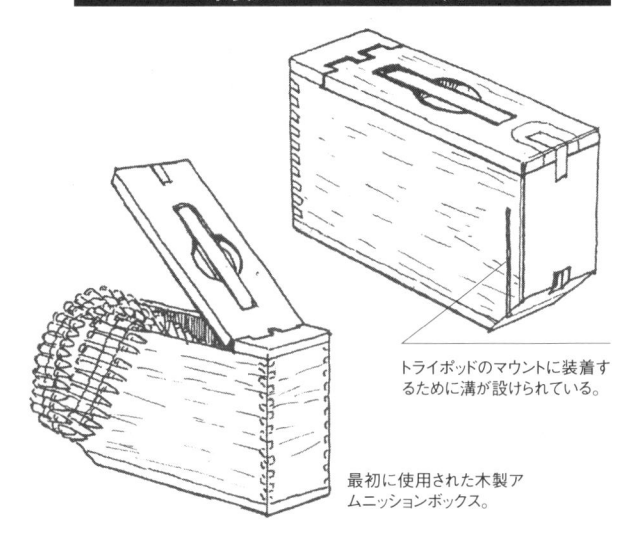

トライポッドのマウントに装着するために溝が設けられている。

最初に使用された木製アムニッションボックス。

M2アムニッションボックス

.50口径弾用に造られたアムニッションボックス。リンク付き.50口径弾100発を収納できる。100発収納した際の重さは13.6kgになった。

全高：約190mm
全幅：約310mm
縦幅：約150mm

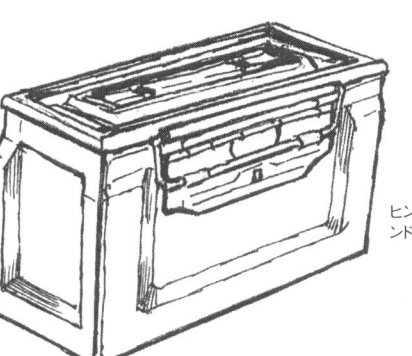

ヒンジの逆側に開閉用ハンドルが付属する。

ボックスの蓋は、手前に開く。蓋には弾の向きを示すため弾薬のシルエットがプレス加工で刻印されている。

《 .30-06弾用給弾ベルト 》

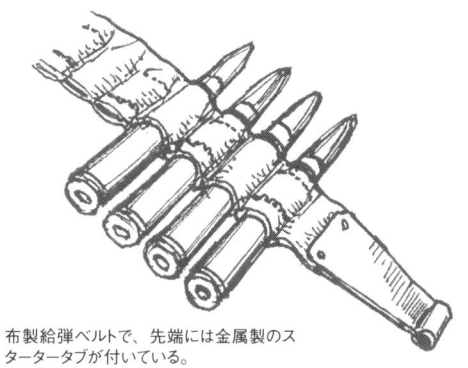

布製給弾ベルトで、先端には金属製のスターータブが付いている。

《 ライフル用ローディングクリップ 》

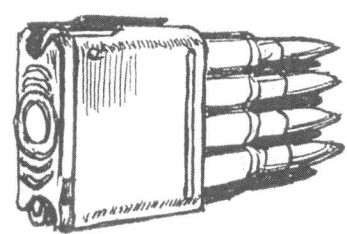

M1903ライフルに使用された5発用。

M1ライフル専用の8連クリップ。

アメリカ軍小火器の取り扱い

ここからは陸軍教本に準じ、このフォーリー軍曹とサンディーが解説していくぞ！

M1911A1の操作方法

第二次大戦のアメリカ軍主力ピストルM1911A1。その構造から射撃方法、分解・組み立てまでを解説する。

弾薬を発射するごとに各パーツが以下の順で動作する機能サイクルを"サイクルオブオペレーション"という。
①装弾（フィーティング）②装填（チェンバリング）③固定（ロッキング）④発射（ファイアリング）⑤解除（アンロッキング）⑥抽出（インストラクティング）⑦蹴子（エジェクティング）⑧発火準備（コッキング）の順だ。

《 動作機能（サイクルオブオペレーション） 》

①
チェンバーに弾薬を装填し、ハンマーがフルコックされ、発射準備完了。

②
トリガーを引いて発射。反動でバレルとスライドが同時に後退し、ショートリコイルが始まる。

③
ショートリコイルが終わったところでバレルが下方へ落ち込み、スライドはハンマーを起こしながら後退。同時にエキストラクターが空薬莢をチャンバーから引き出す。

④
スライドが後退しきる寸前に空薬莢はエキストラクターにより上方へ排出される。

⑤
スライドが後退しきったところで、ハンマーはコックされた状態となり、スライドはリコイルスプリングの力で前進、次弾を装填する。

これが1サイクルとなり、再び発射準備完了となるわけだ。

《 基本操作 》

①マガジンを銃に装填する。

②スライドを引いて、1発目をチェンバーに送り込む。

スライドストップ

③弾を射ち尽くすと、スライドストップによりスライドが後座した位置で止まり、マガジンが空になったことを知らせる。

新しいマガジンに入れ替え、スライドストップを下に押すとスライドは閉鎖する。

《 装填 》

大事なことは装填後に必ず
セフティを掛けることだ！

①マガジンを装填。

②スライドを引いて装弾。

③セフティを掛ける。

④セフティを解除。

例えすぐ発射に移る場合で
も、一度はセフティロック
することを習慣づけたい。

《 遅発（ハングファイア）の場合 》

普通は数秒以内に発火することが多い
ので、不発（ミスファイア）と早合点しない
こと。10秒以上経ったら不発と判断し、
スライドを引いて排莢する。この間、銃
口は的から外さないように注意すること。

《 安全装置 》

M1911A1には3つの安全装置がある。

セフティロック　ハーフコックノッチ
グリップセフティ

これら安全装置は、絶え
ず発射前にテストするこ
とを心がけよう。

①セフティロック・テスト

②グリップセフティ・テスト

③ハーフコック・テスト

④ディスコネクター・テスト

フルコックで離す。

ディスコネクターも一応
安全装置の働きをする。
ハンマーをいっぱいに押
し下げてフルコック位置
で止める。

《 弾抜き 》

①マガジンキャッチを押してマガジンを抜く。

②抜いた後、残弾がないかチャンバーを点検。

腕を上反角に支えたままで
スライドストップを解除し、
スライドを元の位置に戻す。

③この際、間違っても銃を水平に構えてト
リガーを引いてはならない。

アメリカ軍の射撃訓練は、次の3段階に分かれていた。
〔基本訓練〕：銃の取り扱い方や射撃姿勢。
〔早打ち訓練〕：空砲を使用して行う。
〔レンジ射撃課程〕：射場で実弾を使用した射撃訓練。

《 銃点検 》

ライズピストル（立て銃）　　クローズチェンバー　　オープンチェンバー　　インスペクトピストル　　マガジンを抜いて、立て銃の姿勢のまま点検を受ける。

《 銃の持ち方 》

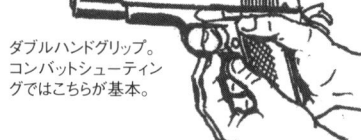 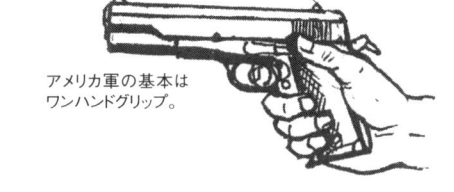

ダブルハンドグリップ。コンバットシューティングではこちらが基本。　　アメリカ軍の基本はワンハンドグリップ。

《 正確なグリッピング 》

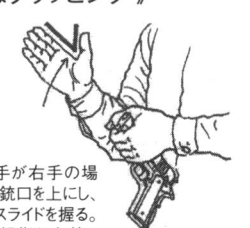 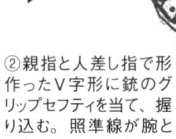  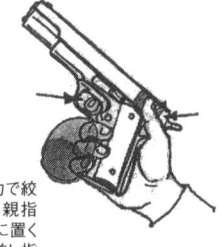

①利き手が右手の場合、まず銃口を上にし、左手でスライドを握る。右手の親指と人差し指でV字形を作る。

②親指と人差し指で形作ったV字形に銃のグリップセフティを当て、握り込む。照準線が腕と平行になるようにする。

③3本の指は、均等な力で絞るようにグリップを握り、親指は力を入れずにセフティに置くか被せるようにする。人差し指の第1間接をトリガーに掛ける。

《 射撃姿勢 》

プローンポジション　　ニーリングポジション　　クローチスタンティングポジション　　レディポジション　　クローチングポジション　両足を開き、軽く膝を折って状態をやや前傾に構える。

《 分解方法 》

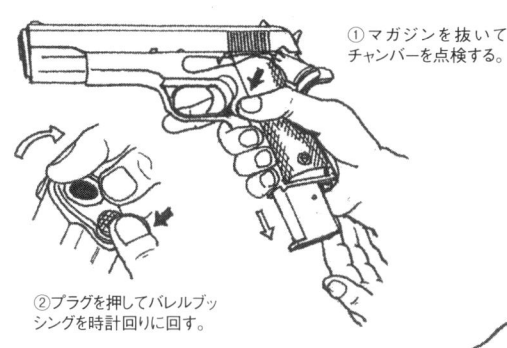

① マガジンを抜いてチャンバーを点検する。

② プラグを押してバレルブッシングを時計回りに回す。

③ プラグとリコイルスプリングを取り出す。

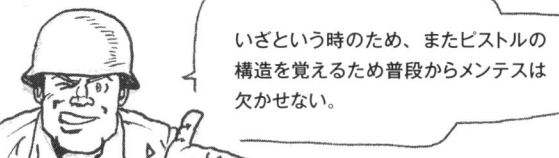

いざという時のため、またピストルの構造を覚えるため普段からメンテスは欠かせない。

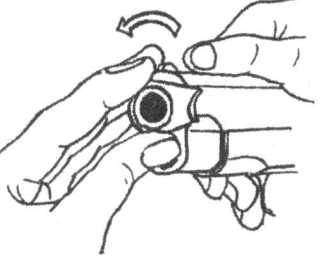

④ バレルブッシングを反時計回りに回してスライドから取り出す。

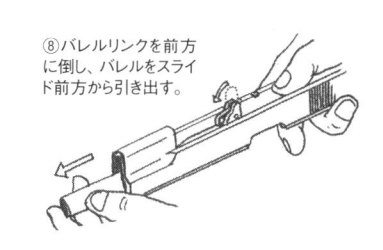

⑤ スライドを後退させ、スライドストップを溝に合わせる。

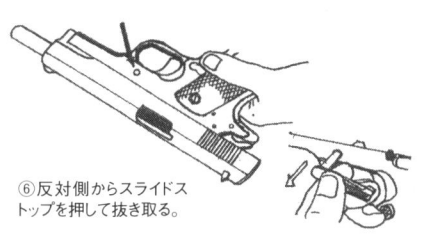

⑥ 反対側からスライドストップを押して抜き取る。

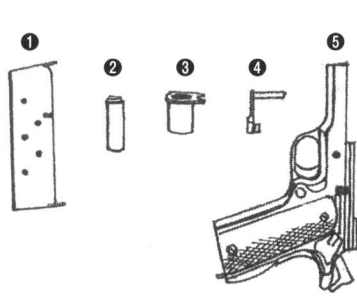

⑦ スライド前方に引けば、スライドとレシーバー（フレーム）は分解できる。

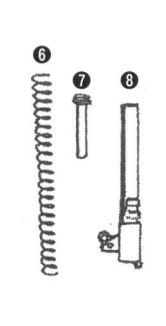

⑧ バレルリンクを前方に倒し、バレルをスライド前方から引き出す。

ここまでが、射撃後のメンテナンスのための分解だ。分解した部品はきちんと並べておくこと。分解した部品を並べておけば、組み立てを楽にするだけでなく、紛失の防止にもなるぞ。

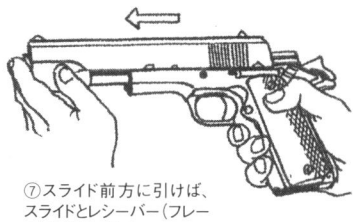

❶マガジン
❷リコイルスプリングプラグ
❸バレルブッシング
❹スライドストップ
❺レシーバー
❻リコイルスプリング
❼リコイルスプリングガイド
❽バレル
❾スライド

《 弾薬の基礎知識 》

おっと、射撃訓練の前にピストルを携行するとなると、当然ながら弾薬の取り扱いと種類などを心得ておかなければならない。

〔弾薬の構成〕

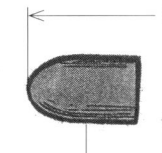 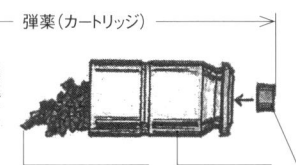

弾薬（カートリッジ）

弾丸（ブレット）　発射薬（パウダー）　薬莢（ケース）　雷管（プライマー）

〔45口径弾薬の種類〕

赤色塗装

  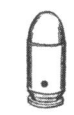  

M1911 ボール
鉛合金を芯にしてメタルジャケットを被せた標準弾。対人及び軽量目標に使用。

M9ブランク
演習などに使用する空砲。

M1931 ダミー
装填訓練に使用。実弾と判別するため薬莢部分に穴が開けられている。

M26トレーサー（曳光弾）
弾丸の発射後、弾頭内の火薬が発光しながら飛翔。弾道の修正などに使用。

M15ショット
パイロットなどが不時着した際に、サバイバル用で使用する散弾。

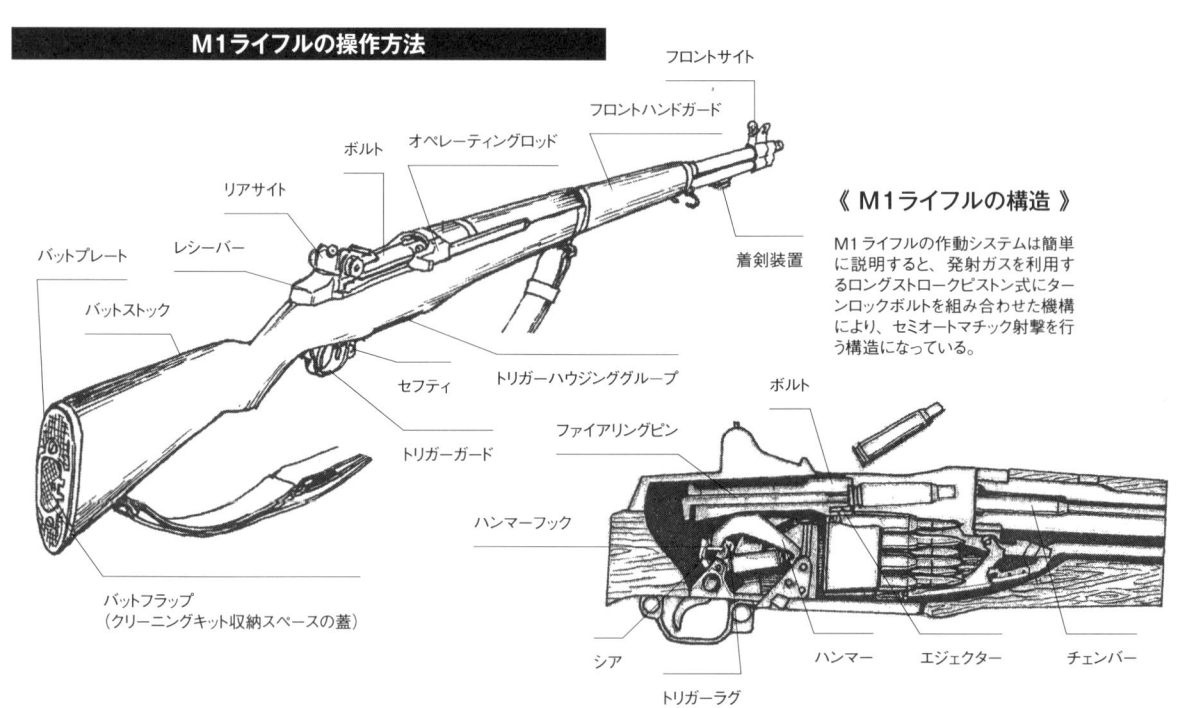

《 M1ライフルの構造 》

M1ライフルの作動システムは簡単に説明すると、発射ガスを利用するロングストロークピストン式にターンロックボルトを組み合わせた機構により、セミオートマチック射撃を行う構造になっている。

《 弾薬の装填手順 》

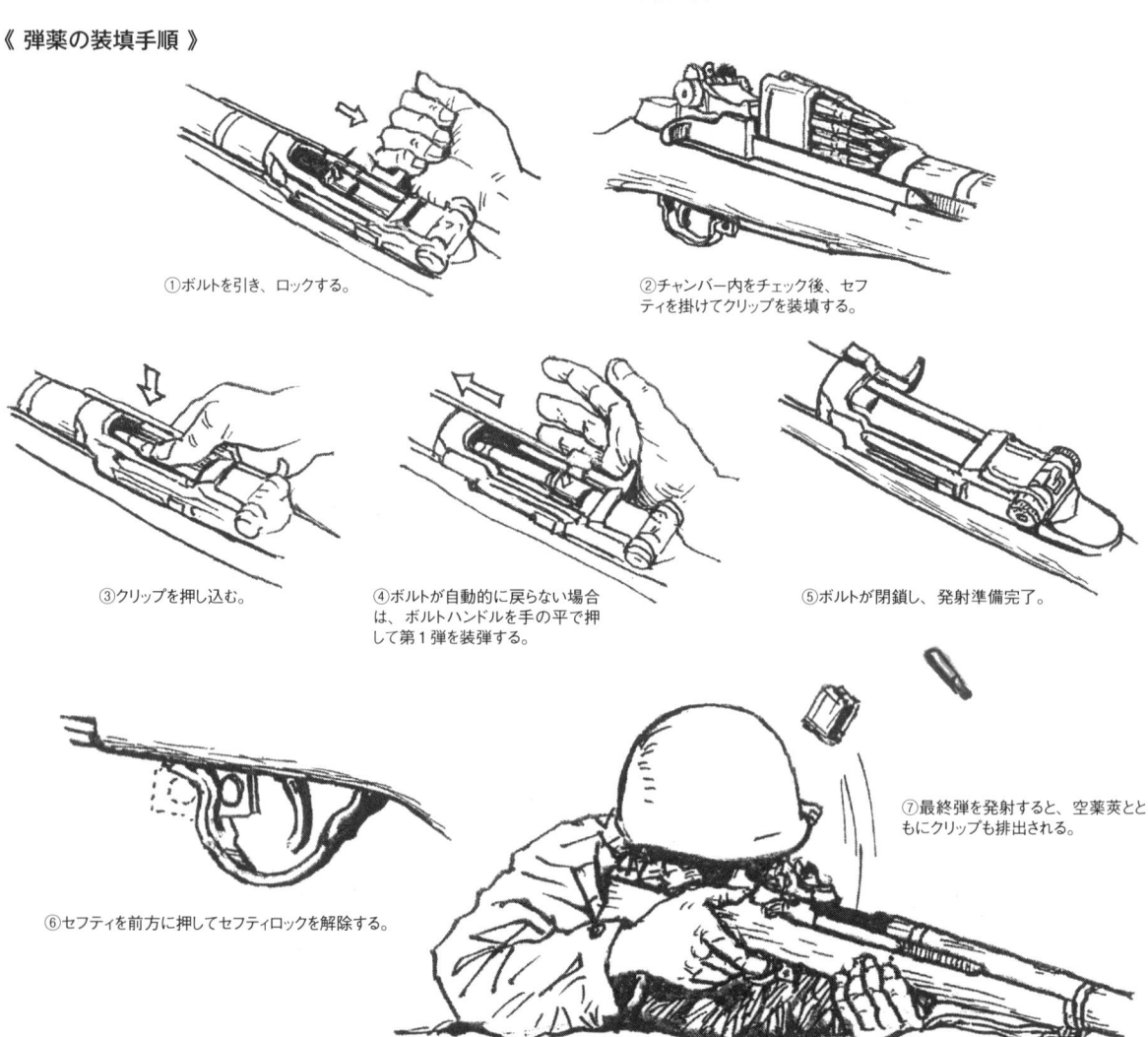

①ボルトを引き、ロックする。

②チャンバー内をチェック後、セフティを掛けてクリップを装填する。

③クリップを押し込む。

④ボルトが自動的に戻らない場合は、ボルトハンドルを手の平で押して第1弾を装弾する。

⑤ボルトが閉鎖し、発射準備完了。

⑥セフティを前方に押してセフティロックを解除する。

⑦最終弾を発射すると、空薬莢とともにクリップも排出される。

《 射撃姿勢 》

ライフルの射撃姿勢は、スタンディング、ニーリング、プローンの3つのポジションが基本となる。これらを応用して戦場では状況に合った姿勢で射撃を行う。

〔スタンディングポジション〕
基本的な立ち撃ちの姿勢。

〔ニーリングポジション〕
立てた左足で左ひじを保持するため、低い姿勢で安定した射撃が行える。

〔プローン〕
敵前での安全性も高く、最も安定した射撃姿勢。

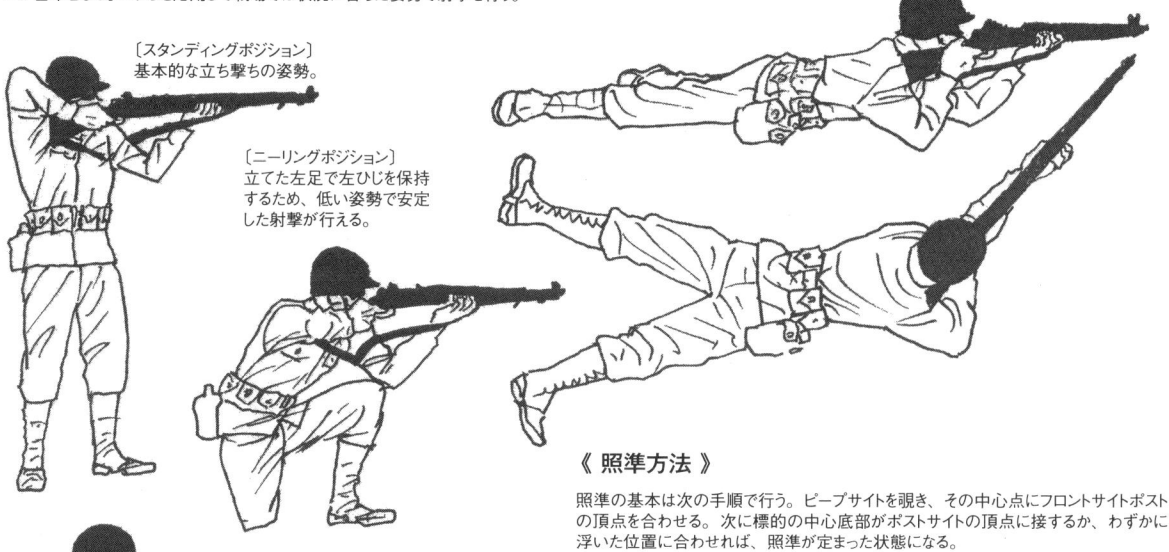

〔スクワッティングポジション〕
ニーリングとシッティングポジションの中間的な姿勢。射撃後、次の行動に移る場合に適している。

〔シッティングポジション〕
ニーリングポジションより、さらに安定した射撃を行う場合の姿勢。

《 照準方法 》

照準の基本は次の手順で行う。ピープサイトを覗き、その中心点にフロントサイトポストの頂点を合わせる。次に標的の中心底部がポストサイトの頂点に接するか、わずかに浮いた位置に合わせれば、照準が定まった状態になる。

フロントサイトポストがピープサイトの中央にある状態をサイトアライメントという。

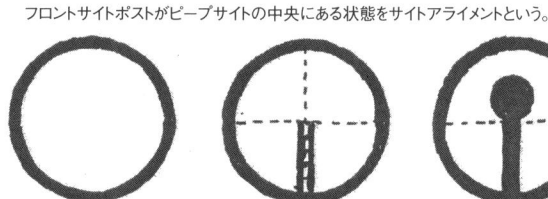

リアサイトのピープ。

フロントサイトポストをピープの中心に定める。

標的を捉える。

〔標的までの照準線〕

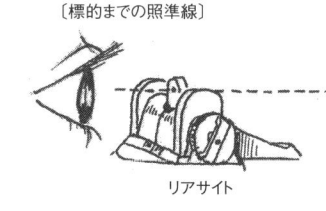

リアサイト

フロントサイト

標的

《 M1ライフル用.30-06弾 》

M1ライフルの弾薬は、M1917、M1919機関銃と同じ7.62mm口径の.30-06弾が使用された。弾薬は用途別に数種類が用意されていた。M1ライフルは通常、M1またはM2普通弾を使用する。

M2徹甲弾の弾頭色はブラック
M14焼夷徹甲弾の弾頭はシルバー

M1弾の弾頭はレッド
M25弾の弾頭はオレンジ
M1焼夷弾の弾頭はブルー

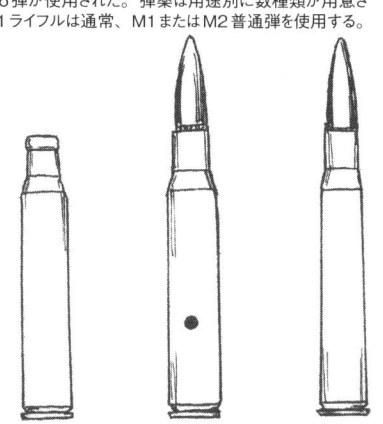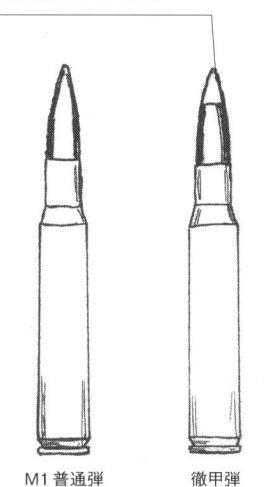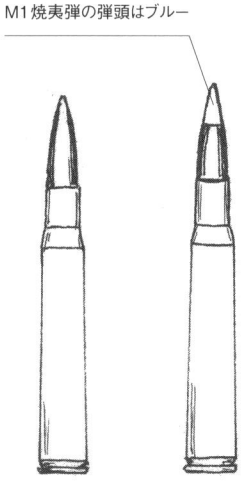

M1909空砲　　M2模擬弾　　M1高圧試験弾　　M1普通弾　　徹甲弾　　M2普通弾　　曳光弾

《 M3/M3A1の相違点 》

ストック・ロックボタン

エジェクションポート及びカバーが小さい。

エジェクションポート及びカバーを大型化。

〔M3〕

ボルトにコッキング用のスロット（指かけ孔）を設けた。

フラッシュハイダーがアクセサリーに加わる。

コッキングハンドル

〔M3A1〕

銃身基部に分解グループを追加。

フロントサイト

リアサイト

〔M3〕

コッキングハンドルを廃止。

〔M3のリアサイト〕 〔M3A1のリアサイト〕

エジェクションポートカバーのスプリングが強化された。

〔M3A1〕

ストックに分解組み立てレンチの機能を持たせた。

マガジンキャッチには、誤作動防止のガードを追加。

マガジンキャッチを改良。

マガジンローダーを追加。

グリップ内にオイル缶を内蔵。

ストックは、分解組み立て用のレンチとして使える他、マガジンローダーとクリーニングロッドの機能も備えている。

固定式リアサイトの照準距離は、約91メートル（100ヤード）。

フロントサイトも溶接で固定されている。

〔ストックを利用した装填方法〕

ストックは引き出すだけで展伸できるが、戻す時にはロックボタンを押しながら縮める。

M3の射撃は実に簡単で、マガジンを挿入してコッキングするだけ。発射速度が遅いので、慣れてくれば、1発射った後にトリガーを放し、単発射撃も可能だ。

30連マガジンはスプリングのテンションにより、25発目くらいから手では詰めにくくなるためストックを使用する。

《 操作方法 》

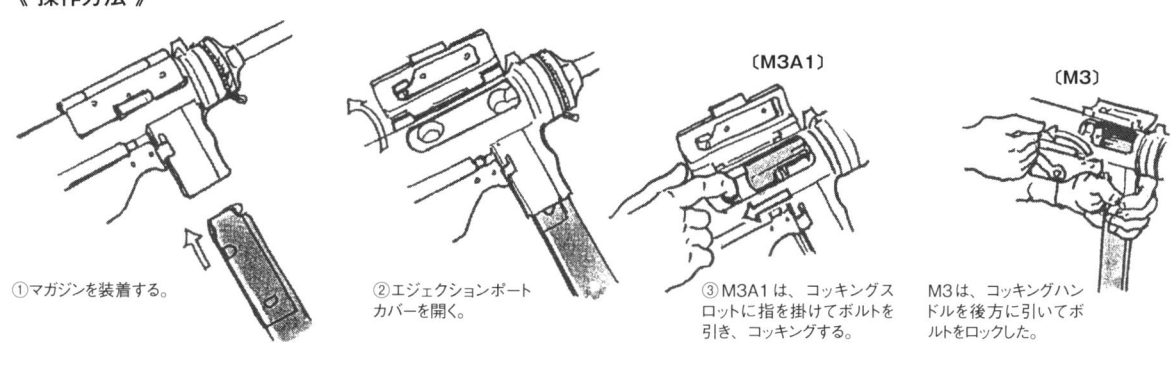

①マガジンを装着する。

②エジェクションポートカバーを開く。

〔M3A1〕
③M3A1 は、コッキングスロットに指を掛けてボルトを引き、コッキングする。

〔M3〕
M3 は、コッキングハンドルを後方に引いてボルトをロックした。

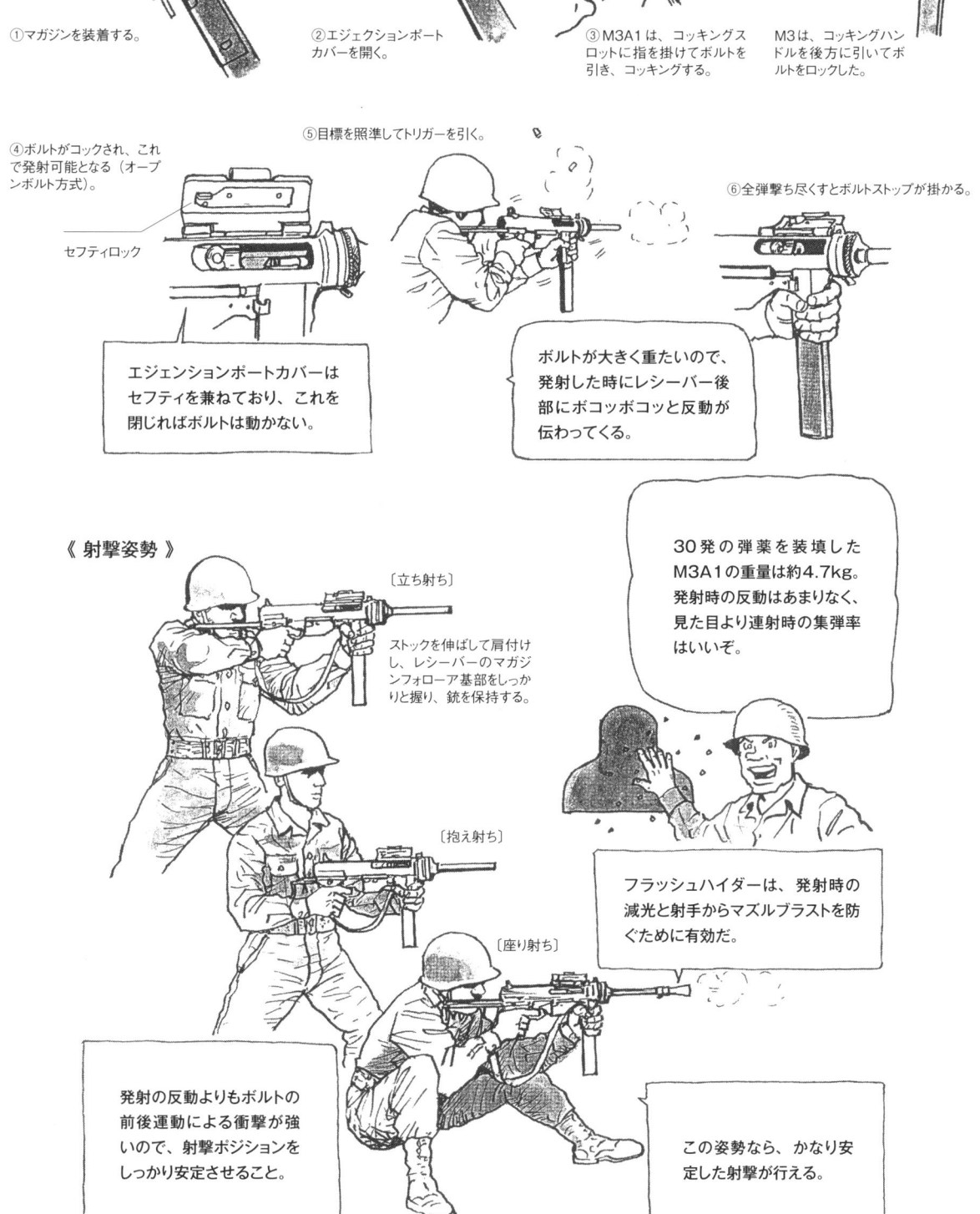

④ボルトがコックされ、これで発射可能となる（オープンボルト方式）。

セフティロック

⑤目標を照準してトリガーを引く。

⑥全弾撃ち尽くすとボルトストップが掛かる。

エジェンションポートカバーはセフティを兼ねており、これを閉じればボルトは動かない。

ボルトが大きく重たいので、発射した時にレシーバー後部にボコッボコッと反動が伝わってくる。

《 射撃姿勢 》

〔立ち射ち〕

ストックを伸ばして肩付けし、レシーバーのマガジンフォローア基部をしっかりと握り、銃を保持する。

30 発の弾薬を装填したM3A1の重量は約4.7kg。発射時の反動はあまりなく、見た目より連射時の集弾率はいいぞ。

〔抱え射ち〕

フラッシュハイダーは、発射時の減光と射手からマズルブラストを防ぐために有効だ。

〔座り射ち〕

発射の反動よりもボルトの前後運動による衝撃が強いので、射撃ポジションをしっかり安定させること。

この姿勢なら、かなり安定した射撃が行える。

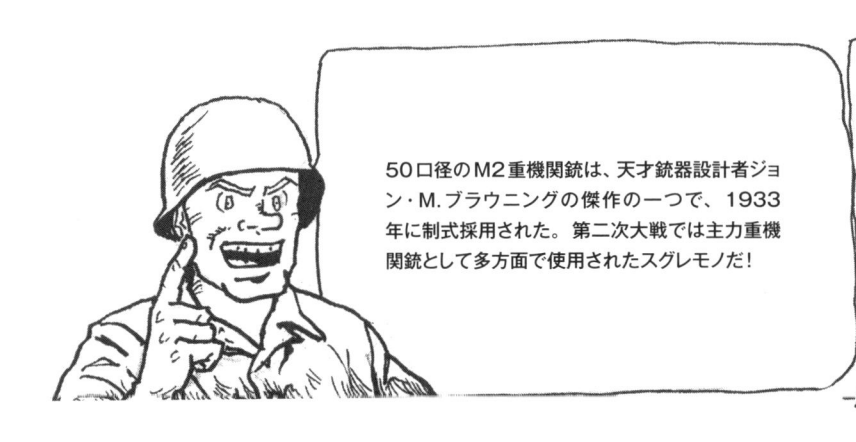

50口径のM2重機関銃は、天才銃器設計者ジョン・M.ブラウニングの傑作の一つで、1933年に制式採用された。第二次大戦では主力重機関銃として多方面で使用されたスグレモノだ!

元々は、観測気球や軽装甲車両を攻撃する目的で造られたのよね。

《 M2重機関銃の各部 》

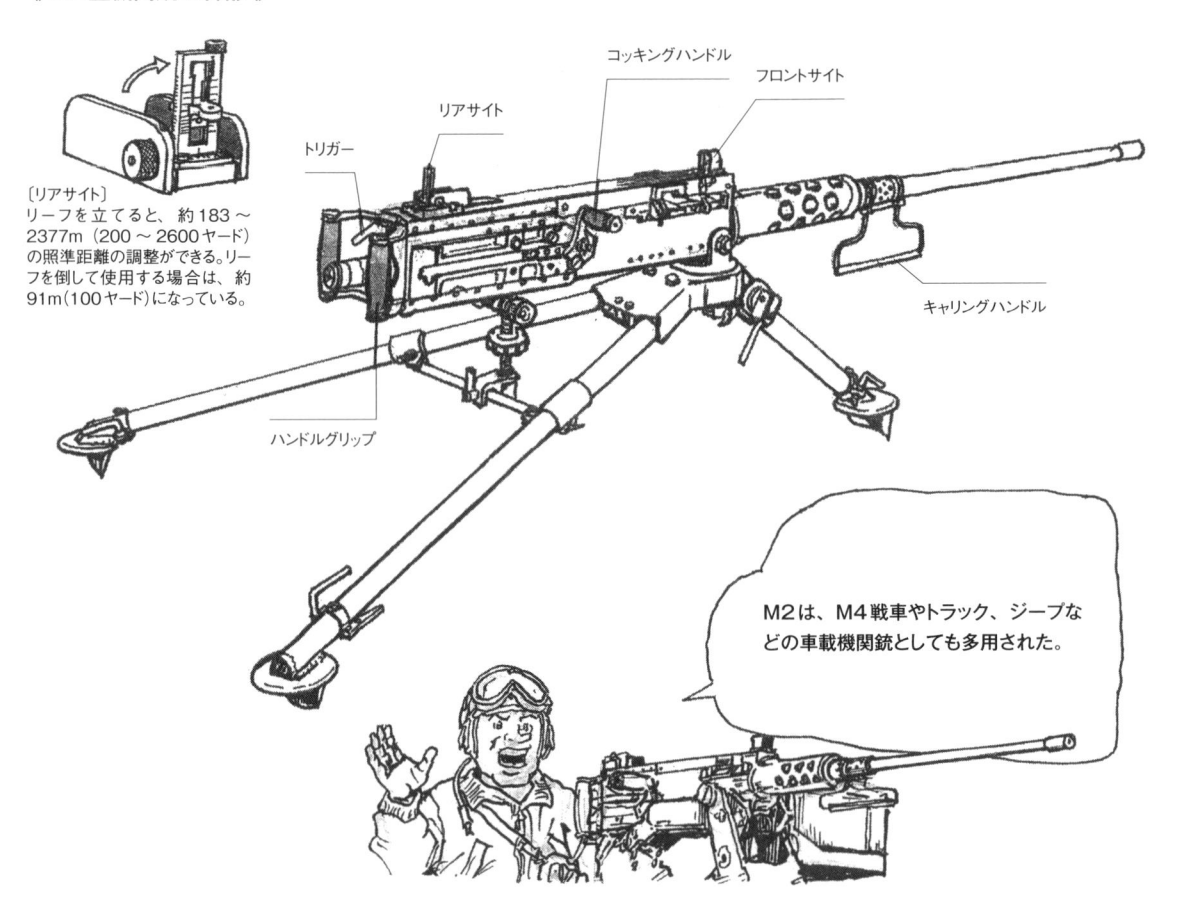

〔リアサイト〕
リーフを立てると、約183～2377m（200～2600ヤード）の照準距離の調整ができる。リーフを倒して使用する場合は、約91m（100ヤード）になっている。

トリガー

リアサイト

コッキングハンドル

フロントサイト

キャリングハンドル

ハンドルグリップ

M2は、M4戦車やトラック、ジープなどの車載機関銃としても多用された。

《 地上や艦載対空用 水冷式M2重機関銃 》

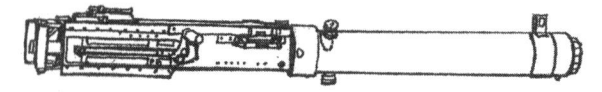

連続射撃に対応するため、銃身を水で冷却するウォータージャケットを装着。

《 航空機搭載用 AN-M3機関銃 》

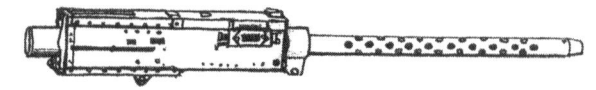

陸海軍の戦闘機や爆撃機などに固定式/旋回式機関銃として搭載。

《 操作方法 》

フィールドカバーラッチ

①フィードカバーラッチを押して、フィードカバーを開く。

コッキングハンドル

エキストラクター

②給弾ベルトの1発目を給弾口に差し込み、エキストラクターをリムに咬ませる。

③カバーを閉じて、コッキングハンドルを後方いっぱいに引いた後、前方に戻す。

くーっ、重いんだなーこれが。

④両手でハンドルを握り、トリガーを押すと弾が発射される。このトリガープッシュも重く、約5kgの力が必要だ。

給弾はカバーを開けずに弾を押し込んでも可能だ。ただし、この場合はコッキングハンドルを2回引かないとチャンバーに第1弾は入らないぞ。

トリガー

ボルトラッチリリースキャッチャー

ボルトラッチリリース（セレクター）

バッファーチューブスリーブ

ハンドルグリップ

軍曹殿、このM2おかしいです。ドドドッと連射できません。

がははっ、それはこのボルトラッチリリースキャッチャーの機構を知らないからだ。

この位置ではフルオートできず、上図のようにキャッチャーを押した状態にする。

バックプレートラッチ

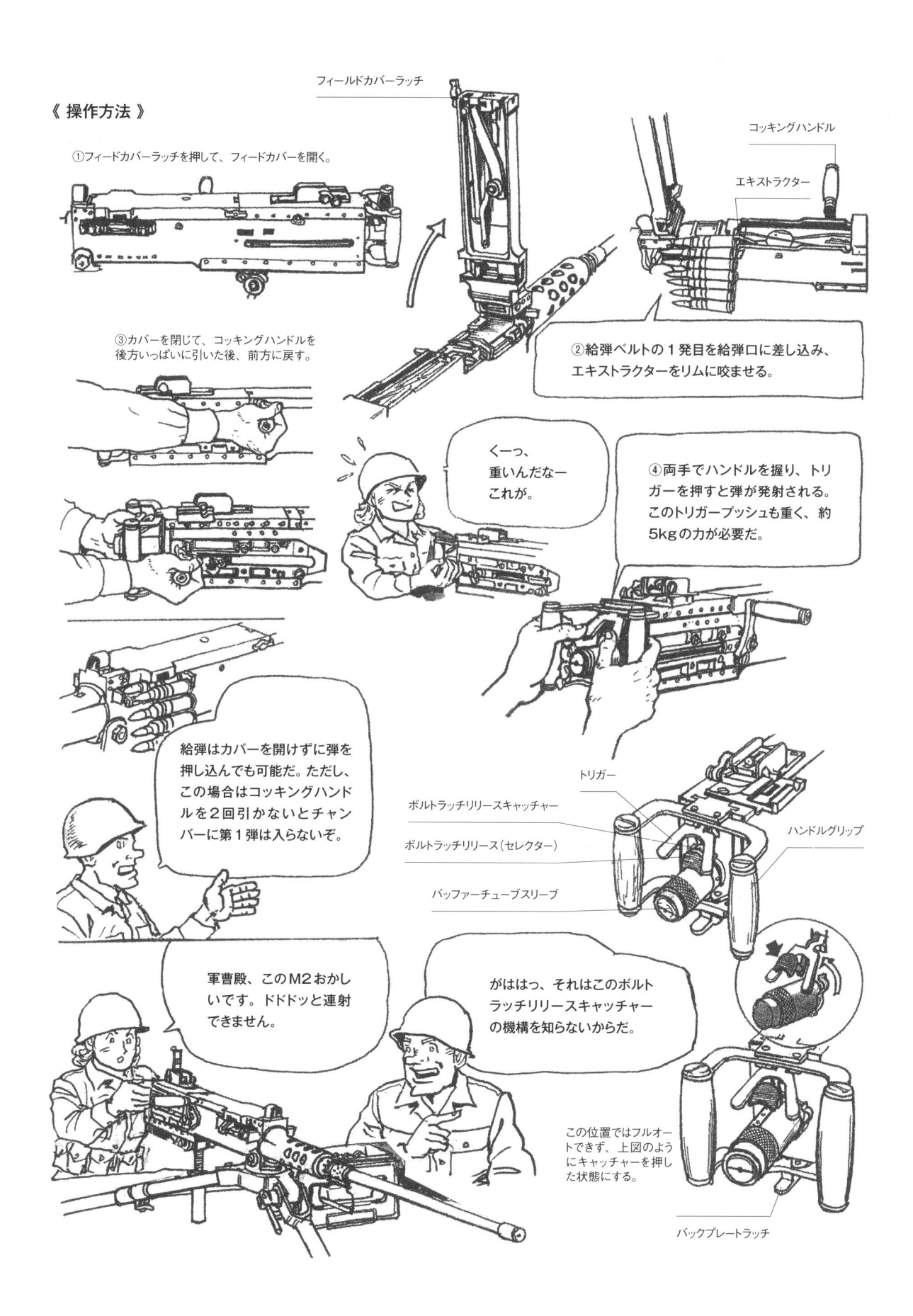

サンディ、手榴弾なんかコワくて……、うまく扱えるかしら…?

手榴弾は野戦や市街戦などの近接戦闘において、極めて有効な兵器の一つである。しかし、使い方を間違えると味方にも重大な被害を与えかねない。したがってその使用方法は、しっかりとマスターしなければならない。

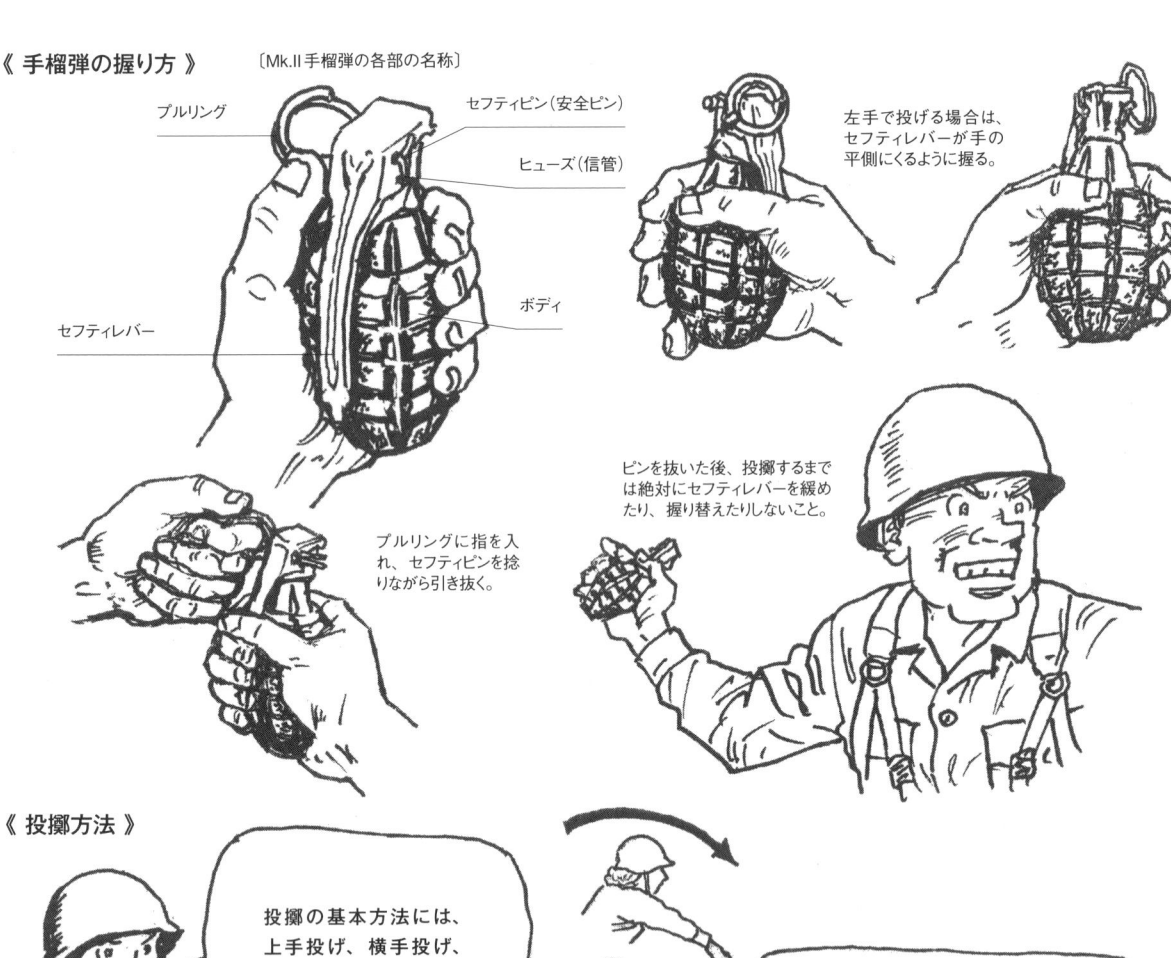

《 手榴弾の握り方 》

〔Mk.II手榴弾の各部の名称〕

プルリング

セフティピン(安全ピン)

ヒューズ(信管)

ボディ

セフティレバー

左手で投げる場合は、セフティレバーが手の平側にくるように握る。

プルリングに指を入れ、セフティピンを捻りながら引き抜く。

ピンを抜いた後、投擲するまでは絶対にセフティレバーを緩めたり、握り替えたりしないこと。

《 投擲方法 》

投擲の基本方法には、上手投げ、横手投げ、下手投げがある。その特性は右図のとおりだ。

上手投げは、最も一般的な投擲方法です。横手投げは、投擲距離はちょっと短くなるが、装備品や体の姿勢によって上手投げができない場合に用います。

下手投げは、短距離の目標に対して投擲する際に行います。また、落下点からの跳ね返りや転がりが少ない投げ方といえます。

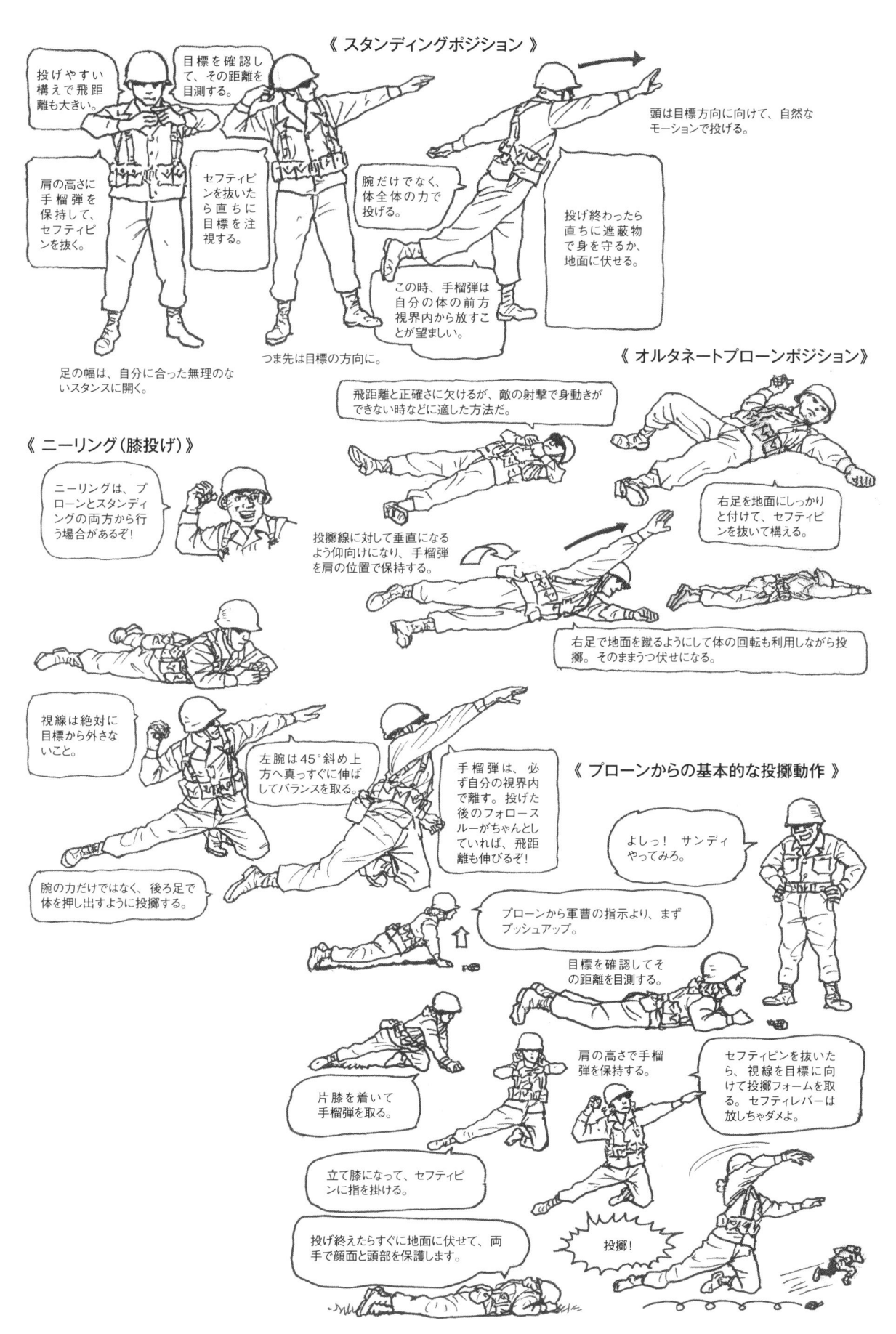

《 スタンディングポジション 》

投げやすい構えで飛距離も大きい。

目標を確認して、その距離を目測する。

頭は目標方向に向けて、自然なモーションで投げる。

肩の高さに手榴弾を保持して、セフティピンを抜く。

セフティピンを抜いたら直ちに目標を注視する。

腕だけでなく、体全体の力で投げる。

投げ終わったら直ちに遮蔽物で身を守るか、地面に伏せる。

この時、手榴弾は自分の体の前方視界内から放すことが望ましい。

足の幅は、自分に合った無理のないスタンスに開く。

つま先は目標の方向に。

飛距離と正確さに欠けるが、敵の射撃で身動きができない時などに適した方法だ。

《 ニーリング（膝投げ） 》

ニーリングは、プローンとスタンディングの両方から行う場合があるぞ！

投擲線に対して垂直になるよう仰向けになり、手榴弾を肩の位置で保持する。

《 オルタネートプローンポジション 》

右足を地面にしっかりと付けて、セフティピンを抜いて構える。

右足で地面を蹴るようにして体の回転も利用しながら投擲。そのままうつ伏せになる。

視線は絶対に目標から外さないこと。

左腕は45°斜め上方へ真っすぐに伸ばしてバランスを取る。

手榴弾は、必ず自分の視界内で離す。投げた後のフォロースルーがちゃんとしていれば、飛距離も伸びるぞ！

腕の力だけではなく、後ろ足で体を押し出すように投擲する。

《 プローンからの基本的な投擲動作 》

よしっ！サンディやってみろ。

プローンから軍曹の指示より、まずプッシュアップ。

目標を確認してその距離を目測する。

肩の高さで手榴弾を保持する。

セフティピンを抜いたら、視線を目標に向けて投擲フォームを取る。セフティレバーは放しちゃダメよ。

片膝を着いて手榴弾を取る。

立て膝になって、セフティピンに指を掛ける。

投げ終えたらすぐに地面に伏せて、両手で顔面と頭部を保護します。

投擲！

アメリカ軍の歩兵部隊編成

ライフル分隊　1944年

第二次大戦のアメリカ陸軍歩兵部隊のライフル（歩兵）分隊は、1個分隊12名で構成されていた。分隊長の指揮下に副分隊長1名、ライフル兵8名、分隊支援火器射手1名、狙撃手1名である。なお、狙撃手は必ず編成に含まれるというものではなく、多くがライフル兵9名（この場合、1名がM7ライフルグレネードランチャーを携行）で構成されている。装備する小火器は、分隊支援火器の射手がM1918A1（BAR）、ライフル兵はM1ライフル、狙撃手がM1903A4スナイパーライフルを使用した。分隊長はM1カービンまたはサブマシンガンとM1911A1を装備することもあった。

〔狙撃手〕1名

〔副分隊長〕伍長

〔ライフル兵 計8名〕

〔分隊長〕軍曹

〔分隊支援火器射手〕1名

機関銃分隊　1944年

機関銃分隊は、分隊長、機関銃手、装弾手、弾薬手（2名の場合もある）合計4名（あるいは5名）の分隊員で構成される。機関銃分隊は、小銃中隊と重火器中隊の2つに分かれて編成された。小銃中隊所属の機関銃分隊は、M1919A4重機関銃またはM1919A6軽機関銃を装備し、重火器中隊に所属する機関銃分隊には、M1917A2重機関銃が配備される。分隊員が所持する小火器は、分隊長がM1カービン及びM1911A1、射手と装弾手はM1911A1、弾薬手はM1ライフルまたはM1カービンを携行した。

〔分隊長〕軍曹

〔装弾手〕

〔弾薬手〕

〔機関銃手〕

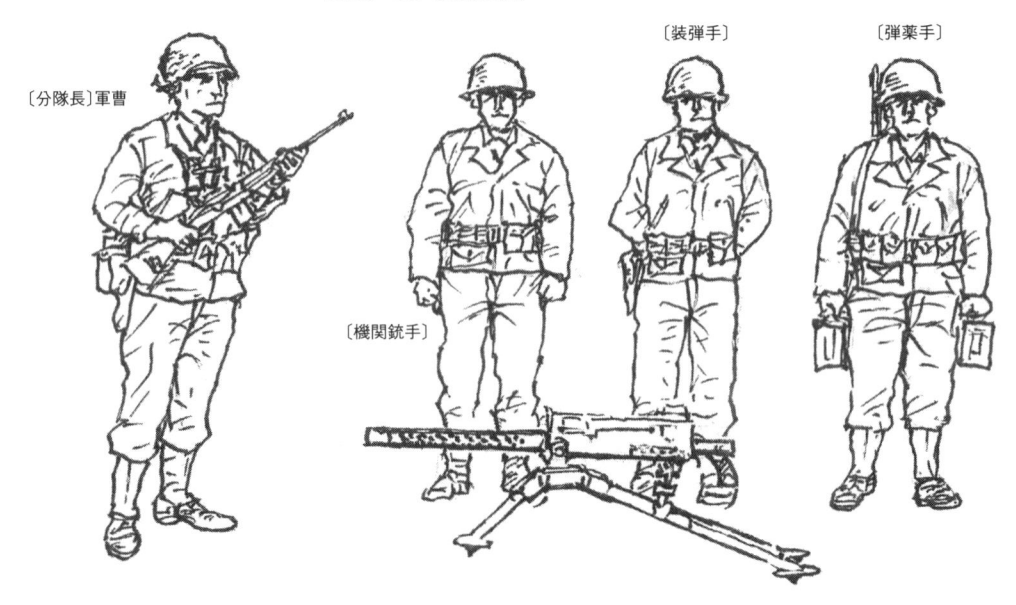

機甲歩兵分隊　1944年

機甲歩兵分隊は、機甲連隊の歩兵大隊に所属する分隊である。分隊員は下士官の分隊長以下、副分隊長1名、ライフル兵9名、操縦手1名の計12名。これら隊員と移動に使用するM3ハーフトラック（半装軌式装甲兵員輸送車）1両で1個分隊を形成している。武装は一般の歩兵分隊と同じだが、M3ハーフトラックにはM2重機関銃1挺とM1919A4重機関銃2挺が搭載されていた。

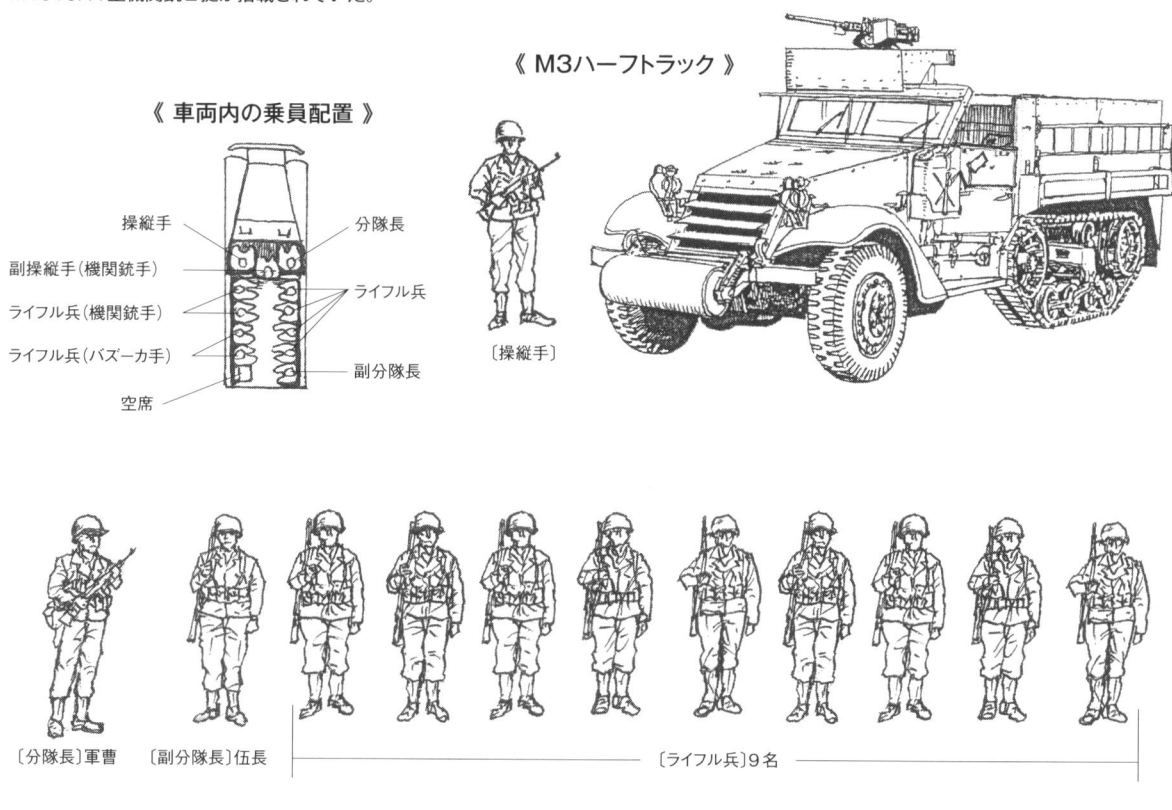

《 M3ハーフトラック 》

《 車両内の乗員配置 》

操縦手　　　　　分隊長
副操縦手（機関銃手）
ライフル兵（機関銃手）　　ライフル兵
ライフル兵（バズーカ手）　　副分隊長
空席

〔操縦手〕

〔分隊長〕軍曹　　〔副分隊長〕伍長　　　　　　　　〔ライフル兵〕9名

海兵隊のライフル分隊　1945年

海兵隊のライフル（歩兵）分隊は13名で編成され、分隊長（軍曹）の指揮下、3つのファイアチーム（射撃班）に分かれ、状況に応じて行動した。1個ファイアチームはチームリーダー（伍長）、分隊支援火器射手、ライフル兵2名の計4名で編成されている。使用する火器は、分隊長がM1カービン（ライフルグレネードランチャーを携行）、チームリーダーとライフル兵はM1ライフル（内1名はライフルグレネードランチャーを携行）、分隊支援火器の射手はM1918A2（BAR）を装備した。

海兵隊ライフル分隊は13名で編成

〔第1ファイアチーム〕4名

ライフル兵

ライフル兵
（1名のみM7ライフル
グレネードランチャーを
携帯）

分隊支援火器射手

チームリーダー

分隊長

〔第2ファイアチーム〕4名

〔第3ファイアチーム〕4名

歩兵部隊の編成　1944〜1945年

```
            歩兵中隊
        ┌──────┴──────┐
   ライフル小隊          重火器小隊
      │                    │
   小隊本部              小隊本部
      │             ┌──────┴──────┐
  ライフル分隊      機関銃班      迫撃砲班
                      │            │
                   機関銃分隊    迫撃砲分隊
```

《 ライフル分隊員の兵器 》

〔分隊長〕サブマシンガンまたはM1カービン

〔副分隊長〕M1ライフル

〔分隊支援火器射手〕M1918A2

ライフル小隊本部

各分隊を指揮する小隊本部は、指揮官の小隊長、小隊長を補佐する小隊付軍曹、弾薬や糧食補給管理などを行う指導軍曹及び伝令2名で構成される。

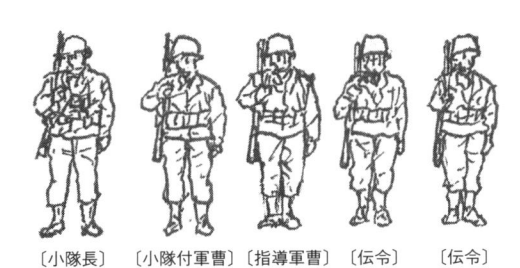

〔小隊長〕　〔小隊付軍曹〕　〔指導軍曹〕　〔伝令〕　〔伝令〕

ライフル分隊の編成

ライフル分隊はA、B、Cの3つのチームに分けられ任務ごとに行動する。

〔A（エイブル）チーム〕　　〔B（ベーカー）チーム〕　　〔C（チャーリー）チーム〕

分隊長　　斥候兵　　　分隊支援火器射手　　　　ライフル兵　　　　副分隊長

《 分隊の並列移動隊形 》

並列縦隊は、あらゆる方向からの敵の攻撃に対応できる隊形である。他に戦場の状況や地形に応じて、縦列や横隊などの隊形が取られた。移動は、斥候兵が前方の敵情や地形などの情報を収集し、その情報に基づき分隊長が部隊を前進させた。

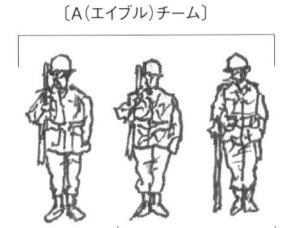

〔Aチーム〕　斥候兵　分隊長

〔Bチーム〕

〔Cチーム〕　副分隊長

〔Cチーム〕
副分隊長が率いて、目標まで前進し側面から攻撃。

《 ファイア＆ムーブメント（射撃と移動） 》

分隊の戦闘はファイア＆ムーブメントが基本となる。その方法は、Bチームが分対支援火器M1918（BAR）の射撃で敵を抑え込んでいる間に、Cチームが敵の側面に回り込み攻撃する。

〔Bチーム〕
分隊長の指揮でCチームの攻撃を支援。

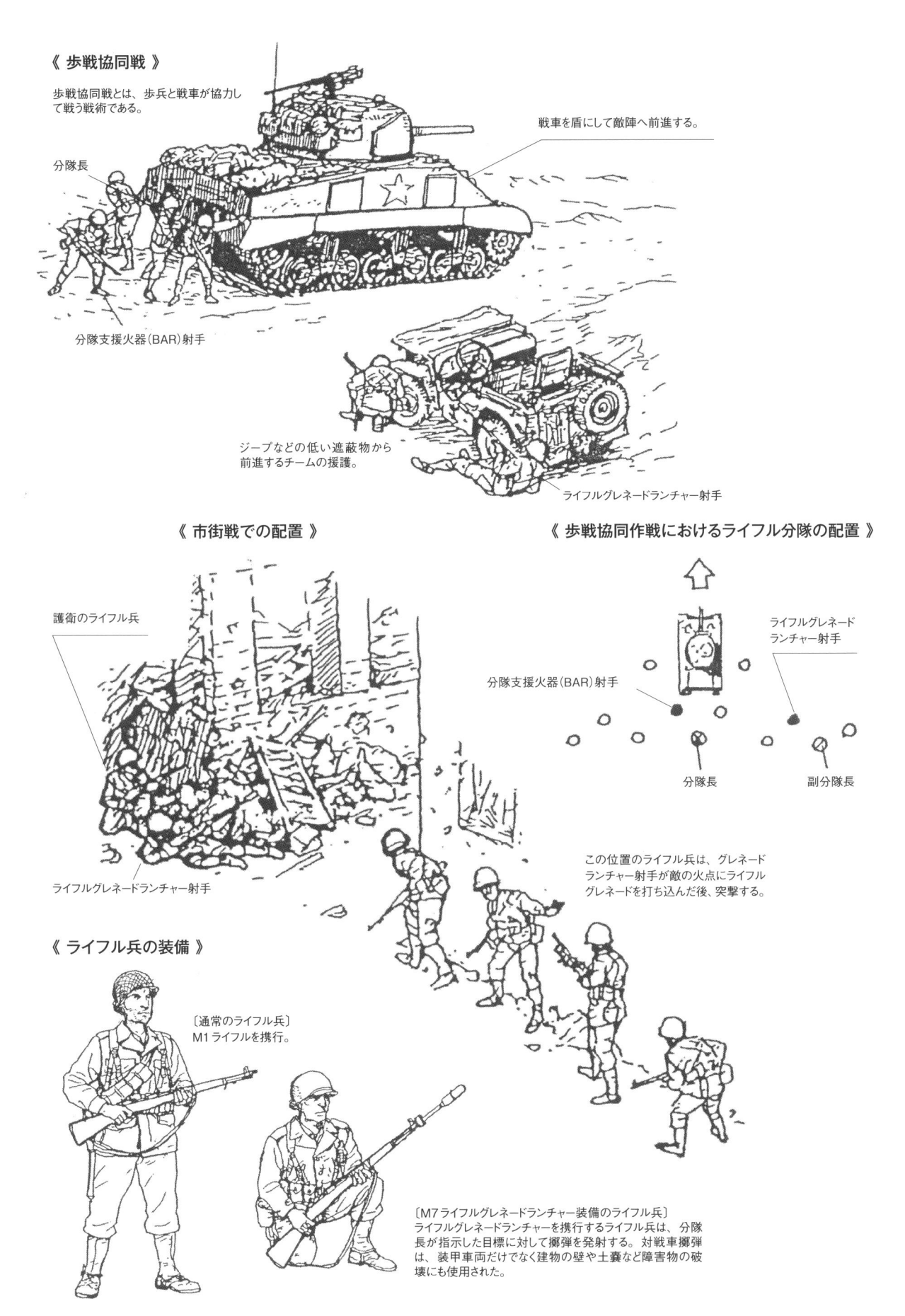

《 歩戦協同戦 》

歩戦協同戦とは、歩兵と戦車が協力して戦う戦術である。

分隊長

分隊支援火器(BAR)射手

戦車を盾にして敵陣へ前進する。

ジープなどの低い遮蔽物から前進するチームの援護。

ライフルグレネードランチャー射手

《 市街戦での配置 》

護衛のライフル兵

ライフルグレネードランチャー射手

《 歩戦協同作戦におけるライフル分隊の配置 》

ライフルグレネードランチャー射手

分隊支援火器(BAR)射手

分隊長

副分隊長

この位置のライフル兵は、グレネードランチャー射手が敵の火点にライフルグレネードを打ち込んだ後、突撃する。

《 ライフル兵の装備 》

〔通常のライフル兵〕
M1 ライフルを携行。

〔M7 ライフルグレネードランチャー装備のライフル兵〕
ライフルグレネードランチャーを携行するライフル兵は、分隊長が指示した目標に対して擲弾を発射する。対戦車擲弾は、装甲車両だけでなく建物の壁や土嚢など障害物の破壊にも使用された。

イギリス軍

アメリカが第二次大戦に参戦するまで、連合国軍の主力となって戦ったのはイギリス軍だった。装備していた小火器は、第一次大戦以前のモデルから第二次大戦中に採用された新型までと、その種類は多岐に渡る。大戦中、イギリス製小火器は自国軍のみならず、イギリス連邦諸国でも使用されている。

ピストル

第二次大戦のイギリスの軍用ピストルは、リボルバータイプが主流であった。また、新旧モデルに加えてアメリカ製なども含めた数種類のピストルを制式・準制式化し、使用している。

エンフィールドNo.2 Mk.I/I*

1932年に採用された中折れ式リボルバー。軍の要求により、38口径弾を使用するモデルとして造られた。第二次大戦中にはイギリス製の.380リボルバーMk.IIz弾の他に、アメリカから供与された.38S&W弾も使われている。

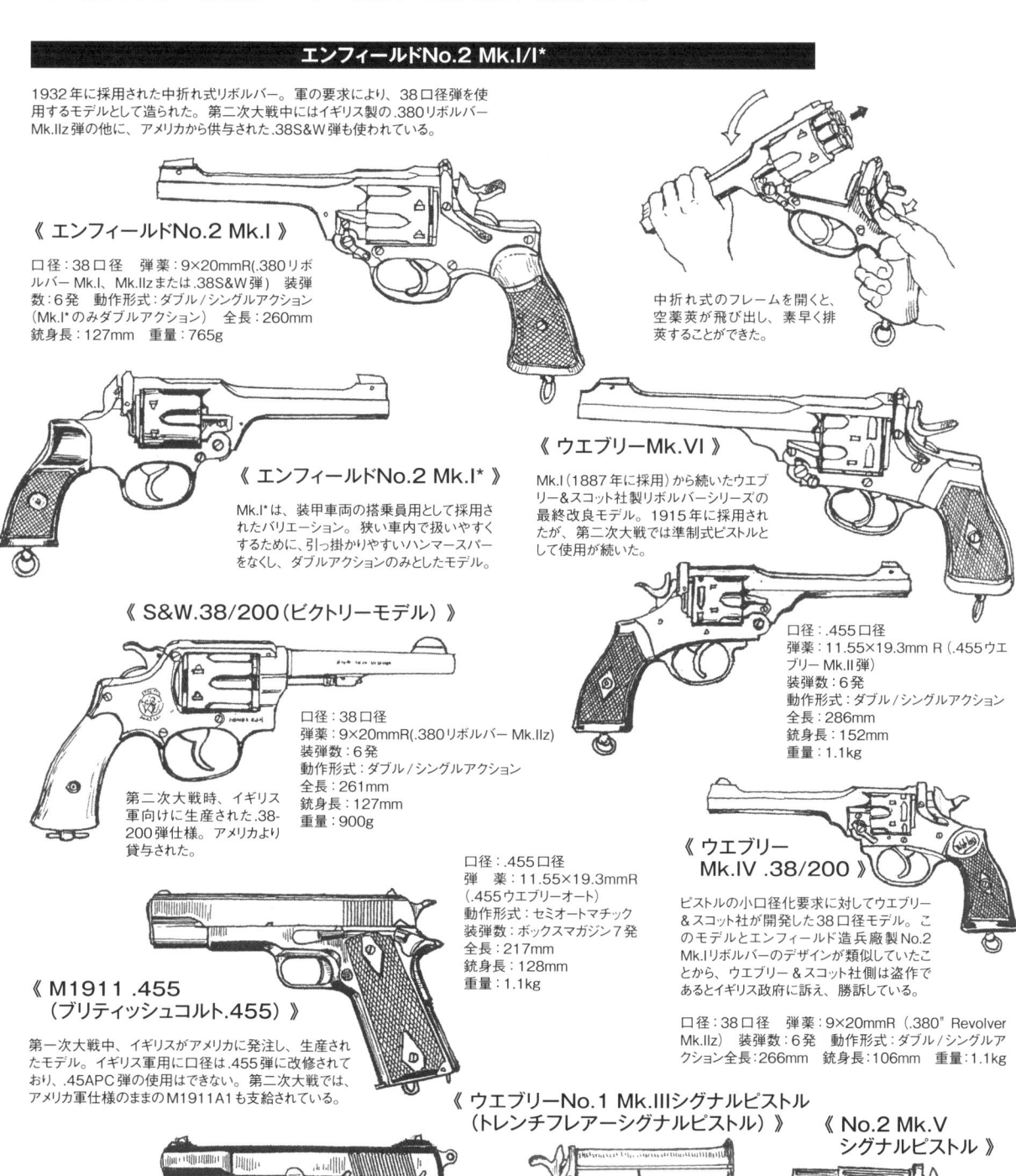

《 エンフィールドNo.2 Mk.I 》

口径：38口径　弾薬：9×20mmR(.380リボルバー Mk.I、Mk.IIzまたは.38S&W弾）　装弾数：6発　動作形式：ダブル／シングルアクション（Mk.I*のみダブルアクション）　全長：260mm　銃身長：127mm　重量：765g

中折れ式のフレームを開くと、空薬莢が飛び出し、素早く排莢することができた。

《 エンフィールドNo.2 Mk.I* 》

Mk.I*は、装甲車両の搭乗員用として採用されたバリエーション。狭い車内で扱いやすくするために、引っ掛かりやすいハンマースパーをなくし、ダブルアクションのみとしたモデル。

《 ウエブリーMk.VI 》

Mk.I（1887年に採用）から続いたウエブリー＆スコット社製リボルバーシリーズの最終改良モデル。1915年に採用されたが、第二次大戦では準制式ピストルとして使用が続いた。

口径：.455口径
弾薬：11.55×19.3mm R (.455ウエブリー Mk.II弾）
装弾数：6発
動作形式：ダブル／シングルアクション
全長：286mm
銃身長：152mm
重量：1.1kg

《 S&W.38/200（ビクトリーモデル）》

口径：38口径
弾薬：9×20mmR(.380リボルバー Mk.IIz)
装弾数：6発
動作形式：ダブル／シングルアクション
全長：261mm
銃身長：127mm
重量：900g

第二次大戦時、イギリス軍向けに生産された.38-200弾仕様。アメリカより貸与された。

《 ウエブリー Mk.IV .38/200 》

ピストルの小口径化要求に対してウエブリー＆スコット社が開発した38口径モデル。このモデルとエンフィールド造兵廠製No.2 Mk.Iリボルバーのデザインが類似していたことから、ウエブリー＆スコット社側は盗作であるとイギリス政府に訴え、勝訴している。

口径：38口径　弾薬：9×20mmR (.380" Revolver Mk.IIz)　装弾数：6発　動作形式：ダブル／シングルアクション全長：266mm　銃身長：106mm　重量：1.1kg

《 M1911 .455
（ブリティッシュコルト.455）》

口径：.455口径
弾薬：11.55×19.3mmR (.455ウエブリーオート）
動作形式：セミオートマチック
装弾数：ボックスマガジン7発
全長：217mm
銃身長：128mm
重量：1.1kg

第一次大戦中、イギリスがアメリカに発注し、生産されたモデル。イギリス軍用に口径は.455弾に改修されており、.45APC弾の使用はできない。第二次大戦では、アメリカ軍仕様のままのM1911A1も支給されている。

《 ブラウニング
ハイパワーM1935 》

イギリス軍は、カナダのイングルス社でライセンス生産されたモデルを使用した。

《 ウエブリーNo.1 Mk.IIIシグナルピストル
（トレンチフレアーシグナルピストル）》

口径：25mm
動作形式：中折れ単発
全長：240mm
銃身長：131mm
重量：不明

1916年に採用されたシグナルピストル。第二次大戦時には、オーストラリアでもライセンス生産された。

《 No.2 Mk.V
シグナルピストル 》

ウエブリー＆スコット社で製作されたシグナルピストル。口径は25.4mm、中折れ単発式のシンプルなモデル。

ライフル

イギリス軍のライフルは、1896年に採用されたマガジン・リー・エンフィールドから始まり、代々、改良されたモデルが配備されてきた。その特徴は、マウザータイプとは異なるボルト作動方式である。ボルトの後退量と回転角を小さくしたことから、排莢・装填が素早く行えるだけでなく、視線を外さず照準しながらの連続射撃を可能としていた。

SMLE（ショート・マガジン・リー・エンフィールド）No.1 Mk.I/Mk.III

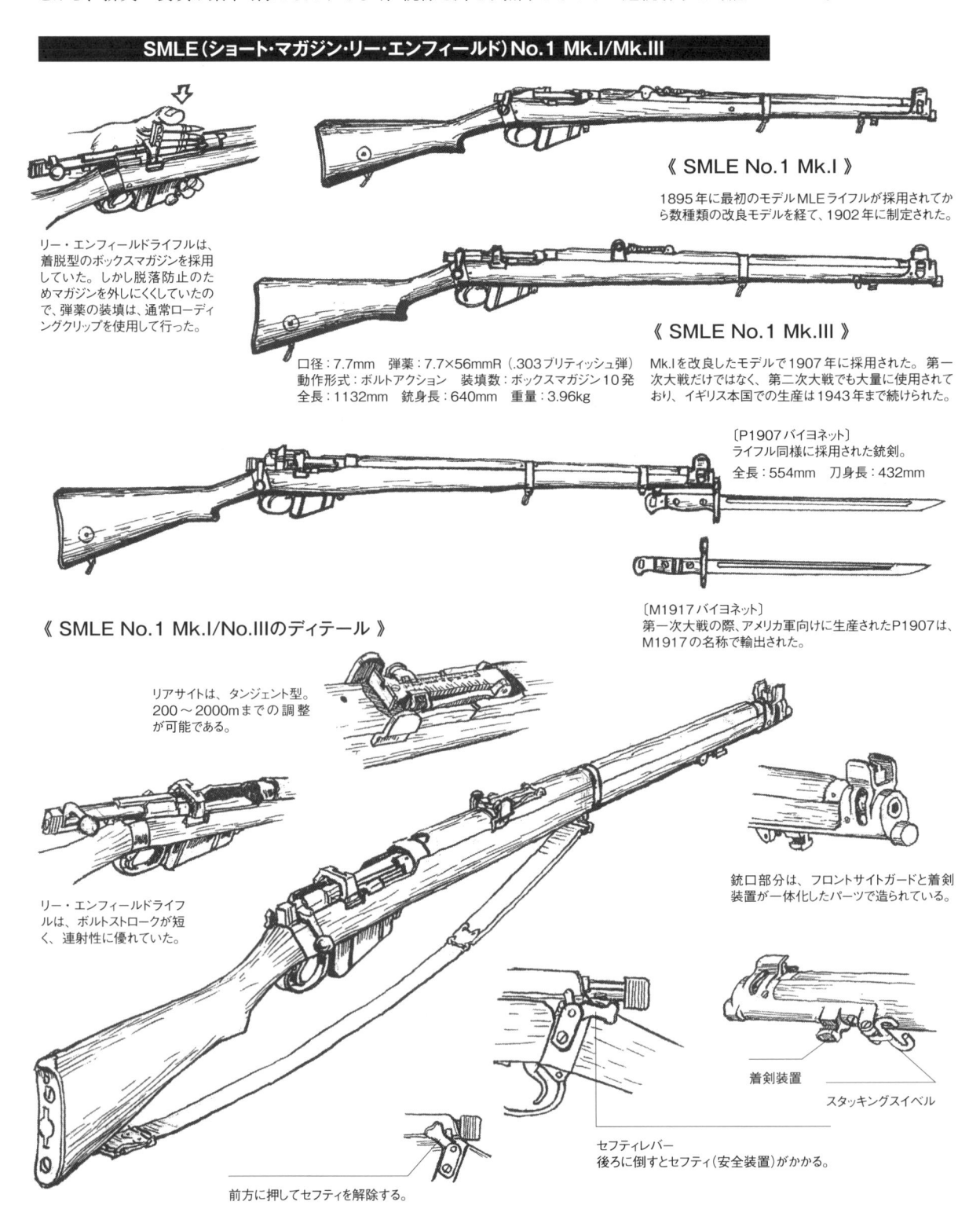

リー・エンフィールドライフルは、着脱型のボックスマガジンを採用していた。しかし脱落防止のためマガジンを外しにくくしていたので、弾薬の装填は、通常ローディングクリップを使用して行った。

《 SMLE No.1 Mk.I 》

1895年に最初のモデルMLEライフルが採用されてから数種類の改良モデルを経て、1902年に制定された。

《 SMLE No.1 Mk.III 》

口径：7.7mm　弾薬：7.7×56mmR（.303ブリティッシュ弾）
動作形式：ボルトアクション　装填数：ボックスマガジン10発
全長：1132mm　銃身長：640mm　重量：3.96kg

Mk.Iを改良したモデルで1907年に採用された。第一次大戦だけではなく、第二次大戦でも大量に使用されており、イギリス本国での生産は1943年まで続けられた。

〔P1907バイヨネット〕
ライフル同様に採用された銃剣。
全長：554mm　刀身長：432mm

〔M1917バイヨネット〕
第一次大戦の際、アメリカ軍向けに生産されたP1907は、M1917の名称で輸出された。

《 SMLE No.1 Mk.I/No.IIIのディテール 》

リアサイトは、タンジェント型。200～2000mまでの調整が可能である。

リー・エンフィールドライフルは、ボルトストロークが短く、連射性に優れていた。

銃口部分は、フロントサイトガードと着剣装置が一体化したパーツで造られている。

着剣装置

スタッキングスイベル

セフティレバー
後ろに倒すとセフティ（安全装置）がかかる。

前方に押してセフティを解除する。

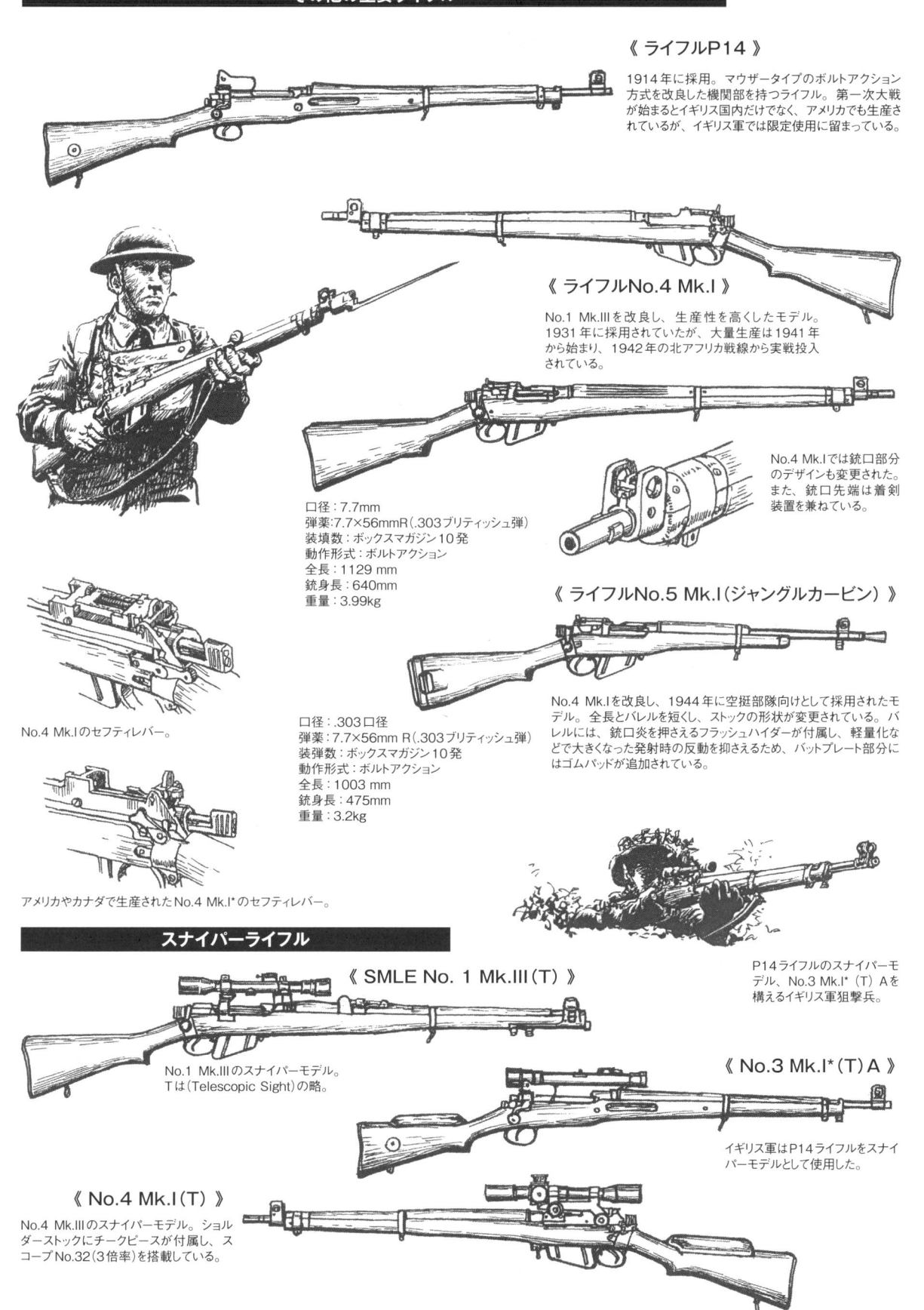

《 ライフルP14 》

1914年に採用。マウザータイプのボルトアクション方式を改良した機関部を持つライフル。第一次大戦が始まるとイギリス国内だけでなく、アメリカでも生産されているが、イギリス軍では限定使用に留まっている。

《 ライフルNo.4 Mk.I 》

No.1 Mk.IIIを改良し、生産性を高くしたモデル。1931年に採用されていたが、大量生産は1941年から始まり、1942年の北アフリカ戦線から実戦投入されている。

No.4 Mk.Iでは銃口部分のデザインも変更された。また、銃口先端は着剣装置を兼ねている。

口径：7.7mm
弾薬：7.7×56mmR（.303ブリティッシュ弾）
装填数：ボックスマガジン10発
動作形式：ボルトアクション
全長：1129 mm
銃身長：640mm
重量：3.99kg

No.4 Mk.Iのセフティレバー。

《 ライフルNo.5 Mk.I（ジャングルカービン） 》

No.4 Mk.Iを改良し、1944年に空挺部隊向けとして採用されたモデル。全長とバレルを短くし、ストックの形状が変更されている。バレルには、銃口炎を押さえるフラッシュハイダーが付属し、軽量化などで大きくなった発射時の反動を抑えるため、バットプレート部分にはゴムパッドが追加されている。

口径：.303口径
弾薬：7.7×56mm R（.303ブリティッシュ弾）
装弾数：ボックスマガジン10発
動作形式：ボルトアクション
全長：1003 mm
銃身長：475mm
重量：3.2kg

アメリカやカナダで生産されたNo.4 Mk.I*のセフティレバー。

スナイパーライフル

《 SMLE No. 1 Mk.III（T） 》

No.1 Mk.IIIのスナイパーモデル。Tは（Telescopic Sight）の略。

P14ライフルのスナイパーモデル、No.3 Mk.I*（T）Aを構えるイギリス軍狙撃兵。

《 No.3 Mk.I*（T）A 》

イギリス軍はP14ライフルをスナイパーモデルとして使用した。

《 No.4 Mk.I（T） 》

No.4 Mk.IIIのスナイパーモデル。ショルダーストックにチークピースが付属し、スコープNo.32（3倍率）を搭載している。

サブマシンガン

イギリス軍は1940年6月、フランスの戦いに敗れ、ダンケルクから撤退した際に大量の小火器を失った。そこで、ドイツ軍のイギリス侵攻に備えて、単純な構造と簡易な加工で生産できる9mm口径のサブマシンガンを開発した。"ステンガン"とも呼ばれるこのサブマシンガンは、大量生産されてイギリス軍及び英連邦軍の主力サブマシンガンとして使用された。

初期量産型 ステンMk.I

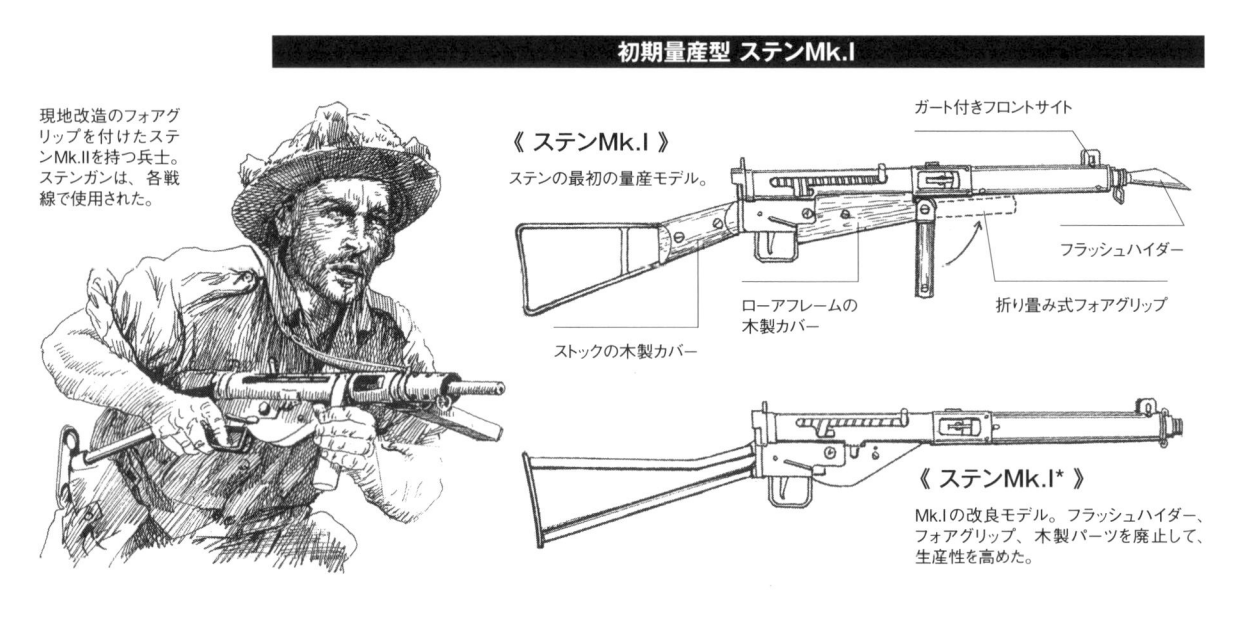

現地改造のフォアグリップを付けたステンMk.IIを持つ兵士。ステンガンは、各戦線で使用された。

《 ステンMk.I 》

ステンの最初の量産モデル。

ガード付きフロントサイト

フラッシュハイダー

折り畳み式フォアグリップ

ローアフレームの木製カバー

ストックの木製カバー

《 ステンMk.I* 》

Mk.Iの改良モデル。フラッシュハイダー、フォアグリップ、木製パーツを廃止して、生産性を高めた。

主力型 ステンMk.II

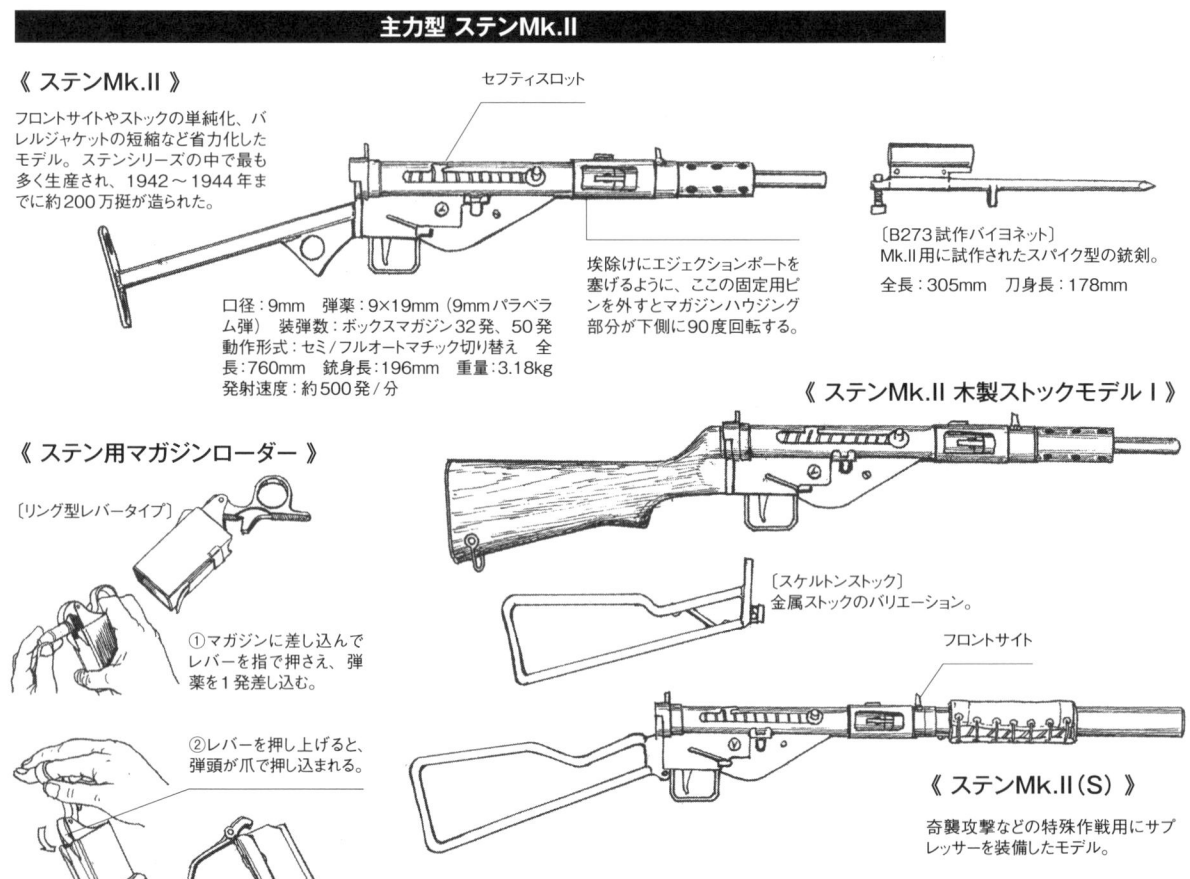

《 ステンMk.II 》

フロントサイトやストックの単純化、バレルジャケットの短縮など省力化したモデル。ステンシリーズの中で最も多く生産され、1942～1944年までに約200万挺が造られた。

セフティスロット

口径：9mm　弾薬：9×19mm（9mmパラベラム弾）　装弾数：ボックスマガジン32発、50発　動作方式：セミ／フルオートマチック切り替え　全長：760mm　銃身長：196mm　重量：3.18kg　発射速度：約500発／分

埃除けにエジェクションポートを塞げるように、ここの固定用ピンを外すとマガジンハウジング部分が下側に90度回転する。

〔B273試作バイヨネット〕
Mk.II用に試作されたスパイク型の銃剣。

全長：305mm　刀身長：178mm

《 ステン用マガジンローダー 》

〔リング型レバータイプ〕

①マガジンに差し込んでレバーを指で押さえ、弾薬を1発差し込む。

②レバーを押し上げると、弾頭が爪で押し込まれる。

〔レバー部分のリングが省かれた簡易型ローダー〕

《 ステンMk.II 木製ストックモデルⅠ 》

〔スケルトンストック〕
金属ストックのバリエーション。

フロントサイト

《 ステンMk.II（S） 》

奇襲攻撃などの特殊作戦用にサブレッサーを装備したモデル。

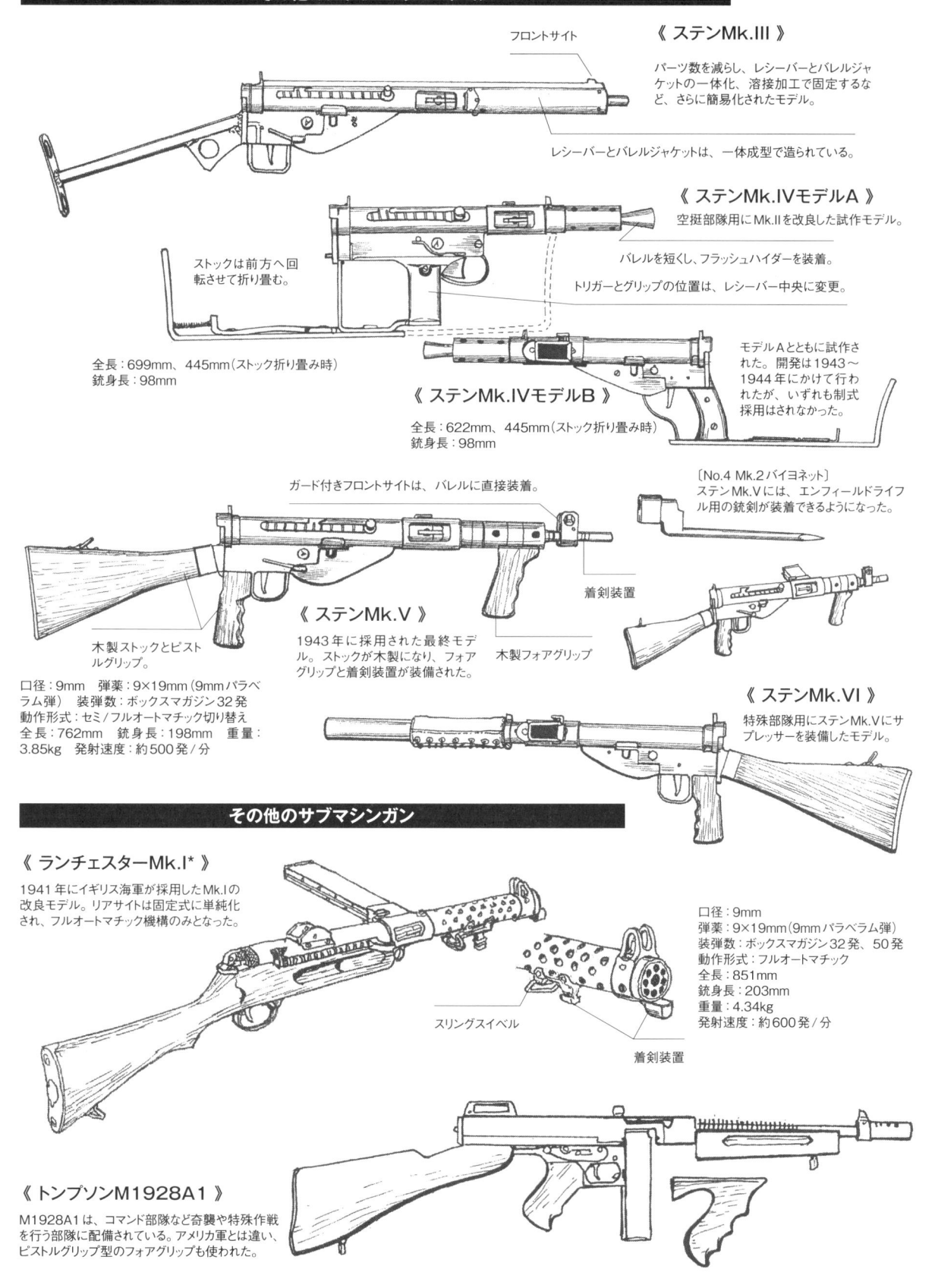

その他のステン・バリエーション

フロントサイト

《 ステンMk.III 》

パーツ数を減らし、レシーバーとバレルジャケットの一体化、溶接加工で固定するなど、さらに簡易化されたモデル。

レシーバーとバレルジャケットは、一体成型で造られている。

《 ステンMk.IVモデルA 》

空挺部隊用にMk.IIを改良した試作モデル。

バレルを短くし、フラッシュハイダーを装着。

トリガーとグリップの位置は、レシーバー中央に変更。

ストックは前方へ回転させて折り畳む。

全長：699mm、445mm（ストック折り畳み時）
銃身長：98mm

モデルAとともに試作された。開発は1943〜1944年にかけて行われたが、いずれも制式採用はされなかった。

《 ステンMk.IVモデルB 》

全長：622mm、445mm（ストック折り畳み時）
銃身長：98mm

ガード付きフロントサイトは、バレルに直接装着。

〔No.4 Mk.2バイヨネット〕
ステンMk.Vには、エンフィールドライフル用の銃剣が装着できるようになった。

着剣装置

《 ステンMk.V 》

1943年に採用された最終モデル。ストックが木製になり、フォアグリップと着剣装置が装備された。

木製ストックとピストルグリップ。

木製フォアグリップ

口径：9mm　弾薬：9×19mm（9mmパラベラム弾）　装弾数：ボックスマガジン32発
動作形式：セミ / フルオートマチック切り替え
全長：762mm　銃身長：198mm　重量：3.85kg　発射速度：約500発 / 分

《 ステンMk.VI 》

特殊部隊用にステンMk.Vにサプレッサーを装備したモデル。

その他のサブマシンガン

《 ランチェスターMk.I* 》

1941年にイギリス海軍が採用したMk.Iの改良モデル。リアサイトは固定式に単純化され、フルオートマチック機構のみとなった。

スリングスイベル

着剣装置

口径：9mm
弾薬：9×19mm（9mmパラベラム弾）
装弾数：ボックスマガジン32発、50発
動作形式：フルオートマチック
全長：851mm
銃身長：203mm
重量：4.34kg
発射速度：約600発 / 分

《 トンプソンM1928A1 》

M1928A1は、コマンド部隊など奇襲や特殊作戦を行う部隊に配備されている。アメリカ軍とは違い、ピストルグリップ型のフォアグリップも使われた。

機関銃

ブレン軽機関銃（ブレンガン）

新型軽機関銃採用のため、1922 年にイギリス軍はトライアルを開始する。これにルイス、マドセン、ホチキス、ブラウニング、ブルノなど国内外メーカー数社が参加した。結果、ブルノ社（チェコスロバキア）のZB vz26を7.7mm弾仕様にしたZBG30が選定された。そしてこのモデルから数回の改修を経て、ブレン軽機関銃が1938年に制式採用される。

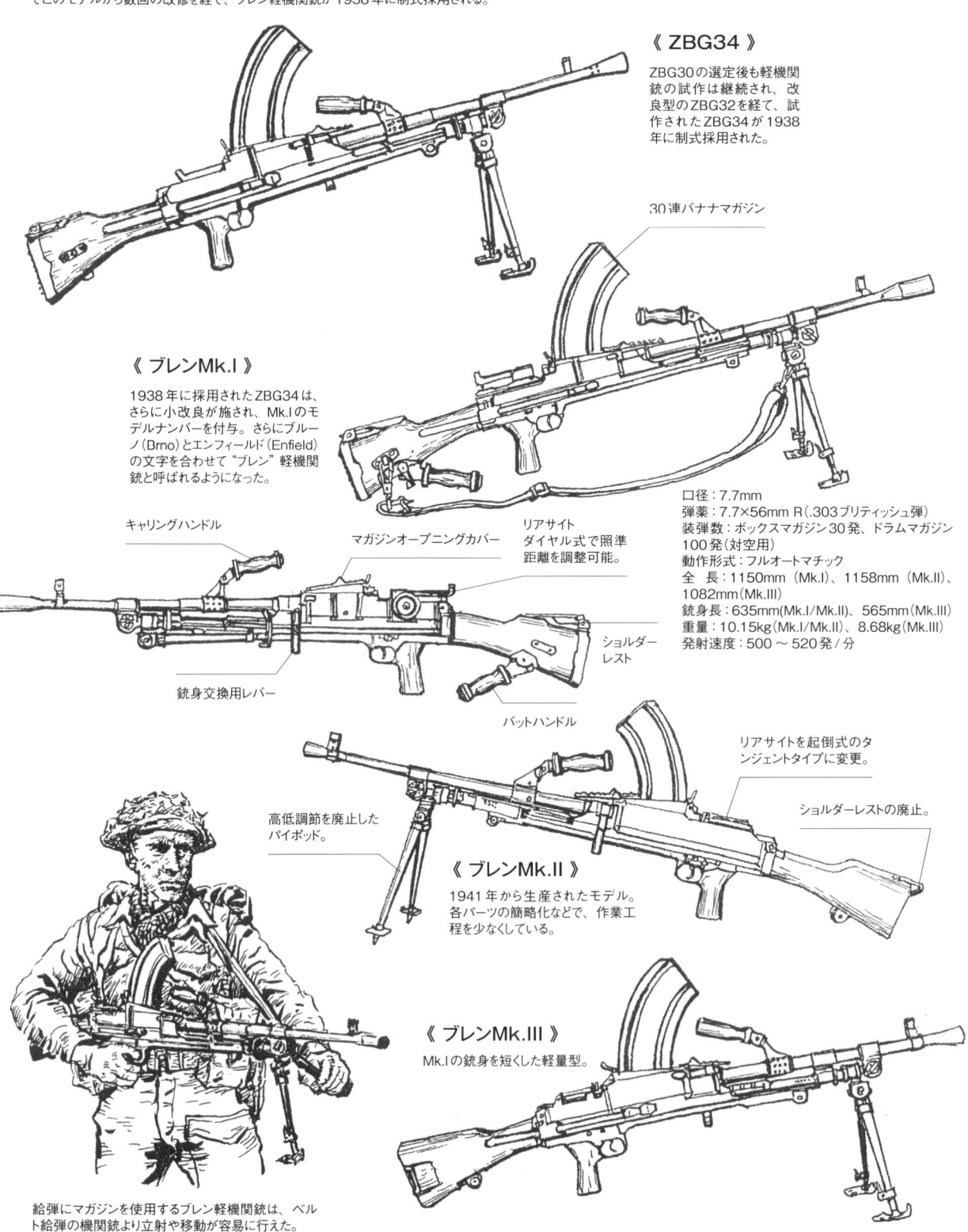

《 ZBG34 》

ZBG30の選定後も軽機関銃の試作は継続され、改良型のZBG32を経て、試作されたZBG34が1938年に制式採用された。

30 連バナナマガジン

《 ブレンMk.I 》

1938 年に採用された ZBG34 は、さらに小改良が施され、Mk.I のモデルナンバーを付与。さらにブルーノ（Brno）とエンフィールド（Enfield）の文字を合わせて "ブレン" 軽機関銃と呼ばれるようになった。

キャリングハンドル

マガジンオープニングカバー

リアサイト
ダイヤル式で照準距離を調整可能。

銃身交換用レバー

ショルダーレスト

バットハンドル

口径：7.7mm
弾薬：7.7×56mm R（.303ブリティッシュ弾）
装弾数：ボックスマガジン30発、ドラムマガジン100発（対空用）
動作形式：フルオートマチック
全　長：1150mm（Mk.I）、1158mm（Mk.II）、1082mm（Mk.III）
銃身長：635mm（Mk.I/Mk.II）、565mm（Mk.III）
重量：10.15kg（Mk.I/Mk.II）、8.68kg（Mk.III）
発射速度：500 〜 520発／分

高低調節を廃止したバイポッド。

リアサイトを起倒式のタンジェントタイプに変更。

ショルダーレストの廃止。

《 ブレンMk.II 》

1941 年から生産されたモデル。各パーツの簡略化などで、作業工程を少なくしている。

《 ブレンMk.III 》

Mk.Iの銃身を短くした軽量型。

給弾にマガジンを使用するブレン軽機関銃は、ベルト給弾の機関銃より立射や移動が容易に行えた。

《ブレンMk.IとMk.IIのディテールの相違 》

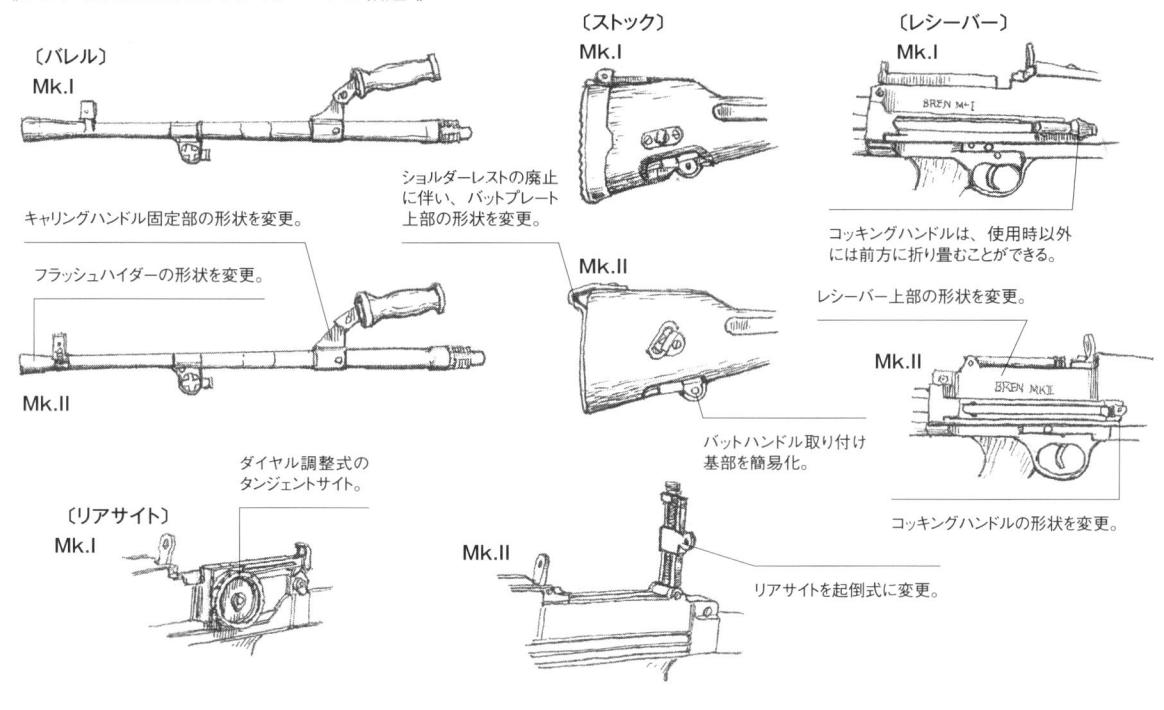

〔バレル〕
Mk.I

キャリングハンドル固定部の形状を変更。

フラッシュハイダーの形状を変更。

Mk.II

〔ストック〕
Mk.I

ショルダーレストの廃止に伴い、バットプレート上部の形状を変更。

Mk.II

バットハンドル取り付け基部を簡易化。

〔レシーバー〕
Mk.I

コッキングハンドルは、使用時以外には前方に折り畳むことができる。

レシーバー上部の形状を変更。

Mk.II

コッキングハンドルの形状を変更。

〔リアサイト〕
Mk.I

ダイヤル調整式のタンジェントサイト。

Mk.II

リアサイトを起倒式に変更。

《 ブレン軽機関銃のアクセサリー 》

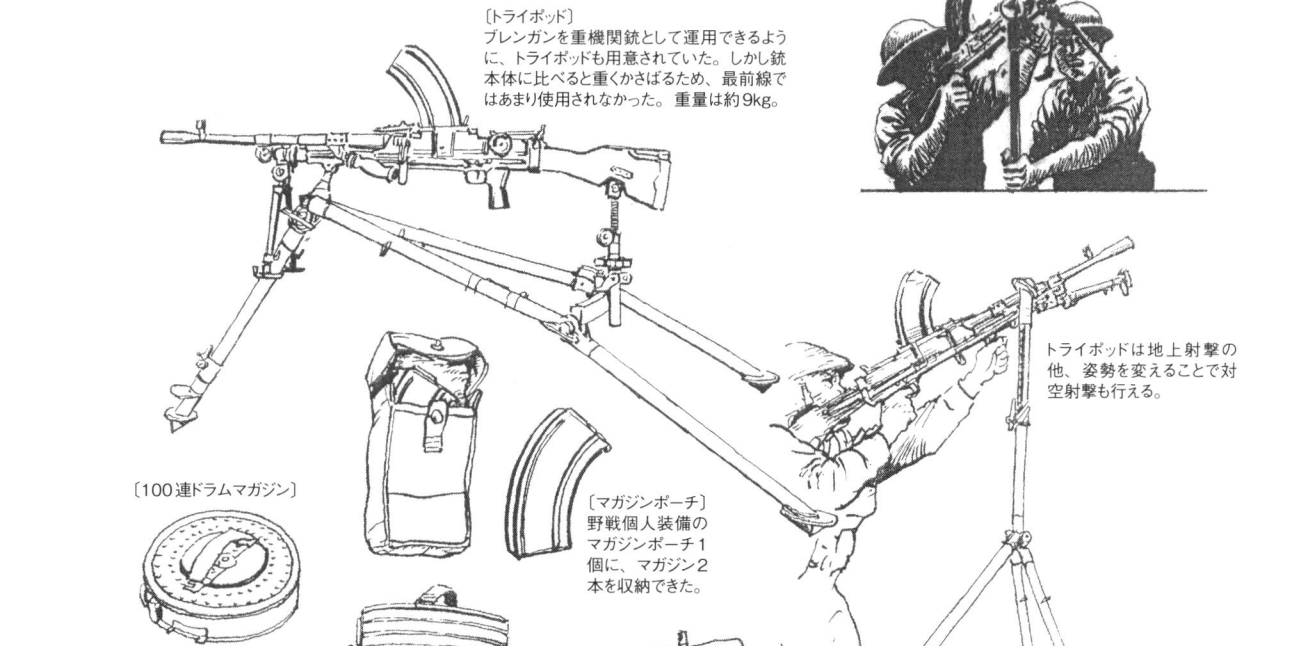

〔トライポッド〕
ブレンガンを重機関銃として運用できるように、トライポッドも用意されていた。しかし銃本体に比べると重くかさばるため、最前線ではあまり使用されなかった。重量は約9kg。

トライポッドは地上射撃の他、姿勢を変えることで対空射撃も行える。

〔100連ドラムマガジン〕

〔マガジンポーチ〕
野戦個人装備のマガジンポーチ1個に、マガジン2本を収納できた。

100連ドラムマガジンを装着したブレンガン。ドラムマガジンは対空射撃用に採用された。

ルイス軽機関銃（ルイスガン）

ルイス軽機関銃の原型は、1911年にアメリカで開発・設計された。アメリカ軍での採用は見送られたが、イギリス軍は1913年にルイス Mk.I として採用した。第一次大戦当時、連合軍が装備する軽機関銃の中では、戦場での実用性がもっとも高い機関銃の一つであった。第二次大戦では旧式化していたが、イギリス軍は補助的に使用している。

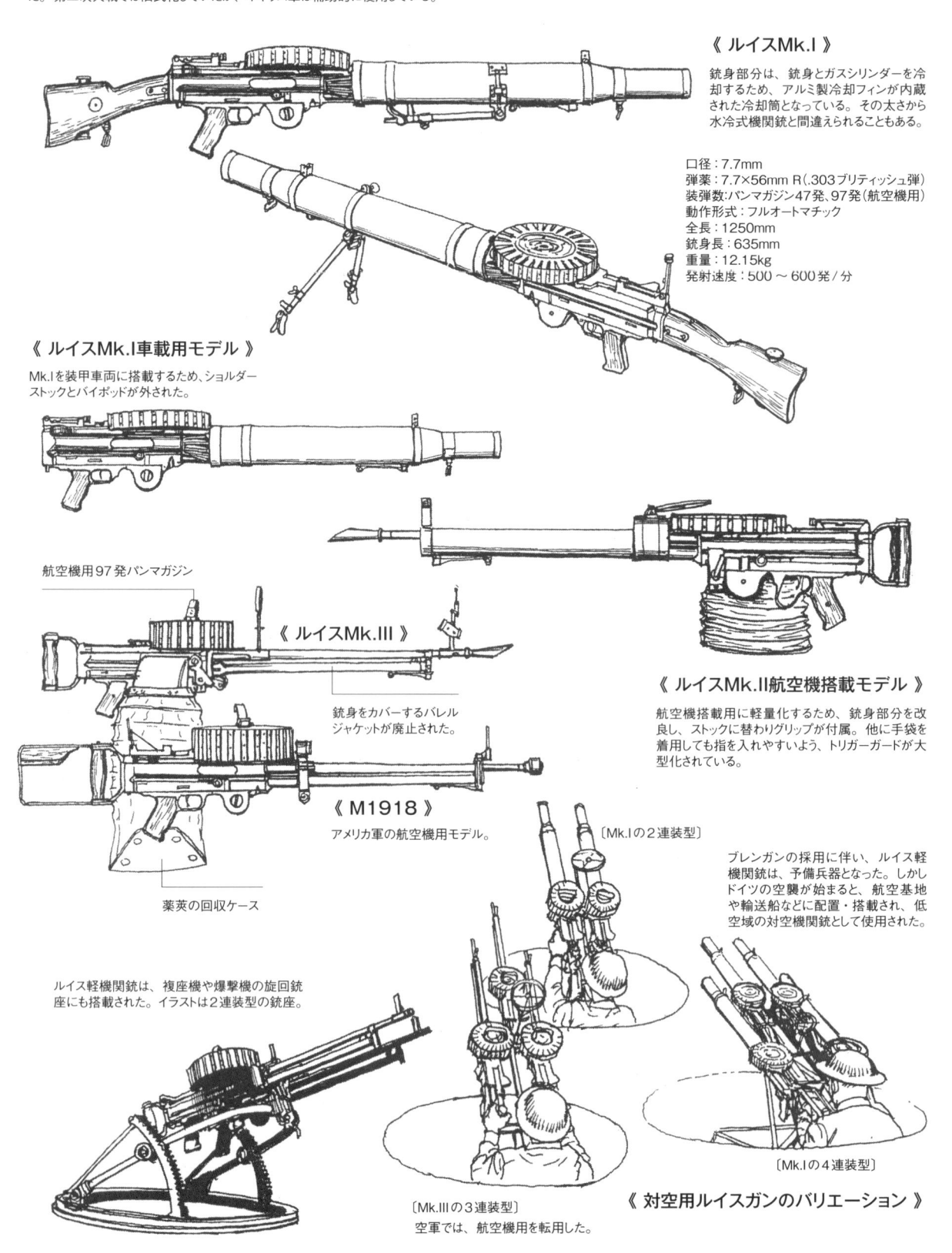

《 ルイスMk.I 》

銃身部分は、銃身とガスシリンダーを冷却するため、アルミ製冷却フィンが内蔵された冷却筒となっている。その太さから水冷式機関銃と間違えられることもある。

口径：7.7mm
弾薬：7.7×56mm R（.303ブリティッシュ弾）
装弾数：パンマガジン47発、97発（航空機用）
動作形式：フルオートマチック
全長：1250mm
銃身長：635mm
重量：12.15kg
発射速度：500～600発／分

《 ルイスMk.I車載用モデル 》

Mk.Iを装甲車両に搭載するため、ショルダーストックとバイポッドが外された。

航空機用97発パンマガジン

《 ルイスMk.III 》

銃身をカバーするバレルジャケットが廃止された。

《 ルイスMk.II航空機搭載モデル 》

航空機搭載用に軽量化するため、銃身部分を改良し、ストックに替わりグリップが付属。他に手袋を着用しても指を入れやすいよう、トリガーガードが大型化されている。

《 M1918 》

アメリカ軍の航空機用モデル。

薬莢の回収ケース

〔Mk.Iの2連装型〕

ブレンガンの採用に伴い、ルイス軽機関銃は、予備兵器となった。しかしドイツの空襲が始まると、航空基地や輸送船などに配置・搭載され、低空域の対空機関銃として使用された。

ルイス軽機関銃は、複座機や爆撃機の旋回銃座にも搭載された。イラストは2連装型の銃座。

〔Mk.Iの4連装型〕

《 対空用ルイスガンのバリエーション 》

〔Mk.IIIの3連装型〕
空軍では、航空機用を転用した。

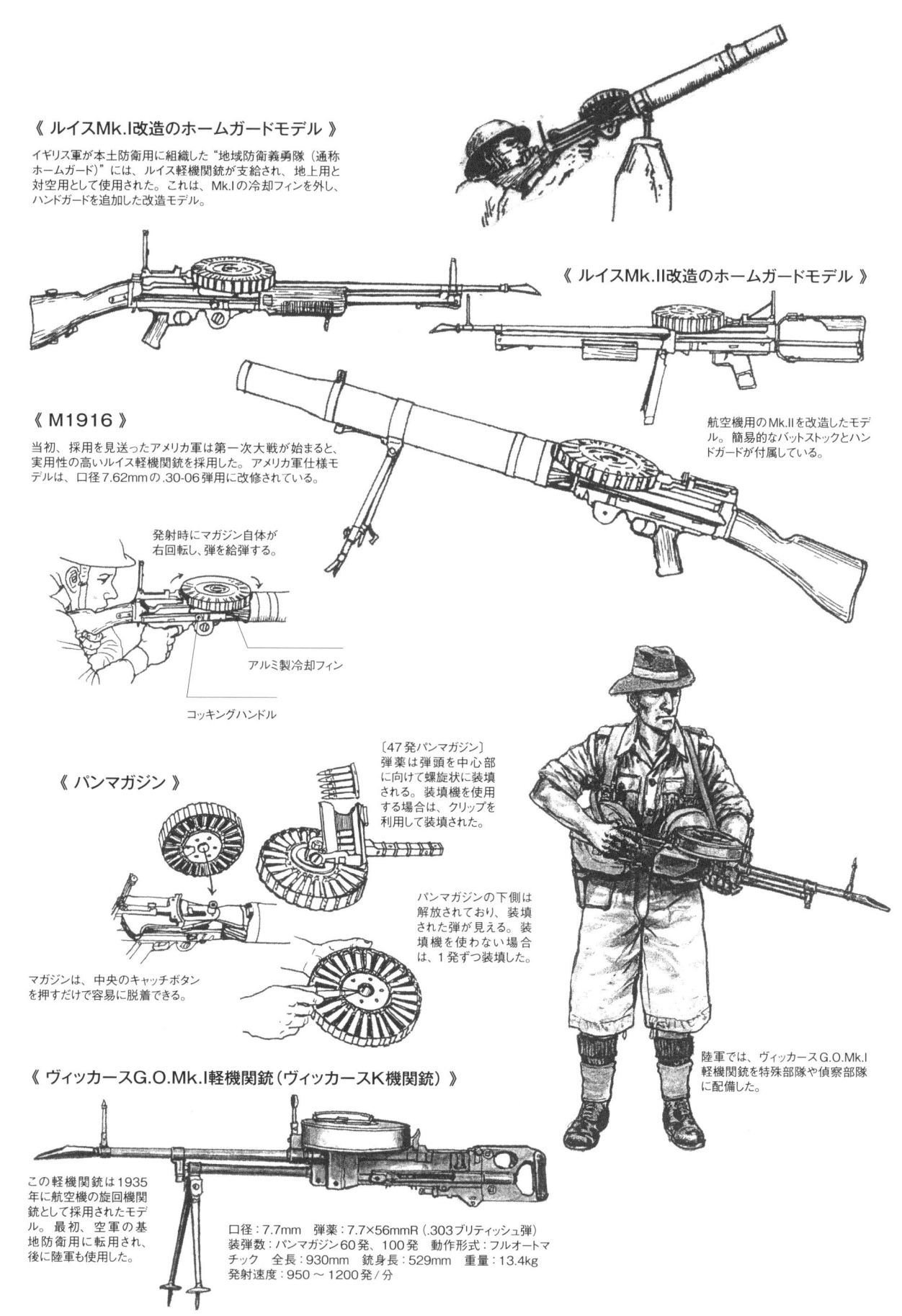

《 ルイスMk.I改造のホームガードモデル 》

イギリス軍が本土防衛用に組織した"地域防衛義勇隊（通称ホームガード）"には、ルイス軽機関銃が支給され、地上用と対空用として使用された。これは、Mk.Iの冷却フィンを外し、ハンドガードを追加した改造モデル。

《 ルイスMk.II改造のホームガードモデル 》

航空機用のMk.IIを改造したモデル。簡易的なバットストックとハンドガードが付属している。

《 M1916 》

当初、採用を見送ったアメリカ軍は第一次大戦が始まると、実用性の高いルイス軽機関銃を採用した。アメリカ軍仕様モデルは、口径7.62mmの.30-06弾用に改修されている。

発射時にマガジン自体が右回転し、弾を給弾する。

アルミ製冷却フィン

コッキングハンドル

《 パンマガジン 》

〔47発パンマガジン〕
弾薬は弾頭を中心部に向けて螺旋状に装填される。装填機を使用する場合は、クリップを利用して装填された。

パンマガジンの下側は解放されており、装填された弾が見える。装填機を使わない場合は、1発ずつ装填した。

マガジンは、中央のキャッチボタンを押すだけで容易に脱着できる。

陸軍では、ヴィッカースG.O.Mk.I軽機関銃を特殊部隊や偵察部隊に配備した。

《 ヴィッカースG.O.Mk.I軽機関銃（ヴィッカースK機関銃） 》

この軽機関銃は1935年に航空機の旋回機関銃として採用されたモデル。最初、空軍の基地防衛用に転用され、後に陸軍も使用した。

口径：7.7mm　弾薬：7.7×56mmR（.303ブリティッシュ弾）
装弾数：パンマガジン60発、100発　動作形式：フルオートマチック　全長：930mm　銃身長：529mm　重量：13.4kg
発射速度：950〜1200発/分

ヴィッカース重機関銃

ヴィッカース重機関銃は1912年の採用以来、その高い信頼性により、イギリス軍の
主力重機関銃として第一次と第二次の両大戦で使用された水冷式機関銃である。

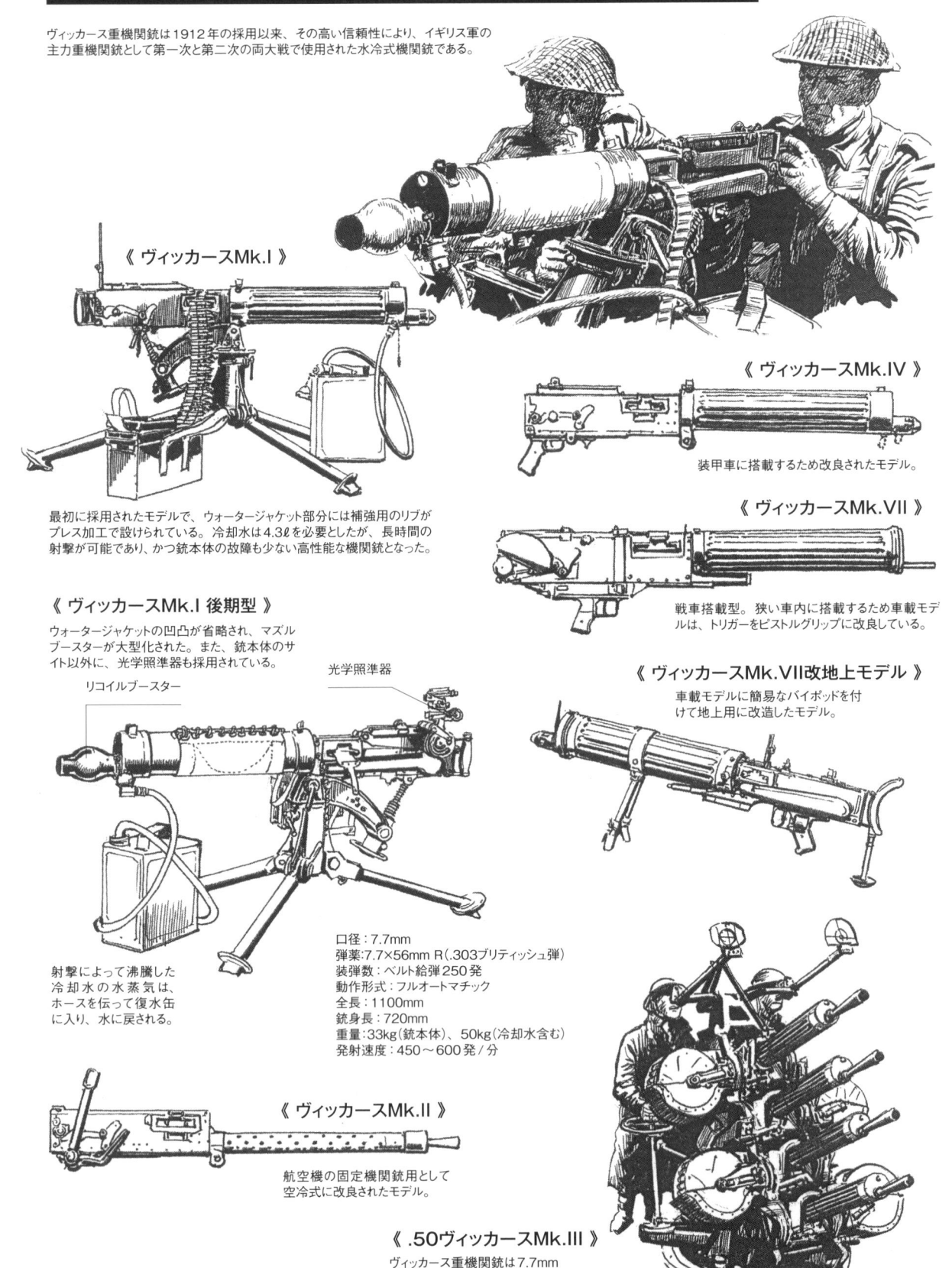

《 ヴィッカースMk.I 》

最初に採用されたモデルで、ウォータージャケット部分には補強用のリブが
プレス加工で設けられている。冷却水は4.3ℓを必要としたが、長時間の
射撃が可能であり、かつ銃本体の故障も少ない高性能な機関銃となった。

《 ヴィッカースMk.I 後期型 》

ウォータージャケットの凹凸が省略され、マズル
ブースターが大型化された。また、銃本体のサ
イト以外に、光学照準器も採用されている。

光学照準器

リコイルブースター

射撃によって沸騰した
冷却水の水蒸気は、
ホースを伝って復水缶
に入り、水に戻される。

口径：7.7mm
弾薬：7.7×56mm R（.303ブリティッシュ弾）
装弾数：ベルト給弾250発
動作形式：フルオートマチック
全長：1100mm
銃身長：720mm
重量：33kg（銃本体）、50kg（冷却水含む）
発射速度：450〜600発/分

《 ヴィッカースMk.II 》

航空機の固定機関銃用として
空冷式に改良されたモデル。

《 ヴィッカースMk.IV 》

装甲車に搭載するため改良されたモデル。

《 ヴィッカースMk.VII 》

戦車搭載型。狭い車内に搭載するため車載モデ
ルは、トリガーをピストルグリップに改良している。

《 ヴィッカースMk.VII改地上モデル 》

車載モデルに簡易なバイポッドを付
けて地上用に改造したモデル。

《 .50ヴィッカースMk.III 》

ヴィッカース重機関銃は7.7mm
モデル以外に12.7mm口径モ
デルも造られている。Mk.IIIは
艦艇用4連装対空機関銃。

《 H51弾薬箱 》

箱は二重になっており、外側は木製でキャリングハンドルと布製のストラップが付属する。内部の箱は弾薬保存のため缶詰になっている。使用の際は缶のハンドルを引いて開ける。弾薬は布製の250連給弾ベルトにセットした状態で詰められている。

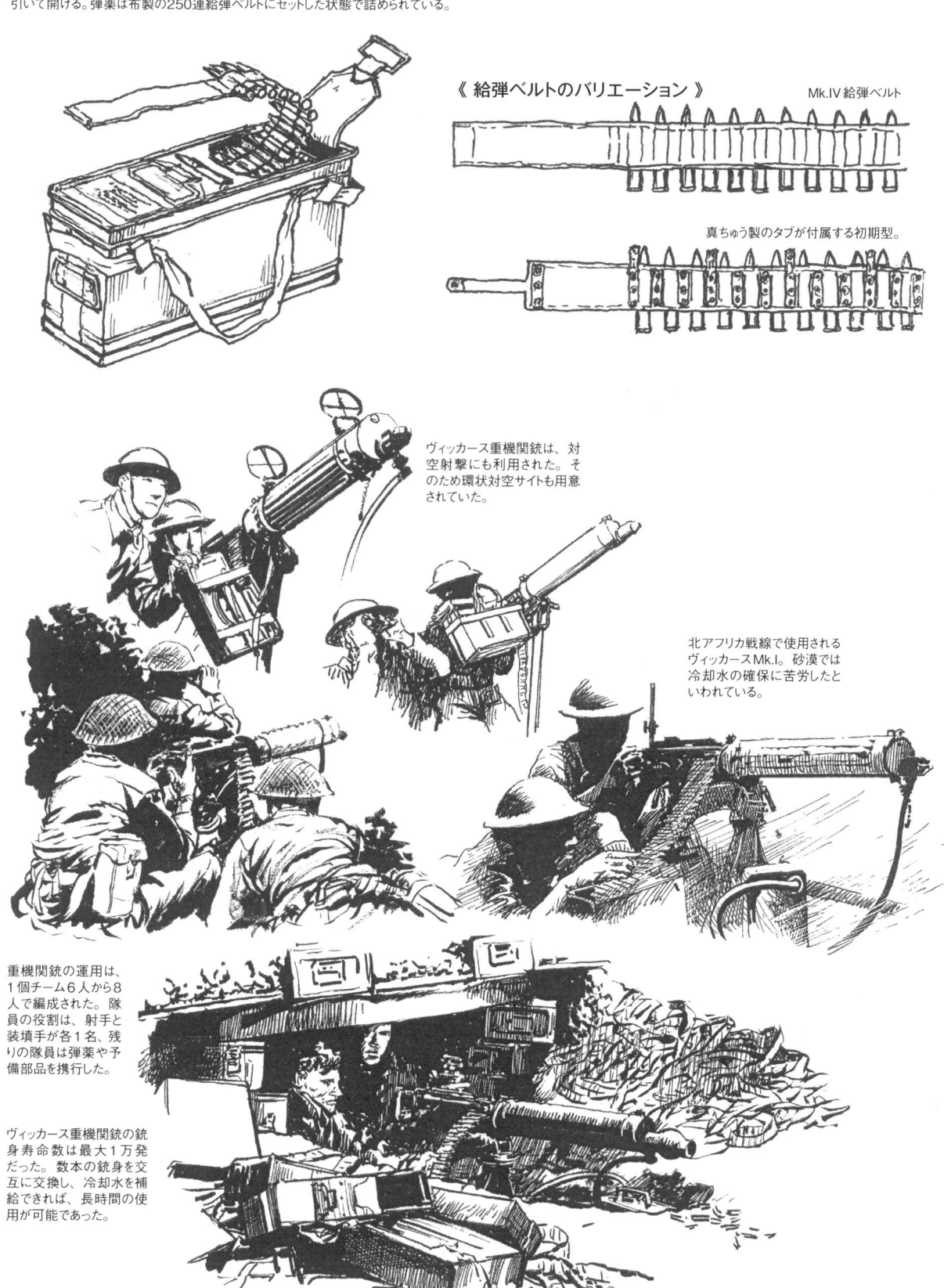

《 給弾ベルトのバリエーション 》

Mk.IV 給弾ベルト

真ちゅう製のタブが付属する初期型。

ヴィッカース重機関銃は、対空射撃にも利用された。そのため環状対空サイトも用意されていた。

北アフリカ戦線で使用されるヴィッカースMk.I。砂漠では冷却水の確保に苦労したといわれている。

重機関銃の運用は、1個チーム6人から8人で編成された。隊員の役割は、射手と装填手が各1名、残りの隊員は弾薬や予備部品を携行した。

ヴィッカース重機関銃の銃身寿命数は最大1万発だった。数本の銃身を交互に交換し、冷却水を補給できれば、長時間の使用が可能であった。

手榴弾

イギリス軍の手榴弾はミルズが有名であるが、他にも戦時中に採用された簡易的なものから、空挺部隊やコマンド部隊用の特殊なタイプまで数種類のモデルが使用されている。

ミルズ手榴弾

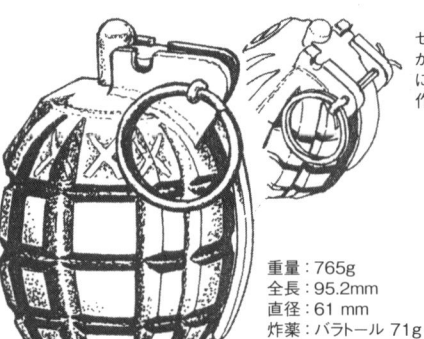

1915年に採用されたパーカッション撃発式の手榴弾。No.5 Mk.Iは撃針とセフティピン、セフティレバーを備えた初の手榴弾であった。初期の延期信管は7秒であったが、後に4秒に短縮されている。最初のモデルNo.5 Mk.Iから改修を重ねて、戦後まで使用されたモデルを含むと9種類が造られた。

セフティレバーは引っかかりを防ぐため、弾体に密着するデザインで作られていた。

重量：765g
全長：95.2mm
直径：61 mm
炸薬：バラトール 71g

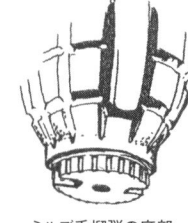

ミルズ手榴弾の底部。

《 ミルズ手榴弾の内部構造 》

セノティビン
撃針
セフティレバー
起爆剤
延期信管
雷管
炸薬
手榴弾底部にセットするアダプター

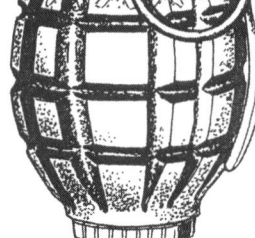

《 ライフルグレードとしての使用形態 》

ミルズ手榴弾をライフルグレネードとして使用する際は、底部に円形のアダプターを取り付ける。

イギリス軍では、手榴弾をマガジンポーチの片側に2個収納して携行するよう規定されていた。そのためイラストのようにベルトなどに装着している姿は少ない。

《 No.1 Mk.Iライフルグレネードランチャー 》

第一次大戦時に採用されたライフルグレネードランチャー。手榴弾に発射用のプレートを付けて、空砲で打ち出す。第二次大戦では、No.68対戦車擲弾も使用された。

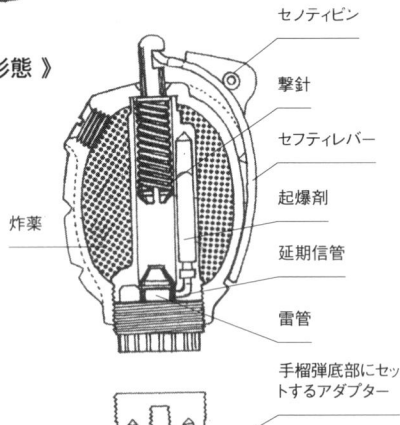

投射器の中にセフティビンを抜いた状態の手榴弾をセット。

ライフルグレネードの射撃姿勢。発射時の反動を受け止めるため、ショルダーストックは地面に固定する。射程は最大200m。目標までの距離に合わせて銃の角度を変える。

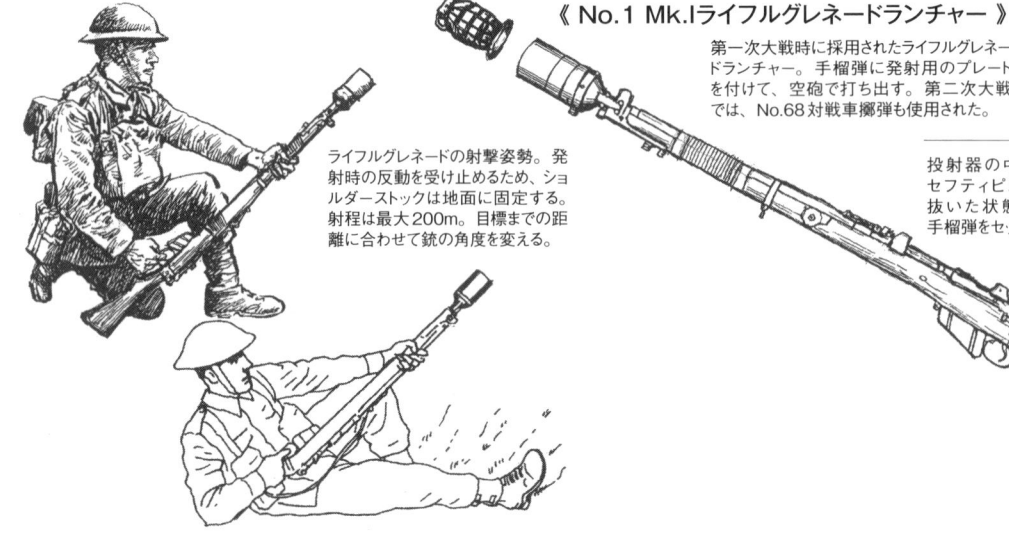

《 No.69手榴弾 》

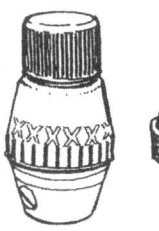 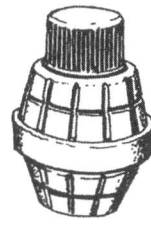

重量：383g
全長：114mm
直径：60mm
炸薬：高性能爆薬92g

弾体がベークライト製の攻撃型手榴弾。信管は手榴弾がいずれの方向からの衝撃を受けても作動する常同型が用いられている。殺傷力を高めるために金属製の破片アダプター（右図）も用意された。

《 No.68対戦車擲弾 》

重量：894g
全長：165mm
直径：60mm
炸薬：TNT、リッダイト、ペントライトなど156g

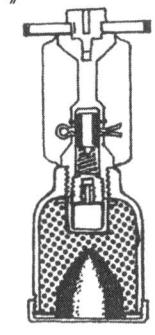

〔No.68対戦車擲弾の内部構造〕

1940年に開発・採用された成形炸薬弾。No.1 Mk.I投射器から発射し、最大52mm厚の装甲板を破壊できた。

《 No.74対戦車手榴弾 》

金属製ケースの中には、ガラスのアンプルに入ったニトログリセリンを接着剤でカバーした弾体が入っている。

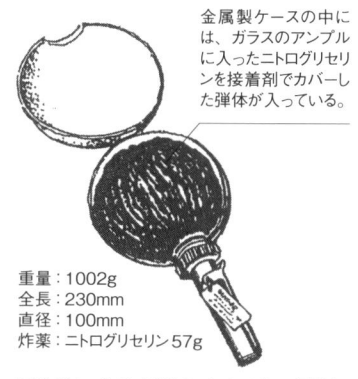

重量：1002g
全長：230mm
直径：100mm
炸薬：ニトログリセリン57g

軍及びホームガード用として1940年に採用された。弾体は粘着性があり、目標に吸着して破壊するため"スティッキー・ボム（粘着爆弾）"とも呼ばれる。

《 No.76特別焼夷手榴弾 》

生ゴム
ベンゼン
水
白燐

ガラス瓶製の簡易型焼夷手榴弾。瓶が割れると燐の作用で自然発火するように造られた火炎瓶である。1940年から製造された。

重量：538g　全長：154mm
直径：63.5mm

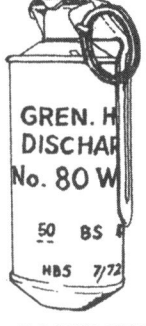

GREN. H
DISCHAR
No. 80 W
50　BS
HBS　7/72

《 No.80煙幕手榴弾 》

白燐を使用したスモークグレネード。

重量：553g　全長：140mm
直径：61mm　炸薬：白燐57g

《 No.82手榴弾 》

イギリス陸軍のガモン大尉が1943年に開発した対装甲車両用手榴弾。信管はNo.69と同型である。信管の下側は布製の袋状になっており、ここにプラスチック爆薬を詰める。主に空挺部隊や特殊部隊が装備して使用した。

その他の火器

《 Mk.II 2インチ迫撃砲 》

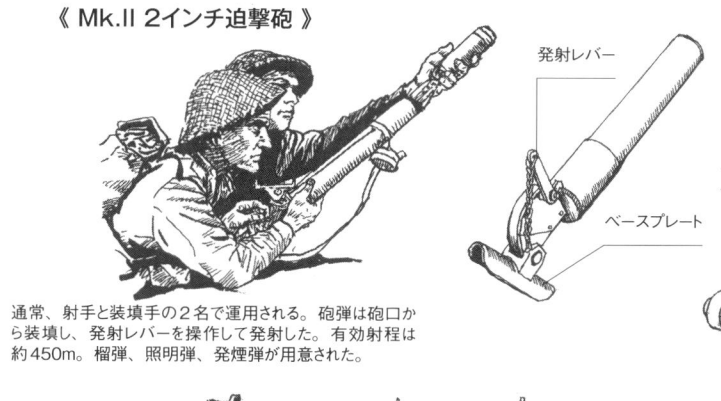

発射レバー

ベースプレート

1918年に採用された歩兵小隊支援用の軽迫撃砲。車両搭載型や空挺部隊用など試作型も含めて複数のモデルが造られた。第二次大戦では、主にMk.IIが使用されている。

口径：50mm
重量：4.8kg
全長：530mm
仰角：45 ～ 90°

通常、射手と装填手の2名で運用される。砲弾は砲口から装填し、発射レバーを操作して発射した。有効射程は約450m。榴弾、照明弾、発煙弾が用意された。

《 PIAT 》

第二次大戦が始まり、威力不足となった対戦車ライフルグレネードや対戦車ライフルに替わる歩兵携帯用対戦車兵器として1942年に開発された。制式名称は"歩兵用対戦車投射器（Projector, Infantry, Anti Tank）"、その頭文字を取って"PIAT（ピアット）"などと呼ばれた。

PIATの弾体には推進薬はなく、投射器内の撃針付きコッキングロッドが弾体を押し出すと同時に、弾体の発射薬が発火して撃ち出す構造である。

口径：83mm
全長：990mm
重量：15kg
有効射程距離：105m

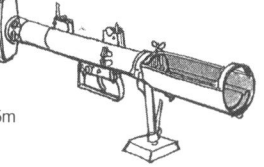

PIATは、射手と装填手の2名で運用された。

銃 剣

イギリス軍の歴代銃剣は、時代と銃の種類によってソード（剣）型とスパイク型が使われてきたが、19世紀末頃にはナイフとしても使用できるソード型が主流となっていた。第二次大戦ではP1907バイヨネットが大量に配備されていたが、新型ライフルの制定に合わせてスパイク型も復活し、新たに開発されたNo.4スパイクバイヨネットが採用されている。

P1907バイヨネット

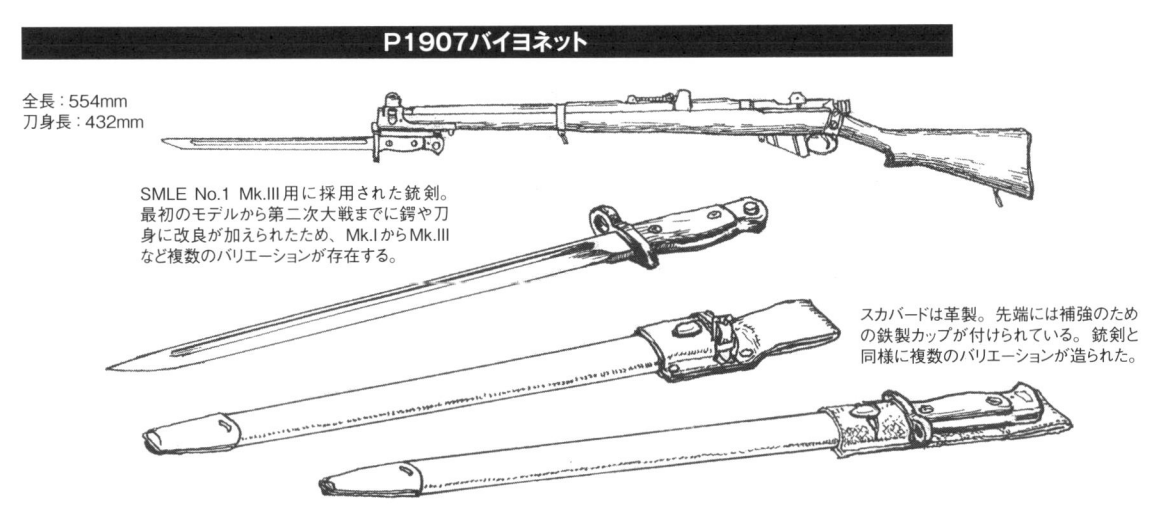

全長：554mm
刀身長：432mm

SMLE No.1 Mk.III用に採用された銃剣。最初のモデルから第二次大戦までに鍔や刀身に改良が加えられたため、Mk.IからMk.IIIなど複数のバリエーションが存在する。

スカバードは革製。先端には補強のための鉄製カップが付けられている。銃剣と同様に複数のバリエーションが造られた。

No.4スパイクバイヨネット

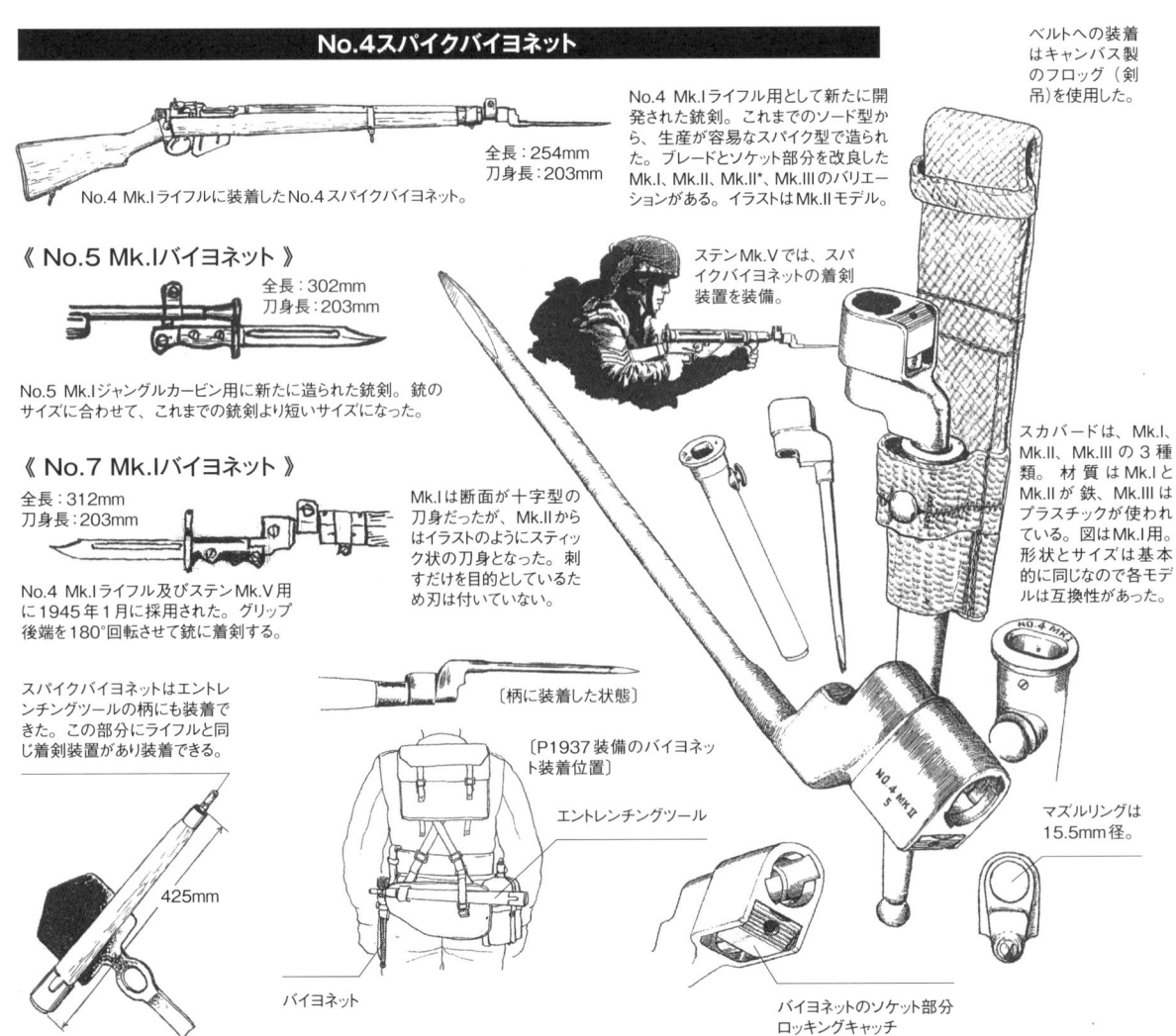

全長：254mm
刀身長：203mm

No.4 Mk.Iライフルに装着したNo.4スパイクバイヨネット。

No.4 Mk.Iライフル用として新たに開発された銃剣。これまでのソード型から、生産が容易なスパイク型で造られた。ブレードとソケット部分を改良したMk.I、Mk.II、Mk.II*、Mk.IIIのバリエーションがある。イラストはMk.IIモデル。

ベルトへの装着はキャンバス製のフロッグ（剣吊）を使用した。

《 No.5 Mk.Iバイヨネット 》

全長：302mm
刀身長：203mm

No.5 Mk.Iジャングルカービン用に新たに造られた銃剣。銃のサイズに合わせて、これまでの銃剣より短いサイズになった。

ステンMk.Vでは、スパイクバイヨネットの着剣装置を装備。

《 No.7 Mk.Iバイヨネット 》

全長：312mm
刀身長：203mm

No.4 Mk.Iライフル及びステンMk.V用に1945年1月に採用された。グリップ後端を180°回転させて銃に着剣する。

Mk.Iは断面が十字型の刀身だったが、Mk.IIからはイラストのようにスティック状の刀身となった。刺すだけを目的としているため刃は付いていない。

スカバードは、Mk.I、Mk.II、Mk.IIIの3種類。材質はMk.IとMk.IIが鉄、Mk.IIIはプラスチックが使われている。図はMk.I用。形状とサイズは基本的に同じなので各モデルは互換性があった。

スパイクバイヨネットはエントレンチングツールの柄にも装着できた。この部分にライフルと同じ着剣装置があり装着できる。

425mm

マズルリングは15.5mm径。

〔柄に装着した状態〕

〔P1937装備のバイヨネット装着位置〕

エントレンチングツール

バイヨネット

バイヨネットのソケット部分
ロッキングキャッチ

イギリス軍の歩兵部隊編成

歩兵分隊　1943年

イギリス軍の歩兵分隊は分隊長1名と副分隊長1名、6名のライフル兵、ブレン機関銃手1名、弾薬手1名の計10名で1個分隊が編成される。分隊はライフルと機関銃の2つのセクションに分かれて分隊長の指揮下、戦闘行動を行った。

歩兵中隊	将校5名 兵119名
本部	将校2名 兵11名
歩兵小隊	将校3名 兵36名
本部	将校1名 兵6名
歩兵分隊	兵10名

《 ライフルグループ 》

〔分隊長〕伍長

〔ライフル兵〕6名

《 ブレン機関銃グループ 》

〔副分隊長〕兵長

〔機関銃手〕

〔弾薬手〕

《 歩兵分隊の装備火器 》

〔分隊長〕
ステンガン及びピストル

〔ライフル兵〕
SMLE No.1 Mk.III または
No.4 Mk.I ライフル

〔機関銃手〕
ブレン軽機関銃

〔弾薬手〕
SMLE No.1 Mk.III または
No.4 Mk.I ライフル

イギリス連邦軍

イギリス連邦諸国はイギリス軍に準じた小火器を装備しており、それらは、イギリスなどからの輸入と各国内でライセンス生産された。

また、連邦諸国は第二次大戦中、ダンケルクからの撤退やドイツ軍の空襲などにより兵器不足に陥っていたイギリスからの要請を受け、同国向けの小火器生産も行った。

カナダ軍

カナダでは、19世紀末に創業したロス・ライフル社により軍用ライフルが生産されていた。第一次大戦からはイギリス製ライフルのライセンス生産を始め、第二次大戦中には各種小火器を生産して連合国軍に供給された。

《 ブラウニング ハイパワーNo.1 Mk.I* 》

ハイパワーは、ドイツに占領されたベルギーからカナダへ亡命したFN社の技術者たちにより、ジョン・イングルス社で生産が再開された。

No.1 Mk.I* は、木製のストックホルスターが装着できる。

リアサイトはタンジェント式。

《 ブラウニング ハイパワーNo.2 Mk.I 》

リアサイトはフィクスドタイプ。

《 No.36M Mk.I手榴弾 》

ライフルやピストルなどに比べ、構造が単純で生産性の高いステンガンも当然のことながら生産されている。カナダではMk.IIとMk.IIIの2モデルが生産された。

《 ステンMk.II 》

《 SMLE No.1 Mk.III* 》

カナダは、国産ライフルより性能の高いイギリス軍のNo.1 Mk.III*を1916年からライセンス生産して自国の軍隊へ配備した。

《 ヴィッカースMk.I 》

No.4 Mk.Iライフルは、1941年にイギリス政府の依頼によりカナダ国内で生産が開始された。

《 SMLE No.4 Mk.I 》

《 ブレンMk.I/Mk.II 》

カナダでは、これら機関銃の国内生産は行われず、イギリスからの輸入で賄っていた。

ニュージーランド軍

ニュージーランドでは、ステンガンのライセンス生産を行っている。その他の小火器は、イギリスとオーストラリア製を使用した。

《 SMLE No.1 Mk.III 》

《 エンフィールドNo.2 Mk.I 》

ブレン軽機関銃を構えるカナダ兵。小火器だけでなくユニフォームや野戦装備などもイギリス軍に準じていた。

《 ヴィッカースMk.I 》

《 ステンガン 》

ニュージーランドでは、Mk.IIとMk.IIIがライセンス生産されていた。

《 No.36M Mk.I手榴弾 》

《 ブレンMk.I 》

オーストラリア軍

オーストラリアは、第二次大戦時にライフルと機関銃のライセンス生産だけでなく、国産サブマシンガンを開発している。
太平洋戦争が始まると、国内で生産された小火器は、自国軍のみならず、イギリス軍やニュージーランド軍にも供給した。

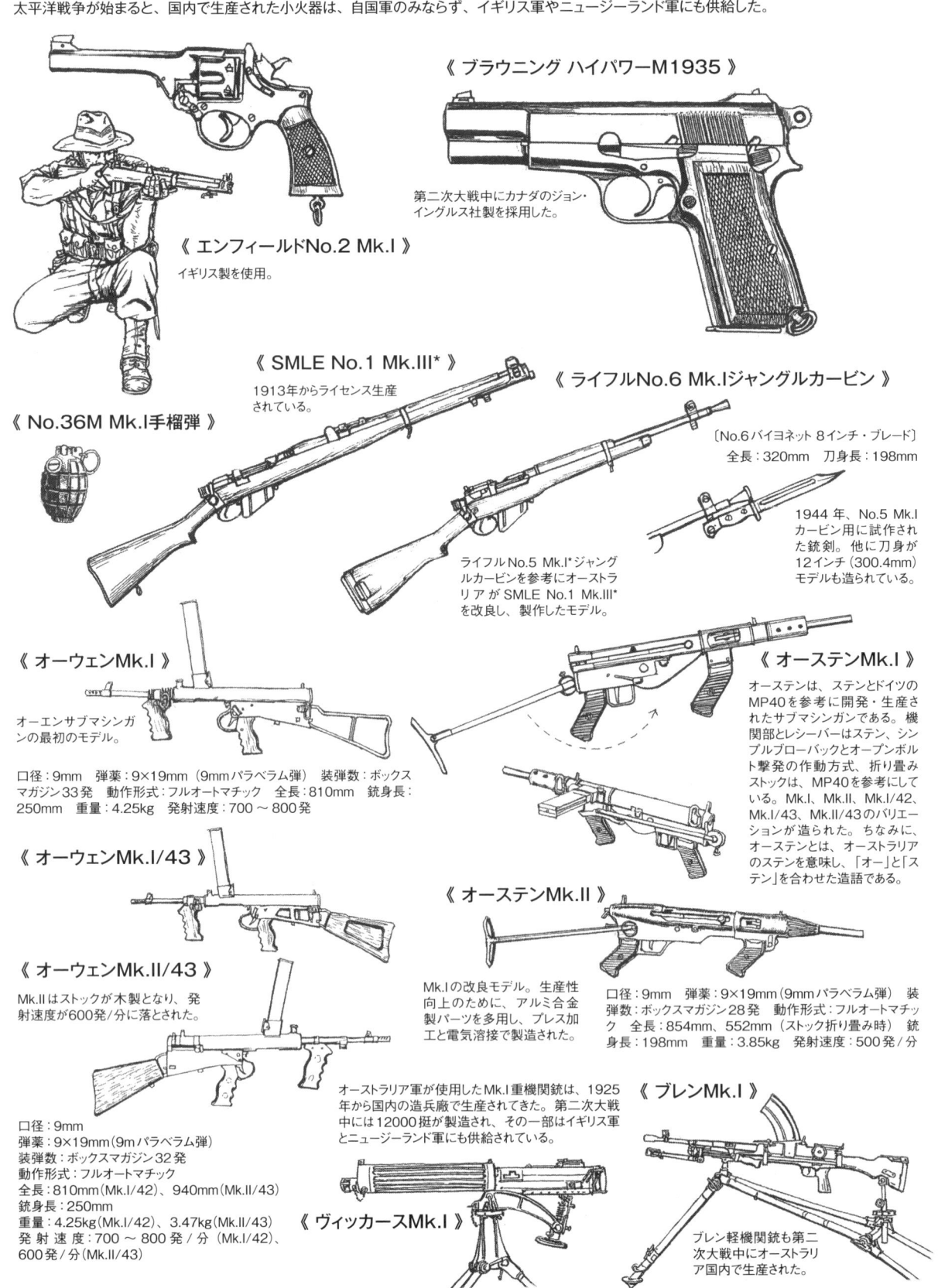

《 ブラウニング ハイパワーM1935 》

第二次大戦中にカナダのジョン・イングルス社製を採用した。

《 エンフィールドNo.2 Mk.I 》

イギリス製を使用。

《 SMLE No.1 Mk.III* 》

1913年からライセンス生産されている。

《 ライフルNo.6 Mk.Iジャングルカービン 》

〔No.6バイヨネット 8インチ・ブレード〕
全長：320mm　刀身長：198mm

《 No.36M Mk.I手榴弾 》

ライフルNo.5 Mk.I*ジャングルカービンを参考にオーストラリアが SMLE No.1 Mk.III* を改良し、製作したモデル。

1944 年、No.5 Mk.Iカービン用に試作された銃剣。他に刀身が12インチ（300.4mm）モデルも造られている。

《 オーウェンMk.I 》

オーエンサブマシンガンの最初のモデル。

口径：9mm　弾薬：9×19mm（9mmパラベラム弾）　装弾数：ボックスマガジン33発　動作形式：フルオートマチック　全長：810mm　銃身長：250mm　重量：4.25kg　発射速度：700〜800発

《 オーステンMk.I 》

オーステンは、ステンとドイツのMP40を参考に開発・生産されたサブマシンガンである。機関部とレシーバーはステン、シンプルブローバックとオープンボルト撃発の作動方式、折り畳みストックは、MP40を参考にしている。Mk.I、Mk.II、Mk.I/42、Mk.I/43、Mk.II/43のバリエーションが造られた。ちなみに、オーステンとは、オーストラリアのステンを意味し、「オー」と「ステン」を合わせた造語である。

《 オーウェンMk.I/43 》

《 オーステンMk.II 》

《 オーウェンMk.II/43 》

Mk.IIはストックが木製となり、発射速度が600発/分に落とされた。

Mk.Iの改良モデル。生産性向上のために、アルミ合金製パーツを多用し、プレス加工と電気溶接で製造された。

口径：9mm　弾薬：9×19mm（9mmパラベラム弾）　装弾数：ボックスマガジン28発　動作形式：フルオートマチック　全長：854mm、552mm（ストック折り畳み時）　銃身長：198mm　重量：3.85kg　発射速度：500発/分

口径：9mm
弾薬：9×19mm（9mパラベラム弾）
装弾数：ボックスマガジン32発
動作形式：フルオートマチック
全長：810mm(Mk.I/42)、940mm(Mk.II/43)
銃身長：250mm
重量：4.25kg(Mk.I/42)、3.47kg(Mk.II/43)
発射速度：700〜800発/分（Mk.I/42）、600発/分（Mk.II/43）

オーストラリア軍が使用したMk.I重機関銃は、1925年から国内の造兵廠で生産されてきた。第二次大戦中には12000挺が製造され、その一部はイギリス軍とニュージーランド軍にも供給されている。

《 ブレンMk.I 》

《 ヴィッカースMk.I 》

ブレン軽機関銃も第二次大戦中にオーストラリア国内で生産された。

南アフリカ軍

南アフリカ軍もイギリス製の小火器を制式化し、使用している。

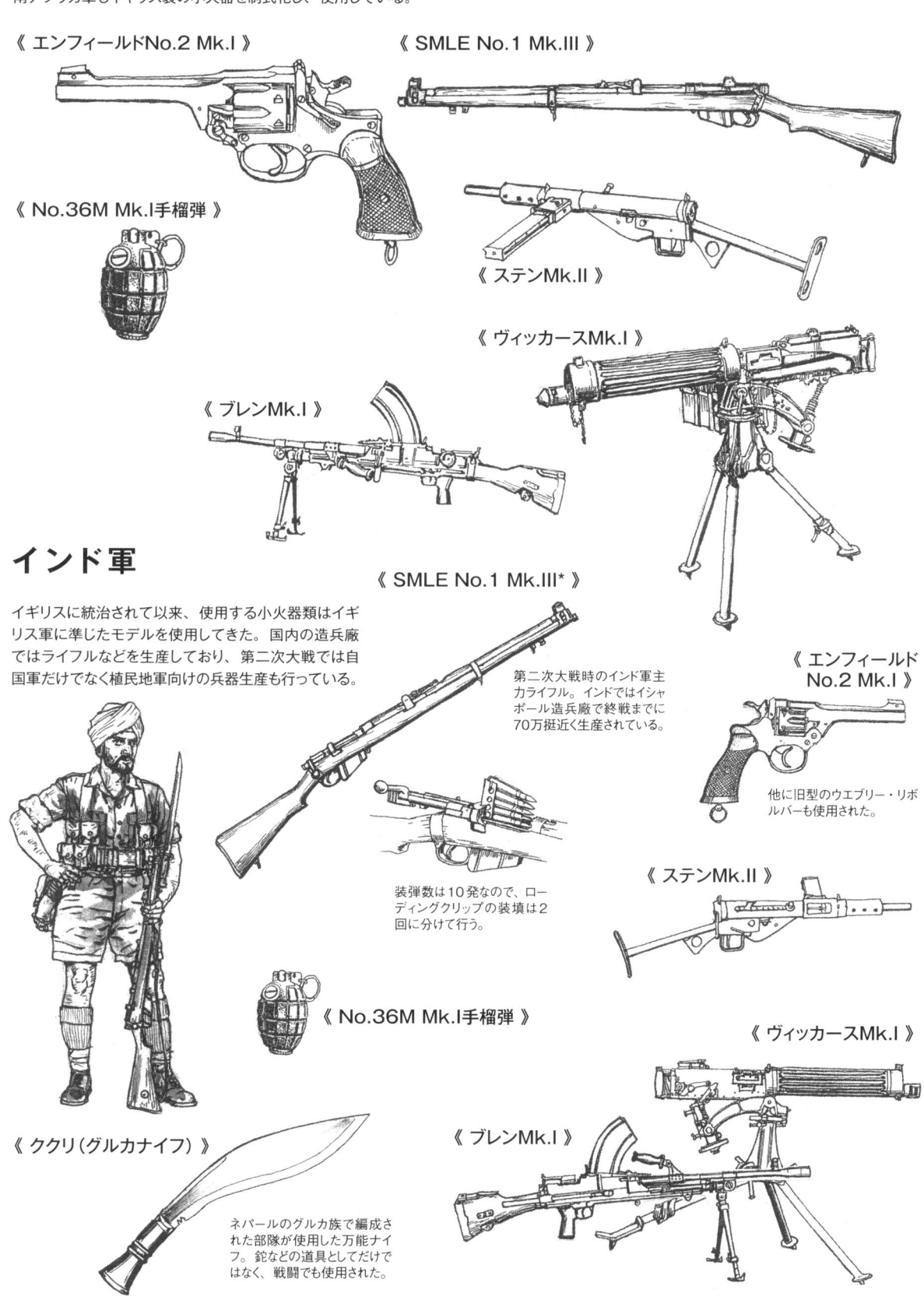

《 エンフィールドNo.2 Mk.I 》

《 SMLE No.1 Mk.III 》

《 No.36M Mk.I手榴弾 》

《 ステンMk.II 》

《 ヴィッカースMk.I 》

《 ブレンMk.I 》

インド軍

イギリスに統治されて以来、使用する小火器類はイギリス軍に準じたモデルを使用してきた。国内の造兵廠ではライフルなどを生産しており、第二次大戦では自国軍だけでなく植民地軍向けの兵器生産も行っている。

《 SMLE No.1 Mk.III* 》

第二次大戦時のインド軍主力ライフル。インドではイシャポール造兵廠で終戦までに70万挺近く生産されている。

装弾数は10発なので、ローディングクリップの装填は2回に分けて行う。

《 エンフィールド
No.2 Mk.I 》

他に旧型のウエブリー・リボルバーも使用された。

《 ステンMk.II 》

《 No.36M Mk.I手榴弾 》

《 ヴィッカースMk.I 》

《 ブレンMk.I 》

《 ククリ（グルカナイフ）》

ネパールのグルカ族で編成された部隊が使用した万能ナイフ。鉈などの道具としてだけではなく、戦闘でも使用された。

ソ連軍

ロシア革命の後に誕生したソ連では工業化が進められ、
兵器の独自開発と国産化が始まり、
第二次大戦までに次々と制式化された。
さらに第二次大戦中には、
生産性が高く堅牢な小火器が生み出されている。

ピストル

第二次大戦のソ連軍は、国産モデルの他に各国より流入したモデルや敵から鹵獲したものまで新旧様々なピストルが使用された。それらの中の制式軍用ピストルの代表がナガンリボルバーとトカレフだった。

ナガンM1895

口径：7.62mm
弾薬：7.62×38mm
ナガン弾
装弾数：7発
動作形式：ダブル／
シングルアクション
全長：240mm
銃身長：115mm
重量：750g

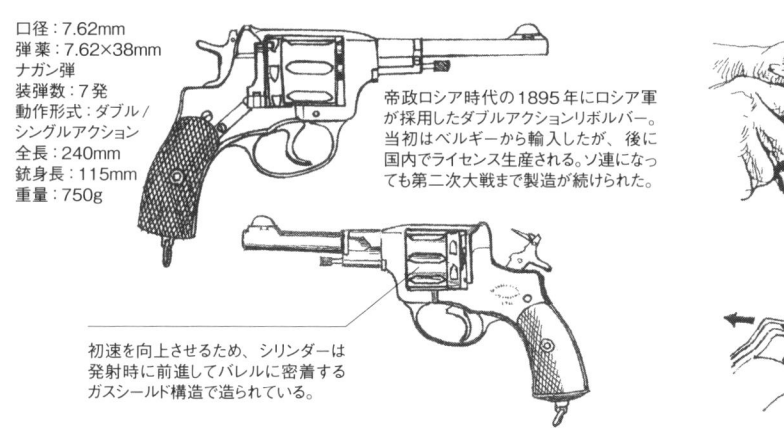

帝政ロシア時代の1895年にロシア軍が採用したダブルアクションリボルバー。当初はベルギーから輸入したが、後に国内でライセンス生産される。ソ連になっても第二次大戦まで製造が続けられた。

シリンダーにはスイングアウト機構がない。そのため、弾薬の装填はローディングゲートから1発ずつ行う。

初速を向上させるため、シリンダーは発射時に前進してバレルに密着するガスシールド構造で造られている。

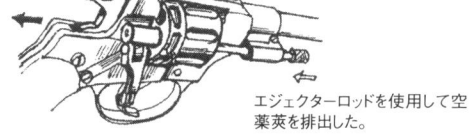

エジェクターロッドを使用して空薬莢を排出した。

トカレフTT-1930

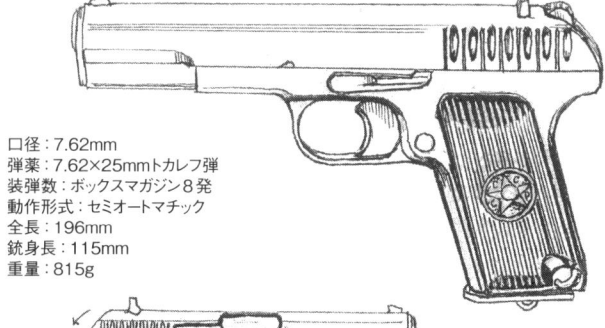

ソ連時代に入り、ナガンリボルバーに替わる新型軍用オートマチックピストルの国産化が計画された。この計画に基づき1929年にトライアルが行われ、F.V.トカレフが設計したモデルが1930年に採用となり、TT-1930の名称で制式化された。

口径：7.62mm
弾薬：7.62×25mmトカレフ弾
装弾数：ボックスマガジン8発
動作形式：セミオートマチック
全長：196mm
銃身長：115mm
重量：815g

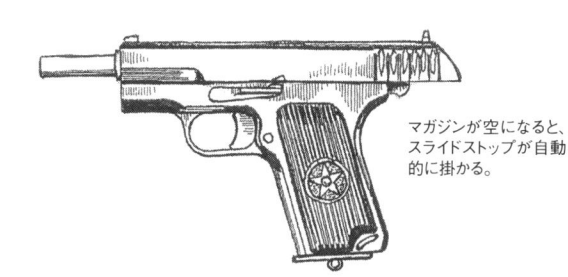

マガジンが空になると、スライドストップが自動的に掛かる。

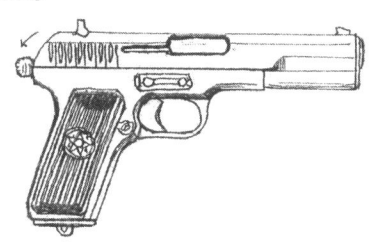

TT-1930の銃口付近。コルトM1911A1に似たデザインのバレルブッシング。

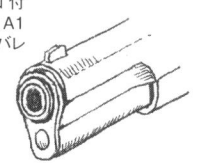

シグナルピストル

《 SPSH-44 》

1944年に採用された単発・中折れ式のシグナルピストル。

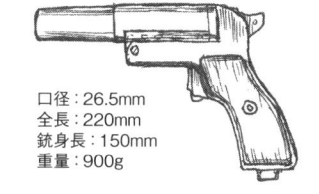

口径：26.5mm
全長：220mm
銃身長：150mm
重量：900g

《 トカレフTT-1930/33 》

TT-1930の簡易製造モデル。パーツ点数の削減、フレーム加工の単純化など生産性を向上させ、パーツ交換も容易にできるよう改良された。

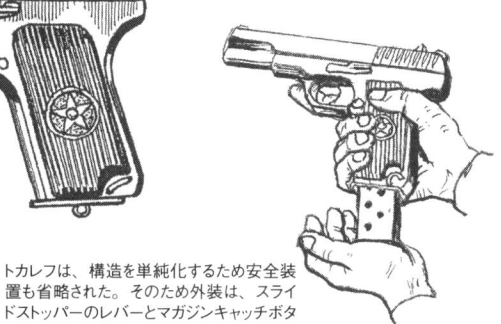

トカレフは、構造を単純化するため安全装置も省略された。そのため外装は、スライドストッパーのレバーとマガジンキャッチボタンのみのシンプルなデザインになっている。

《 OSH-42 》

シュバーギン設計局が製作した単発・中折れ式シグナルピストル。口径は26.5mm。

ライフル

ソ連軍の主力ライフルは、帝政時代に制定されたモシンナガンで、改良を加えながら終戦まで使用された。また、オートマチックライフルの研究開発は1910年代に始められている。ロシア革命などで開発は一時中断するが、1930年代に再開し、独ソ開戦までに開発を終え、第二次大戦中に使用された。

モシンナガン・ライフル

《 モシンナガンM1891 》

ローディングクリップを使用し、弾薬を装填する。

口径：7.62mm　弾薬：7.62×54mm R
（7.62mmロシアン弾）　装弾数：5発　動
作形式：ボルトアクション　全長：1303mm
銃身長：803mm　重量：4.37kg

1981年に制定され、日露戦争、第一次大戦を経て、第二次大戦まで主力ライフルとして使用された。

《 モシンナガンM1891/10カービン 》

M1891の全長を短くした騎兵用モデル。強化ボルトへの変更やサイトの改良、スリングスイベルの位置変更などの改修が行われている。

全長：1016mm
銃身長：510mm
重量：3.4kg

《 モシンナガンM1938カービン 》

M1891/30のカービンモデル。

全長：1016mm
銃身長：508mm
重量：3.45kg

《 モシンナガンM1944カービン 》

全長：1016mm
銃身長：518mm
重量：4.04kg

M1938カービンの右側面に、折り畳み式のスパイクバイヨネットを追加したモデル。

オートマチックライフル

《 シモノフSVS-1936（M1936） 》

口径：7.62mm　弾薬：7.62×54mm
R　装弾数：ボックスマガジン15発
動作形式：セミオートマチック　全長：1234mm　銃身長：614mm　重量：4.05kg

S.G.シモノフが開発し、1936年に採用されたセミオートマチックライフル。試作の際にはセミ/フルオート機能が搭載されたが、フルオート射撃時の反動が大きく命中率が低くなるなどの理由により、量産モデルはセミオート機能のみとされた。

《 トカレフSVT-1938（M1938） 》

口径：7.62mm　弾薬：7.62×54mm
R　装弾数：ボックスマガジン10発
動作形式：セミ/フルオートマチック切り替え　全長：1220mm　銃身長：635mm　重量：4.17kg

シモノフのオートマチックライフルと同時期にトカレフによって開発されたガス圧作動方式機構搭載のセミオートマチックライフル。1938年に採用となり、フィンランドとの冬戦争（1939〜1940年）に初めて実戦投入された。採用から1940年4月の生産終了までに15万挺が製造されている。

《 トカレフSVT-1940（M1940） 》

口径：7.62mm　弾薬：7.62×54mm R　装弾数：ボックスマガジン10発　動作形式：セミオートマチック　全長：1225mm　銃身長：625mm　重量：3.9kg

SVT-1938の改良モデル。マガジンキャッチなどが改修された。SVT-1940はセミオートマチックのみだったが、セミ/フルオートマチック切り替え可能のAVT-1940（外観はまったく同じ）も造られた。SVT-1940は1941年6月の独ソ開戦までに一定数が歩兵部隊に配備されていた。

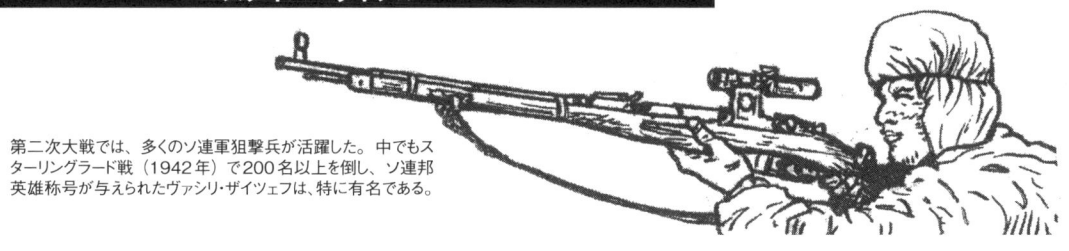

第二次大戦では、多くのソ連軍狙撃兵が活躍した。中でもスターリングラード戦（1942年）で200名以上を倒し、ソ連邦英雄称号が与えられたヴァシリ・ザイツェフは、特に有名である。

《 モシンナガンM1891/30スナイパーライフル 》

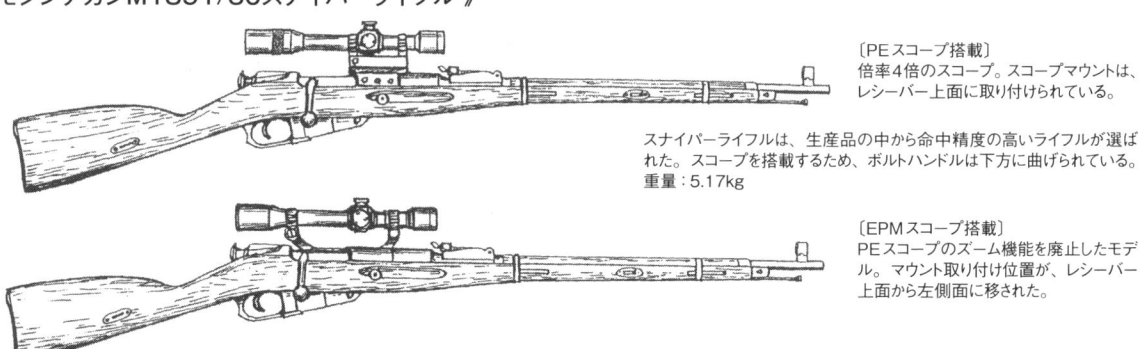

〔PEスコープ搭載〕
倍率4倍のスコープ。スコープマウントは、レシーバー上面に取り付けられている。

スナイパーライフルは、生産品の中から命中精度の高いライフルが選ばれた。スコープを搭載するため、ボルトハンドルは下方に曲げられている。
重量：5.17kg

〔EPMスコープ搭載〕
PEスコープのズーム機能を廃止したモデル。マウント取り付け位置が、レシーバー上面から左側面に移された。

〔UPスコープ搭載〕
SVT-1940のスナイパーモデルが失敗作となったことから、SVT-1940用に準備されたUPスコープを搭載して生産された。

《 トカレフSVT-1940スナイパーモデル 》

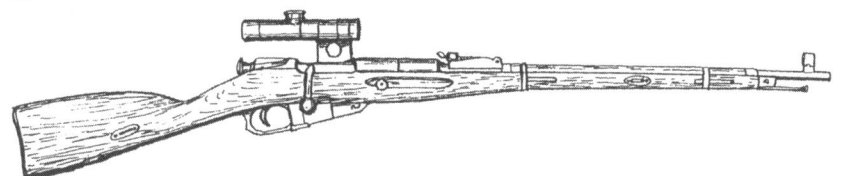

M1891/30に替わり生産・配備された。しかし、パーツの耐久不足、装弾不良や集弾性などの問題から、生産は1942年に打ち切られた。

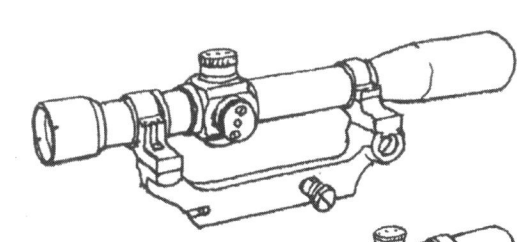

《 PEMスコープ 》

PEスコープの改良型。1937〜1942年まで生産。

《 UPスコープ 》

当初、SVT-1940用に採用されたが、M1891/30でも使用された。

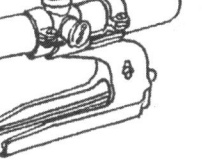

《 SVT-1940用UPスコープ 》

SVT-1940専用のマウントを用い、レシーバー後部に装着。取り付けのための工具は不要。

ソ連軍では男性だけでなく女性も狙撃兵として最前線で戦っている。その中のトップがリュドミラ・パヴリチェンコである。彼女は、1941年8月から1942年6月までに309名の戦果を挙げた。

サブマシンガン

小火器の自動化を求めたソ連軍は、サブマシンガンの開発も進め、1935年から、第二次大戦が終了するまでに6種類のサブマシンガンを開発し、採用している。

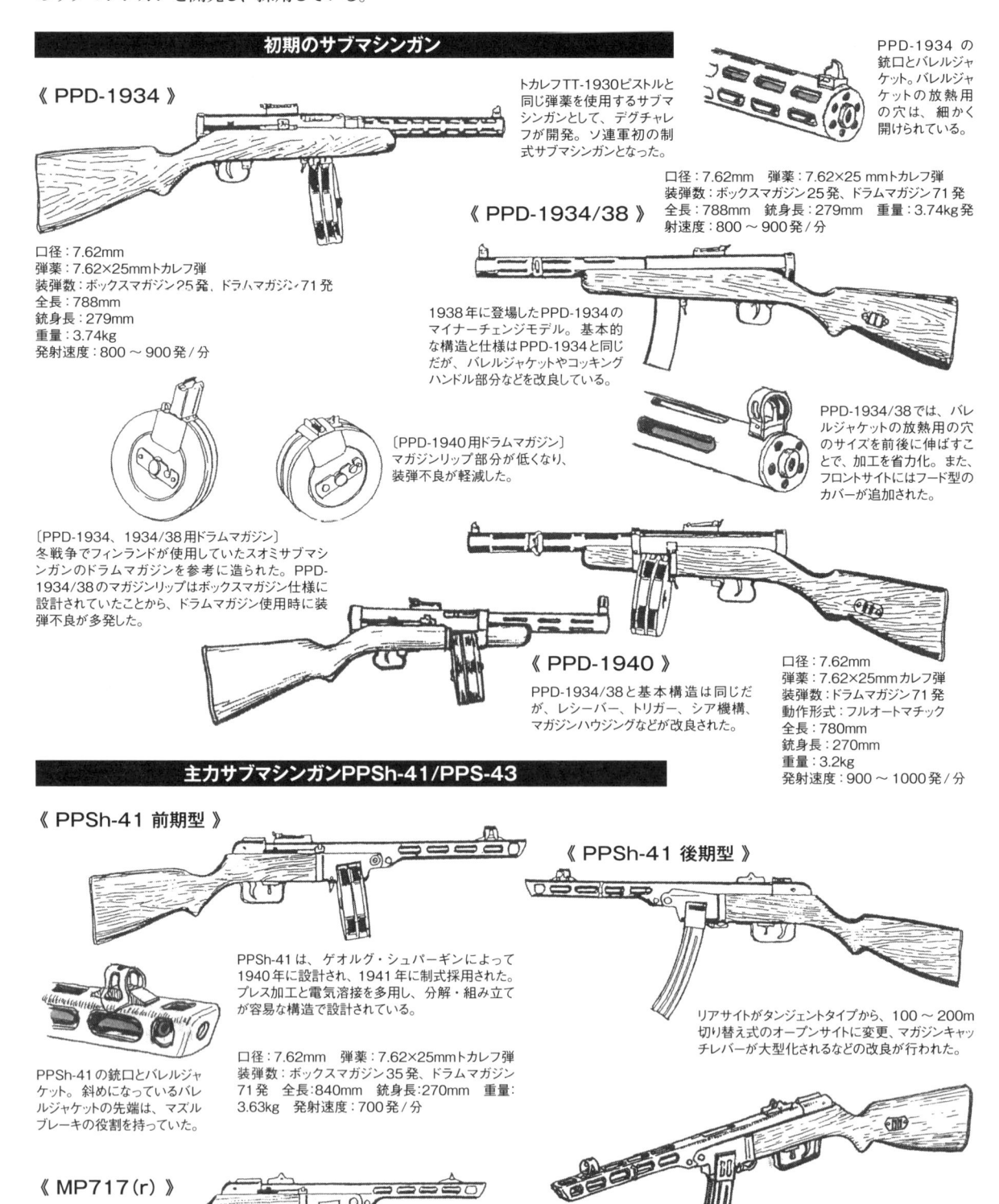

初期のサブマシンガン

《 PPD-1934 》

トカレフTT-1930ピストルと同じ弾薬を使用するサブマシンガンとして、デグチャレフが開発。ソ連軍初の制式サブマシンガンとなった。

口径：7.62mm
弾薬：7.62×25mmトカレフ弾
装弾数：ボックスマガジン25発、ドラムマガジン71発
全長：788mm
銃身長：279mm
重量：3.74kg
発射速度：800～900発/分

PPD-1934の銃口とバレルジャケット。バレルジャケットの放熱用の穴は、細かく開けられている。

《 PPD-1934/38 》

口径：7.62mm　弾薬：7.62×25 mmトカレフ弾
装弾数：ボックスマガジン25発、ドラムマガジン71発
全長：788mm　銃身長：279mm　重量：3.74kg発
射速度：800～900発/分

1938年に登場したPPD-1934のマイナーチェンジモデル。基本的な構造と仕様はPPD-1934と同じだが、バレルジャケットやコッキングハンドル部分などを改良している。

〔PPD-1940用ドラムマガジン〕
マガジンリップ部分が低くなり、装弾不良が軽減した。

PPD-1934/38では、バレルジャケットの放熱用の穴のサイズを前後に伸ばすことで、加工を省力化。また、フロントサイトにはフード型のカバーが追加された。

〔PPD-1934、1934/38用ドラムマガジン〕
冬戦争でフィンランドが使用していたスオミサブマシンガンのドラムマガジンを参考に造られた。PPD-1934/38のマガジンリップはボックスマガジン仕様に設計されていたことから、ドラムマガジン使用時に装弾不良が多発した。

《 PPD-1940 》

PPD-1934/38と基本構造は同じだが、レシーバー、トリガー、シア機構、マガジンハウジングなどが改良された。

口径：7.62mm
弾薬：7.62×25mmカレフ弾
装弾数：ドラムマガジン71発
動作形式：フルオートマチック
全長：780mm
銃身長：270mm
重量：3.2kg
発射速度：900～1000発/分

主力サブマシンガンPPSh-41/PPS-43

《 PPSh-41 前期型 》

PPSh-41は、ゲオルグ・シュパーギンによって1940年に設計され、1941年に制式採用された。プレス加工と電気溶接を多用し、分解・組み立てが容易な構造で設計されている。

PPSh-41の銃口とバレルジャケット。斜めになっているバレルジャケットの先端は、マズルブレーキの役割を持っていた。

口径：7.62mm　弾薬：7.62×25mmトカレフ弾
装弾数：ボックスマガジン35発、ドラムマガジン71発　全長：840mm　銃身長：270mm　重量：3.63kg　発射速度：700発/分

《 PPSh-41 後期型 》

リアサイトがタンジェントタイプから、100～200m切り替え式のオープンサイトに変更、マガジンキャッチレバーが大型化されるなどの改良が行われた。

35発ボックスマガジンも併用された。

《 MP717（r） 》

東部戦線でPPSh-41を大量に鹵獲したドイツ軍が9mm口径に改修して使用したモデル。マガジンはMP40用を用いた。

MP40のマガジン

ソ連軍が運用したタンクデサント（戦車跨乗）では、乗車する兵士全員がサブマシンガンを装備することもあった。

〔ドラムマガジンポーチ〕
最初のモデルは、PPD-1934のドラムマガジン採用時に作られた。時期や生産場所により、使用している生地やベルトループなどのデザインに違いがある。

マガジンポーチを付けていない兵士も多いが、規定ではポーチ1個を装備することになっていた。

独ソ戦の初期に大量の武器を失ったソ連軍は、ライフルより生産が容易で、単純な操作で扱いやすいことから、サブマシンガンを大量生産して部隊に配備した。

ドラムマガジンポーチは、PPD-1934、PPSh-41共用だった。

《 PPS-42 》

口径：7.62mm
弾薬：7.62×25トカレフ弾
装弾数：ボックスマガジン35発
全長：896mm、640mm（ストック折り畳み時）
銃身長：241mm
重量：2.63kg
発射速度：700発／分

1942年、ドイツ軍に包囲されたレニングラードで急造された。そのためレシーバーやバレルジャケット、ストックは、生産性が高いプレス加工したパーツで構成されていた。銃身は古いライフルや機関銃の予備銃身を加工して利用したといわれる。

ドラムマガジンポーチ

手榴弾ポーチ

《 PPS-43 》

急造設計にもかかわらず、PPS-42は生産性やコスト、さらに性能が優れていたことから、改良されPPS-43として制式化された。

当時の写真や記録映像を見ると、左手でマガジンを保持しながら射撃するスタイルが多く見られるが、マガジン後ろのストックを握るのが基本姿勢。

口径：7.62mm
弾薬：7.62×25 mmトカレフ弾
装弾数：ボックスマガジン35発
全長：830mm、615mm（ストック折り畳み時）
銃身長：241mm
重量：3.0kg
発射速度：650発／分

プレス加工で造られたPPS-43のマズルブレーキ。

機関銃

建国直後、ソ連軍は帝政時代から引き継いだ旧式兵器の近代化を図るため、1920年代後半、国産化に向けて開発を始めた。その計画に沿って新型の軽・重機関銃が開発・生産され第二次大戦で使用された。

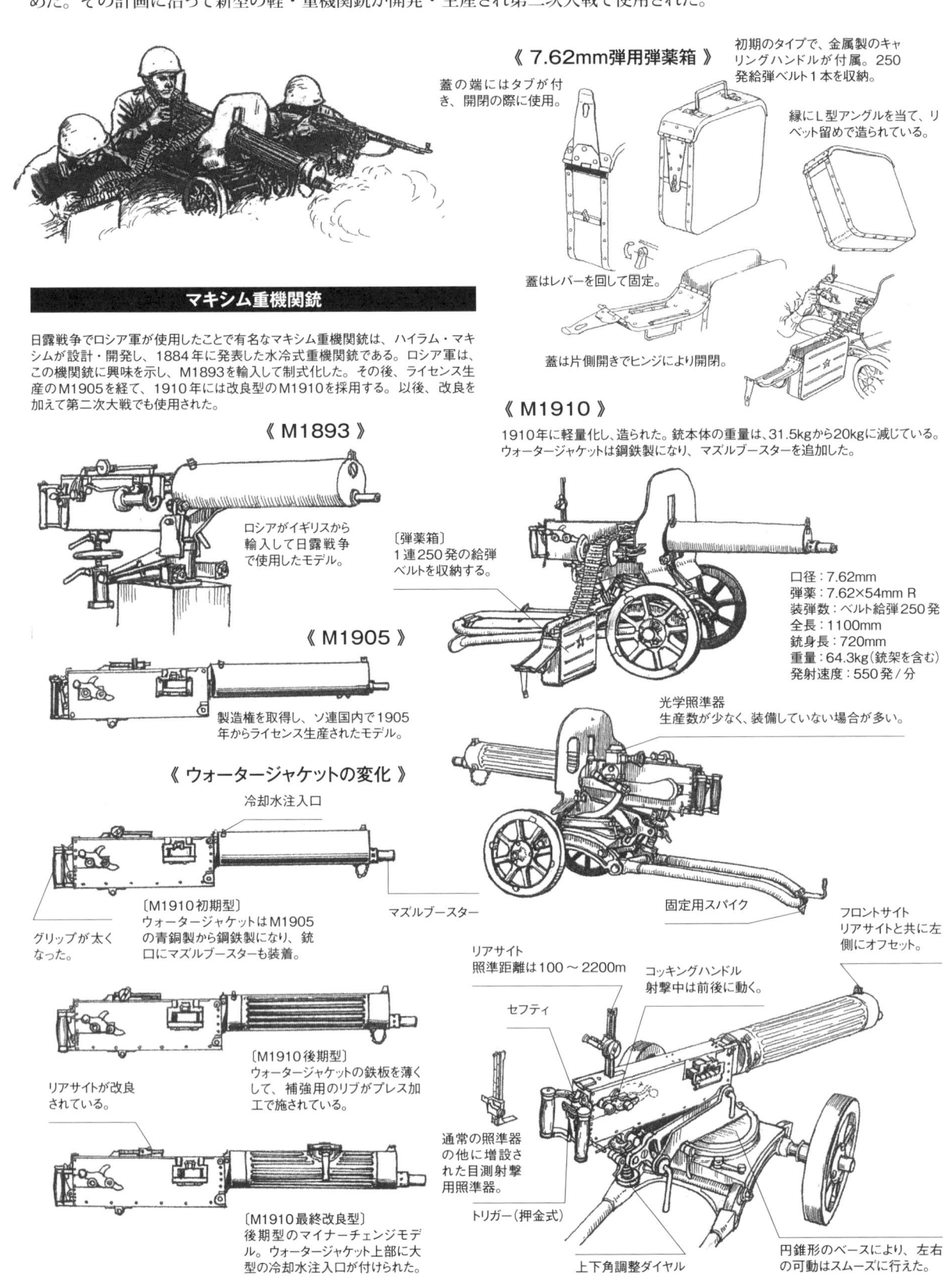

《 7.62mm弾用弾薬箱 》

初期のタイプで、金属製のキャリング ハンドルが付属。250発給弾ベルト1本を収納。

蓋の端にはタブが付き、開閉の際に使用。

縁にL型アングルを当て、リベット留めで造られている。

蓋はレバーを回して固定。

蓋は片側開きでヒンジにより開閉。

マキシム重機関銃

日露戦争でロシア軍が使用したことで有名なマキシム重機関銃は、ハイラム・マキシムが設計・開発し、1884年に発表した水冷式重機関銃である。ロシア軍は、この機関銃に興味を示し、M1893を輸入して制式化した。その後、ライセンス生産のM1905を経て、1910年には改良型のM1910を採用する。以後、改良を加えて第二次大戦でも使用された。

《 M1893 》

ロシアがイギリスから輸入して日露戦争で使用したモデル。

《 M1905 》

製造権を取得し、ソ連国内で1905年からライセンス生産されたモデル。

《 ウォータージャケットの変化 》

冷却水注入口

〔M1910初期型〕
ウォータージャケットはM1905の青銅製から鋼鉄製になり、銃口にマズルブースターも装着。

グリップが太くなった。

マズルブースター

〔M1910後期型〕
ウォータージャケットの鉄板を薄くして、補強用のリブがプレス加工で施されている。

リアサイトが改良されている。

〔M1910最終改良型〕
後期型のマイナーチェンジモデル。ウォータージャケット上部に大型の冷却水注入口が付けられた。

《 M1910 》

1910年に軽量化し、造られた。銃本体の重量は、31.5kgから20kgに減っている。ウォータージャケットは鋼鉄製になり、マズルブースターを追加した。

〔弾薬箱〕
1連250発の給弾ベルトを収納する。

口径：7.62mm
弾薬：7.62×54mm R
装弾数：ベルト給弾250発
全長：1100mm
銃身長：720mm
重量：64.3kg（銃架を含む）
発射速度：550発／分

光学照準器
生産数が少なく、装備していない場合が多い。

固定用スパイク

フロントサイト
リアサイトと共に左側にオフセット。

リアサイト
照準距離は100～2200m

コッキングハンドル
射撃中は前後に動く。

セフティ

通常の照準器の他に増設された目測射撃用照準器。

トリガー（押金式）

上下角調整ダイヤル

円錐形のベースにより、左右の可動はスムーズに行えた。

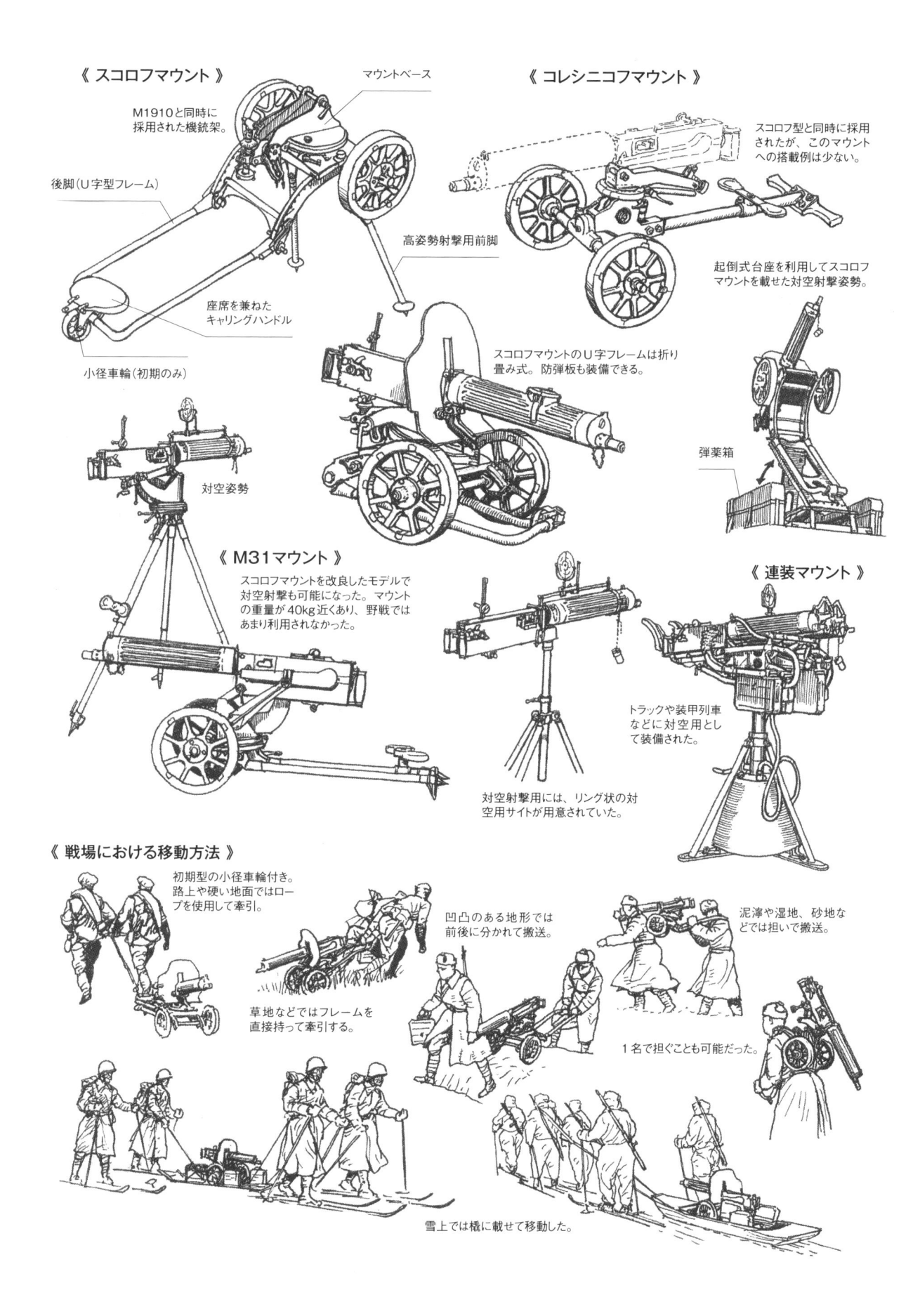

《 スコロフマウント 》

マウントベース

M1910と同時に
採用された機銃架。

後脚（U字型フレーム）

高姿勢射撃用前脚

座席を兼ねた
キャリングハンドル

小径車輪（初期のみ）

対空姿勢

《 M31マウント 》

スコロフマウントを改良したモデルで
対空射撃も可能になった。マウント
の重量が40kg近くあり、野戦では
あまり利用されなかった。

対空射撃用には、リング状の対
空用サイトが用意されていた。

《 コレシニコフマウント 》

スコロフ型と同時に採用
されたが、このマウント
への搭載例は少ない。

起倒式台座を利用してスコロフ
マウントを載せた対空射撃姿勢。

スコロフマウントのU字フレームは折り
畳み式。防弾板も装備できる。

弾薬箱

《 連装マウント 》

トラックや装甲列車
などに対空用とし
て装備された。

《 戦場における移動方法 》

初期型の小径車輪付き。
路上や硬い地面ではロー
プを使用して牽引。

草地などではフレームを
直接持って牽引する。

凹凸のある地形では
前後に分かれて搬送。

泥濘や湿地、砂地な
どでは担いで搬送。

1名で担ぐことも可能だった。

雪上では橇に載せて移動した。

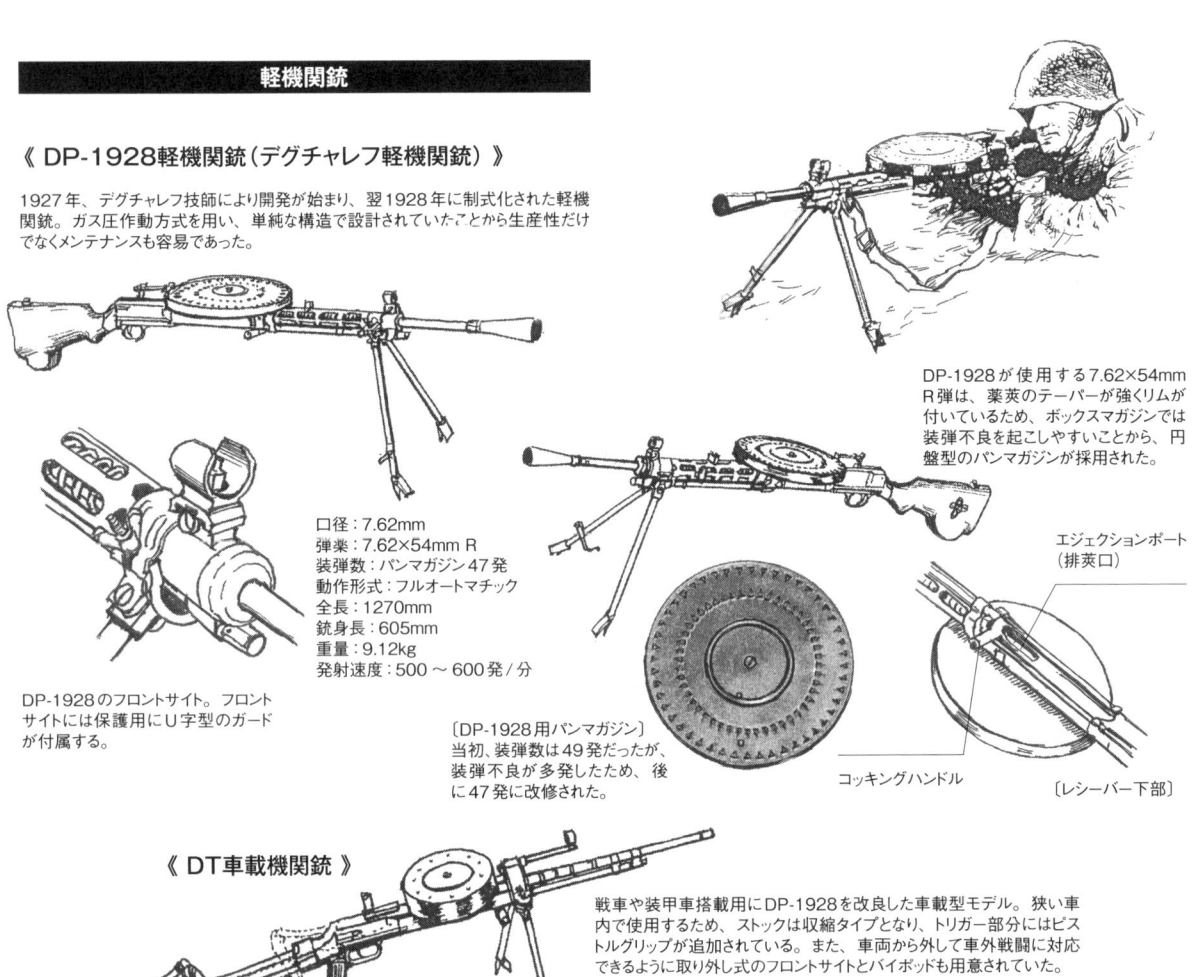

《 DP-1928軽機関銃（デグチャレフ軽機関銃）》

1927年、デグチャレフ技師により開発が始まり、翌1928年に制式化された軽機関銃。ガス圧作動方式を用い、単純な構造で設計されていたことから生産性だけでなくメンテナンスも容易であった。

DP-1928が使用する7.62×54mm R弾は、薬莢のテーパーが強くリムが付いているため、ボックスマガジンでは装弾不良を起こしやすいことから、円盤型のパンマガジンが採用された。

エジェクションポート
（排莢口）

口径：7.62mm
弾薬：7.62×54mm R
装弾数：パンマガジン47発
動作形式：フルオートマチック
全長：1270mm
銃身長：605mm
重量：9.12kg
発射速度：500 〜 600発 / 分

DP-1928のフロントサイト。フロントサイトには保護用にU字型のガードが付属する。

〔DP-1928用パンマガジン〕
当初、装弾数は49発だったが、装弾不良が多発したため、後に47発に改修された。

コッキングハンドル

〔レシーバー下部〕

《 DT車載機関銃 》

戦車や装甲車搭載用にDP-1928を改良した車載型モデル。狭い車内で使用するため、ストックは収縮タイプとなり、トリガー部分にはピストルグリップが追加されている。また、車両から外して車外戦闘に対応できるように取り外し式のフロントサイトとバイポッドも用意されていた。

収縮式ストック。車内では収納した状態で使用。

口径：7.62mm
弾薬：7.62×54mmR
装弾数：パンマガジン60発
動作形式：フルオートマチック
全長：1180mm、1010mm（ストック折り畳み時）
銃身長：697mm
重量：12.5kg
発射速度：600発 / 分

DT車載機関銃は一部が歩兵部隊にも配備された。DTのパンマガジンは小型化されていたが、装弾数は逆に60発に増えている。

《 DPM軽機関銃 》

DP-1928の改良モデル。リコイルスプリングの改修やピストルグリップの追加などの改良が施され、1943年から生産された。

DP-1928やDPMでは、予備マガジンを携行するために専用の金属製ケースが造られた。

空冷式重機関銃

1943年にゴリューノフにより開発された空冷式重機関銃で、M1910重機関銃の後継モデルとして制式化された。車輪付きのM1943マウントに搭載して使用した。第二次大戦後も改良が加えられ、現在も使用が続いている。

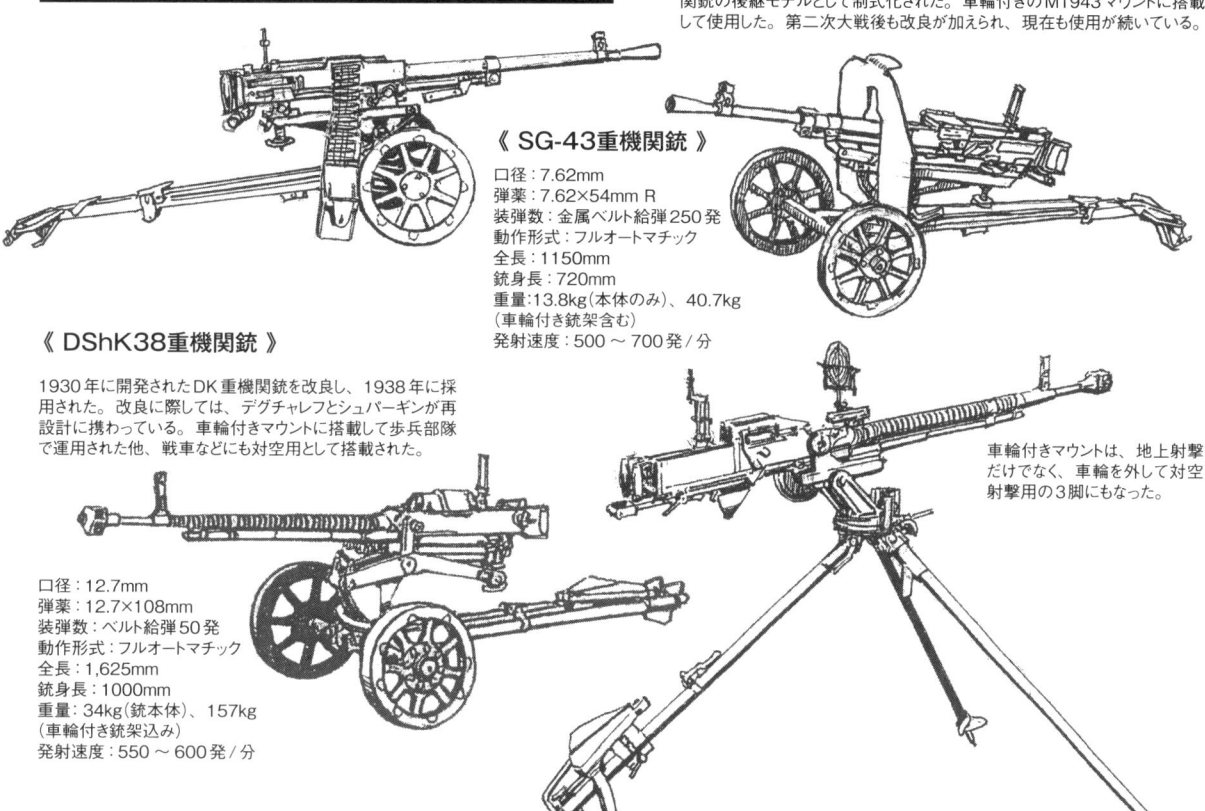

《 SG-43重機関銃 》

口径：7.62mm
弾薬：7.62×54mm R
装弾数：金属ベルト給弾250発
動作形式：フルオートマチック
全長：1150mm
銃身長：720mm
重量：13.8kg(本体のみ)、40.7kg
(車輪付き銃架含む)
発射速度：500 ～ 700発 / 分

《 DShK38重機関銃 》

1930年に開発されたDK重機関銃を改良し、1938年に採用された。改良に際しては、デグチャレフとシュパーギンが再設計に携わっている。車輪付きマウントに搭載して歩兵部隊で運用された他、戦車などにも対空用として搭載された。

車輪付きマウントは、地上射撃だけでなく、車輪を外して対空射撃用の3脚にもなった。

口径：12.7mm
弾薬：12.7×108mm
装弾数：ベルト給弾50発
動作形式：フルオートマチック
全長：1,625mm
銃身長：1000mm
重量：34kg(銃本体)、157kg
(車輪付き銃架込み)
発射速度：550 ～ 600発 / 分

火炎放射器

《 ROKS-2 》

ソ連軍が1935年に採用した火炎放射器。敵から火炎放射器だと見分けられないようにタンクにはカバーを装着、ノズル部分はモシンナガン・ライフルのストックを流用し、ライフルに似せて造られている。7.62×25mmトカレフ弾を改造した空砲で点火した

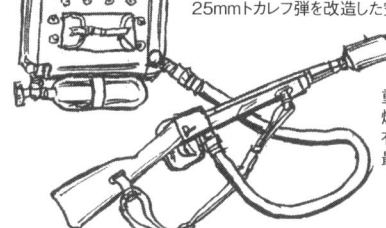

重量：約15kg(燃料なし)
燃料：約9ℓ
有効放射距離：25m
最大放射距離：45m

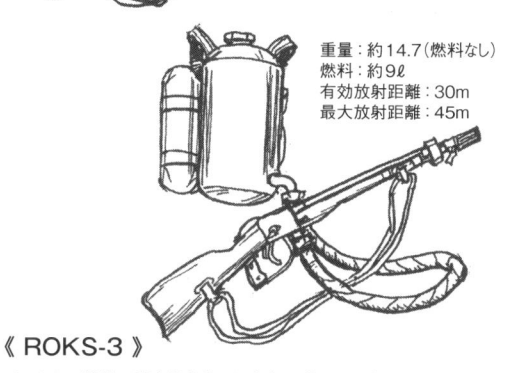

重量：約14.7(燃料なし)
燃料：約9ℓ
有効放射距離：30m
最大放射距離：45m

《 ROKS-3 》

ROKS-2の製造工程を省力化した改良モデル。ノズル部分が短くなり、燃料タンクカバーも廃止された。

手榴弾

《 RG-33手榴弾 》

対人用柄付き手榴弾。RG-1914/30に替わり、1933年から生産開始。攻撃・防御の両方に使用できるように弾頭部分には着脱式の破片スリーブが付属。

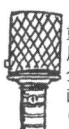

重量：500g、750g(破片スリーブ装着時)
全長：190mm
直径：45mm、54mm
(破片スリーブ装着時)
炸薬：TNT 85g

《 F1手榴弾 》

フランス軍のF1手榴弾をベースにソ連で1941年から製造された破片型手榴弾。有効殺傷範囲は半径20 ～ 30m。

重量：600g
全長：117mm
直径：55mm
炸薬：TNT 60g

《 RPG43対戦車手榴弾 》

重量：1.2kg
直径：95mm
全長：300mm
炸薬：TNT 610g

1943年に採用。ドイツ軍の中戦車、重戦車の装甲を破壊できるように、弾頭は成形炸薬で最大75mm厚の装甲板を破壊できた。

《 RG-42手榴弾 》

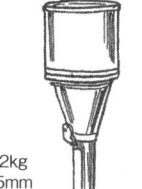

重量：420g
全長：130mm
直径：55mm
炸薬：TNT 200g

RG-33の後継モデルとして、1942年に制式化された攻撃型手榴弾。信管はF1と同じUZGRM信管を使用。

《 RG-1914/30 (M1914/30) 手榴弾 》

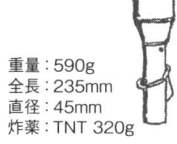

重量：590g
全長：235mm
直径：45mm
炸薬：TNT 320g

第一次大戦で使用された攻撃型手榴弾RG-14の改良モデル。炸薬をピクリン酸からTNTに変更。また、防御用に破片スリーブも用意された。

銃剣

ソ連軍の主力ライフル、モシンナガンにはM1891及びM1891/30バイヨネットが採用された。それぞれ改良したバリエーションが存在するが、いずれも銃剣基部を銃口に差し込むソケット式のスパイク型であった。

M1891/30バイヨネット

モシンナガンM1891/30ライフル用に制定された銃剣。
M1891の改良型で1930～1933年まで製造された。

全長：505mm
刀身長：432mm

M1891/30バイヨネットは、銃剣基部を銃口部分に差し込み、右に90°回してフロントサイト部分で固定した。さらに固定用のキャッチが追加され、外す際はキャッチボタンを押しながら装着時と逆の手順で行う。

M1944バイヨネット

モシンナガンM1944カービンでは、折り畳み式が採用された。通常は、銃の右側面に折り畳んで格納される。

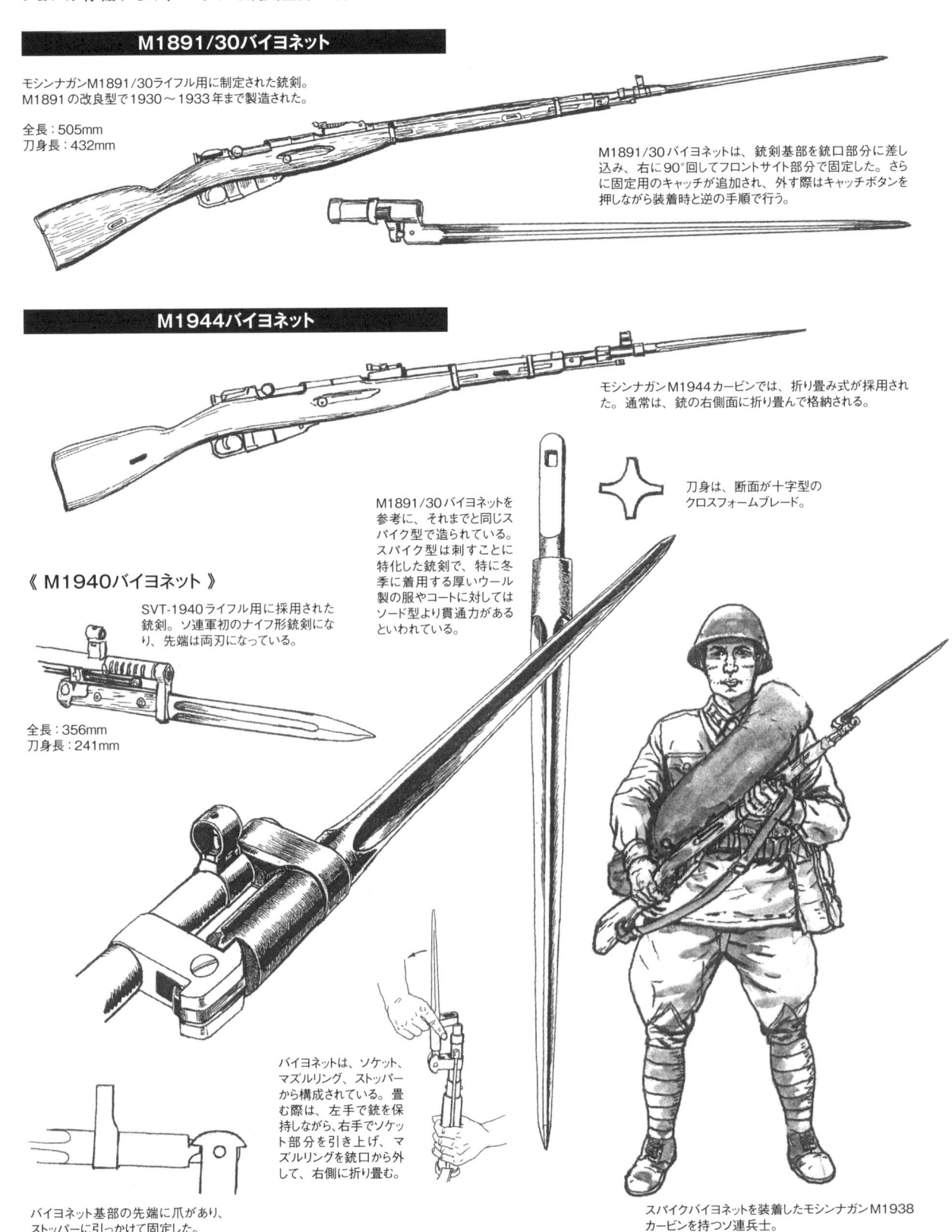

M1891/30バイヨネットを参考に、それまでと同じスパイク型で造られている。スパイク型は刺すことに特化した銃剣で、特に冬季に着用する厚いウール製の服やコートに対してはソード型より貫通力があるといわれている。

刀身は、断面が十字型のクロスフォームブレード。

《 M1940バイヨネット 》

SVT-1940ライフル用に採用された銃剣。ソ連軍初のナイフ形銃剣になり、先端は両刃になっている。

全長：356mm
刀身長：241mm

バイヨネットは、ソケット、マズルリング、ストッパーから構成されている。畳む際は、左手で銃を保持しながら、右手でソケット部分を引き上げ、マズルリングを銃口から外して、右側に折り畳む。

バイヨネット基部の先端に爪があり、ストッパーに引っかけて固定した。

スパイクバイヨネットを装着したモシンナガンM1938カービンを持つソ連兵士。

ソ連軍の歩兵部隊編成

独ソ戦が始まった1941年6月当時、ソ連軍の狙撃分隊（歩兵分隊）は他国と同様に、ライフルチームと分隊を支援する軽機関銃チームに分かれ、分隊長、軽機関銃手、弾薬手、ライフル兵8名の合計11名を基本に編成されていた。緒戦にドイツ軍の攻撃で大損害を負ってしまったソ連軍は、1942～1944年にかけて部隊の再編成や新設を行う。この再編成により1942年末、戦車に随伴するサブマシンガン中隊が編成されている。以後、ソ連軍の狙撃分隊は、補充兵の不足や任務内容、年代と戦域の違いなどの理由により、1個分隊を7～11名で編成して運用された。

ソ連軍の狙撃分隊

《 自動車化サブマシンガン大隊　1944年8月 》

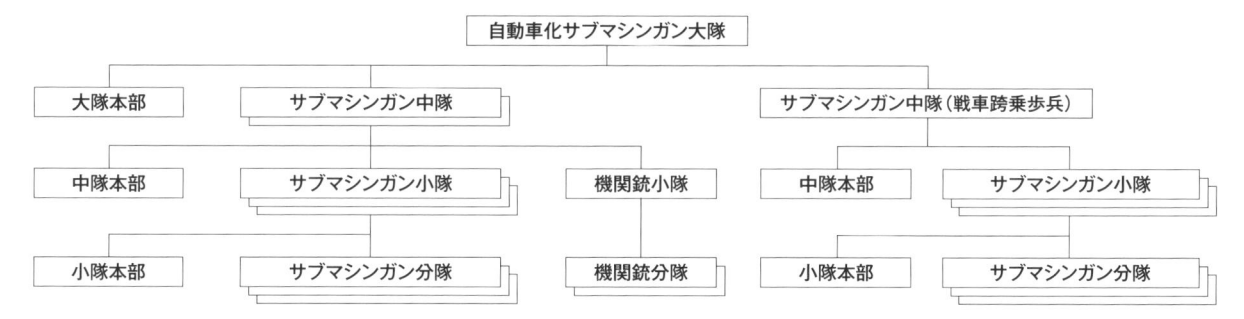

＊サブマシンガン中隊以外の大隊所属部隊は省略。

狙撃分隊の構成

イラストは、10名の分隊編成を示す。使用する火器は、分隊長がPPSh-41サブマシンガン、機関銃手はDP-1928軽機関銃、ライフル兵はモシンナガンM1891/30などのライフルを装備した。

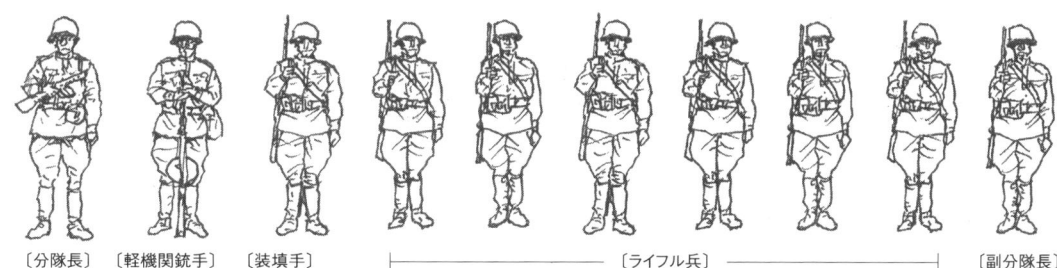

〔分隊長〕
PPSh-41

〔軽機関銃手〕
DP-1928
軽機関銃

〔装填手〕
モシンナガン
M1891/30など

〔ライフル兵〕
モシンナガンM1891/30など

〔副分隊長〕
モシンナガン
M1891/30など

《 タンクデサント（戦車跨乗部隊） 》

ソ連軍の戦車を使用した強襲攻撃"タンクデサント"は、敵の前線を突破し、戦車に跨乗した随伴歩兵が敵の拠点などを破壊する戦術である。この随伴歩兵は1941年12月、サブマシンガン中隊として編成された。戦車1両に1個分隊（PPSh-41サブマシンガン装備のサブマシンガン分隊）が跨乗し、下車後の戦闘に対応した。

サブマシンガン分隊

サブマシンガン分隊は7～10名の分隊員で構成される。使用された火器も変則的で、全員がサブマシンガンの場合や一部の隊員はライフル装備の場合もある。1943年以降は、ライフルに代わりサブマシンガンを装備した狙撃分隊も編成された。

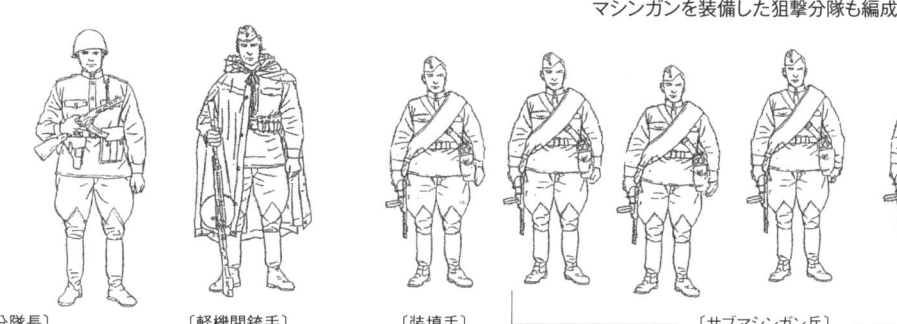

〔分隊長〕
PPSh-41及びピストル

〔軽機関銃手〕
DP-1928軽機関銃

〔装填手〕
PPSh-41

〔サブマシンガン兵〕
PPSh-41

〔副分隊長〕
PPSh-41

フランス軍

第二次大戦が始まった1939年当時、
フランス軍が装備していた小火器の大部分は、
第一次大戦後の改良モデルであった。
1930年代に入り、新型のモデルが採用され、
それらの配備は始まっていたが、新旧兵器の交換が
整う前にドイツ軍の侵攻を受けてしまった。

ピストル

フランスの軍用ピストルは、第一次大戦後、リボルバーからオートマチックピストルが主力となる。国内メーカーによって複数のモデルが開発・生産されていたが、軍用に適したモデルの採用は1930年代後半になってしまった。

軍用リボルバー

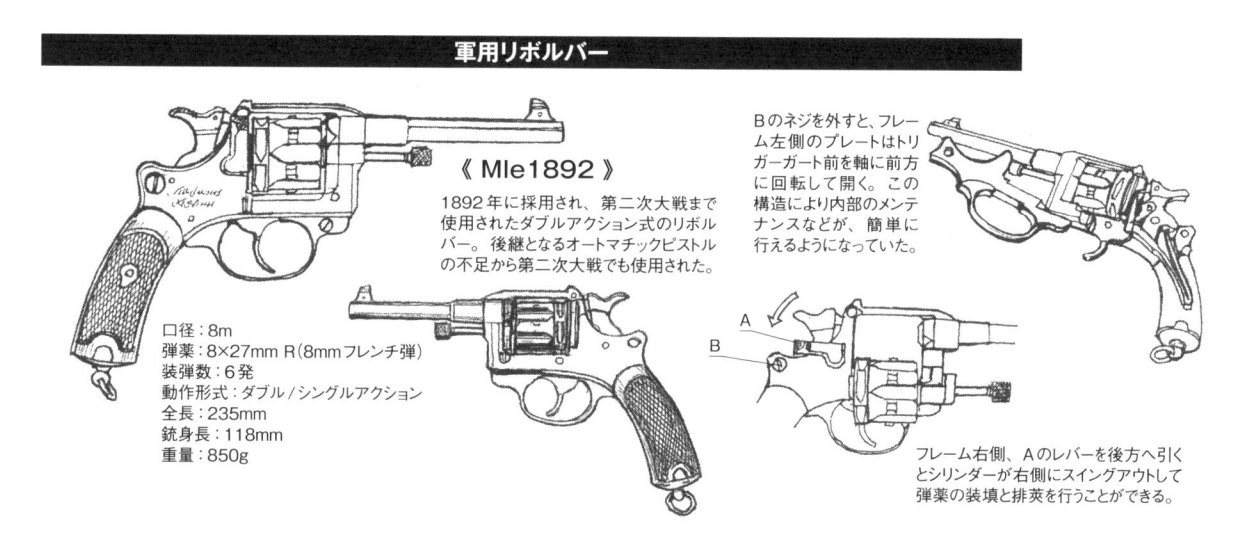

《 Mle1892 》

1892年に採用され、第二次大戦まで使用されたダブルアクション式のリボルバー。後継となるオートマチックピストルの不足から第二次大戦でも使用された。

口径：8m
弾薬：8×27mm R（8mmフレンチ弾）
装弾数：6発
動作形式：ダブル／シングルアクション
全長：235mm
銃身長：118mm
重量：850g

Bのネジを外すと、フレーム左側のプレートはトリガーガート前を軸に前方に回転して開く。この構造により内部のメンテナンスなどが、簡単に行えるようになっていた。

フレーム右側、Aのレバーを後方へ引くとシリンダーが右側にスイングアウトして弾薬の装填と排莢を行うことができる。

軍用オートマチックピストル

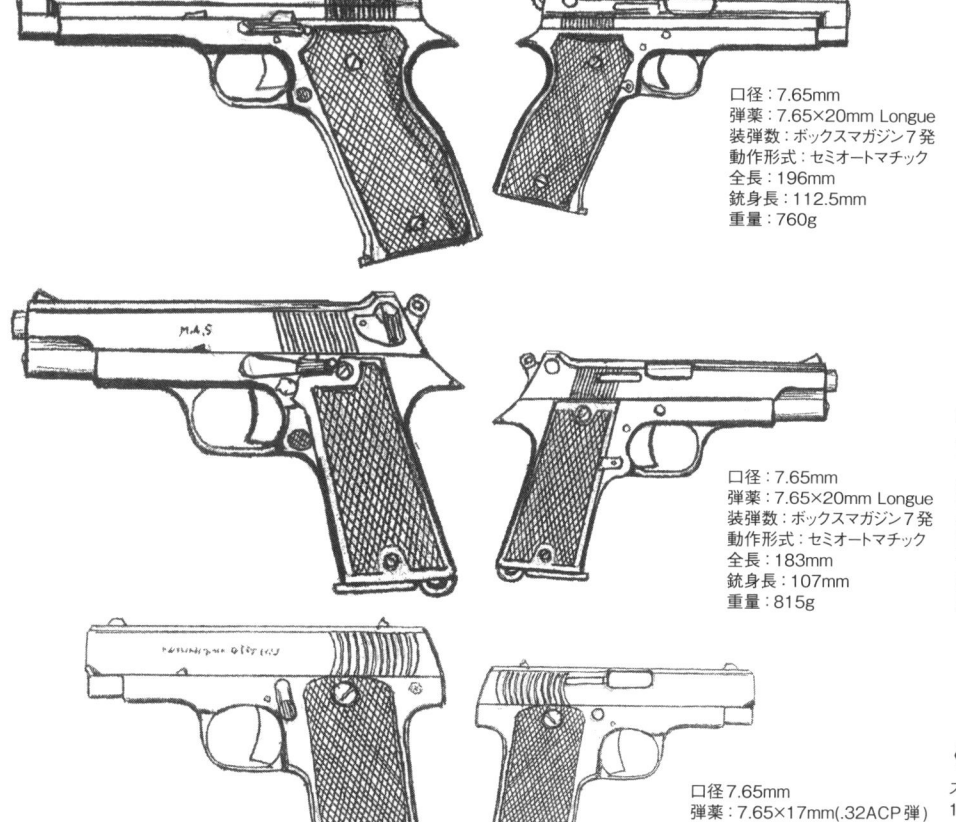

口径：7.65mm
弾薬：7.65×20mm Longue
装弾数：ボックスマガジン7発
動作形式：セミオートマチック
全長：196mm
銃身長：112.5mm
重量：760g

《 Mle1935A 》

フランスのSACM社（アルザス機械工学会社）で1935年に開発されたオートマチックピストル。1937年にフランス軍が採用。フランスがドイツに占領されると1942～1944年までドイツ軍用として生産された。

口径：7.65mm
弾薬：7.65×20mm Longue
装弾数：ボックスマガジン7発
動作形式：セミオートマチック
全長：183mm
銃身長：107mm
重量：815g

《 Mle1935S 》

MAS（サンテティエンヌ造兵廠）で開発されたオートマチックピストル。当初は軍用ピストルの選定においてMle1935Aに敗退した。しかし、軍の発注に対してMle1935Aの生産が追い付かなかったため、1938年にMle1935Sとして制式採用となった。

口径7.65mm
弾薬：7.65×17mm(.32ACP弾)
装弾数：ボックスマガジン9発
動作形式：セミオートマチック
全長：170mm
銃身長：80mm
重量：850g

《 ルビー1914 》

スペインのガビロンド社が、1914年に開発したシングルアクションのオートマチックピストル。第一次大戦時、国産軍用ピストルの調達が間に合わず、フランス軍がスペインに発注して生産、輸入された。

ライフル

フランス軍では、Mle1886及びMle1890ライフルの採用以来、複数の改良モデルのライフルが第一次大戦から第二次大戦まで使用されてきた。新型ライフルの開発も行われ、第二次大戦開戦前に採用されたが、配備を完了する前にドイツに降服してしまう。

第一次大戦型ライフル

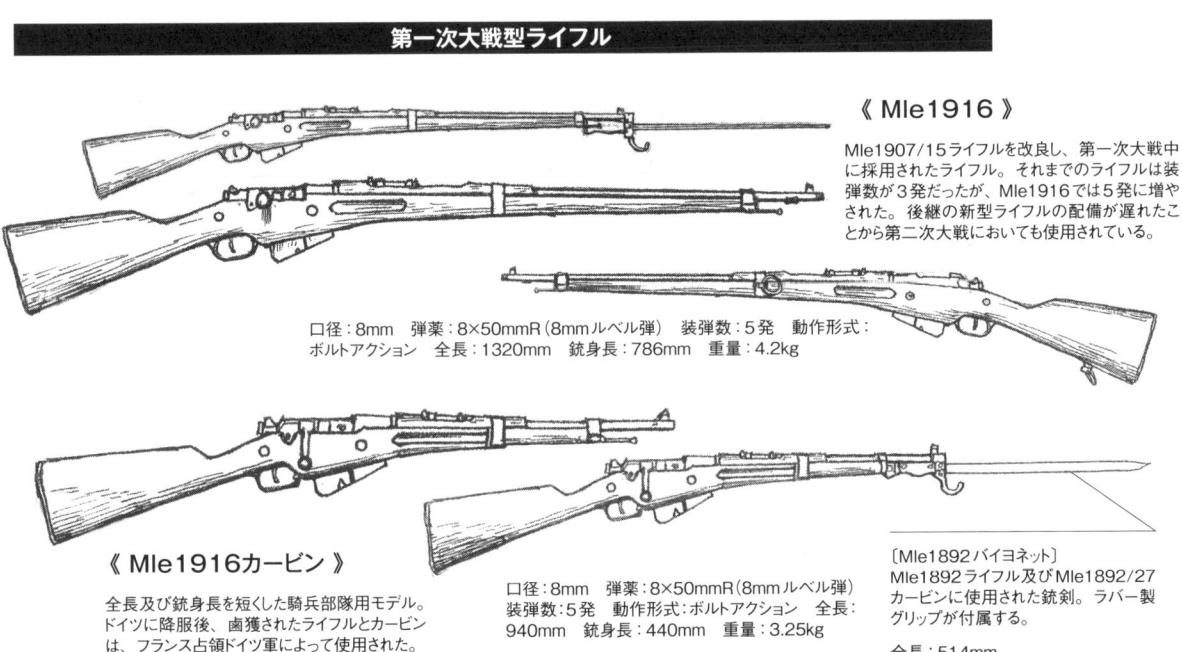

《 Mle1916 》

Mle1907/15ライフルを改良し、第一次大戦中に採用されたライフル。それまでのライフルは装弾数が3発だったが、Mle1916では5発に増やされた。後継の新型ライフルの配備が遅れたことから第二次大戦においても使用されている。

口径：8mm　弾薬：8×50mmR（8mmルベル弾）　装弾数：5発　動作形式：ボルトアクション　全長：1320mm　銃身長：786mm　重量：4.2kg

《 Mle1916カービン 》

全長及び銃身長を短くした騎兵部隊用モデル。ドイツに降服後、鹵獲されたライフルとカービンは、フランス占領ドイツ軍によって使用された。

口径：8mm　弾薬：8×50mmR（8mmルベル弾）　装弾数：5発　動作形式：ボルトアクション　全長：940mm　銃身長：440mm　重量：3.25kg

〔Mle1892バイヨネット〕
Mle1892ライフル及びMle1892/27カービンに使用された銃剣。ラバー製グリップが付属する。

全長：514mm
刀身長：400mm

新型ライフル

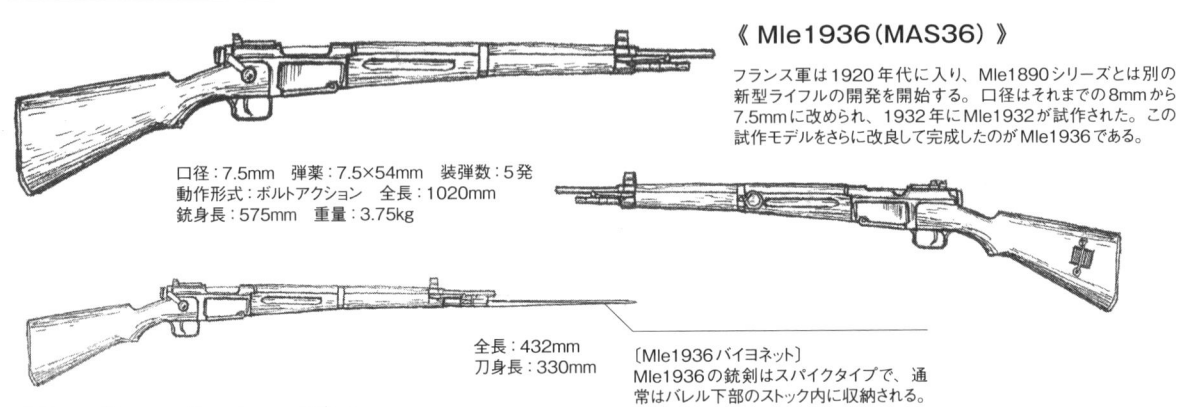

《 Mle1936（MAS36） 》

フランス軍は1920年代に入り、Mle1890シリーズとは別の新型ライフルの開発を開始する。口径はそれまでの8mmから7.5mmに改められ、1932年にMle1932が試作された。この試作モデルをさらに改良して完成したのがMle1936である。

口径：7.5mm　弾薬：7.5×54mm　装弾数：5発
動作形式：ボルトアクション　全長：1020mm
銃身長：575mm　重量：3.75kg

全長：432mm
刀身長：330mm

〔Mle1936バイヨネット〕
Mle1936の銃剣はスパイクタイプで、通常はバレル下部のストック内に収納される。

サブマシンガン

フランス軍が第二次大戦までに制式化したサブマシンガンは、1938年に採用されたMle1938 1種類のみだった。

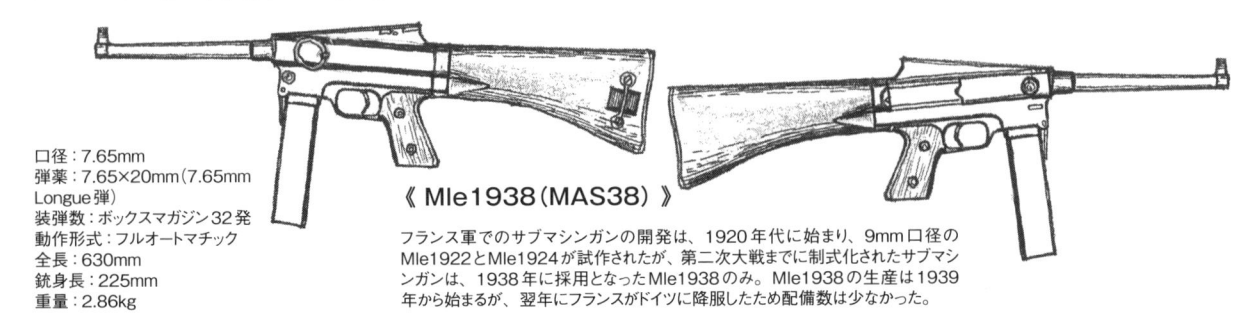

口径：7.65mm
弾薬：7.65×20mm（7.65mm
Longue弾）
装弾数：ボックスマガジン32発
動作形式：フルオートマチック
全長：630mm
銃身長：225mm
重量：2.86kg

《 Mle1938（MAS38） 》

フランス軍でのサブマシンガンの開発は、1920年代に始まり、9mm口径のMle1922とMle1924が試作されたが、第二次大戦までに制式化されたサブマシンガンは、1938年に採用となったMle1938のみ。Mle1938の生産は1939年から始まるが、翌年にフランスがドイツに降服したため配備数は少なかった。

機関銃

フランス軍は、ホチキス社やシャテルロー造兵廠で開発された機関銃を採用してきた。それら機関銃は、フランス軍だけでなく海外に輸出されている。

軽機関銃

《 シャテルローMle1924軽機関銃 》

第一次大戦で使用され、悪評の高いショーシャ Mle1915軽機関銃の後継機として1924年に採用された。ロングストロークピストン式、オープンボルト機構で作動する。2つのトリガーでフルオート（前）とセミオート（後）を撃ち分けた。1929年には、弾薬を7.5×54mmに変更したMle1924/29が採用された。

口径：7.5mm
弾薬：7.5×58mm（7.5mmフレンチ弾）
装弾数：ボックスマガジン25発
動作形式：セミ/フルオートマチック切り替え
全長：1080mm
銃身長：500mm
重量：9.2kg
発射速度：450発/分

重機関銃

《 ホチキス Mle1914重機関銃 》

日露戦争で日本軍も使用したMle1900の改良モデル。当時の重機関銃は水冷式が主流であったが、ホチキス社は、砂漠など水の補給が難しい地域でも使用できるように空冷式で設計していた。また、部品点数を少なくし、分解・組み立てを容易にするため、機関部にはネジやピンを使用していないという特徴もある。信頼性が高く、フランス軍は、第二次大戦まで主力重機関銃として使用した。

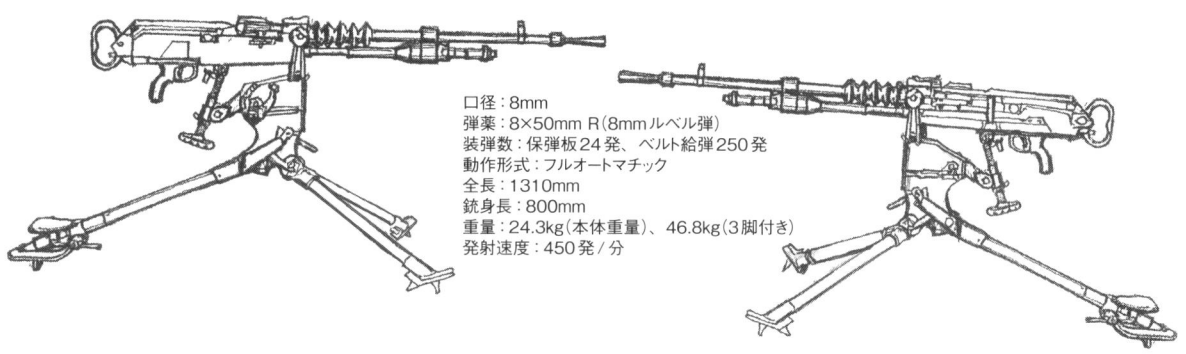

口径：8mm
弾薬：8×50mm R（8mmルベル弾）
装弾数：保弾板24発、ベルト給弾250発
動作形式：フルオートマチック
全長：1310mm
銃身長：800mm
重量：24.3kg（本体重量）、46.8kg（3脚付き）
発射速度：450発/分

《 サンテティエンヌMle1907重機関銃 》

第一次大戦に実戦投入されたが、戦場での実用性が低く、1917年7月以降、ホチキスMle1914と順次交換されて第一線から退いている。大戦中から1920年代にかけてルーマニアやギリシャなどに輸出された。

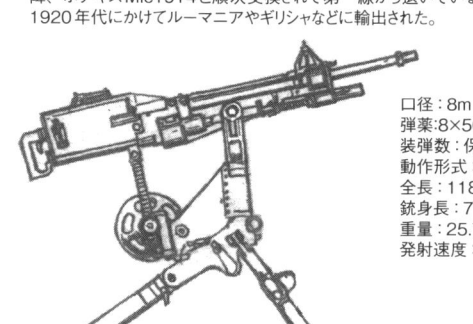

口径：8m
弾薬：8×50mm R（8mmルベル弾）
装弾数：保弾板20発、30発
動作形式：フルオートマチック
全長：1180mm
銃身長：710mm
重量：25.7kg
発射速度：500発/分

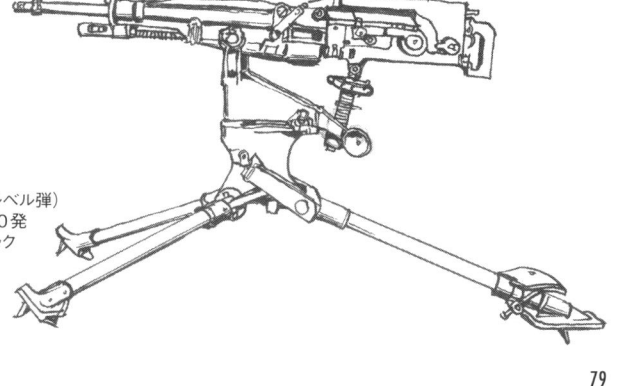

手榴弾

手榴弾は、第一次大戦で使用され、短期間に発達していった兵器の一つであった。第二次大戦時、フランス軍も様々なタイプを採用して戦場に投入した。その中でF1など一部の手榴弾は、改良を加えながら戦後も使用が続けられている。

OF1手榴弾を投擲するフランス兵。腰のベルトにはセフティレバーを利用して手榴弾を装着している。

《 F1手榴弾 》

1915年に採用された初期型の着火は導火線式だったが、1916年にミルズ手榴弾を参考に雷管式のM1916ヒューズを使用した。アメリカ軍のMk.IIはこの手榴弾をベースに開発されている。

全長：120mm
直径：55mm
重量：600g
炸薬：TNT 60g

《 OF1手榴弾 》

弾体が薄い金属製の攻撃型手榴弾。1914年に採用となり、その後も改良されて第二次大戦でも使用された。

全長：123mm
直径：60mm
重量：250g
炸薬：NTMX

《 Mle1937手榴弾 》

OF1の後継モデルとして、1937年に採用された攻撃型手榴弾。

全長：100mm　直径：55mm　重量：600g
炸薬：TNT 60g

銃 剣

フランス軍は新旧ライフルを混用していたため銃剣の種類も多かった。中でもMle1886バイヨネットは、十字型の断面を持つスパイクタイプで、第二次大戦までに数回の改良が行われている。これらの銃剣は、Mle1886シリーズやMle1907シリーズのライフルに使用された。

その他の火器

《 P4火炎放射器 》

第一次大戦から使用されたモデル。燃料放射には圧縮空気を使用する。

重量：19kg
燃料：10ℓ

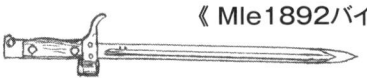

《 Mle1892バイヨネット 》

全長：514mm　刀身長：400mm

《 Mle1892バイヨネット 1939年改良型 》

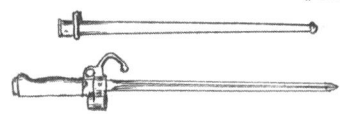

鍔のフック部分が短くされ、木製グリップとなった。

《 Mle1886/35バイヨネット 》

Mle1886バイヨネットを1935年に改良したモデル。

全長：447mm　刀身長：330mm

《 Mle1886/93/16バイヨネット 》

1916年の改良モデル。

全長：638mm　刀身長：520mm

《 Mle35 60mm迫撃砲 》

1935年に採用された迫撃砲。中隊単位で運用され、5名で1個分隊が編成されていた。アメリカ軍は、この迫撃砲をライセンス生産し、M2 60mm迫撃砲として使用。また、フランス占領後のドイツ軍も6cmグラナーテヴェルファー225(f)の名称で使用している。

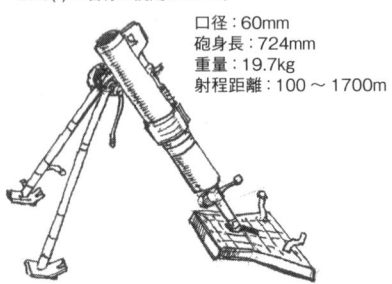

口径：60mm
砲身長：724mm
重量：19.7kg
射程距離：100 ～ 1700m

《 Mle1936バイヨネット 》

Mle1936銃剣はスパイクタイプで、通常はバレル下部のストック内に収納。

全長：432mm　刀身長：330mm

フランス軍の歩兵部隊編成

第一次大戦当時、フランス陸軍歩兵部隊の最小部隊単位は、15名で編成される半小隊であった。この半小隊は軽機関銃手、ライフルグレネード兵、ライフル兵で構成さていた。諸外国もこのフランス軍の編成を参考に、軽機関銃を配備した分隊を編成していった。第一次大戦後、機関銃など火器の発達とそれに伴う戦術の進化に合わせてフランス軍も第二次大戦勃発までに近代化した分隊を編成していた。

ライフル分隊の構成　1940年5月

ドイツのフランス侵攻時におけるフランス陸軍のライフル分隊。任務に合った3種類のライフルを装備していた。

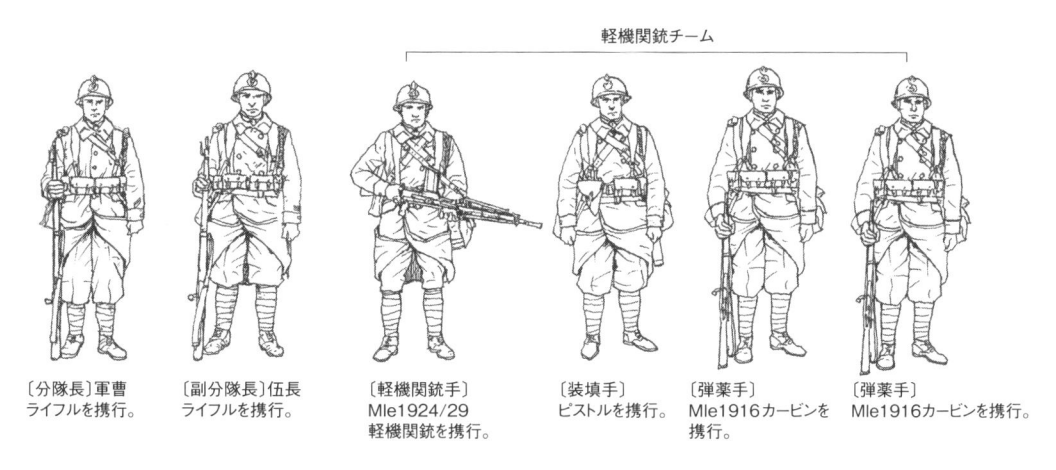

軽機関銃チーム

〔分隊長〕軍曹
ライフルを携行。

〔副分隊長〕伍長
ライフルを携行。

〔軽機関銃手〕
Mle1924/29
軽機関銃を携行。

〔装填手〕
ピストルを携行。

〔弾薬手〕
Mle1916カービンを
携行。

〔弾薬手〕
Mle1916カービンを携行。

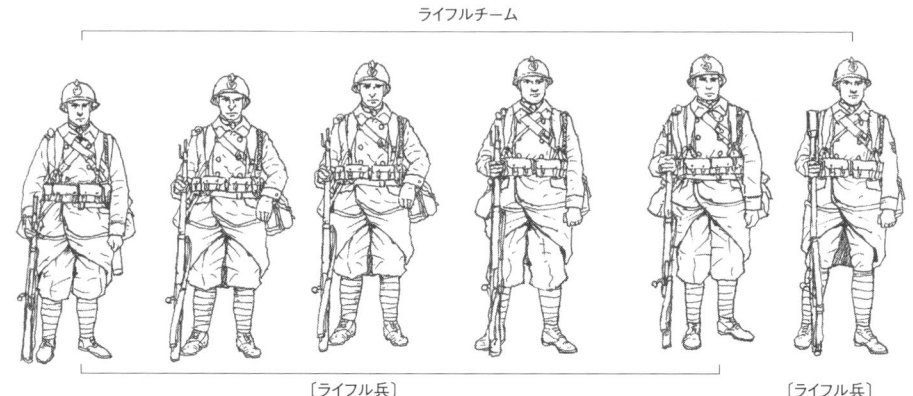

ライフルチーム

〔ライフル兵〕
Mle1916ライフルを携行。

〔ライフル兵〕
Mle1893ライフルVB
グレネードランチャーを携行。

重機関銃分隊の構成

重機関銃分隊は、1挺のホチキスMle1914重機関銃を装備し、7名で構成される。射手と弾薬手の他に機関銃の整備兵も配属されていた。分隊員は全員Mle1916カービンを装備。

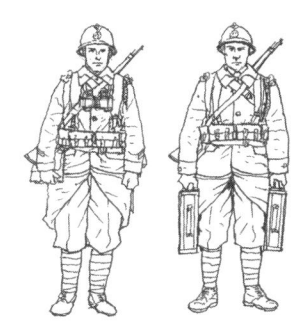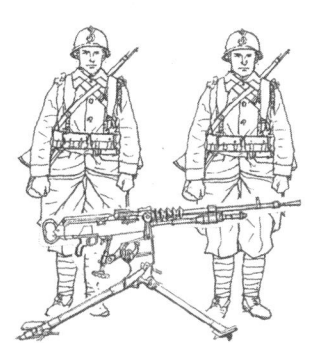

〔分隊長〕軍曹

〔副分隊長〕伍長
150発入り弾薬箱
2個を運搬。

〔機関銃手〕
移動時は機関銃を
運搬。

〔装填手〕
移動時はトライポッド
を運搬。

〔弾薬手〕2名
各自150発入り弾薬箱2個を運搬。

〔整備兵〕
予備のパーツと
銃身を携行。

その他の連合軍

英仏ソ以外のヨーロッパ諸国の軍隊が使用する小火器の多くは、
旧式化したモデルと輸入兵器だった。
開戦前までに小火器の国産化を始めていた国もあったが、
新型小火器の生産と配備が整う前に
枢軸軍と戦うことになったのである。

ポーランド軍

ポーランドは、1920年代から国内の造兵廠でライセンス生産を含めた小火器の製造を始めていた。第二次大戦ではこれら国産兵器でドイツ軍と戦った。

《 VIS wz35（ラドムM35） 》

ポーランドで開発・生産されたショートリコイル、シングルアクション方式のオートマチックピストル。1937年から量産が始まり、ポーランド軍へ配備された。

口径：9mm
弾薬：9×19mm（9mパラベラム弾）
装弾数：ボックスマガジン8発
動作形式：セミオートマチック
全長：211mm
銃身長：115mm
重量：1.05kg

《 FN wz1928軽機関銃 》

口径：7.92mm　弾薬：7.92×57mm　装弾数：ボックスマガジン20発　全長：1110mm　銃身長：611mm　重量：5.9kg　発射速度：300～650発/分

ベルギーからFN M1924を輸入して採用。後にwz1928軽機関銃としてライセンス生産を行う。

《 wz33手榴弾 》

wz24手榴弾を改良し、1933年に採用された破片型の防御用手榴弾。

重量：670g
炸薬：TNT 60g

《 Kb wz98a（M1898カービン） 》

ドイツのGew98をベースに国営の造兵廠で開発・生産。1936年から配備された。

口径：7.92mm
弾薬：7.92×57mm
装弾数：5発
動作形式：ボルトアクション
全長：1150mm
銃身長：740mm
重量：4.36 kg

《 カラビネクwz1929（M29ライフル） 》

1929年から生産されたポーランドの国産ライフル。

口径：7.92 mm
弾薬：7.92×57mm
装弾数：5発
動作形式：ボルトアクション
全長：1100mm
銃身長：600mm
重量：4.0kg

《 wz35対戦車ライフル 》

1935年採用の対戦車ライフル。7.92×107mm DS弾は、距離100mで垂直の装甲板30mmを貫徹する威力を持っていた。

口径：7.92mm
弾薬：7.92×107mm DS
装弾数：ボックスマガジン4発
動作形式：ボルトアクション
全長：1760mm
銃身長：1200mm
重量：9kg
発射速度：8～10発/分

《 Ckm wz30重機関銃 》

アメリカ軍が採用した M1917重機関銃をベルギーのFN社がポーランド軍向けに再設計・生産したモデル。後にポーランド国内でも生産された。

口径：7.92mm　弾薬：7.92×57mm　装弾数：ベルト給弾330発　動作形式：フルオートマチック　全長：1200mm　銃身長：720mm　重量：13.6kg（銃本体）、65kg（銃架、冷却水含む）　発射速度：600発/分

ユーゴスラビア軍

ユーゴスラビアは1920年代に入り、小火器に使用する弾薬を統一するため、海外から7.92mm口径のライフルや軽機関銃を輸入した。輸入兵器の一部は国内で生産されている。

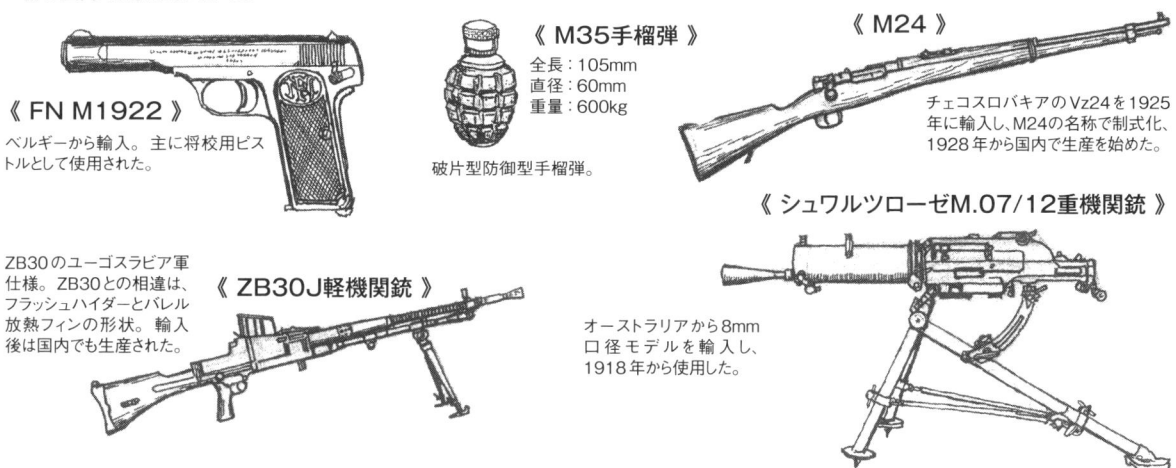

《 FN M1922 》

ベルギーから輸入。主に将校用ピストルとして使用された。

《 M35手榴弾 》

全長：105mm
直径：60mm
重量：600kg

破片型防御型手榴弾。

《 M24 》

チェコスロバキアのVz24を1925年に輸入し、M24の名称で制式化、1928年から国内で生産を始めた。

《 シュワルツローゼM.07/12重機関銃 》

オーストラリアから8mm口径モデルを輸入し、1918年から使用した。

《 ZB30J軽機関銃 》

ZB30のユーゴスラビア軍仕様。ZB30との相違は、フラッシュハイダーとバレル放熱フィンの形状。輸入後は国内でも生産された。

ベルギー軍

ベルギーでは、古くから火薬や銃器産業が栄え、19世紀末には国営のFN（ファブリックナショナル）社が創設されている。
ベルギーの他の銃器メーカーも含め、生産された小火器は自国軍が採用するだけでなく、各国へも輸出された。

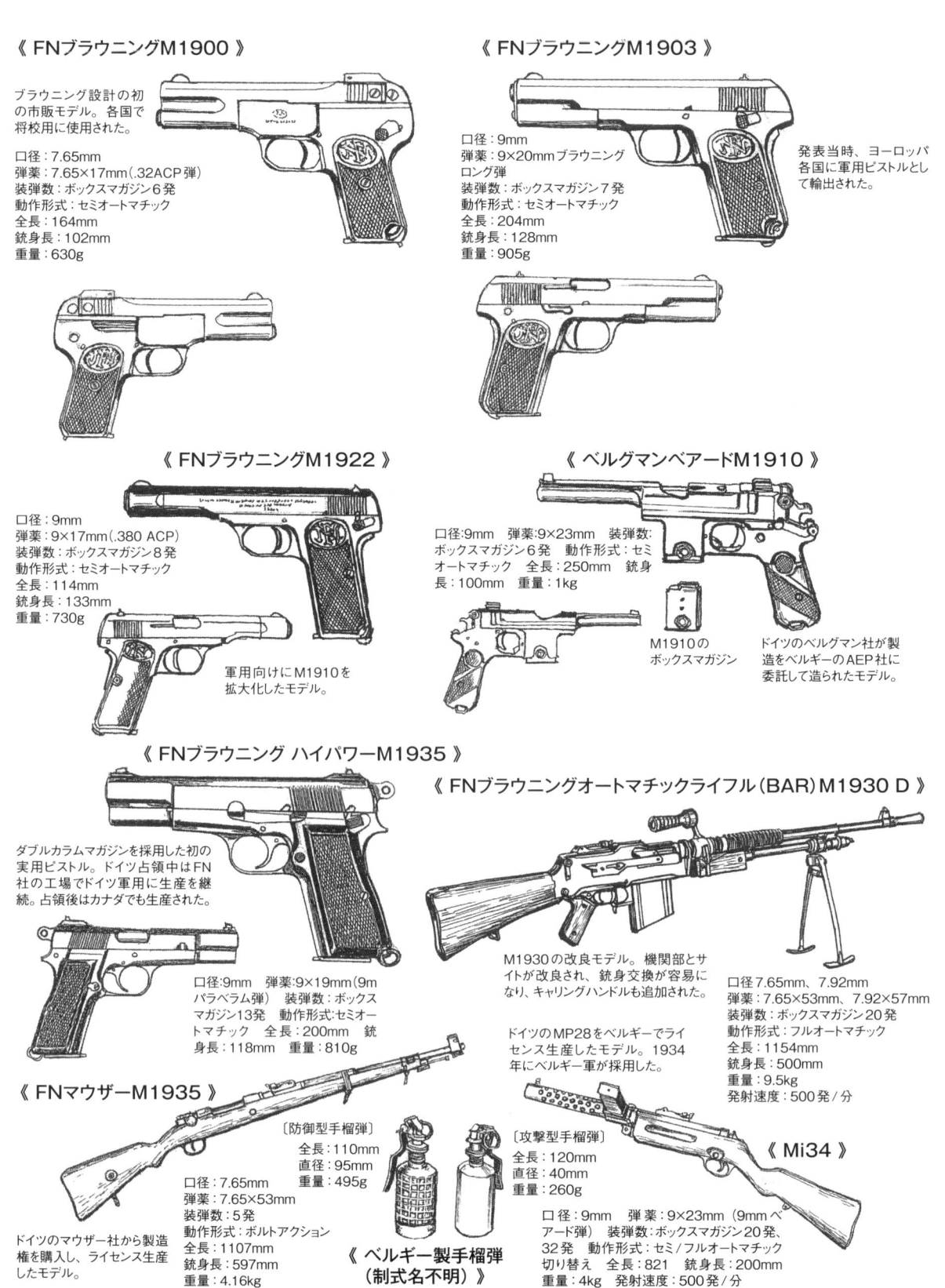

《 FNブラウニングM1900 》

ブラウニング設計の初の市販モデル。各国で将校用に使用された。

口径：7.65mm
弾薬：7.65×17mm(.32ACP弾)
装弾数：ボックスマガジン6発
動作形式：セミオートマチック
全長：164mm
銃身長：102mm
重量：630g

《 FNブラウニングM1903 》

口径：9mm
弾薬：9×20mmブラウニングロング弾
装弾数：ボックスマガジン7発
動作形式：セミオートマチック
全長：204mm
銃身長：128mm
重量：905g

発表当時、ヨーロッパ各国に軍用ピストルとして輸出された。

《 FNブラウニングM1922 》

口径：9mm
弾薬：9×17mm(.380 ACP)
装弾数：ボックスマガジン8発
動作形式：セミオートマチック
全長：114mm
銃身長：133mm
重量：730g

軍用向けにM1910を拡大化したモデル。

《 ベルグマンベアードM1910 》

口径：9mm　弾薬：9×23mm　装弾数：ボックスマガジン6発　動作形式：セミオートマチック　全長：250mm　銃身長：100mm　重量：1kg

M1910のボックスマガジン

ドイツのベルグマン社が製造をベルギーのAEP社に委託して造られたモデル。

《 FNブラウニング ハイパワーM1935 》

ダブルカラムマガジンを採用した初の実用ピストル。ドイツ占領中はFN社の工場でドイツ軍用に生産を継続。占領後はカナダでも生産された。

口径：9mm　弾薬：9×19mm(9mmパラベラム弾)　装弾数：ボックスマガジン13発　動作形式：セミオートマチック　全長：200mm　銃身長：118mm　重量：810g

ドイツのMP28をベルギーでライセンス生産したモデル。1934年にベルギー軍が採用した。

《 FNブラウニングオートマチックライフル(BAR)M1930 D 》

M1930の改良モデル。機関部とサイトが改良され、銃身交換が容易になり、キャリングハンドルも追加された。

口径：7.65mm、7.92mm
弾薬：7.65×53mm、7.92×57mm
装弾数：ボックスマガジン20発
動作形式：フルオートマチック
全長：1154mm
銃身長：500mm
重量：9.5kg
発射速度：500発/分

《 FNマウザーM1935 》

ドイツのマウザー社から製造権を購入し、ライセンス生産したモデル。

口径：7.65mm
弾薬：7.65×53mm
装弾数：5発
動作形式：ボルトアクション
全長：1107mm
銃身長：597mm
重量：4.16kg

〔防御型手榴弾〕
全長：110mm
直径：95mm
重量：495g

〔攻撃型手榴弾〕
全長：120mm
直径：40mm
重量：260g

《 ベルギー製手榴弾（制式名不明）》

《 Mi34 》

口径：9mm　弾薬：9×23mm（9mmベアード弾）　装弾数：ボックスマガジン20発、32発　動作形式：セミ/フルオートマチック切り替え　全長：821　銃身長：200mm　重量：4kg　発射速度：500発/分

オランダ軍

オランダ軍は、ピストルの一部とライフルを国内生産していたが、機関銃は輸入品に頼っていた。また、本国軍とは別に植民地軍用に採用されたモデルもある。

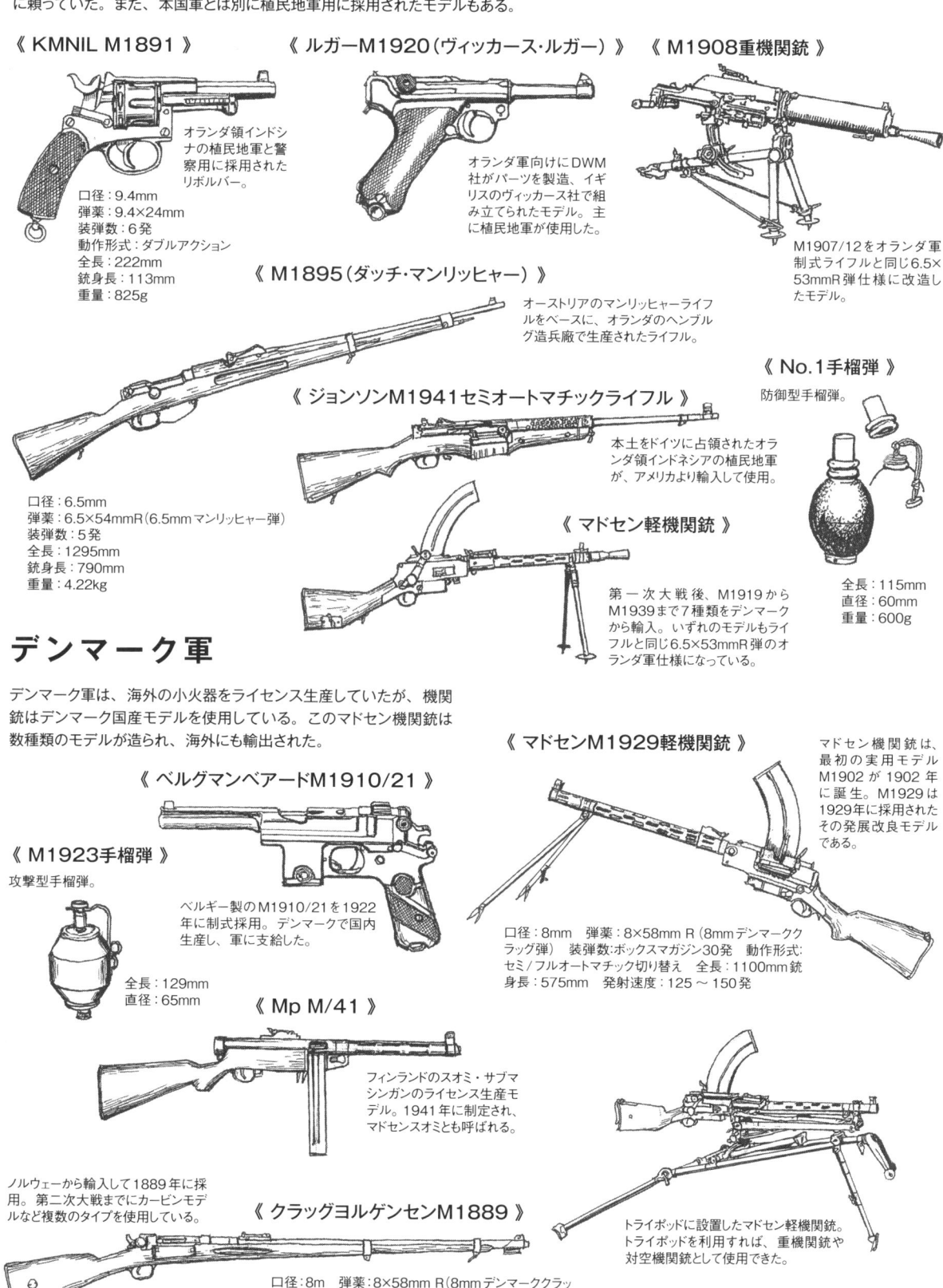

《 KMNIL M1891 》

オランダ領インドシナの植民地軍と警察用に採用されたリボルバー。

口径：9.4mm
弾薬：9.4×24mm
装弾数：6発
動作形式：ダブルアクション
全長：222mm
銃身長：113mm
重量：825g

《 ルガーM1920（ヴィッカース・ルガー） 》

オランダ軍向けにDWM社がパーツを製造、イギリスのヴィッカース社で組み立てられたモデル。主に植民地軍が使用した。

《 M1908重機関銃 》

M1907/12をオランダ軍制式ライフルと同じ6.5×53mmR弾仕様に改造したモデル。

《 M1895（ダッチ・マンリッヒャー） 》

オーストリアのマンリッヒャーライフルをベースに、オランダのヘンブルグ造兵廠で生産されたライフル。

口径：6.5mm
弾薬：6.5×54mmR（6.5mmマンリッヒャー弾）
装弾数：5発
全長：1295mm
銃身長：790mm
重量：4.22kg

《 ジョンソンM1941セミオートマチックライフル 》

本土をドイツに占領されたオランダ領インドネシアの植民地軍が、アメリカより輸入して使用。

《 No.1手榴弾 》

防御型手榴弾。

全長：115mm
直径：60mm
重量：600g

《 マドセン軽機関銃 》

第一次大戦後、M1919からM1939まで7種類をデンマークから輸入。いずれのモデルもライフルと同じ6.5×53mmR弾のオランダ軍仕様になっている。

デンマーク軍

デンマーク軍は、海外の小火器をライセンス生産していたが、機関銃はデンマーク国産モデルを使用している。このマドセン機関銃は数種類のモデルが造られ、海外にも輸出された。

《 ベルグマンベアードM1910/21 》

ベルギー製のM1910/21を1922年に制式採用。デンマークで国内生産し、軍に支給した。

《 M1923手榴弾 》

攻撃型手榴弾。

全長：129mm
直径：65mm

《 マドセンM1929軽機関銃 》

マドセン機関銃は、最初の実用モデルM1902が1902年に誕生。M1929は1929年に採用されたその発展改良モデルである。

口径：8mm　弾薬：8×58mm R（8mmデンマーククラッグ弾）　装弾数：ボックスマガジン30発　動作形式：セミ／フルオートマチック切り替え　全長：1100mm銃身長：575mm　発射速度：125～150発

《 Mp M/41 》

フィンランドのスオミ・サブマシンガンのライセンス生産モデル。1941年に制定され、マドセンスオミとも呼ばれる。

ノルウェーから輸入して1889年に採用。第二次大戦までにカービンモデルなど複数のタイプを使用している。

《 クラッグヨルゲンセンM1889 》

口径：8m　弾薬：8×58mm R（8mmデンマーククラッグ弾）　装弾数：5発　動作形式：ボルトアクション
全長：1328mm　銃身長：833mm　重量：4.31kg

トライポッドに設置したマドセン軽機関銃。トライポッドを利用すれば、重機関銃や対空機関銃として使用できた。

ノルウェー軍

ノルウェー軍が装備する小火器はヨーロッパだけでなく、アメリカからも輸入している。また、輸入だけなく採用した小火器は、国内でライセンス生産も行った。

《 ナガンM1893 》

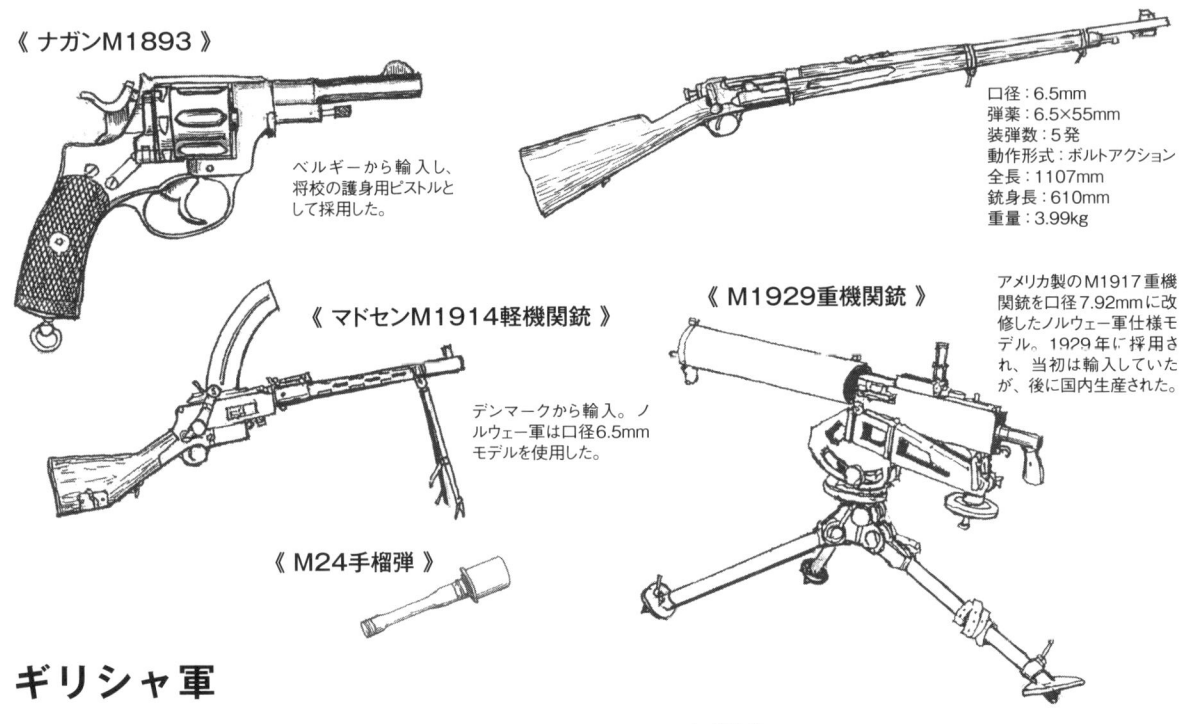

ベルギーから輸入し、将校の護身用ピストルとして採用した。

《 M1912カービン 》

ノルウェー軍は、第一次大戦以前からクラッグヨルゲンセンライフルを採用してきた。数種類のモデルがあり国産化されている。M1912カービンもその一つであり、第二次大戦まで使用された。

口径：6.5mm
弾薬：6.5×55mm
装弾数：5発
動作形式：ボルトアクション
全長：1107mm
銃身長：610mm
重量：3.99kg

《 マドセンM1914軽機関銃 》

デンマークから輸入。ノルウェー軍は口径6.5mmモデルを使用した。

《 M1929重機関銃 》

アメリカ製のM1917重機関銃を口径7.92mmに改修したノルウェー軍仕様モデル。1929年に採用され、当初は輸入していたが、後に国内生産された。

《 M24手榴弾 》

ギリシャ軍

ギリシャも小火器輸入国であり、各種モデルを海外から輸入して採用した。1930年代後半に小火器の国産化を図るが、第二次大戦の勃発とドイツの侵攻によって計画は中止されてしまう。

《 ベルグマンベアードM1903 》

ベルギーより輸入。ギリシャ陸軍が制式ピストルとして使用した。

《 FNブラウニング ハイパワーM1935 》

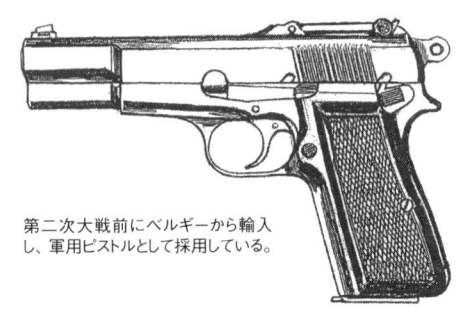

第二次大戦前にベルギーから輸入し、軍用ピストルとして採用している。

《 M1903 》

口径：6.5mm
弾薬：6.5×54mmマンリッヒャー弾
装弾数：5発
全長：1245mm
銃身長：725mm
重量：3.78kg

マンリッヒャーライフルに、オットーシュナウアーが開発した回転式マガジンを組み込んだM1900をギリシャ軍が1903年に採用。M1903の名称で使用した。

《 サンテティエンヌM1907重機関銃 》

第一次大戦後、フランスから輸入して制式化した。

口径：8mm
弾薬：8×50mm R
装弾数：保弾板24発、32発
動作形式：フルオートマチック
全長：1180mm
銃身長：710mm
重量：25.73kg
発射速度：500発

《 マウザーM1918対戦車ライフル 》

ドイツから輸入し、使用した。

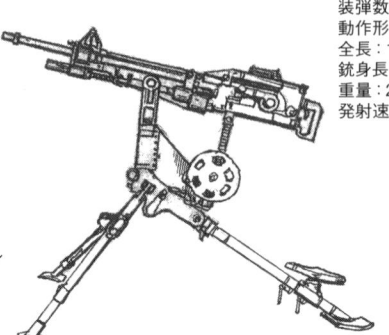

口径：13mm
銃身長：980mm
弾薬：13×92mmTuF弾
装弾数：1発
動作形式：ボルトアクション
全長：1680mm
重量：18.5kg

中国軍

19世紀、清朝末期から第二次大戦まで、中国は欧米の兵器生産国にとって巨大なマーケットになっていた。そのため多種にわたる新旧小火器が中国に輸出された。中国は、輸入のみならず1930年代までにピストルやライフル、機関銃なども国内生産を開始し、輸入小火器とともに使用している。

国民革命軍は、マウザーC96を始め、フルオート射撃が可能な様々なマウザータイプのモデルを輸入してサブマシンガンの代用とした。

《 マウザーC96 》

1916〜1936年にかけてドイツから輸入された。

《 マウザー・ライエンフォイヤー（M713） 》

フルオート射撃に対応するため10発及び20発の着脱式ボックスマガジンを使用できるモデル。

《 マウザー・シュネルフォイヤー（M712） 》

ライエンフォイヤーの改良モデル。フルオート射撃時に、振動でセレクターが動かないようにセレクターレバーに固定機能が加えられた。

《 アストラM900 》

C96をスペインのアストラ社がコピー生産したセミオートマチックモデル。

《 アストラM903 》

脱着式マガジンになり、セミ/フルオートマチック切り替え機能を搭載した口径9mmモデル。

セレクターレバーは右側面にある。A=セミオート、T=フルオート

《 ロヤール 》

スペインのベイステギ・エルマノス社が生産したセミ/フルオートマチック切り替えモデル。

《 スーパーアズールMM34 》

発射速度を3段階に切り替える機構を搭載し、フルオート射撃に対応するためバレルに冷却用放熱フィンが設けられた。発射速度の切り替えは、グリップ部分のセレクターレバーで行う。

《 スーパーアズールMM31 》

フレームのマガジン部分を延長し、装弾数を20連発にしたセミ/フルオートマチック切り替えモデル。

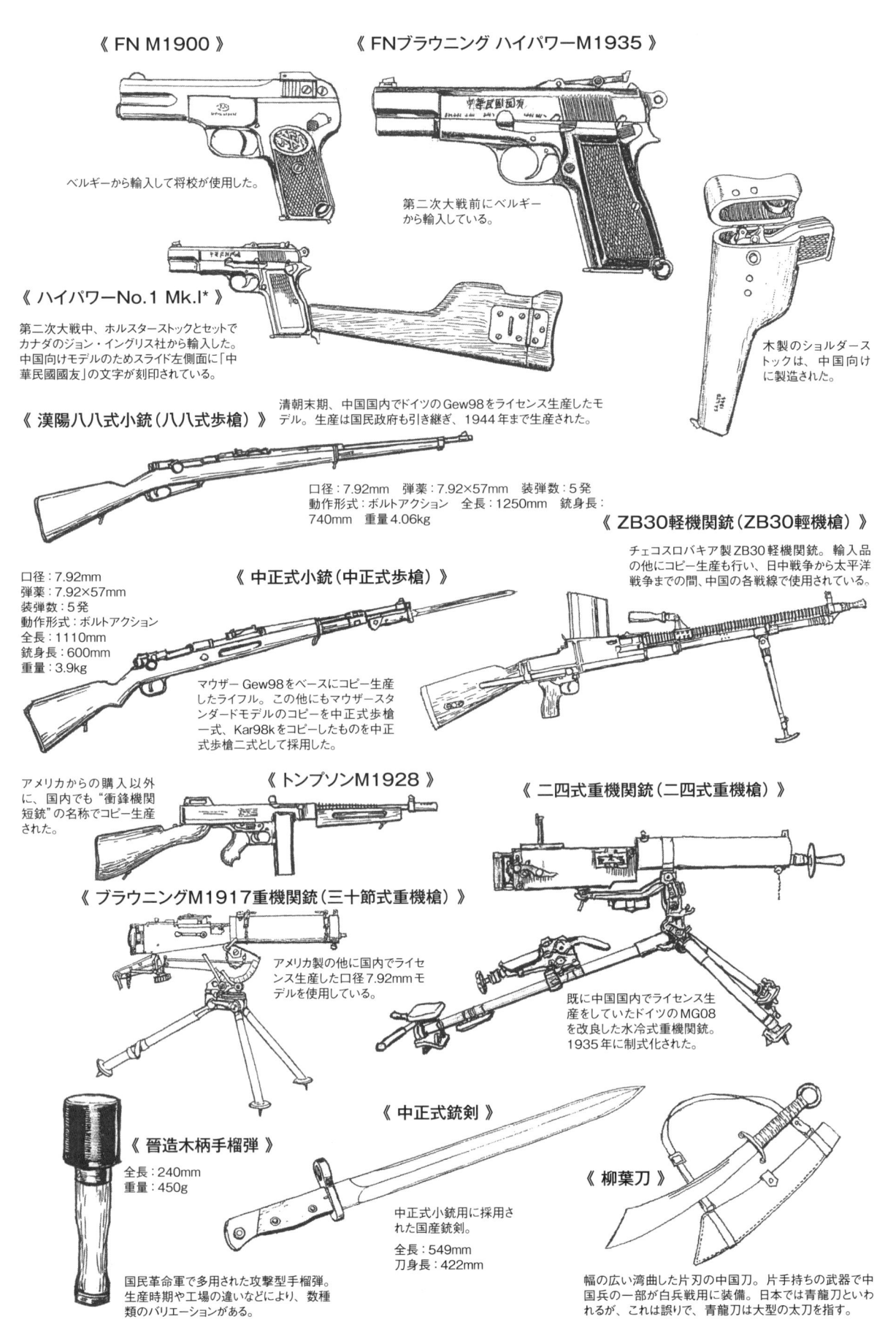

《 FN M1900 》

ベルギーから輸入して将校が使用した。

《 FNブラウニング ハイパワーM1935 》

第二次大戦前にベルギーから輸入している。

木製のショルダーストックは、中国向けに製造された。

《 ハイパワーNo.1 Mk.I* 》

第二次大戦中、ホルスターストックとセットでカナダのジョン・イングリス社から輸入した。中国向けモデルのためスライド左側面に「中華民國國友」の文字が刻印されている。

《 漢陽八八式小銃（八八式歩槍）》

清朝末期、中国国内でドイツのGew98をライセンス生産したモデル。生産は国民政府も引き継ぎ、1944年まで生産された。

口径：7.92mm　弾薬：7.92×57mm　装弾数：5発
動作形式：ボルトアクション　全長：1250mm　銃身長：
740mm　重量4.06kg

《 ZB30軽機関銃（ZB30軽機槍）》

チェコスロバキア製ZB30軽機関銃。輸入品の他にもコピー生産も行い、日中戦争から太平洋戦争までの間、中国の各戦線で使用されている。

口径：7.92mm
弾薬：7.92×57mm
装弾数：5発
動作形式：ボルトアクション
全長：1110mm
銃身長：600mm
重量：3.9kg

《 中正式小銃（中正式歩槍）》

マウザーGew98をベースにコピー生産したライフル。この他にもマウザースタンダードモデルのコピーを中正式歩槍一式、Kar98kをコピーしたものを中正式歩槍二式として採用した。

アメリカからの購入以外に、国内でも"衝鋒機関短銃"の名称でコピー生産された。

《 トンプソンM1928 》

《 二四式重機関銃（二四式重機槍）》

《 ブラウニングM1917重機関銃（三十節式重機槍）》

アメリカ製の他に国内でライセンス生産した口径7.92mmモデルを使用している。

既に中国国内でライセンス生産をしていたドイツのMG08を改良した水冷式重機関銃。1935年に制式化された。

《 晋造木柄手榴弾 》

全長：240mm
重量：450g

国民革命軍で多用された攻撃型手榴弾。生産時期や工場の違いなどにより、数種類のバリエーションがある。

《 中正式銃剣 》

中正式小銃用に採用された国産銃剣。

全長：549mm
刀身長：422mm

《 柳葉刀 》

幅の広い湾曲した片刃の中国刀。片手持ちの武器で中国兵の一部が白兵戦用に装備。日本では青龍刀といわれるが、これは誤りで、青龍刀は大型の太刀を指す。

ドイツ軍

第一次大戦に敗れたドイツはベルサイユ条約によって、軍隊の保有制限だけでなく、兵器も制限の対象となった。

しかし、そうした状況下でドイツ軍及び兵器メーカーは、将来を見越して秘密裏に海外メーカーと提携し、新兵器の開発を継続。その結果、1936年の再軍備宣言から第二次大戦中までに汎用機関銃や突撃銃などの新世代火器を次々と実用化していった。

ピストル

ドイツでは、DWM、マウザー、ワルサーなど多くの銃器メーカーがピストルの製造を行った。1930年代までに優秀なオートマチックモデルが多数開発され、軍用として採用された。

ルガー・ピストル

《 ルガーP08 》

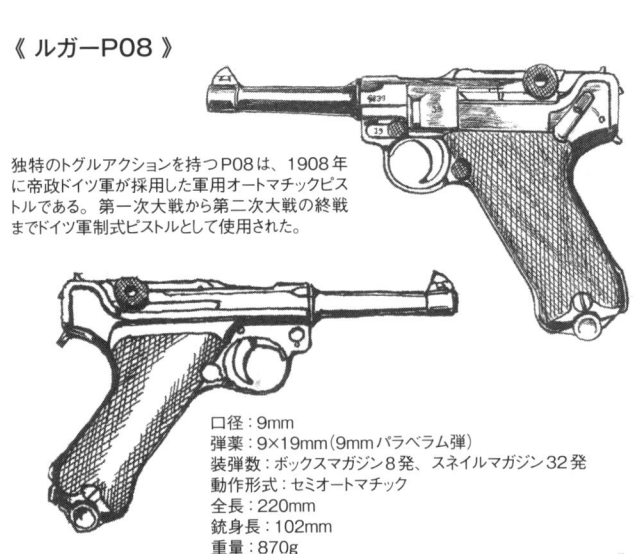

独特のトグルアクションを持つP08は、1908年に帝政ドイツ軍が採用した軍用オートマチックピストルである。第一次大戦から第二次大戦の終戦までドイツ軍制式ピストルとして使用された。

口径：9mm
弾薬：9×19mm（9mmパラベラム弾）
装弾数：ボックスマガジン8発、スネイルマガジン32発
動作形式：セミオートマチック
全長：220mm
銃身長：102mm
重量：870g

後継のワルサーP38が採用された後もルガーP08は第一線で使用が続けられた。

《 ルガーP08/14 》

200mm（8インチ）の長銃身とタンジェントサイトを装備。"アーティラリー（ランゲラウ）モデル"とも呼ばれ、木製ストックが装着でき、カービンの代用として使用された。

《 ルガーP08/14用スネイルマガジン 》

P08/14用に開発されたスネイルマガジン。後にMP18にも使用される。

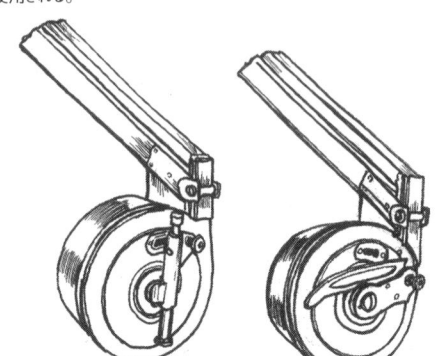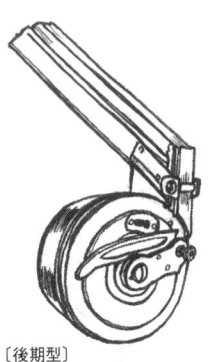

〔初期型〕
装弾用スプリングの巻き上げレバーが引き延ばし式。

〔後期型〕
巻き上げレバーが折り畳み式となった。

《 マガジンローダー 》

スネイルマガジン用の装弾器。スネイルマガジンには強力なスプリングが入っているため弾薬の装弾にはこのローダーが必要だった。

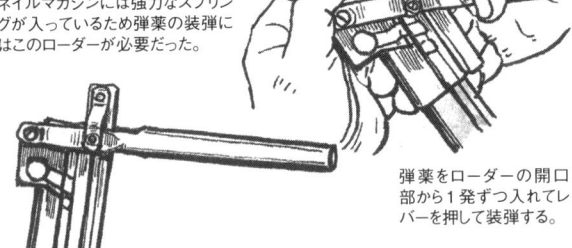

弾薬をローダーの開口部から1発ずつ入れてレバーを押して装弾する。

《 付属工具 》

ローダーとして使用する場合は、マガジンフォローアのつまみに工具の穴を引っ掛け、下に引き装弾を補助する。

P08に付属する工具で、ローダーとドライバーの役割を持つ。ホルスターの蓋の裏側に付くポケットに入れて携行した。

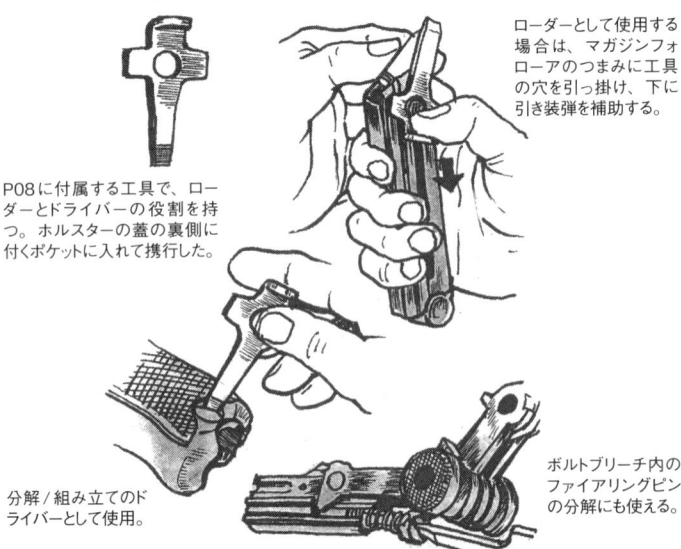

分解／組み立てのドライバーとして使用。

ボルトブリーチ内のファイアリングピンの分解にも使える。

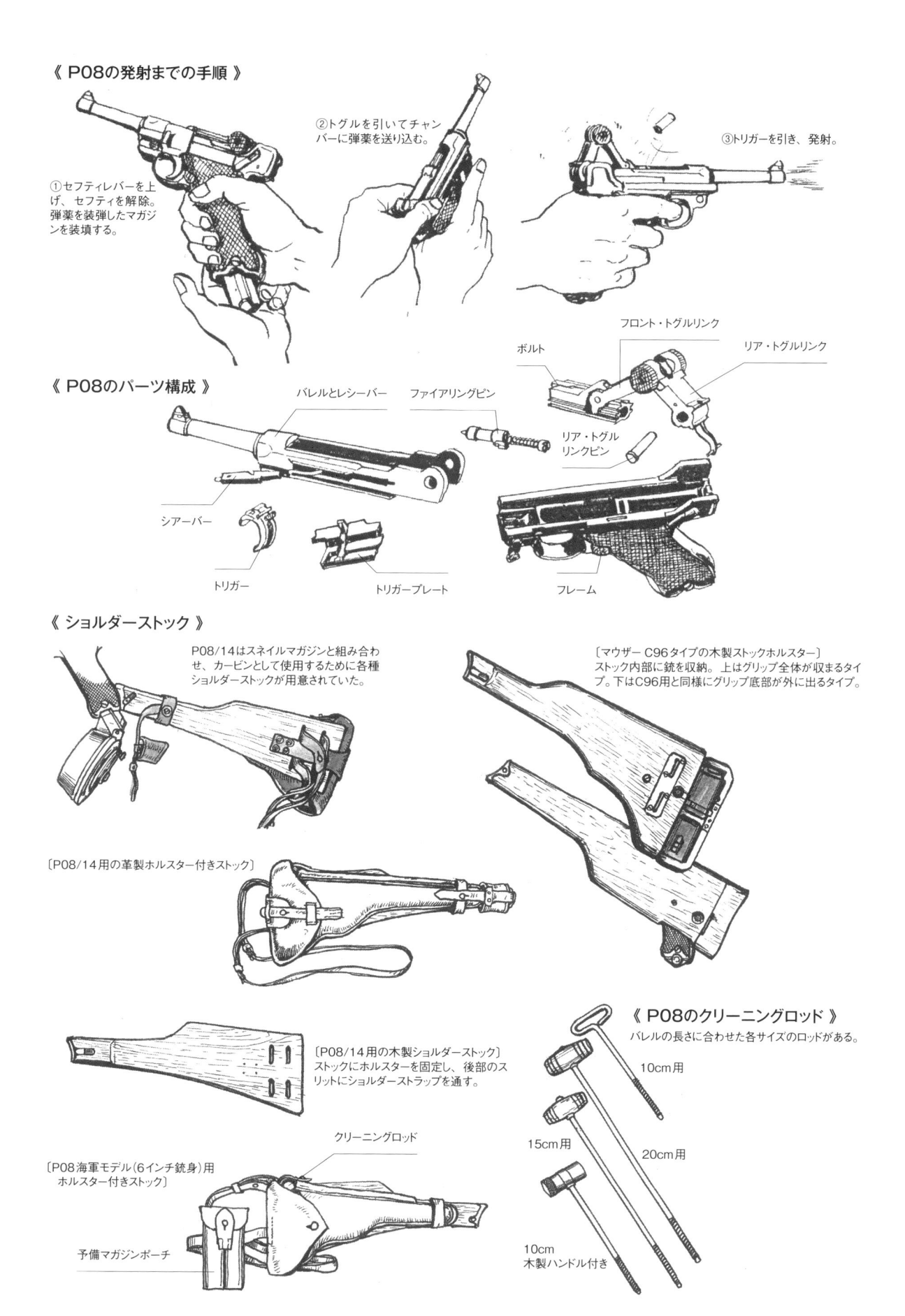

《 P08の発射までの手順 》

②トグルを引いてチャンバーに弾薬を送り込む。

①セフティレバーを上げ、セフティを解除。弾薬を装弾したマガジンを装填する。

③トリガーを引き、発射。

《 P08のパーツ構成 》

バレルとレシーバー
ファイアリングピン
フロント・トグルリンク
ボルト
リア・トグルリンク
リア・トグルリンクピン
シアーバー
トリガー
トリガープレート
フレーム

《 ショルダーストック 》

P08/14はスネイルマガジンと組み合わせ、カービンとして使用するために各種ショルダーストックが用意されていた。

〔マウザー C96タイプの木製ストックホルスター〕
ストック内部に銃を収納。上はグリップ全体が収まるタイプ。下はC96用と同様にグリップ底部が外に出るタイプ。

〔P08/14用の革製ホルスター付きストック〕

〔P08/14用の木製ショルダーストック〕
ストックにホルスターを固定し、後部のスリットにショルダーストラップを通す。

《 P08のクリーニングロッド 》
バレルの長さに合わせた各サイズのロッドがある。

10cm用
15cm用
20cm用
10cm
木製ハンドル付き

クリーニングロッド

〔P08海軍モデル（6インチ銃身）用
ホルスター付きストック〕

予備マガジンポーチ

ワルサーP38

ワルサー P38 は、ダブルアクションを備えた初の大型軍用ピストルとして知られているが、それのみではなく、ロッキングブロック式ショートリコイルによる優れた命中精度、オートマチックファイアリングピンブロック式セフティによる携行時の高い安全性など、いくつもの新機軸を採り入れた画期的なピストルだった。

口径：9mm
弾薬：9×19mm（9mmパラベラム弾）
装弾数：ボックスマガジン8発
動作形式：セミオートマチック
全長：216mm
銃身長：125mm
重量：945g

ルガー P08 の後継モデルとして、1938 年に制定された P38 は、第二次大戦の終結までに約 120 万挺生産された。

その他のドイツ製ピストル

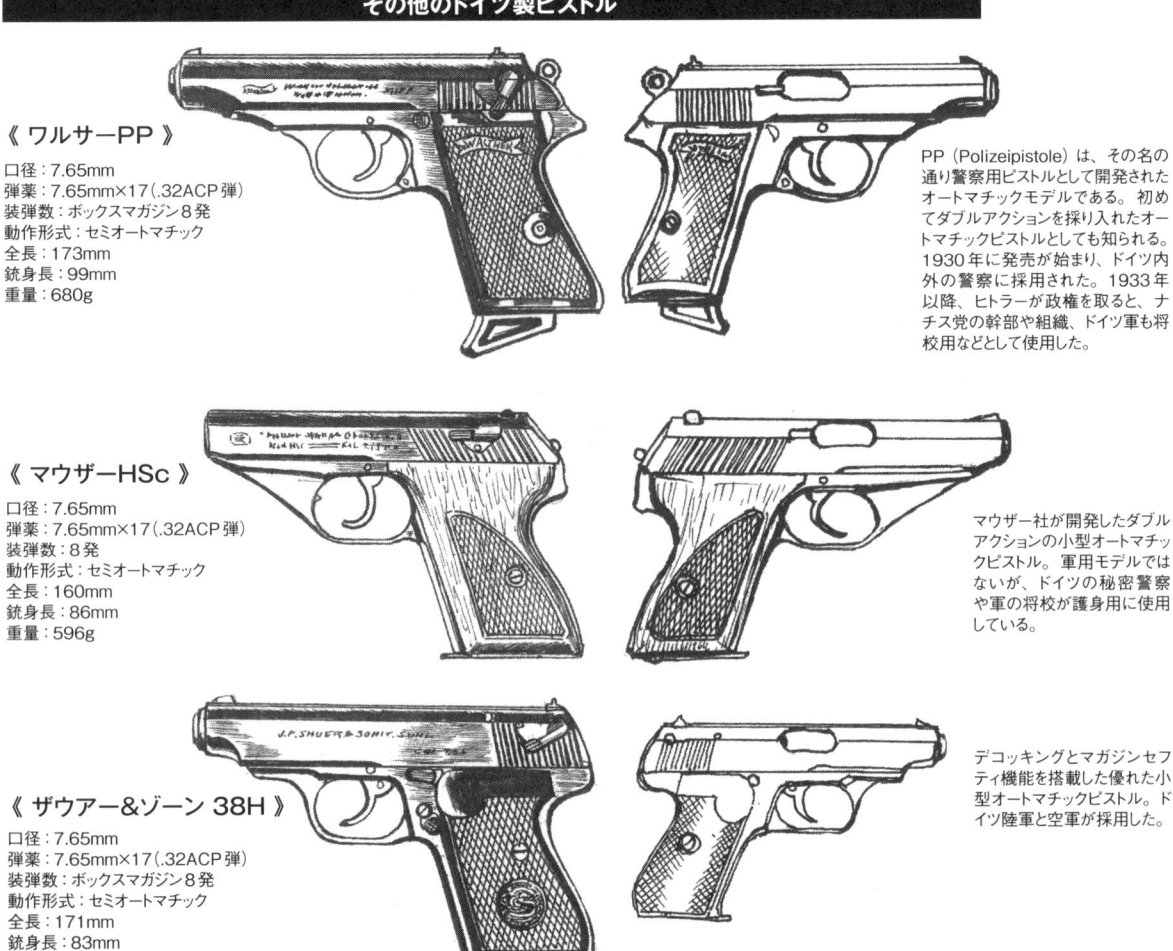

《 ワルサーPP 》

口径：7.65mm
弾薬：7.65mm×17（.32ACP弾）
装弾数：ボックスマガジン8発
動作形式：セミオートマチック
全長：173mm
銃身長：99mm
重量：680g

PP (Polizeipistole) は、その名の通り警察用ピストルとして開発されたオートマチックモデルである。初めてダブルアクションを採り入れたオートマチックピストルとしても知られる。1930 年に発売が始まり、ドイツ内外の警察に採用された。1933 年以降、ヒトラーが政権を取ると、ナチス党の幹部や組織、ドイツ軍も将校用などとして使用した。

《 マウザーHSc 》

口径：7.65mm
弾薬：7.65mm×17（.32ACP弾）
装弾数：8発
動作形式：セミオートマチック
全長：160mm
銃身長：86mm
重量：596g

マウザー社が開発したダブルアクションの小型オートマチックピストル。軍用モデルではないが、ドイツの秘密警察や軍の将校が護身用に使用している。

《 ザウアー&ゾーン 38H 》

口径：7.65mm
弾薬：7.65mm×17（.32ACP弾）
装弾数：ボックスマガジン8発
動作形式：セミオートマチック
全長：171mm
銃身長：83mm
重量：705g

デコッキングとマガジンセフティ機能を搭載した優れた小型オートマチックピストル。ドイツ陸軍と空軍が採用した。

《 ワルサーM4 》

口径：7.65mm
弾薬：7.65×17mm（.32ACP弾）
装弾数：ボックスマガジン7発
動作形式：セミオートマチック
全長：150mm
銃身長：88mm
重量：527g

ワルサー社が1910年に発売したオートマチックピストル。第一次大戦ではドイツ軍の将校用ピストルに採用されている。日本にも輸入されて、将校が私物として使用した。

《 マウザーM1934 》

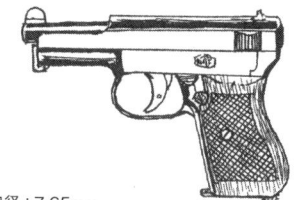
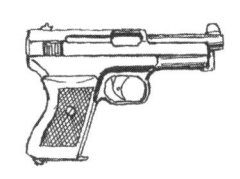

口径：7.65mm
弾薬：7.65×17mm（.32ACP弾）
装弾数：ボックスマガジン8発
動作形式：セミオートマチック
全長：165mm
銃身長：88mm
重量：815g

マウザー M1910の改良発展型で1934年に発売された。第二次大戦では、ドイツ陸海空軍の将校用ピストルとして採用されている。

《 ワルサーPPK 》

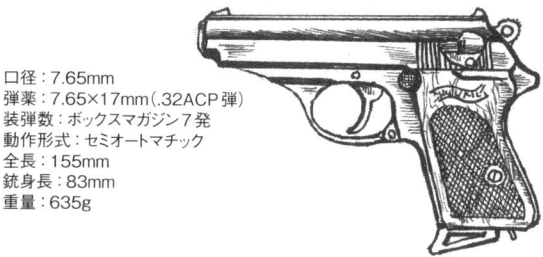

口径：7.65mm
弾薬：7.65×17mm（.32ACP弾）
装弾数：ボックスマガジン7発
動作形式：セミオートマチック
全長：155mm
銃身長：83mm
重量：635g

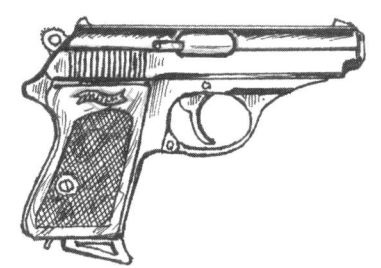

ワルサー PP のバレルとスライド、グリップ・フレームを短縮して小型化した改良モデル。軍の将校用に採用された。

ドイツ軍が使用した外国製ピストル

ドイツ軍は第二次大戦時、ピストルの不足を補うため同盟国からピストルを購入した他、戦場で鹵獲した敵国のピストルを自軍に供給、さらに占領地で接収した工場でもピストルを生産した。

《 FN ブラウニングM1922〔ベルギー〕 》

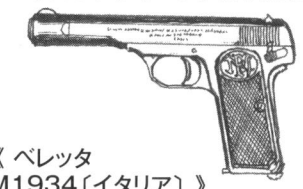

鹵獲及び占領後に生産したものをWaA613の名称で使用。

《 FNブラウニング ハイパワーM1935〔ベルギー〕 》

占領後にベルギーで生産を行い、P640(b)の名称で採用した。

《 ベレッタ M1934〔イタリア〕 》

《 ラドムVIS wz1935〔ポーランド〕 》

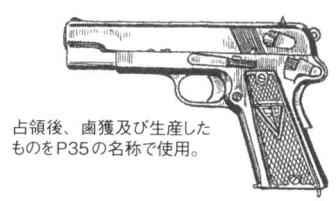

占領後、鹵獲及び生産したものをP35の名称で使用。

《 FÉG 37M〔ハンガリー〕 》

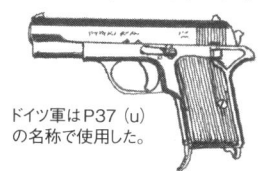

ドイツ軍はP37 (u) の名称で使用した。

《 Vz1927 〔チェコスロバキア〕 》

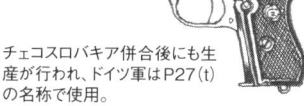

チェコスロバキア併合後にも生産が行われ、ドイツ軍はP27(t) の名称で使用。

イタリアから輸入して使用。ドイツ軍名称は、P671(i)。

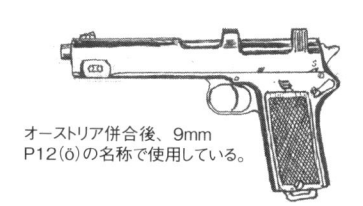

オーストリア併合後、9mm P12(ö)の名称で使用している。

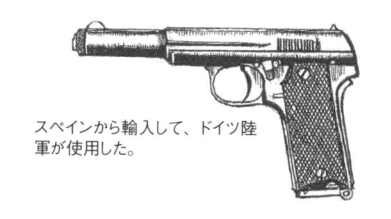

スペインから輸入して、ドイツ陸軍が使用した。

フランス占領後、鹵獲して使用。

《 ステアーM1912〔オーストリア〕 》 《 アストラM1921〔スペイン〕 》

《 ユニークM1917〔フランス〕 》

《 マウザーC96（M1898） 》

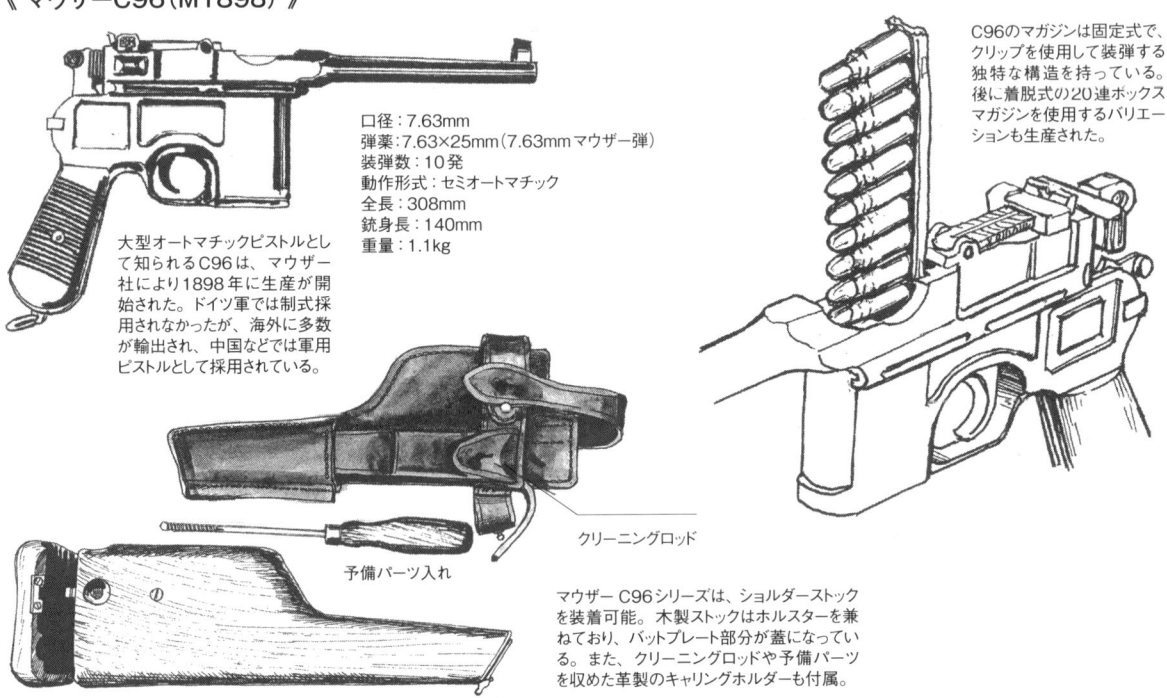

口径：7.63mm
弾薬：7.63×25mm（7.63mm マウザー弾）
装弾数：10発
動作形式：セミオートマチック
全長：308mm
銃身長：140mm
重量：1.1kg

大型オートマチックピストルとして知られるC96は、マウザー社により1898年に生産が開始された。ドイツ軍では制式採用されなかったが、海外に多数が輸出され、中国などでは軍用ピストルとして採用されている。

C96のマガジンは固定式で、クリップを使用して装弾する独特な構造を持っている。後に着脱式の20連ボックスマガジンを使用するバリエーションも生産された。

クリーニングロッド

予備パーツ入れ

マウザー C96シリーズは、ショルダーストックを装着可能。木製ストックはホルスターを兼ねており、バットプレート部分が蓋になっている。また、クリーニングロッドや予備パーツを収めた革製のキャリングホルダーも付属。

〔C96を収めたストックをキャリングホルダーに装着した状態〕
キャリングホルダーの背面にベルトループが2本付いており、ベルトに通して携行できる。

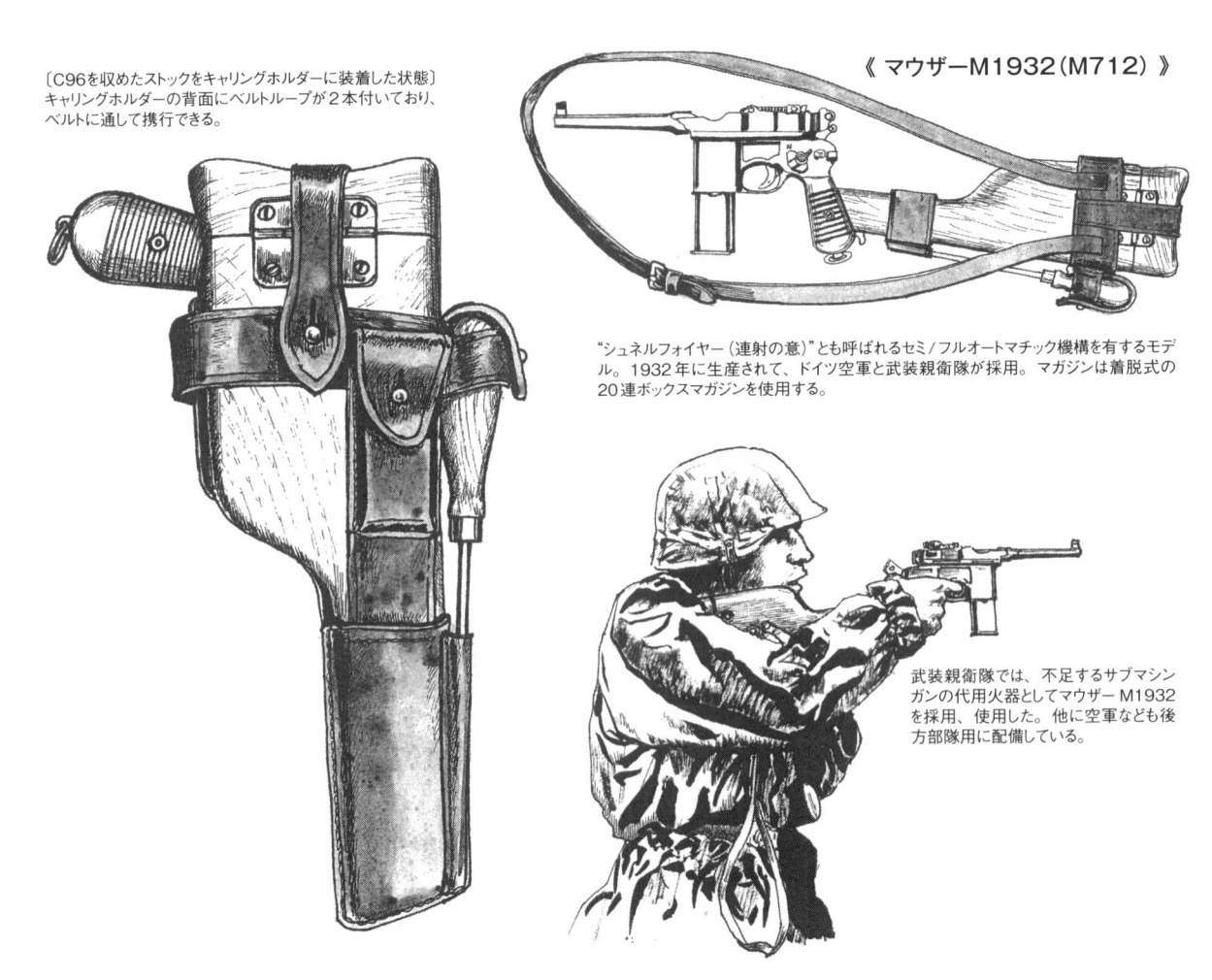

《 マウザーM1932（M712） 》

"シュネルフォイヤー（連射の意）"とも呼ばれるセミ／フルオートマチック機構を有するモデル。1932年に生産されて、ドイツ空軍と武装親衛隊が採用。マガジンは着脱式の20連ボックスマガジンを使用する。

武装親衛隊では、不足するサブマシンガンの代用火器としてマウザー M1932を採用、使用した。他に空軍なども後方部隊用に配備している。

シグナルピストル

《 シグナルピストル1 》

口径：27mm
全長：350mm
重量：1.32kg

第一次大戦時にドイツとオーストリア軍で使用されたモデル。

《 SLシグナルピストル 》

口径：26.6mm
全長：340mm
重量1.81kg

海軍が使用したモデル。木製のフォアグリップが付く。

《 FLシグナルピストル 》

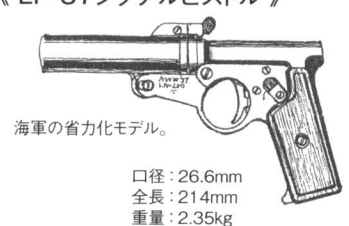

空軍用の水平2連発中折れ式。軽量化のためジュラルミン製。

口径：26.6mm
全長：280mm
重量：1.21kg

シグナルピストルは、1発で広範囲の味方に合図を送れるため野戦で多用された。

《 LP-42シグナルピストル 》

フレームなどプレス加工で生産された戦時省力化モデル。

口径：26.6mm
全長：220mm
重量：1.22kg

《 LP-37シグナルピストル 》

海軍の省力化モデル。

口径：26.6mm
全長：214mm
重量：2.35kg

《 ワルサー27mmシグナルピストル 》

口径：26.6mm
全長：245mm
重量：1.33kg（鋼製）、
730g（アルミ合金）

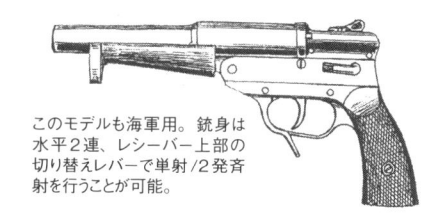

1928年に採用された中折れ単発式モデル。第二次大戦中に最も多く使用された。製造時期により材質が鋼鉄、アルミ合金、亜鉛合金が使われている。

《 SLDシグナルピストル 》

このモデルも海軍用。銃身は水平2連、レシーバー上部の切り替えレバーで単射/2発斉射を行うことが可能。

ワルサーシグナルピストルは中折れ式のシングルアクションのため、操作は簡単だった。

カンプ/シュトゥルムピストル

《 カンプピストル 》

ワルサーシグナルピストルの銃身を改造、ライフリングを設けたグレネードランチャー。外見はシグナルピストルと変わらない。

〔HE擲弾〕
この擲弾は信号弾と同じ後装式。

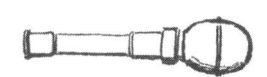

〔361型擲弾〕
M39手榴弾に発射用アダプターを装着したモデル。前装式。

シュトゥルムピストルに使用する弾薬は、図示している以外の対戦車、対物用榴弾も造られている。もちろん従来の信号弾や照明弾も使用できた。

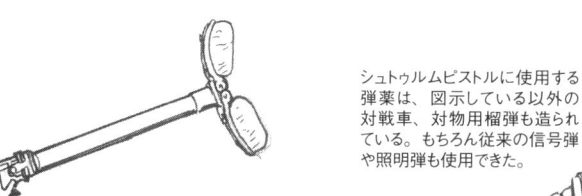

《 シュトゥルムピストル 》

対戦車戦闘にも使用可能な兵器として、カンプピストルに折り畳み式のストックとサイトを追加したモデル。

〔42型対戦車擲弾〕

ライフル

第二次大戦前、ドイツ軍は第一次大戦で使用したマウザー Gew98 の改良型、Kar98k を制式採用し、全軍に支給する。
第二次大戦中には Kar98k の後継となる自動小銃や新型の突撃銃などを相次いで開発・配備するが、数の上では終始、
Kar98k がドイツ軍主力小銃だった。

マウザーKar98kライフル

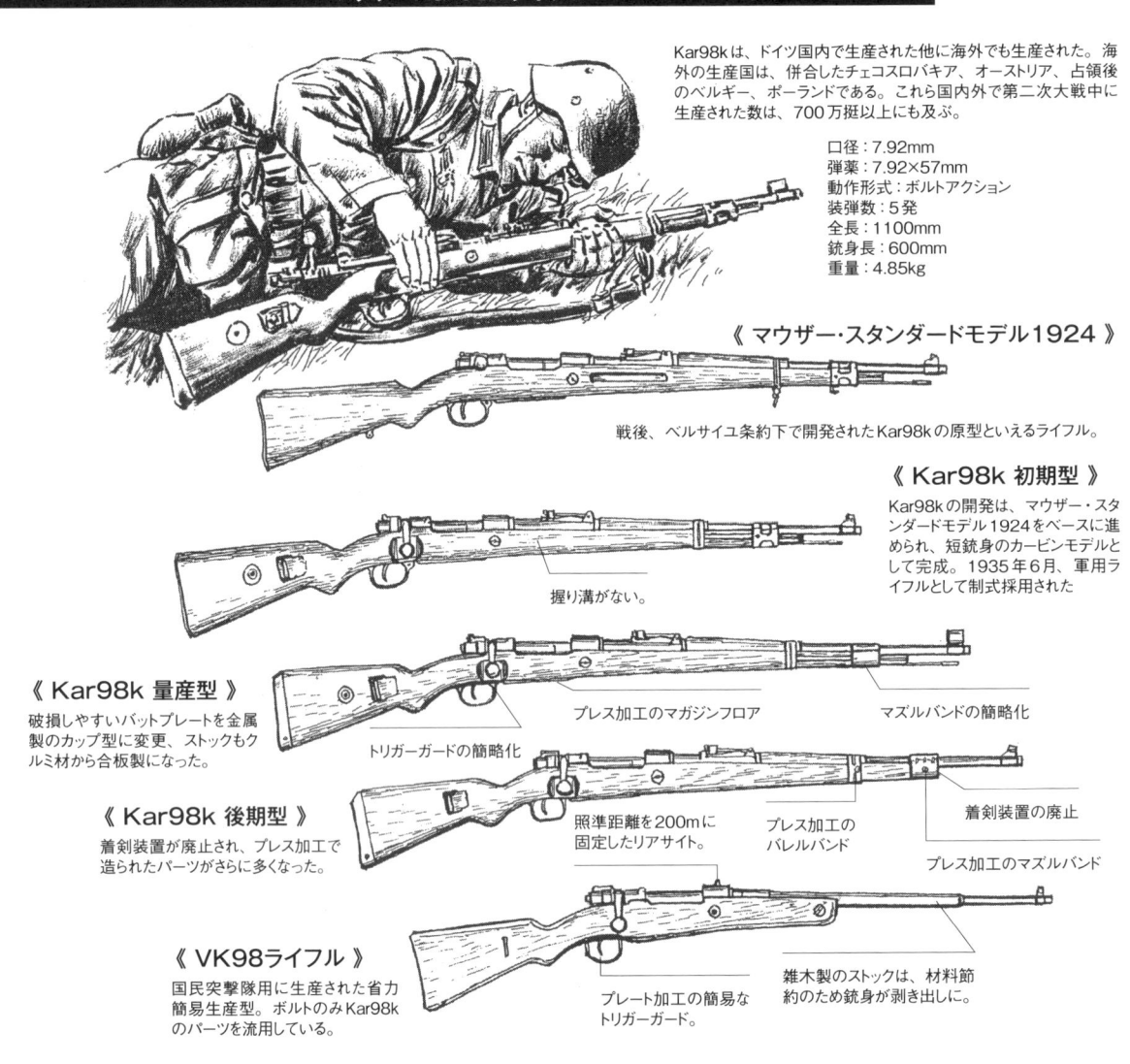

Kar98k は、ドイツ国内で生産された他に海外でも生産された。海外の生産国は、併合したチェコスロバキア、オーストリア、占領後のベルギー、ポーランドである。これら国内外で第二次大戦中に生産された数は、700万挺以上にも及ぶ。

口径：7.92mm
弾薬：7.92×57mm
動作形式：ボルトアクション
装弾数：5発
全長：1100mm
銃身長：600mm
重量：4.85kg

《 マウザー・スタンダードモデル1924 》

戦後、ベルサイユ条約下で開発された Kar98k の原型といえるライフル。

《 Kar98k 初期型 》
Kar98k の開発は、マウザー・スタンダードモデル1924をベースに進められ、短銃身のカービンモデルとして完成。1935 年6月、軍用ライフルとして制式採用された

握り溝がない。

《 Kar98k 量産型 》
破損しやすいバットプレートを金属製のカップ型に変更、ストックもクルミ材から合板製になった。

プレス加工のマガジンフロア

マズルバンドの簡略化

トリガーガードの簡略化

《 Kar98k 後期型 》
着剣装置が廃止され、プレス加工で造られたパーツがさらに多くなった。

照準距離を200mに固定したリアサイト。

プレス加工のバレルバンド

着剣装置の廃止

プレス加工のマズルバンド

《 VK98ライフル 》
国民突撃隊用に生産された省力簡易生産型。ボルトのみ Kar98k のパーツを流用している。

プレート加工の簡易なトリガーガード。

雑木製のストックは、材料節約のため銃身が剥き出しに。

空挺部隊用試作モデル

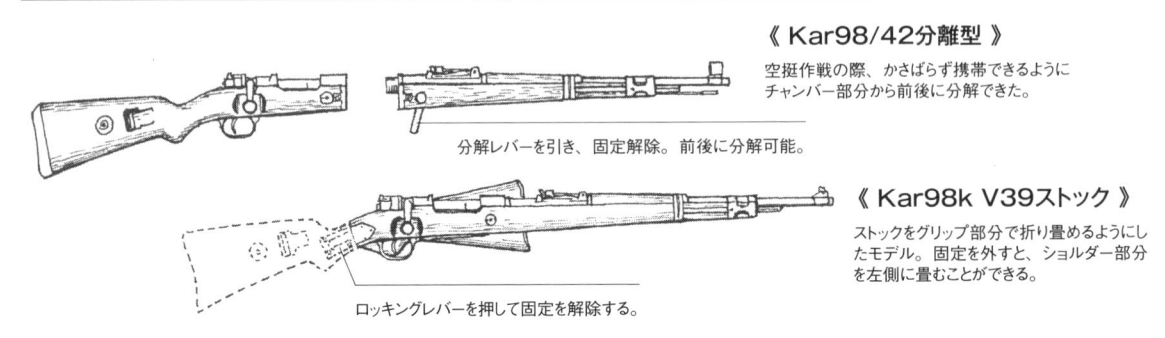

《 Kar98/42分離型 》
空挺作戦の際、かさばらず携帯できるようにチャンバー部分から前後に分解できた。

分解レバーを引き、固定解除。前後に分解可能。

《 Kar98k V39ストック 》
ストックをグリップ部分で折り畳めるようにしたモデル。固定を外すと、ショルダー部分を左側に畳むことができる。

ロッキングレバーを押して固定を解除する。

Kar98kの射撃方法

第二次大戦のポーランド戦からフランス戦におけるKar98k装備の陸軍兵士。弾薬はアムニッションポーチに2個に分けて携行した。ポーチは3つのポケットがあり、1カ所に10発の弾薬が入り、左右合わせて計60発を収納していた。

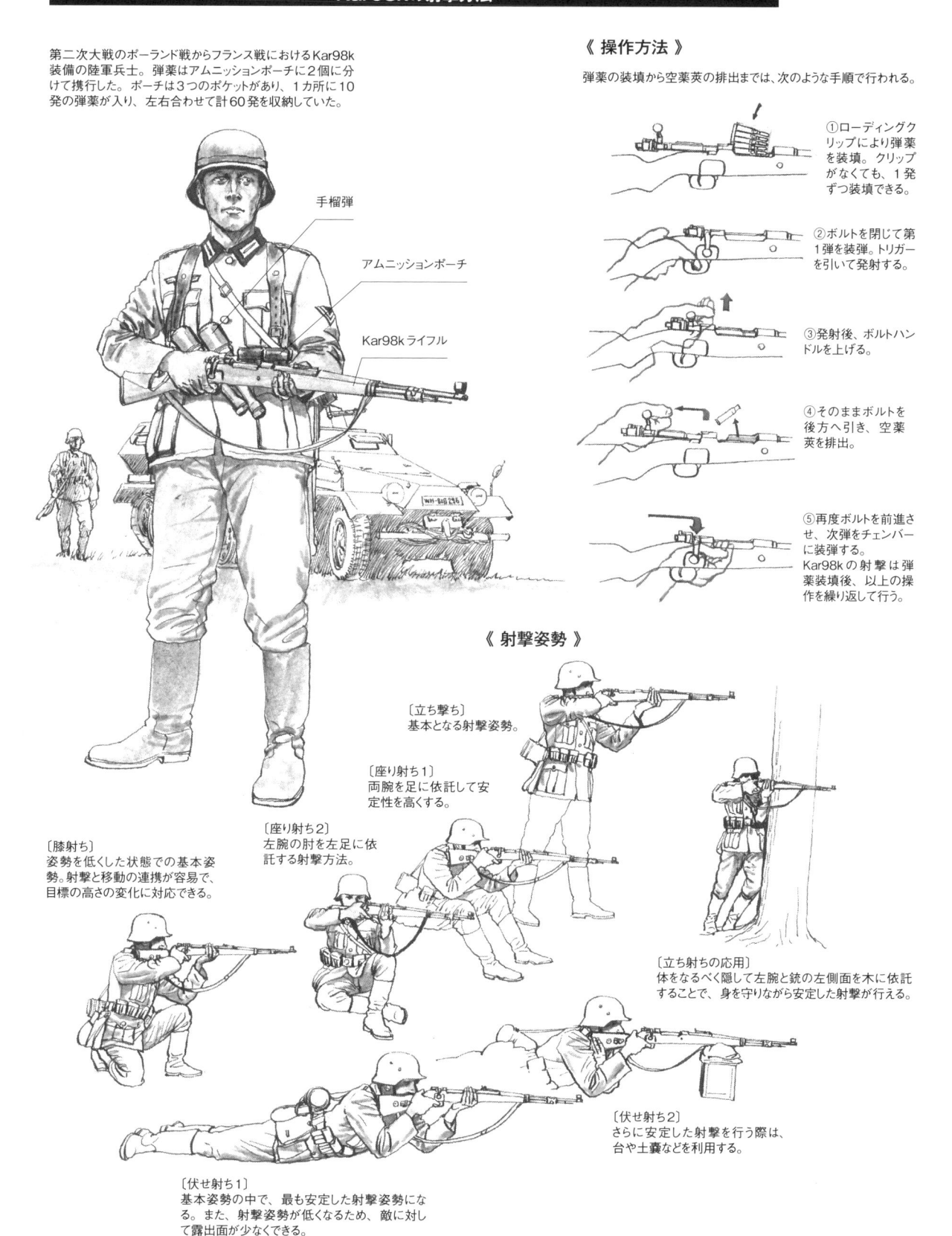

手榴弾

アムニッションポーチ

Kar98k ライフル

《 操作方法 》

弾薬の装填から空薬莢の排出までは、次のような手順で行われる。

①ローディングクリップにより弾薬を装填。クリップがなくても、1発ずつ装填できる。

②ボルトを閉じて第1弾を装弾。トリガーを引いて発射する。

③発射後、ボルトハンドルを上げる。

④そのままボルトを後方へ引き、空薬莢を排出。

⑤再度ボルトを前進させ、次弾をチェンバーに装弾する。Kar98kの射撃は弾薬装填後、以上の操作を繰り返して行う。

《 射撃姿勢 》

〔立ち撃ち〕
基本となる射撃姿勢。

〔座り撃ち1〕
両腕を足に依託して安定性を高くする。

〔座り撃ち2〕
左腕の肘を左足に依託する射撃方法。

〔膝射ち〕
姿勢を低くした状態での基本姿勢。射撃と移動の連携が容易で、目標の高さの変化に対応できる。

〔立ち射ちの応用〕
体をなるべく隠して左腕と銃の左側面を木に依託することで、身を守りながら安定した射撃が行える。

〔伏せ射ち2〕
さらに安定した射撃を行う際は、台や土嚢などを利用する。

〔伏せ射ち1〕
基本姿勢の中で、最も安定した射撃姿勢になる。また、射撃姿勢が低くなるため、敵に対して露出面が少なくできる。

《 SG84/98Ⅲバイヨネット 》

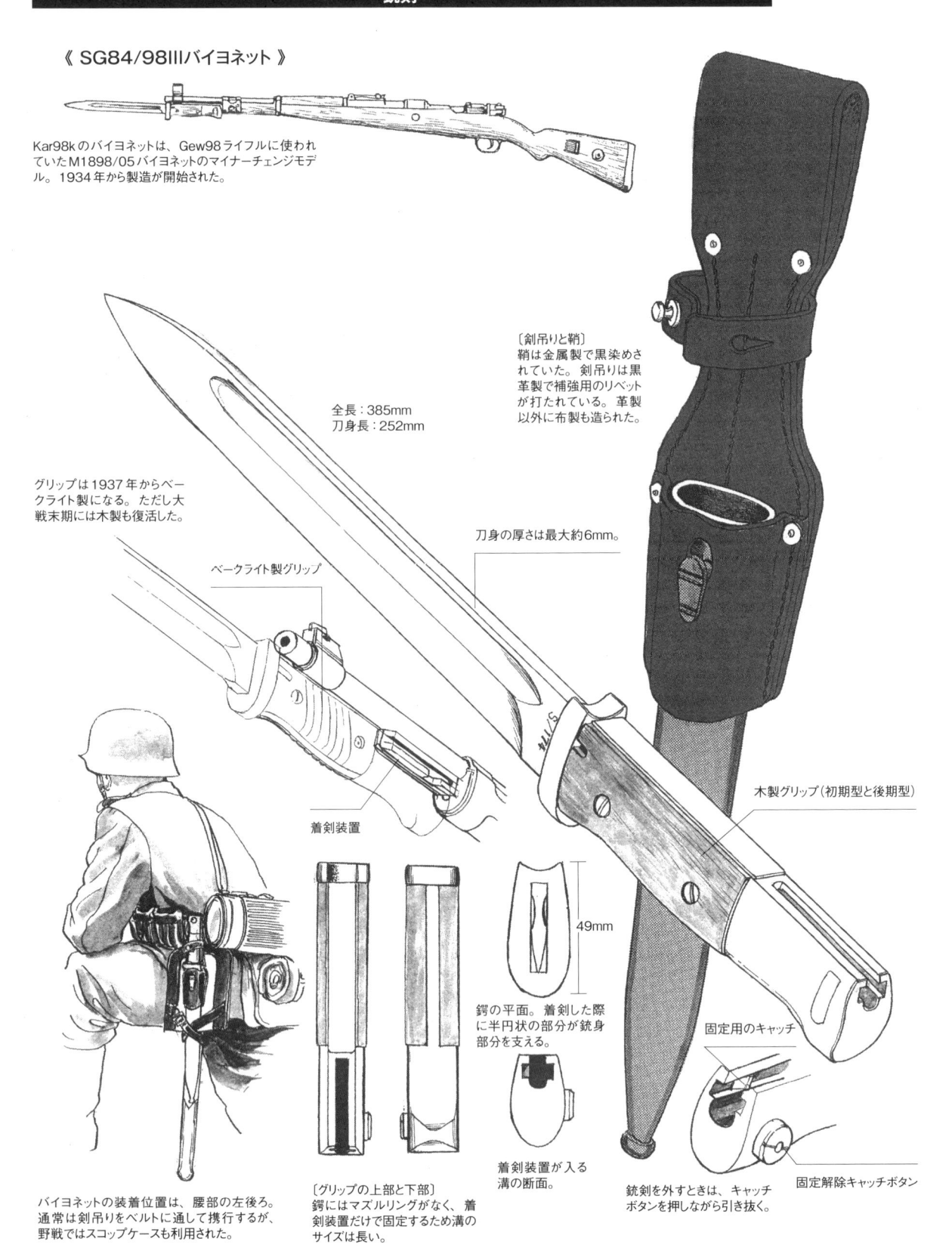

Kar98kのバイヨネットは、Gew98ライフルに使われていたM1898/05バイヨネットのマイナーチェンジモデル。1934年から製造が開始された。

全長：385mm
刀身長：252mm

グリップは1937年からベークライト製になる。ただし大戦末期には木製も復活した。

〔剣吊りと鞘〕
鞘は金属製で黒染めされていた。剣吊りは黒革製で補強用のリベットが打たれている。革製以外に布製も造られた。

刀身の厚さは最大約6mm。

ベークライト製グリップ

着剣装置

木製グリップ（初期型と後期型）

49mm

鍔の平面。着剣した際に半円状の部分が銃身部分を支える。

着剣装置が入る溝の断面。

〔グリップの上部と下部〕
鍔にはマズルリングがなく、着剣装置だけで固定するため溝のサイズは長い。

固定用のキャッチ

固定解除キャッチボタン

銃剣を外すときは、キャッチボタンを押しながら引き抜く。

バイヨネットの装着位置は、腰部の左後ろ。通常は剣吊りをベルトに通して携行するが、野戦ではスコップケースも利用された。

《 34年型クリーニングキット 》

1934年に採用された小火器用クリーニングキットで、ドイツ語名は"ライニグンクスゲレート34（Rg34）"。収納ケースにはクリーニング及びメンテナンス用の工具が収められている。ライフルだけでなく、ピストル、サブマシンガン、機関銃にも使用された。

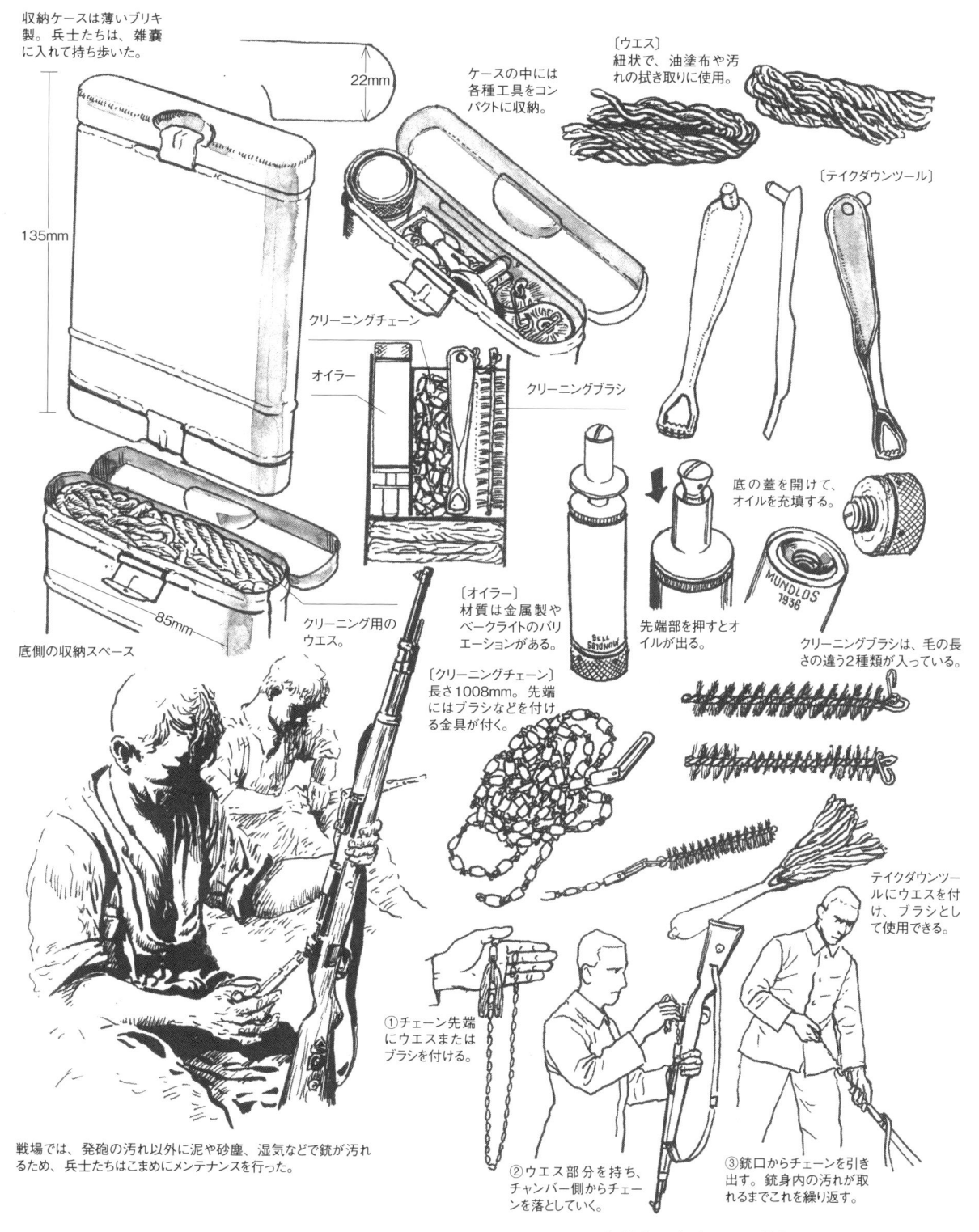

収納ケースは薄いブリキ製。兵士たちは、雑嚢に入れて持ち歩いた。

22mm

135mm

85mm

底側の収納スペース

ケースの中には各種工具をコンパクトに収納。

クリーニングチェーン

オイラー

クリーニングブラシ

クリーニング用のウエス。

〔ウエス〕
紐状で、油塗布や汚れの拭き取りに使用。

〔テイクダウンツール〕

底の蓋を開けて、オイルを充填する。

〔オイラー〕
材質は金属製やベークライトのバリエーションがある。

先端部を押すとオイルが出る。

クリーニングブラシは、毛の長さの違う2種類が入っている。

〔クリーニングチェーン〕
長さ1008mm。先端にはブラシなどを付ける金具が付く。

テイクダウンツールにウエスを付け、ブラシとして使用できる。

戦場では、発砲の汚れ以外に泥や砂塵、湿気などで銃が汚れるため、兵士たちはこまめにメンテナンスを行った。

①チェーン先端にウエスまたはブラシを付ける。

②ウエス部分を持ち、チャンバー側からチェーンを落としていく。

③銃口からチェーンを引き出す。銃身内の汚れが取れるまでこれを繰り返す。

《 銃身のクリーニング 》

ドイツ軍のセミオートマチックライフル（半自動小銃）開発は、アメリカやソ連より遅れ、1940年に本格的な開発が始められた。その開発によって誕生したのがマウザー社とワルサー社のGew41である。試験運用後、さらに生産性が高く、より実戦に適したライフルが求められ、Gew41を改良したモデルGew43が開発された。

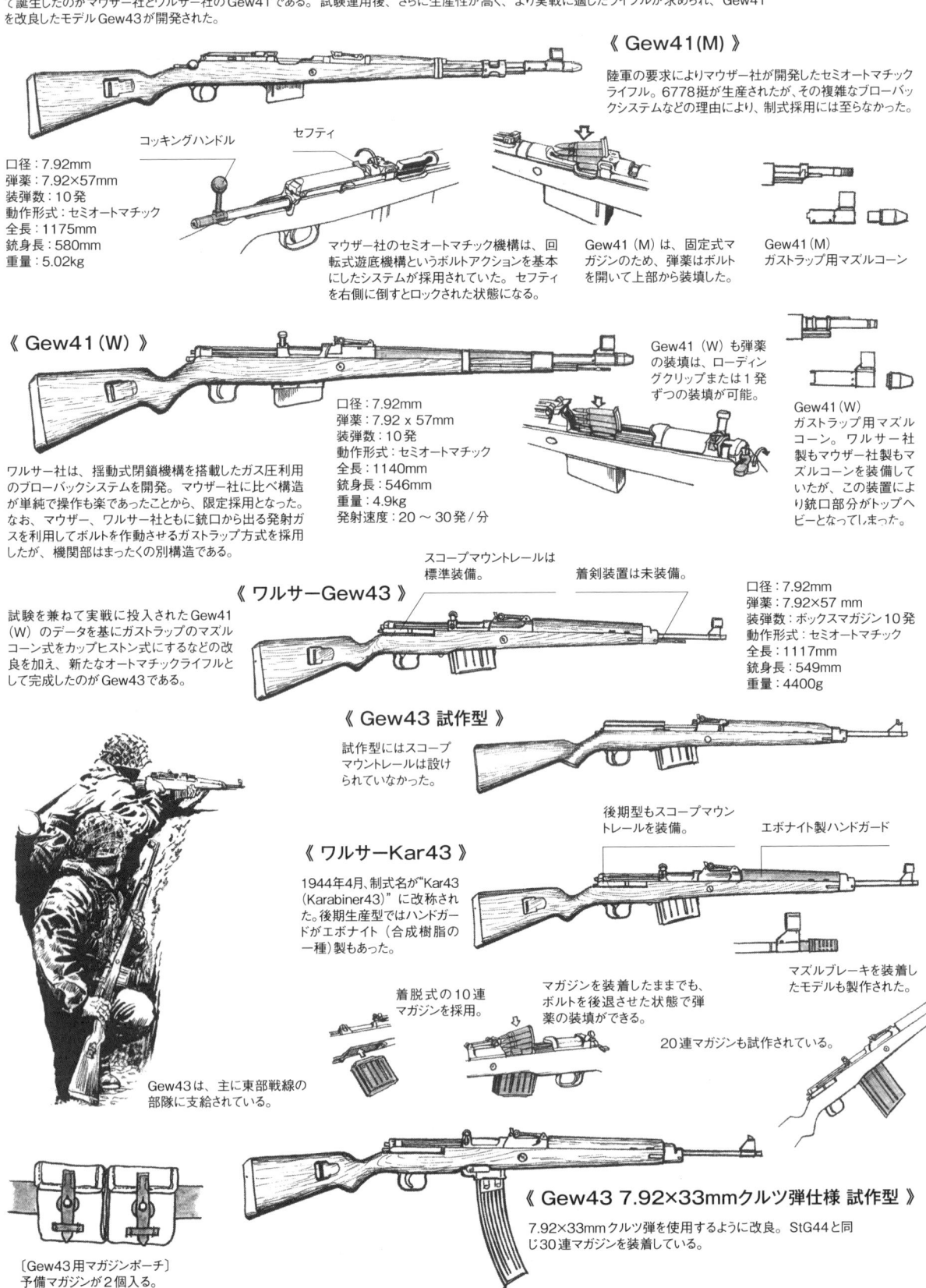

《 Gew41(M) 》

陸軍の要求によりマウザー社が開発したセミオートマチックライフル。6778挺が生産されたが、その複雑なブローバックシステムなどの理由により、制式採用には至らなかった。

コッキングハンドル　セフティ

口径：7.92mm
弾薬：7.92×57mm
装弾数：10発
動作形式：セミオートマチック
全長：1175mm
銃身長：580mm
重量：5.02kg

マウザー社のセミオートマチック機構は、回転式遊底機構というボルトアクションを基本にしたシステムが採用されていた。セフティを右側に倒すとロックされた状態になる。

Gew41(M) は、固定式マガジンのため、弾薬はボルトを開いて上部から装填した。

Gew41(M)
ガストラップ用マズルコーン

《 Gew41(W) 》

Gew41(W) も弾薬の装填は、ローディングクリップまたは1発ずつの装填が可能。

口径：7.92mm
弾薬：7.92 x 57mm
装弾数：10発
動作形式：セミオートマチック
全長：1140mm
銃身長：546mm
重量：4.9kg
発射速度：20～30発/分

Gew41(W)
ガストラップ用マズルコーン。ワルサー社製もマウザー社製もマズルコーンを装備していたが、この装置により銃口部分がトップヘビーとなってしまった。

ワルサー社は、揺動式閉鎖機構を搭載したガス圧利用のブローバックシステムを開発。マウザー社に比べ構造が単純で操作も楽であったことから、限定採用となった。なお、マウザー、ワルサー社ともに銃口から出る発射ガスを利用してボルトを作動させるガストラップ方式を採用したが、機関部はまったくの別構造である。

試験を兼ねて実戦に投入されたGew41(W) のデータを基にガストラップのマズルコーン式をカップヒストン式にするなどの改良を加え、新たなオートマチックライフルとして完成したのがGew43である。

《 ワルサーGew43 》

スコープマウントレールは標準装備。　着剣装置は未装備。

口径：7.92mm
弾薬：7.92×57 mm
装弾数：ボックスマガジン10発
動作形式：セミオートマチック
全長：1117mm
銃身長：549mm
重量：4400g

《 Gew43 試作型 》

試作型にはスコープマウントレールは設けられていなかった。

後期型もスコープマウントレールを装備。　エボナイト製ハンドガード

《 ワルサーKar43 》

1944年4月、制式名が"Kar43 (Karabiner43)" に改称された。後期生産型ではハンドガードがエボナイト（合成樹脂の一種）製もあった。

着脱式の10連マガジンを採用。

マガジンを装着したままでも、ボルトを後退させた状態で弾薬の装填ができる。

マズルブレーキを装着したモデルも製作された。

20連マガジンも試作されている。

Gew43は、主に東部戦線の部隊に支給されている。

《 Gew43 7.92×33mmクルツ弾仕様 試作型 》

7.92×33mmクルツ弾を使用するように改良。StG44と同じ30連マガジンを装着している。

〔Gew43用マガジンポーチ〕
予備マガジンが2個入る。

スナイパーライフル

ドイツ軍のスナイパーライフルは、専用に製作されたものではなく、通常生産のライフルの中から射撃精度が高いものを選別し、狙撃用のスコープを装備した。スコープは、軍が制式採用したモデルの他に民間用も多数使われていた。

《 Kar98kスナイパーライフル 》

ドイツ軍の狙撃兵は高い射撃技術と巧みな偽装により連合軍将兵に恐れられた。

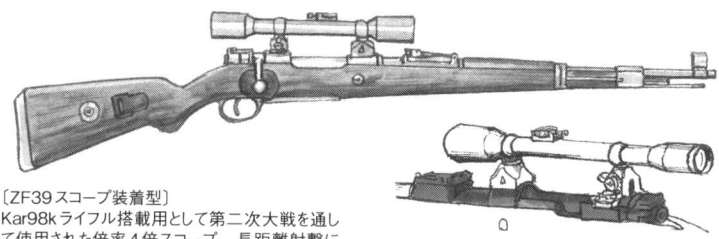

〔ZF39スコープ装着型〕
Kar98kライフル搭載用として第二次大戦を通して使用された倍率4倍スコープ。長距離射撃に適しており、同型の市販品も多数使用された。

初期のスコープマウントは、レシーバー上部にターレットマウントを搭載。

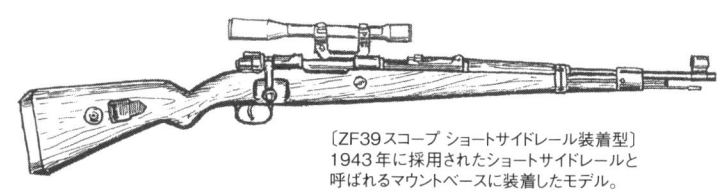

〔ZF39スコープ ショートサイドレール装着型〕
1943年に採用されたショートサイドレールと呼ばれるマウントベースに装着したモデル。

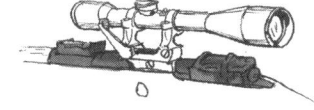

レシーバーの左側面にスコープ装着用のマウントが取り付けられている。

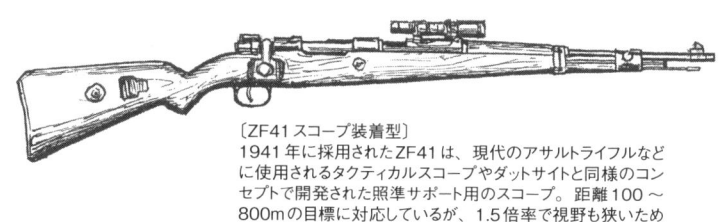

〔ZF41スコープ装着型〕
1941年に採用されたZF41は、現代のアサルトライフルなどに使用されるタクティカルスコープやダットサイトと同様のコンセプトで開発された照準サポート用のスコープ。距離100～800mの目標に対応しているが、1.5倍率で視野も狭いため遠距離狙撃には不向きだった。

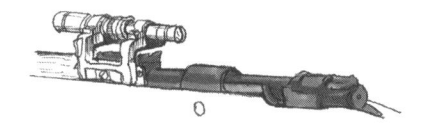

ZF41は、フロントサイトと同じ位置に装着して使用する。

《 Gew41/Gew43スナイパーライフル 》

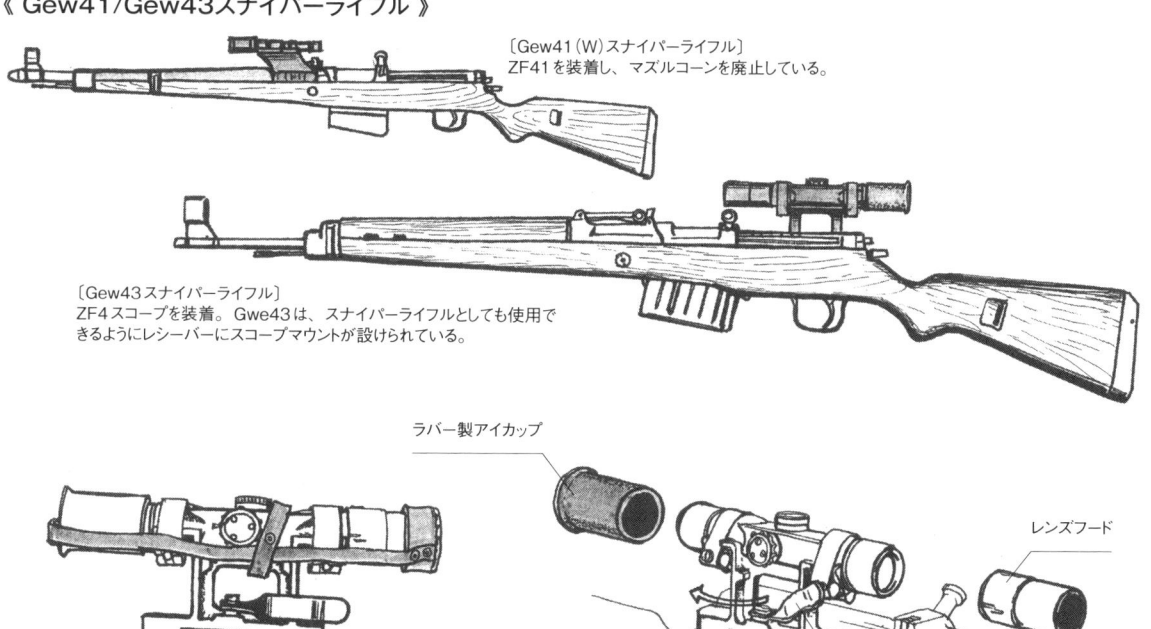

〔Gew41（W）スナイパーライフル〕
ZF41を装着し、マズルコーンを廃止している。

〔Gew43スナイパーライフル〕
ZF4スコープを装着。Gwe43は、スナイパーライフルとしても使用できるようにレシーバーにスコープマウントが設けられている。

ラバー製アイカップ

レンズフード

着脱レバー

〔ZF4スコープ〕
採用中及び採用予定のライフルに装着するスコープを標準化するため、1943年に採用された4倍率のスコープ。レシーバー後方右側面に装着する。

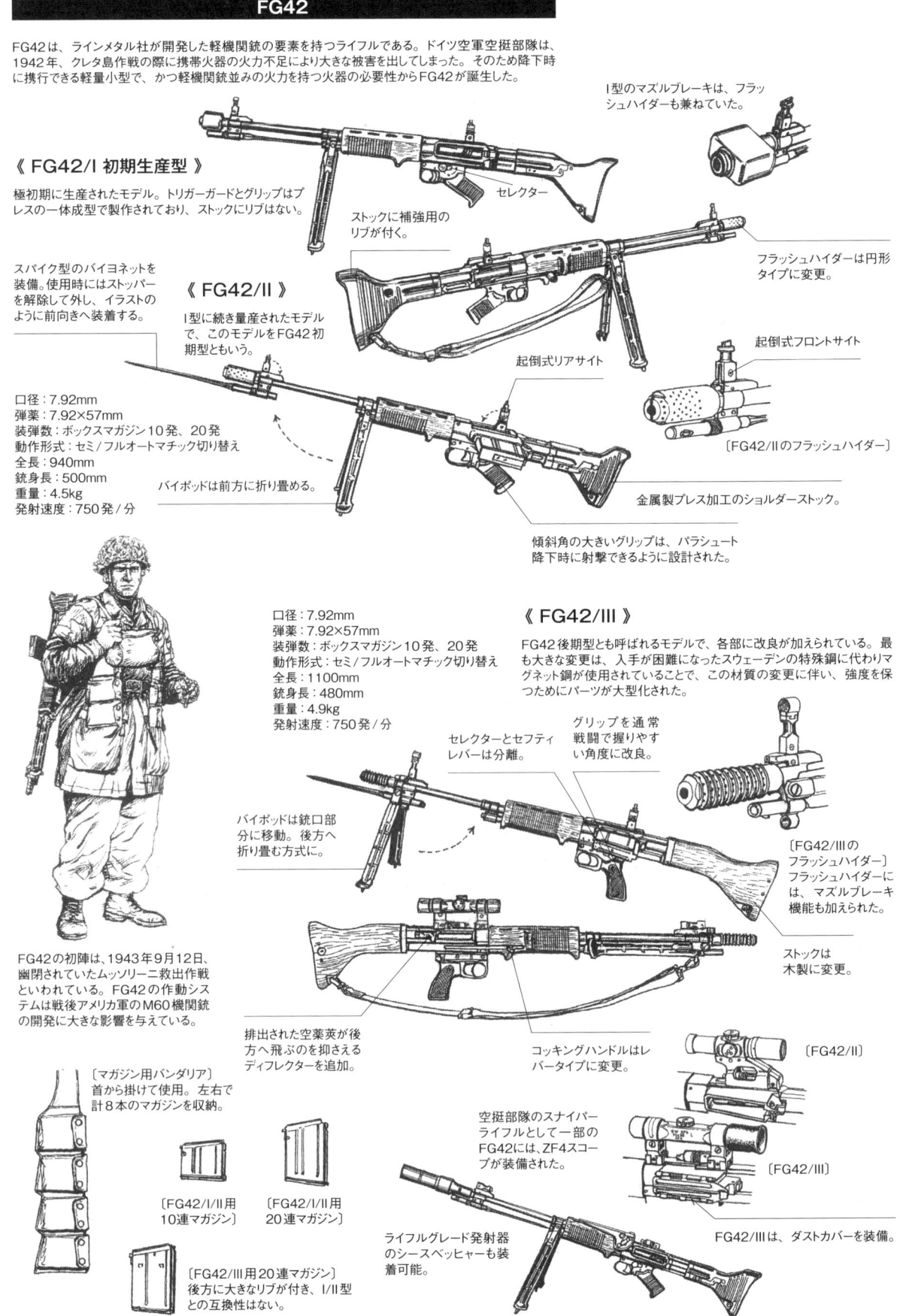

FG42

FG42は、ラインメタル社が開発した軽機関銃の要素を持つライフルである。ドイツ空軍空挺部隊は、1942年、クレタ島作戦の際に携帯火器の火力不足により大きな被害を出してしまった。そのため降下時に携行できる軽量小型で、かつ軽機関銃並みの火力を持つ火器の必要性からFG42が誕生した。

I型のマズルブレーキは、フラッシュハイダーも兼ねていた。

《 FG42/I 初期生産型 》

極初期に生産されたモデル。トリガーガードとグリップはプレスの一体成型で製作されており、ストックにリブはない。

セレクター

ストックに補強用のリブが付く。

フラッシュハイダーは円形タイプに変更。

スパイク型のバイヨネットを装備。使用時にはストッパーを解除して外し、イラストのように前向きへ装着する。

《 FG42/II 》

I型に続き量産されたモデルで、このモデルをFG42初期型ともいう。

起倒式リアサイト

起倒式フロントサイト

口径：7.92mm
弾薬：7.92×57mm
装弾数：ボックスマガジン10発、20発
動作形式：セミ/フルオートマチック切り替え
全長：940mm
銃身長：500mm
重量：4.5kg
発射速度：750発/分

バイポッドは前方に折り畳める。

〔FG42/IIのフラッシュハイダー〕

金属製プレス加工のショルダーストック。

傾斜角の大きいグリップは、パラシュート降下時に射撃できるように設計された。

口径：7.92mm
弾薬：7.92×57mm
装弾数：ボックスマガジン10発、20発
動作形式：セミ/フルオートマチック切り替え
全長：1100mm
銃身長：480mm
重量：4.9kg
発射速度：750発/分

《 FG42/III 》

FG42後期型とも呼ばれるモデルで、各部に改良が加えられている。最も大きな変更は、入手が困難になったスウェーデンの特殊鋼に代わりマグネット鋼が使用されていることで、この材質の変更に伴い、強度を保つためにパーツが大型化された。

セレクターとセフティレバーは分離。

グリップを通常戦闘で握りやすい角度に改良。

バイポッドは銃口部分に移動。後方へ折り畳む方式に。

〔FG42/IIIのフラッシュハイダー〕フラッシュハイダーには、マズルブレーキ機能も加えられた。

ストックは木製に変更。

FG42の初陣は、1943年9月12日、幽閉されていたムッソリーニ救出作戦といわれている。FG42の作動システムは戦後アメリカ軍のM60機関銃の開発に大きな影響を与えている。

排出された空薬莢が後方へ飛ぶのを抑えるディフレクターを追加。

コッキングハンドルはレバータイプに変更。

〔FG42/II〕

〔マガジン用バンダリア〕首から掛けて使用。左右で計8本のマガジンを収納。

空挺部隊のスナイパーライフルとして一部のFG42には、ZF4スコープが装備された。

〔FG42/III〕

〔FG42/I/II用10連マガジン〕

〔FG42/I/II用20連マガジン〕

ライフルグレード発射器のシースベッヒャーも装着可能。

FG42/IIIは、ダストカバーを装備。

〔FG42/III用20連マガジン〕後方に大きなリブが付き、I/II型との互換性はない。

ドイツ軍が世界に先駆けて実用化したアサルトライフル（突撃銃）は、1938年に開発された7.92×33mmクルツ弾を使用するマシンカービンとして開発が始められた。陸軍の要求は、サブマシンガンより高い威力と長射程、ライフルよりコンパクトで軽量な火器というものだった。ハーネル社が開発したMKb42(H)は、実戦テストを経て、MP43として完成する。

口径：7.92mm
弾薬：7.92×33mm（7.92mmクルツ弾）
装弾数：ボックスマガジン30発
動作形式：セミ/フルオートマチック切り替え
全長：933mm
銃身長：409mm
重量：4.4kg
発射速度600発/分

《 MKb42（W） 》

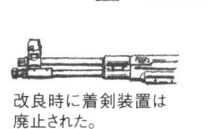

ワルサー社設計の試作モデル。クローズドボルトで、作動方式はガスオペレーションを利用していた。

陸軍の要求を基にハーネル社が設計したモデル。こちらはオープンボルト、ストライカー式を採用。テストの結果、ワルサーより優れていると認められ1942年に東部戦線の部隊に送られ、試験運用された。

《 MKb42（H） 》

改良時に着剣装置は廃止された。

口径：7.92mm
弾薬：7.92×33mm（7.92mmクルツ弾）
装弾数：ボックスマガジン30発
動作形式：セミ/フルオートマチック切り替え
全長：940mm
銃身長：364mm
重量：5kg
発射速度：500発/分

《 StG44（MP43、MP44） 》

口径：7.92mm
弾薬：7.92×33mm（7.92mmクルツ弾）
装弾数：ボックスマガジン30発
動作形式：セミ/フルオートマチック切り替え
全長：940mm
銃身長：419mm
重量：5220g
発射速度：500～600発/分

MKb42（H）の試験運用の結果を基に作動方式をクローズドボルト式に変更、さらに細部に改修を加えた改良型がMP43として採用となった。その後、MP44に改称、さらにヒトラーの命名により制式名称がStG44（Sturmgewehr44＝44年型突撃銃）となる。

フロントサイト部分は、シースベッヒャーを装着できるように改良された。

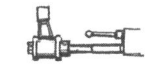

MP43用の試作サイレンサー。

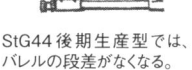

StG44後期生産型では、バレルの段差がなくなる。

MP43ではマズルブレーキも試作された。

《 ボーザッツラウフJ 》

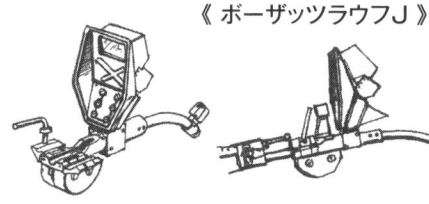

塹壕の中や市街戦での物陰などから、身を隠しながら射撃できる装置として曲射銃身（クルム・ラウフ）が開発される。銃身の角度は30、45、60、90°の4種類あり、MP43用にプリズム型の照準器を付けた射撃装置"ボーザッツラウフ"が採用された。

《 ボーザッツラウフP 》

戦車、駆逐戦車などの砲塔や戦闘室の上面装甲板に設置された曲射銃身マウント。敵歩兵の肉薄攻撃の防御用として使用された。

口径：7.92mm
弾薬：7.92×33mm（7.92mmクルツ弾）
装弾数：ボックスマガジン10発、30発
動作形式：セミ/フルオートマチック切り替え
全長：1050mm
銃身長：390mm
重量：3.63kg
発射速度：350～450発

重量：スコープ2.25kg、パワーユニット（バッテリー含む）13.5kg
有効距離：約100m

《 ZG1229 ヴァンピール装備型 》

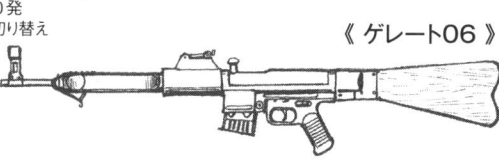

アクティブ赤外線方式の暗視スコープを装備した夜間戦闘仕様。上部の赤外線ライトを照射し、スコープで目標を捉える。

《 ゲレート06 》

マウザー社の軽火器設計班が開発したローラーロッキング機構の試作ライフル。StG45開発のベースになった。

口径：7.92mm
弾丸：7.92×33mm（7.92mmクルツ弾）
装弾数：ボックスマガジン10発、30発
動作形式：セミ/フルオートマチック切り替え
全長：940mm
銃身長：419mm
重量：4kg
発射速度：350～450発/分

《 StG45（M） 》

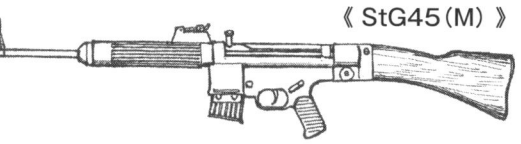

StG44の簡易生産モデルとして、マウザー社が1944年に試作したアサルトライフル。"ゲレート06H"とも呼ばれる。

サブマシンガン

近接戦闘で威力を発揮するサブマシンガンは、第一次大戦末期にドイツで実用化された。最初に採用されたMP18はその威力を発揮し、各国軍隊のサブマシンガン開発に大きな影響を与えた。ドイツではMP18以降も、研究と開発を続け、その結果、先進的なサブマシンガンMP38が開発されることになった。なお、ドイツではサブマシンガンを"マシーネンピストーレ（機関短銃）"と呼称する。

初期のサブマシンガン

《 MP18 I 》

ベルグマン社が1917年に開発し、1918年にドイツ軍が採用したMP18を第一次大戦後、マガジンハウジング部分を改良したモデル。1920年代にドイツ軍と警察に採用された。

口径：9mm　弾薬：9×19mm（9mmパラベラム弾）
装弾数：ボックスマガジン32発　動作形式：フルオートマチック　全長：815mm　銃身長：200mm　重量：4.7kg　発射速度：約350〜450発/分

《 MP28 》

ヒューゴ・シュマイザーが、ヘーネル社で設計したMP18 Iの改良モデル。構造や外見はMP18とほぼ同じであるが、セミ/フルオートマチック切り替え機能が追加された。1934年、警察の採用に続き、武装親衛隊も制式化している。

口径：9mm　弾薬：9×19mm（9mmパラベラム弾）
装弾数：ボックスマガジン20発、32発、50発　全長：813mm　銃身長：200mm　重量：4kg
発射速度：約500〜600発/分

《 MP34 》

ベルグマン社が生産していたMP34はドイツ警察が使用した他、海外にも輸出された。第二次大戦が始まると警察だけでなく、武装親衛隊にも配備されている。

エルマ社が1935年に開発したマシンピストル。木製ストックにフォアグリップが付属。空軍、武装親衛隊及び警察が採用した。

口径：9mm
弾薬：9×19mm（9mmパラベラム弾）
装弾数：ボックスマガジン20発、32発
全長：813mm
銃身長：200mm
重量：4kg
発射速度：約500〜600発/分

《 MP34（ö）》

ステアー社が生産していたMP34のドイツ軍仕様モデル。ドイツのオーストリア併合後、ドイツ軍向けに使用弾薬を9×19mm弾に変更して生産。憲兵隊や空軍などに配備された。

《 EMP35 》

口径：9mm
弾薬：9×19mm（9mmパラベラム弾）
装弾数：ボックスマガジン10発、20発、32発
動作形式：セミ/フルオートマチック切り替え
全長：840mm
銃身長：250mm
重量：4.5kg
発射速度：約500発/分

《 ZK-383（MP383（t））》

チェコスロバキア併合後、武装親衛隊向けに生産された。折り畳みバイポットが付属する。

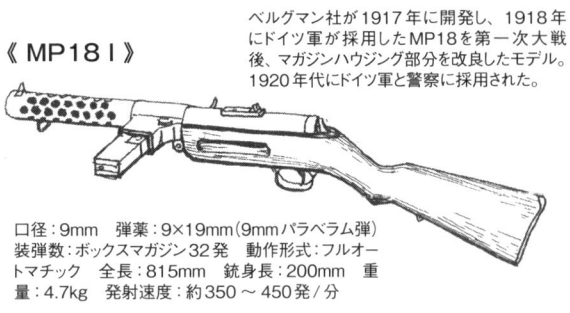

陸軍はMP38やMP40が主力だったが、一部の部隊でMP34などを使用している。

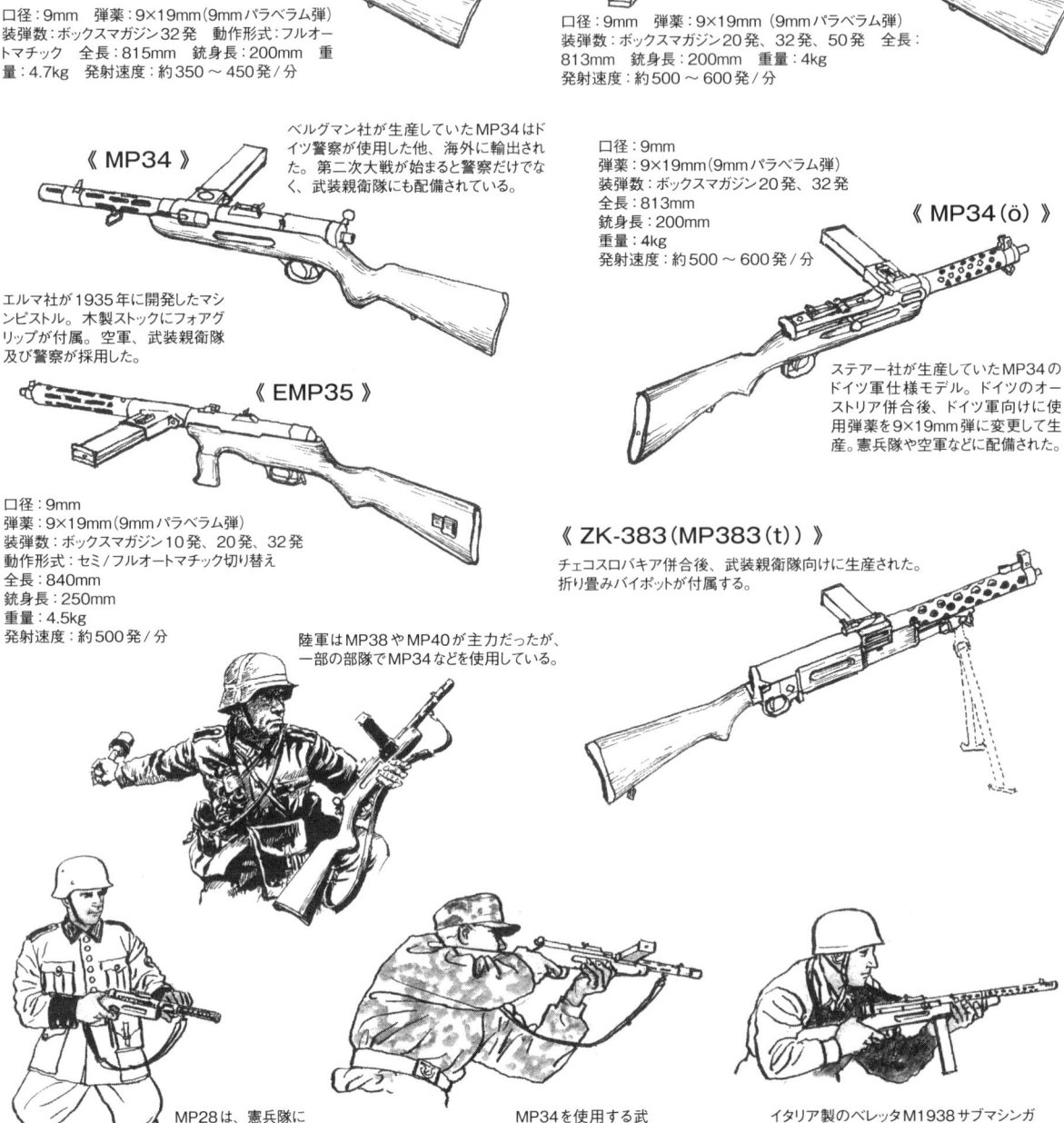

MP28は、憲兵隊にも配備された。

MP34を使用する武装親衛隊員。

イタリア製のベレッタM1938サブマシンガンも空挺部隊が制式採用している。

エルマ社で開発されたMP38は、1938年にドイツ軍の制式サブマシンガンとなった。さらに1940年には、削り出し加工で製作していたレシーバー部分などをプレス加工とし、生産性を高めた改良型のMP40が採用される。

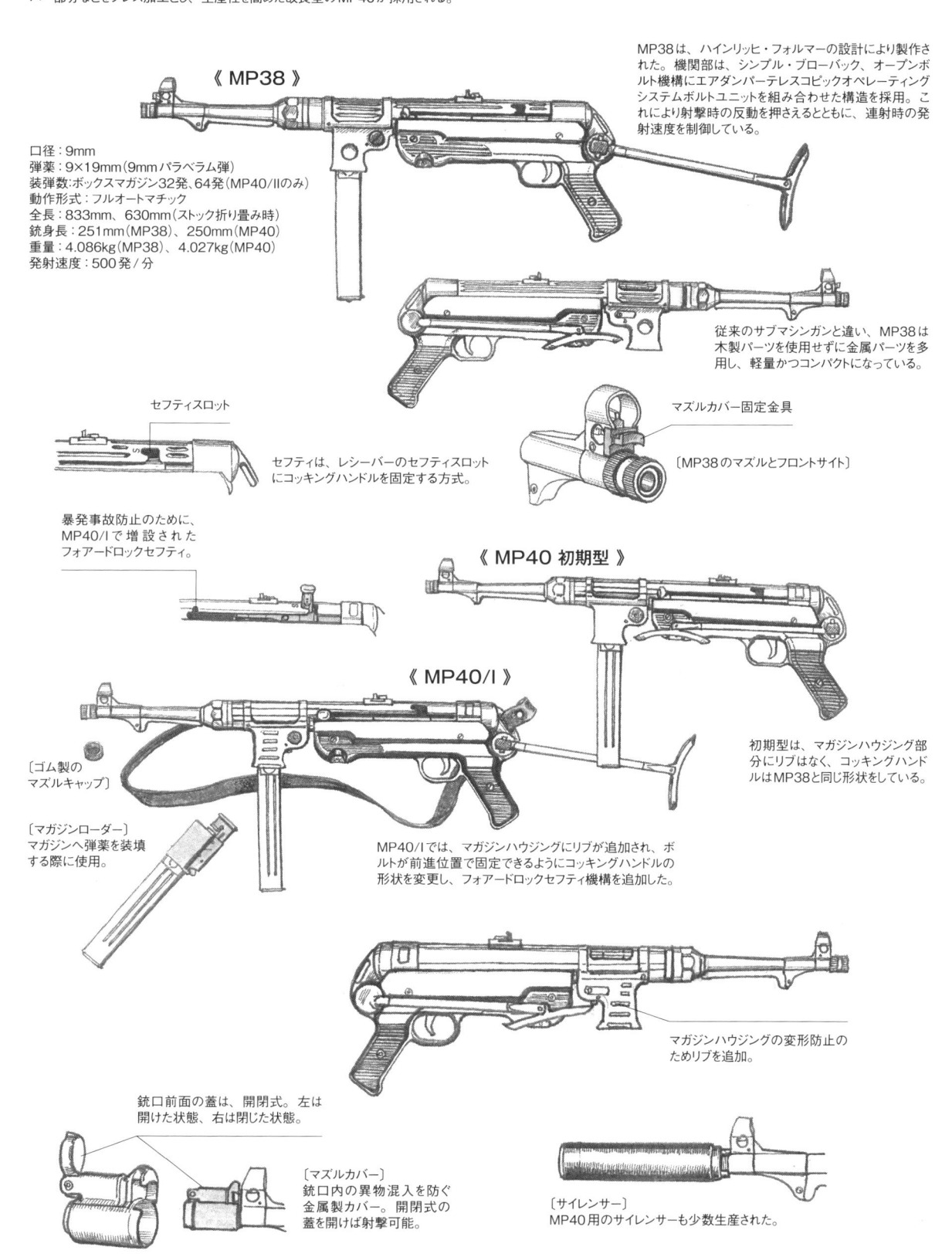

《 MP38 》

口径：9mm
弾薬：9×19mm（9mmパラベラム弾）
装弾数：ボックスマガジン32発、64発（MP40/IIのみ）
動作形式：フルオートマチック
全長：833mm、630mm（ストック折り畳み時）
銃身長：251mm（MP38）、250mm（MP40）
重量：4.086kg（MP38）、4.027kg（MP40）
発射速度：500発／分

MP38は、ハインリッヒ・フォルマーの設計により製作された。機関部は、シンプル・ブローバック、オープンボルト機構にエアダンパーテレスコピックオペレーティングシステムボルトユニットを組み合わせた構造を採用。これにより射撃時の反動を押さえるとともに、連射時の発射速度を制御している。

従来のサブマシンガンと違い、MP38は木製パーツを使用せずに金属パーツを多用し、軽量かつコンパクトになっている。

セフティスロット

セフティは、レシーバーのセフティスロットにコッキングハンドルを固定する方式。

マズルカバー固定金具

〔MP38のマズルとフロントサイト〕

暴発事故防止のために、MP40/Iで増設されたフォアードロックセフティ。

《 MP40 初期型 》

《 MP40/I 》

初期型は、マガジンハウジング部分にリブはなく、コッキングハンドルはMP38と同じ形状をしている。

〔ゴム製のマズルキャップ〕

〔マガジンローダー〕
マガジンへ弾薬を装填する際に使用。

MP40/Iでは、マガジンハウジングにリブが追加され、ボルトが前進位置で固定できるようにコッキングハンドルの形状を変更し、フォアードロックセフティ機構を追加した。

マガジンハウジングの変形防止のためリブを追加。

銃口前面の蓋は、開閉式。左は開けた状態、右は閉じた状態。

〔マズルカバー〕
銃口内の異物混入を防ぐ金属製カバー。開閉式の蓋を開けば射撃可能。

〔サイレンサー〕
MP40用のサイレンサーも少数生産された。

バレル下部にあるアルミ製のバーは、依託射撃時にバレルが傷付かないようにするガード。

布製のケースに収納されたMP40

両足の脛にマガジンポーチを装着している。

MP38は当初、空挺部隊と機械化部隊に優先配備されたが、後に全部隊に配備。歩兵部隊では、将校及び下士官が使用した。

MP38/MP40は射撃時の反動が少なく、立ち射ちの際にストックを利用すると安定した射撃が行える。

空挺部隊ではパラシュート降下時に携帯できる火器が限られていた。MP38/MP40は、空挺隊員が直接携帯できる兵器として多用された。

スリングを首に掛けての腰射ち。近接戦闘の際、状況に合わせて素早く対応できた。

MP38/MP40のバリエーション

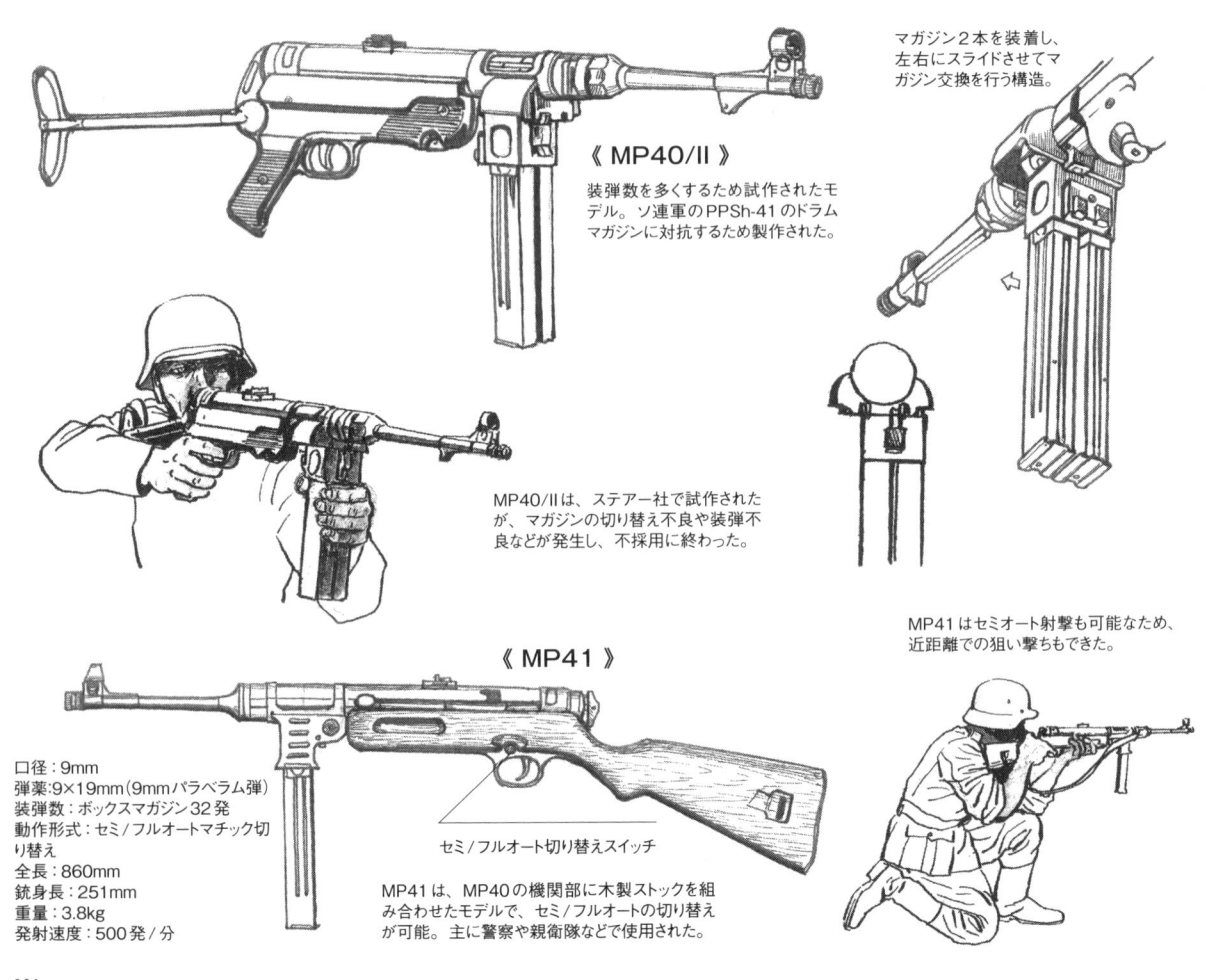

マガジン2本を装着し、左右にスライドさせてマガジン交換を行う構造。

《 MP40/II 》

装弾数を多くするため試作されたモデル。ソ連軍のPPSh-41のドラムマガジンに対抗するため製作された。

MP40/IIは、ステアー社で試作されたが、マガジンの切り替え不良や装弾不良などが発生し、不採用に終わった。

MP41はセミオート射撃も可能なため、近距離での狙い撃ちもできた。

《 MP41 》

口径：9mm
弾薬：9×19mm（9mmパラベラム弾）
装弾数：ボックスマガジン32発
動作形式：セミ／フルオートマチック切り替え
全長：860mm
銃身長：251mm
重量：3.8kg
発射速度：500発／分

セミ／フルオート切り替えスイッチ

MP41は、MP40の機関部に木製ストックを組み合わせたモデルで、セミ／フルオートの切り替えが可能。主に警察や親衛隊などで使用された。

決戦兵器

ドイツ本土防衛のため、16〜60歳までの男性市民を動員して1944年11月、"国民突撃隊"が編成された。国民突撃隊には、第一次大戦時の兵器や鹵獲兵器などが支給されたが、それだけでは足りず、新たに"国民突撃銃"と称される兵器を急造し、配備した。国民突撃隊を構成する子供や老人たちは、それらの兵器を持って最後の戦闘に臨んだのである。

《 StG45（H）》

ハーネル社が設計したStG44
簡易生産型の試作モデル。

口径：7.92mm
弾薬：7.92×33mm（7.92mmクルツ弾）
装弾数：ボックスマガジン30発
動作形式：フルオートマチック
全長：1060mm
銃身長：400mm
重量：3.6kg
発射速度：350〜450発／分

《 ステンサブマシンガンのコピー 》

〔ゲレートポツダム〕
1944年末、マウザー社が製作したステンの完全コピー。28000挺が造られたといわれる。

〔MP3008（ゲレートノイミュンスター）〕
マガジンはMP38、MP40用を使用。

口径：9mm　弾薬：9×19mm（9mmパラベラム弾）　装弾数：ボックスマガジン32発　動作形式：フルオートマチック
全長：760mm　銃身長：196mm　重量：3.18kg　発射速度：450発／分

《 EMP44 》

エルマ社が試作した簡易型サブマシンガン。1本の鋼管でマズルブレーキからストックまでが構成されている。

口径：9mm
弾薬：9×19mm（9mmパラベラム弾）
装弾数：ボックスマガジン32発
全長：721mm
銃身長：250mm、308mm
重量：660g
発射速度：約500〜600発／分

《 国民突撃銃VG45 》

国民突撃隊用兵器生産の簡易武装計画により、造られたアサルトライフル。約1万挺生産されたといわれている。

口径：7.92mm
弾薬：7.92×33mm（7.92mmクルツ弾）
装弾数：ボックスマガジン30発
動作形式：セミオートマチック
全長：885mm
銃身長：378mm
重量：4.6kg

〔ブローム&フォス サブマシンガン〕
航空機メーカーとして有名なブローム&フォス社で生産。木製のピストルグリップ装着が特徴。

口径：7.92×57mm
全長：1031mm
銃身長：528mm
重量：3.13kg

口径：9mm　弾薬：9×19mm（9mmパラベラム弾）　装弾数：ボックスマガジン32発　動作形式：フルオートマチック
全長：845mm　銃身長：265mm　重量：3kg
発射速度：500発／分

《 国民突撃隊 》

〔VK98ライフル〕
Gew98の機関部を流用した単発式のボルトアクションライフル。

《 フォルクスシュツルムピストル 》

口径：9mm
弾薬：9×19mm（9mmパラベラム弾）
装弾数：ボックスマガジン8発

ワルサー社などで開発されたセミオートマチックピストル。プレス加工と溶接で造られていた。

口径：7.92mm
弾薬：7.92×57mm
装弾数：ボックスマガジン10発
動作形式：ボルトアクション
全長：825mm
銃身長：410mm
重量：2.7kg

《 VG2ライフル 》

鋳造パーツを多用して製作されたボルトアクションライフル。Gew43のマガジンが流用された。

〔VG3ライフル〕
ワルサー社が製作したボルトアクションライフル。StG44のマガジンを使用。

〔パンツァーファウスト〕
国民突撃隊の主力対戦車兵器だった。

機関銃

ドイツ陸軍の機関銃の歴史は、MG08重機関銃から始まった。第一次大戦後、その保有や生産が制限されたが、ドイツ陸軍はさらに軽量化した空冷機関銃を求めた。そしてMG13、MG30機関銃などの開発を経て誕生したのが、汎用機関銃という新しいジャンルの機関銃、MG34とMG42であった。

MG08機関銃

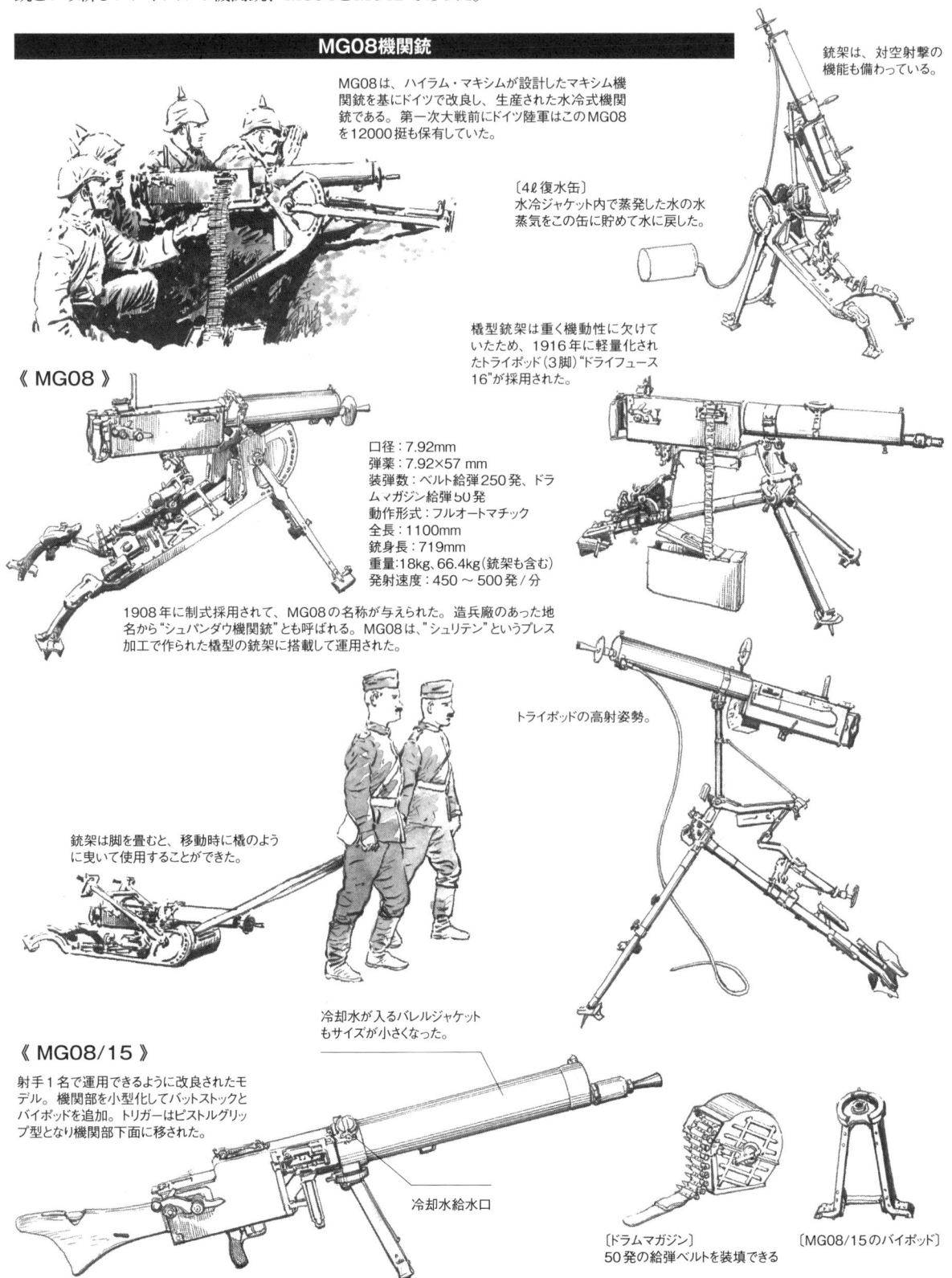

MG08は、ハイラム・マキシムが設計したマキシム機関銃を基にドイツで改良し、生産された水冷式機関銃である。第一次大戦前にドイツ陸軍はこのMG08を12000挺も保有していた。

銃架は、対空射撃の機能も備わっている。

〔4ℓ復水缶〕
水冷ジャケット内で蒸発した水の水蒸気をこの缶に貯めて水に戻した。

橇型銃架は重く機動性に欠けていたため、1916年に軽量化されたトライポッド（3脚）"ドライフュース16"が採用された。

《 MG08 》

口径：7.92mm
弾薬：7.92×57 mm
装弾数：ベルト給弾250発、ドラムマガジン給弾50発
動作形式：フルオートマチック
全長：1100mm
銃身長：719mm
重量：18kg、66.4kg（銃架も含む）
発射速度：450 〜 500発 / 分

1908年に制式採用されて、MG08の名称が与えられた。造兵廠のあった地名から"シュパンダウ機関銃"とも呼ばれる。MG08は、"シュリテン"というプレス加工で作られた橇型の銃架に搭載して運用された。

トライポッドの高射姿勢。

銃架は脚を畳むと、移動時に橇のように曳いて使用することができた。

冷却水が入るバレルジャケットもサイズが小さくなった。

《 MG08/15 》

射手1名で運用できるように改良されたモデル。機関部を小型化してバットストックとバイポッドを追加。トリガーはピストルグリップ型となり機関部下面に移された。

冷却水給水口

〔ドラムマガジン〕
50発の給弾ベルトを装填できる

〔MG08/15のバイポッド〕

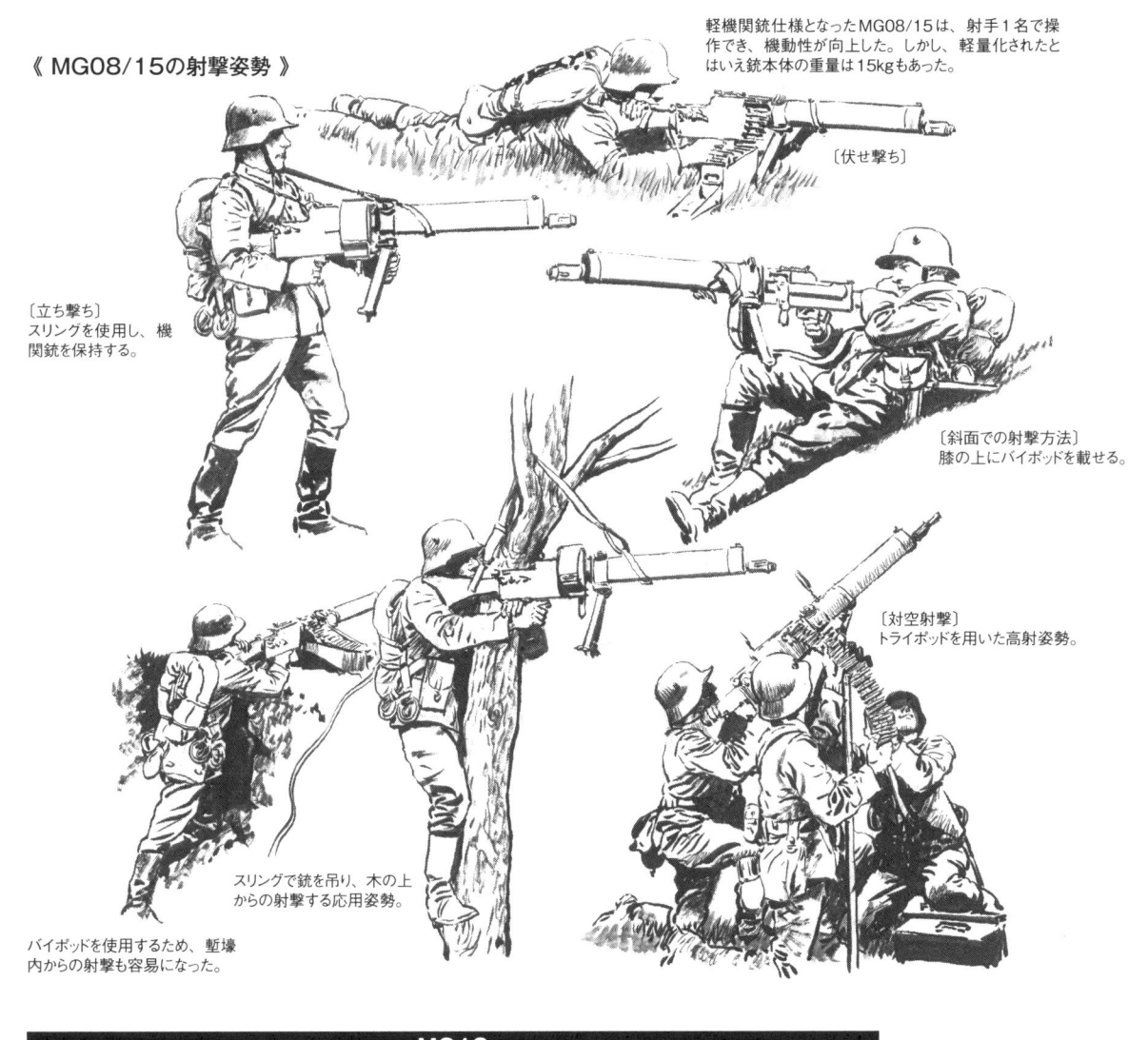

《 MG08/15の射撃姿勢 》

軽機関銃仕様となったMG08/15は、射手1名で操作でき、機動性が向上した。しかし、軽量化されたとはいえ銃本体の重量は15kgもあった。

〔伏せ撃ち〕

〔立ち撃ち〕
スリングを使用し、機関銃を保持する。

〔斜面での射撃方法〕
膝の上にバイポッドを載せる。

〔対空射撃〕
トライポッドを用いた高射姿勢。

スリングで銃を吊り、木の上からの射撃する応用姿勢。

バイポッドを使用するため、塹壕内からの射撃も容易になった。

MG13

口径：7.92mm
弾薬：7.92×57mm
装弾数：ボックスマガジン25発、ダブルドラムマガジン75発
動作形式：フルオートマチック
全長：1341mm
銃身長：720mm
重量：11.43kg
発射速度：550発／分

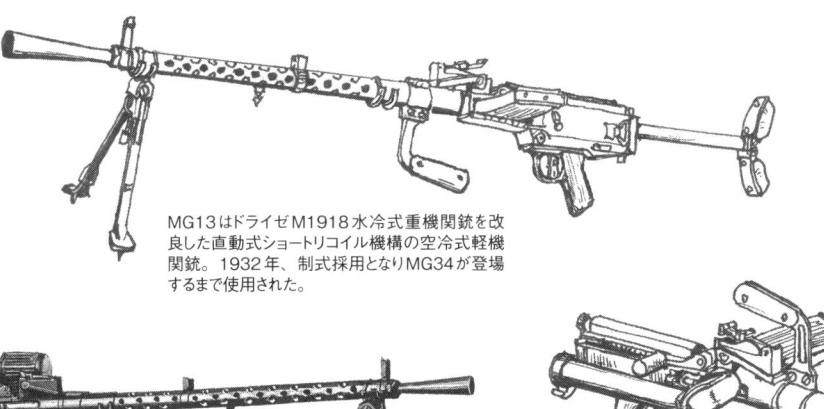

MG13はドライゼM1918水冷式重機関銃を改良した直動式ショートリコイル機構の空冷式軽機関銃。1932年、制式採用となりMG34が登場するまで使用された。

対空射撃時に使用するMG13専用のダブルドラムマガジンも装着できた。

銃身基部にはキャリングハンドルが付属。ストックは右側面に折り畳めるようになっている。

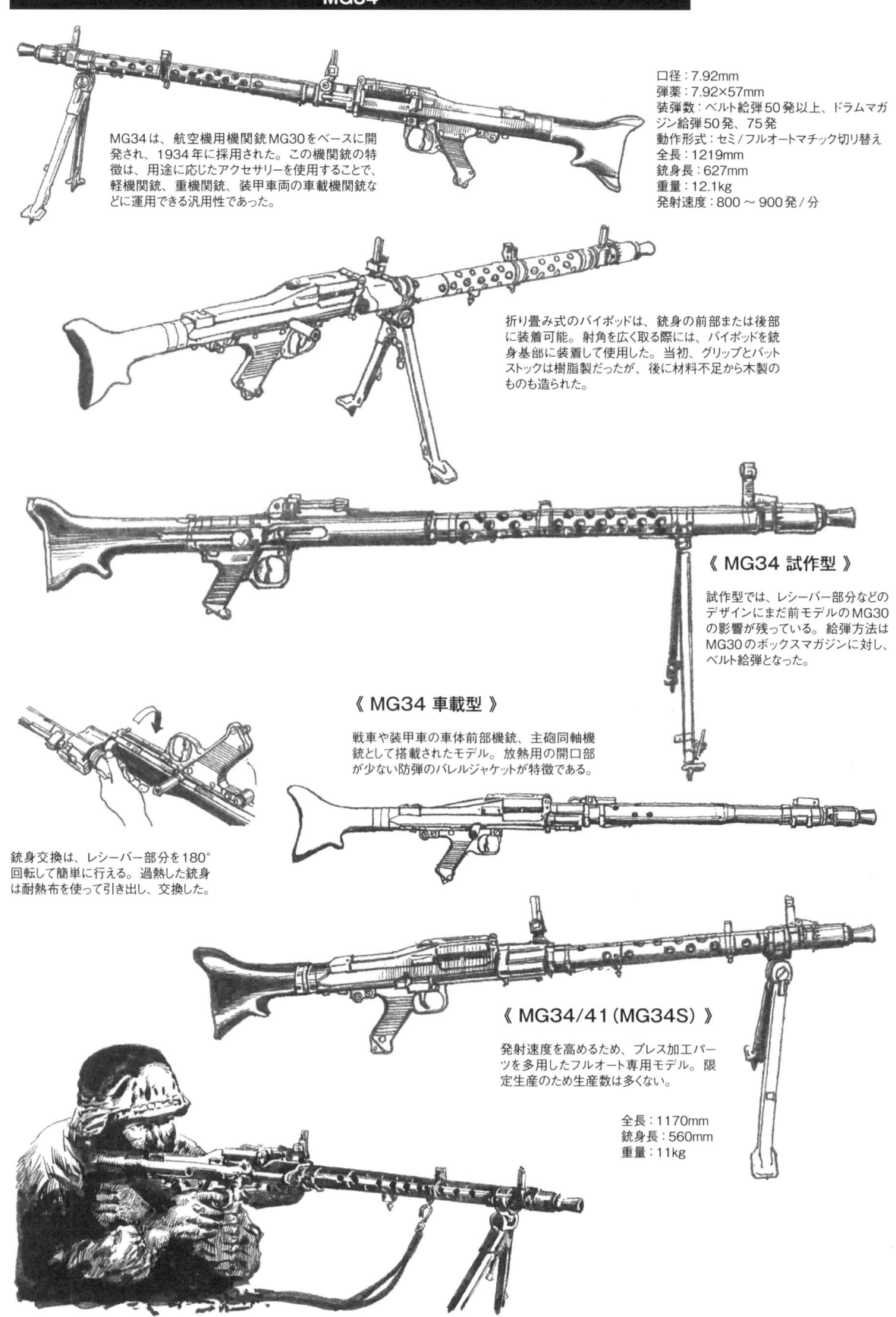

MG34は、航空機用機関銃MG30をベースに開発され、1934年に採用された。この機関銃の特徴は、用途に応じたアクセサリーを使用することで、軽機関銃、重機関銃、装甲車両の車載機関銃などに運用できる汎用性であった。

口径：7.92mm
弾薬：7.92×57mm
装弾数：ベルト給弾50発以上、ドラムマガジン給弾50発、75発
動作形式：セミ / フルオートマチック切り替え
全長：1219mm
銃身長：627mm
重量：12.1kg
発射速度：800 〜 900発 / 分

折り畳み式のバイポッドは、銃身の前部または後部に装着可能。射角を広く取る際には、バイポッドを銃身基部に装着して使用した。当初、グリップとバットストックは樹脂製だったが、後に材料不足から木製のものも造られた。

《 MG34 試作型 》

試作型では、レシーバー部分などのデザインにまだ前モデルのMG30の影響が残っている。給弾方法はMG30のボックスマガジンに対し、ベルト給弾となった。

《 MG34 車載型 》

戦車や装甲車の車体前部機銃、主砲同軸機銃として搭載されたモデル。放熱用の開口部が少ない防弾のバレルジャケットが特徴である。

銃身交換は、レシーバー部分を180°回転して簡単に行える。過熱した銃身は耐熱布を使って引き出し、交換した。

《 MG34/41（MG34S）》

発射速度を高めるため、プレス加工パーツを多用したフルオート専用モデル。限定生産のため生産数は多くない。

全長：1170mm
銃身長：560mm
重量：11kg

MG34用のアクセサリー

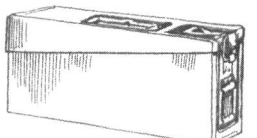

〔34年型弾薬箱〕
ベルトリンク付きの弾薬を300発収納。鉄製とアルミ製がある。

〔50発ベルトリンク〕
金属製非分離型給弾ベルト。連結し、100連、200連に延長可能。イラストの下はスタータータブ。ベルトリンクを銃にセットする際に使用。

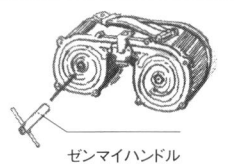

ゼンマイハンドル

〔34年型ダブルドラムマガジン（サドルドラムマガジン）〕
ゼンマイにより給弾。左右合計75発を装填できた。

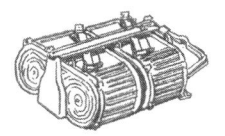

〔ダブルドラムマガジン用キャリア〕

〔車載用弾薬袋〕

〔36年型弾薬箱〕

〔34年型ドラムマガジン〕
50発ベルトリンク1本分を装填。

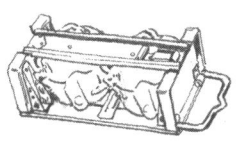

〔ドラムマガジン用キャリア〕

〔空薬莢回収袋〕

〔予備ブースターケース〕

〔オイル缶〕

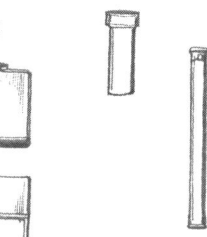

〔予備部品入れ〕

オイル缶と予備部品入れは、34年型弾薬箱に収納できるサイズで造られていた。

〔予備リコイルスプリングケース〕

〔34年型工具ケース〕

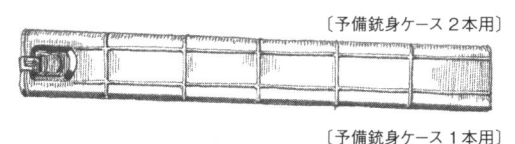

〔予備銃身ケース2本用〕

〔予備銃身ケース1本用〕

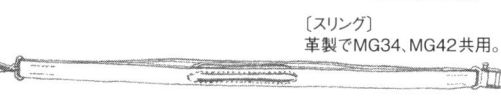

〔スリング〕
革製でMG34、MG42共用。

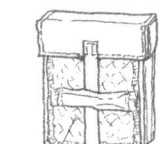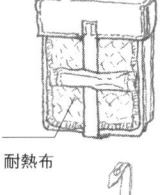

耐熱布

〔キャンバススリング〕
弾薬箱の運搬などに使用。

工具ケースの蓋を開けた状態。

❶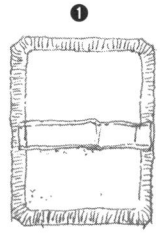

〔工具ケースに収納されているメンテナンス用のアクセサリー〕

❷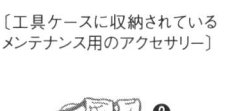

❸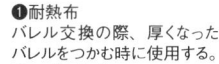

❹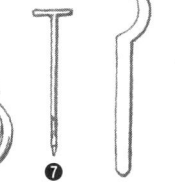

❶ 耐熱布
バレル交換の際、厚くなったバレルをつかむ時に使用する。
❷ マズルカバー
❸ スタータータブ
❹ MG34用対空サイト
❺ MG42用対空サイト

❻ オイル缶
❼ クリーニングロッド
❽ レンチ
❾ ジャミング解除器
❿ MG42予備ボルト
⓫ MG34予備ボルト
⓬⓭⓮ レンチ類

❺
❻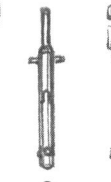
❼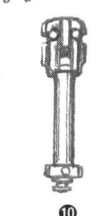
❽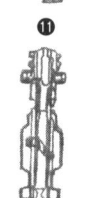
❾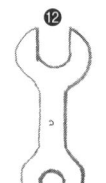
❿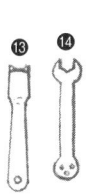
⓫ ⓬ ⓭ ⓮

〔照準器用キャリングコンテナ〕
金属製。照準器の携帯・保管に使用。

〔MGZ34 光学照準器〕
ラフェッテ34を用い、重機関銃として使用する場合に装着。左イラストは照準器の左側、右イラストが右側。

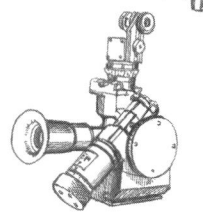

〔MGZ40 光学照準器〕

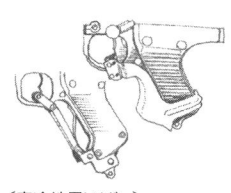

〔寒冷地用トリガー〕
トリガーと連動したレバーにより厚手の防寒手袋を着用していてもレバーを握ることで発射可能。

《 34年型ドラムマガジン 》

ダブルドラムマガジン（サドルマガジン）に代わり、1939年に採用された。MG34だけでなく、MG42にも使用できる。

フィードトレイ脱着レバー

蓋の裏側には、弾薬を押さえるスプリングの付いたプレート状のスペーサーがある。

キャリングハンドル

キャリングハンドルを右側に解除すると、ロックが解けて蓋を開けることができる。

給弾口にはスライド式カバーが付属。砂や泥などの異物が入るのを防いでいる。

蓋の開閉レバー

ドラムマガジンは、フィードトレイの前後2カ所のアタッチメントに装着する。

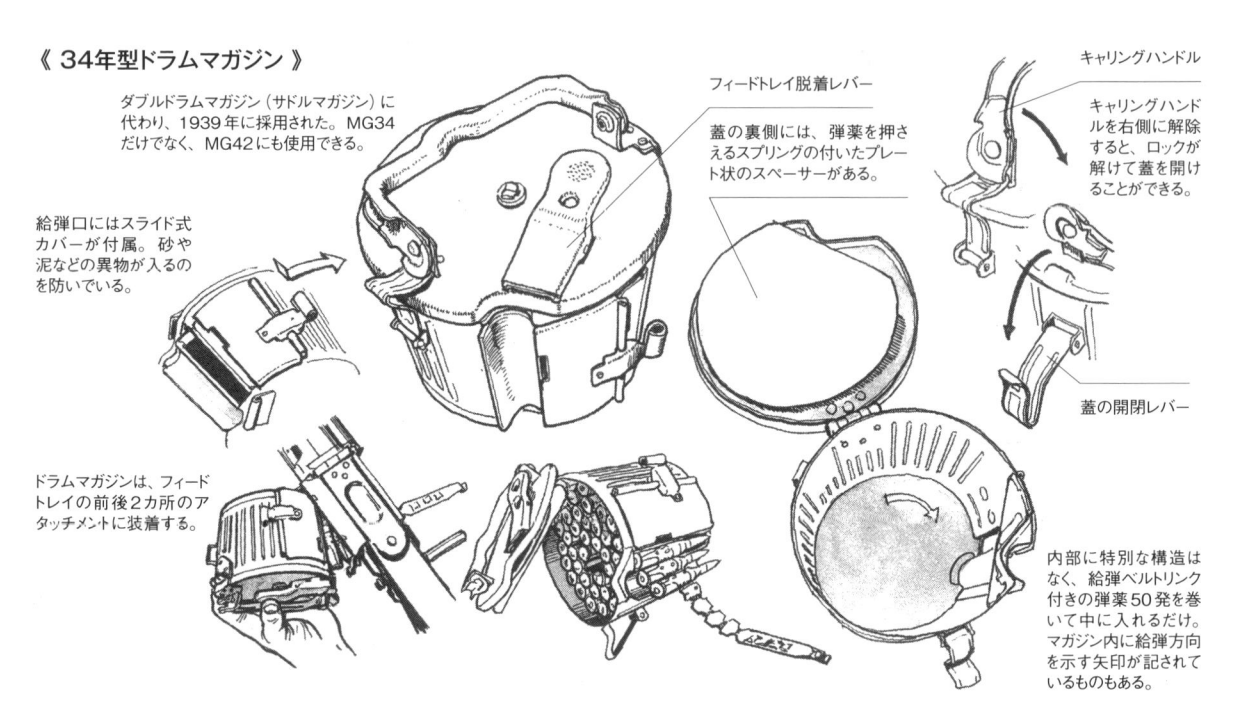

内部に特別な構造はなく、給弾ベルトリンク付きの弾薬50発を巻いて中に入れるだけ。マガジン内に給弾方向を示す矢印が記されているものもある。

《 34年型弾薬箱 》

初期型はアルミニウム製だったが、後に鉄製も造られた。内部には給弾ベルトリンク付きの弾薬250〜300発を収納。キャリングハンドルは蓋だけでなく、開閉レバーとヒンジ側にも付いている。

重さはアルミ製が978g、鉄製は1.68kg。弾薬を入れると約5kgになる。

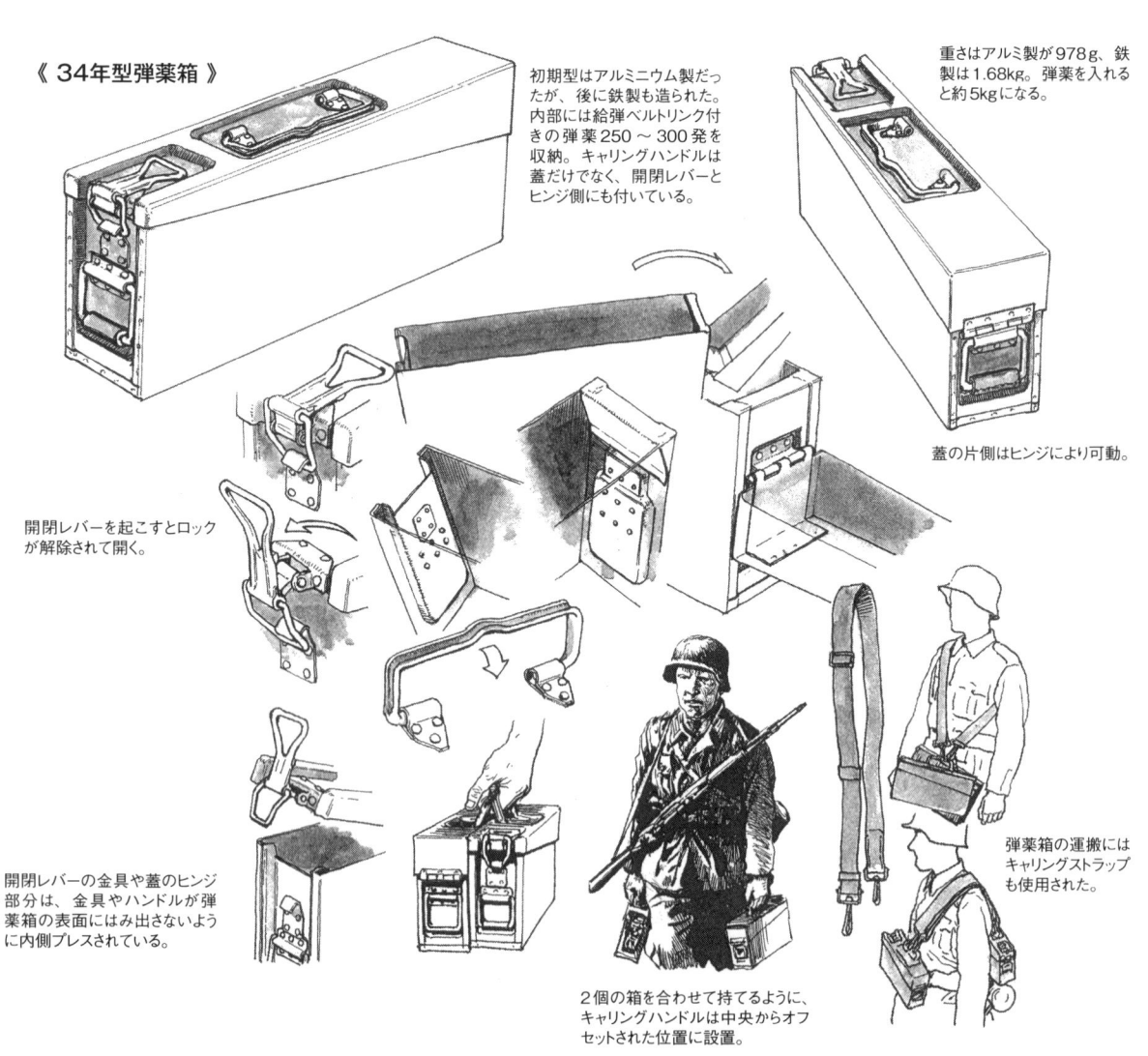

蓋の片側はヒンジにより可動。

開閉レバーを起こすとロックが解除されて開く。

開閉レバーの金具や蓋のヒンジ部分は、金具やハンドルが弾薬箱の表面にはみ出さないように内側プレスされている。

2個の箱を合わせて持てるように、キャリングハンドルは中央からオフセットされた位置に設置。

弾薬箱の運搬にはキャリングストラップも使用された。

MG34を重機関銃として使用する際に用いるのがラフェッテ34（34型銃架）である。高い発射速度を持つMG34を安定した状態で運用するために開発・採用された。ラフェッテ34は大きく分けると、緩衝器が付いたマウントフレーム、射角調整とトリガー部、脚部の3つで構成されている。また、遠距離の精密射撃が可能なように光学照準器も搭載できた。

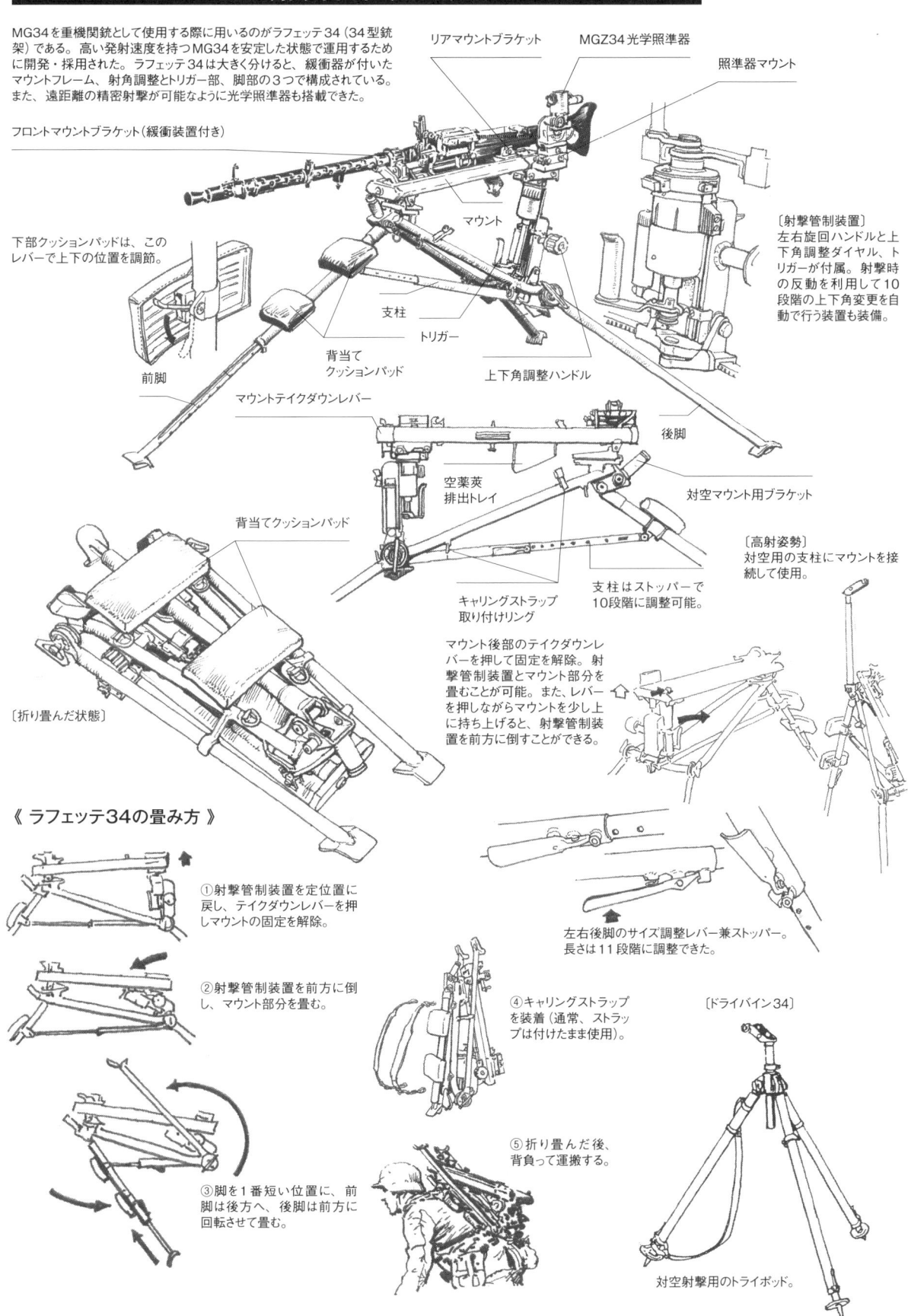

リアマウントブラケット

MGZ34 光学照準器

照準器マウント

フロントマウントブラケット（緩衝装置付き）

〔射撃管制装置〕
左右旋回ハンドルと上下角調整ダイヤル、トリガーが付属。射撃時の反動を利用して10段階の上下角変更を自動で行う装置も装備。

下部クッションパッドは、このレバーで上下の位置を調節。

マウント

支柱

トリガー

背当てクッションパッド

前脚

上下角調整ハンドル

マウントテイクダウンレバー

後脚

空薬莢排出トレイ

対空マウント用ブラケット

〔高射姿勢〕
対空用の支柱にマウントを接続して使用。

背当てクッションパッド

支柱はストッパーで10段階に調整可能。

キャリングストラップ取り付けリング

マウント後部のテイクダウンレバーを押して固定を解除。射撃管制装置とマウント部分を畳むことが可能。また、レバーを押しながらマウントを少し上に持ち上げると、射撃管制装置を前方に倒すことができる。

〔折り畳んだ状態〕

《 ラフェッテ34の畳み方 》

①射撃管制装置を定位置に戻し、テイクダウンレバーを押しマウントの固定を解除。

②射撃管制装置を前方に倒し、マウント部分を畳む。

左右後脚のサイズ調整レバー兼ストッパー。長さは11段階に調整できた。

③脚を1番短い位置に、前脚は後方へ、後脚は前方に回転させて畳む。

④キャリングストラップを装着（通常、ストラップは付けたまま使用）。

⑤折り畳んだ後、背負って運搬する。

〔ドライバイン34〕

対空射撃用のトライポッド。

113

MG42

MG42は、MG34と同じショートリコイル方式オープンボルトの反動利用式だが、ボルトシステムなどを改良、リコイル・ブースターを搭載し、発射速度が高められた。さらにプレス加工を多用し生産性を向上させて、MG34よりもさらに実用的な汎用機関銃となり、1942年に制式化された。MG42は北アフリカ戦線から実戦に投入され、高発射速度による独特な発砲音から連合軍将兵は"ヒトラーの電動ノコギリ"と呼んだ。

口径：7.92mm
弾薬：7.92×57mm
装弾数：ベルト給弾式50発以上、ドラムマガジン式50発
動作形式：フルオートマチック
全長：1220mm
銃身長：533mm
重量：11.6kg
発射速度：1200〜1500発/分

後期型のT型コッキングハンドル

フィードカバーを開いた状態。構造的にはMG34と同じである。

前期型のコッキングハンドル

《 バレルの取り出し方法 》
バレル交換が以下のように簡単に素早く行うことができたこともMG42の特徴である。

①バレルジャケット基部のカバーを開く。

②ロックが解除され、カバーが開くとともにチャンバー部分が出てくる。

③出てきたバレルを引き出す。

対空照準環

折り畳み式対空サイト

MG34で使用されていた50連ドラムマガジン、弾薬箱、高射3脚ドライバイン34などはMG42でも使用できた。

MG42も3脚に搭載し、重機関銃として運用できた。MG42専用のラフェッテ42は、MG34用のラフェッテ34のマウント部分など一部を改良したもので、MG34との併用はできない。

MG42は、第二次大戦後も生産が継続された。7.62×51mm NATO弾を使用するモデルに改良された試作型のMG42/59を経て、改良型のMG1機関銃を西ドイツ軍が採用。後にMG1はさらに改良され、MG3へと発展し、現在もドイツ連邦軍など多くの国で使用が続いている。

MG42を肩に担ぐ武装親衛隊兵士。MG42は、第二次大戦後半のドイツ軍主力機関銃として各戦線で使用された。

《 MG45（MG42V）》
資材不足のため資材を減らし、固定銃身で試作されたモデル。

《 軽機関銃として使用 》

〔50連ドラムマガジンを使用〕
装填手の必要がなく、移動と射撃を容易に行えた。

〔ダブルドラムマガジンを使用〕
専用のフィードカバーに交換。同マガジンはMG34
のみ使用可能。

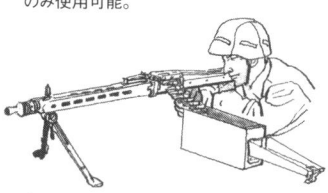

〔弾薬箱を使用〕
給弾がスムーズに行えるように通常は装弾手が付き、
給弾ベルトを保持した。

バイポッドを銃身基部に装着すれば、左右の射角を
広くすることができる。

機関銃小隊では、ラフェッテに搭載し、重機関銃として運用された。

《 ラフェッテを用いた射撃 》

軽機関銃で運用する際は、歩兵分
隊に1挺配備された。

〔高射位置〕
膝射ちで射撃する
際の展開方法。

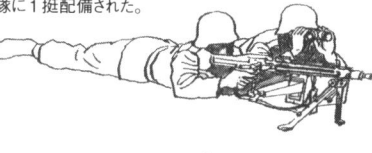

〔低射撃位置〕
伏せ射ちの際、後脚を伸ばしたままで射撃。

《 対空射撃 》

〔ラフェッテ使用〕
対空マウントに装着。ラ
フェッテは重量があり、
重心も低いため安定し
た対空射撃が行えた。

〔最低射撃位置〕
より低い姿勢で射撃する場合は、後脚を畳んで使用。

〔ドライバイン34使用〕
軽量のため脚が動かな
いように保持する必要が
あった。

《 バレル交換 》

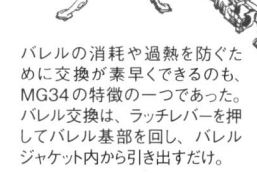

バレルの消耗や過熱を防ぐた
めに交換が素早くできるのも、
MG34の特徴の一つであった。
バレル交換は、ラッチレバーを押
してバレル基部を回し、バレル
ジャケット内から引き出すだけ。

《 立射 》

ラフェッテを持たない歩兵分隊では、弾薬
手の肩を利用して射撃することもあった。

前進しながら射撃する際は、スリングを首に
掛け、左手でバイポッドを持って保持する。

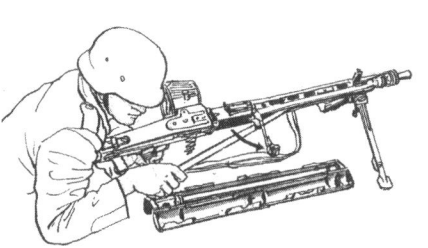

MG42のバレル交換はさらに簡略化された。レバーを引く
だけで銃身交換ができるようになった。

シースベッヒャー

シースベッヒャーは、ドイツ軍のライフルグレネードランチャーで1942年に採用された。当時、各国で使用されたライフルグレネードは、ランチャーにライフルグレネードを差し込むスピゴット型、あるいはランチャー内に擲弾を装填して空砲で撃ち出す方式だった。シースベッヒャーは他国とは異なり、ライフリングが設けられたランチャー内に専用弾を装填し、発射するところに特徴があった。

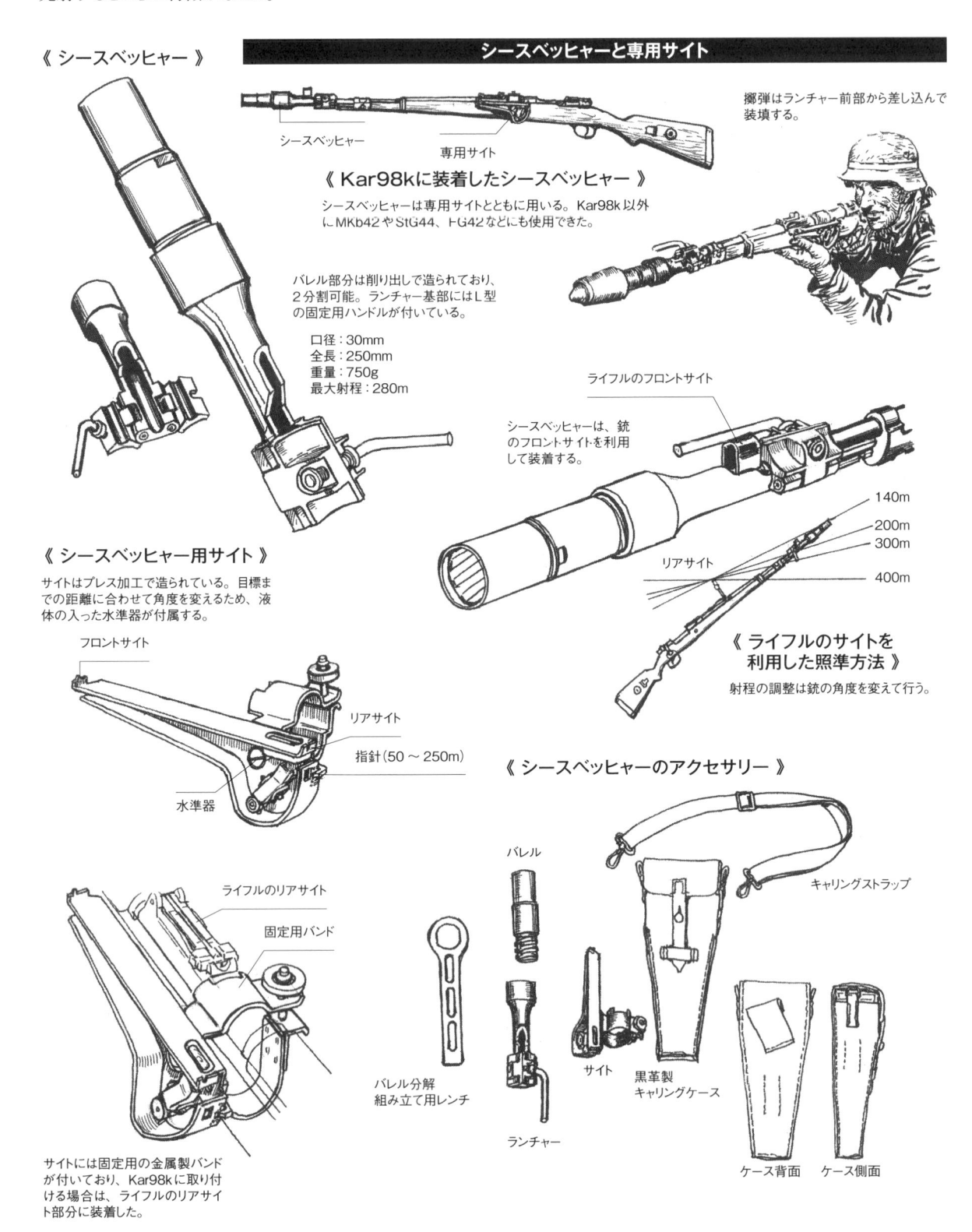

《 シースベッヒャー 》

シースベッヒャーと専用サイト

シースベッヒャー
専用サイト

《 Kar98kに装着したシースベッヒャー 》

シースベッヒャーは専用サイトとともに用いる。Kar98k以外にMKb42やStG44、FG42などにも使用できた。

擲弾はランチャー前部から差し込んで装填する。

バレル部分は削り出しで造られており、2分割可能。ランチャー基部にはL型の固定用ハンドルが付いている。

口径：30mm
全長：250mm
重量：750g
最大射程：280m

ライフルのフロントサイト

シースベッヒャーは、銃のフロントサイトを利用して装着する。

140m
200m
300m
400m

リアサイト

《 ライフルのサイトを利用した照準方法 》

射程の調整は銃の角度を変えて行う。

《 シースベッヒャー用サイト 》

サイトはプレス加工で造られている。目標までの距離に合わせて角度を変えるため、液体の入った水準器が付属する。

フロントサイト

リアサイト

指針（50 ～ 250m）

水準器

《 シースベッヒャーのアクセサリー 》

バレル

キャリングストラップ

ライフルのリアサイト

固定用バンド

バレル分解
組み立て用レンチ

ランチャー

サイト

黒革製
キャリングケース

ケース背面　ケース側面

サイトには固定用の金属製バンドが付いており、Kar98kに取り付ける場合は、ライフルのリアサイト部分に装着した。

シースベッヒャー専用弾

シースベッヒャーには対戦車、対人擲弾の他に信号弾なども用意されていた。擲弾は曳火信管が内蔵されており、目標に命中しない場合は4.5秒で自爆する。また、各弾体には飛翔時に弾道が安定するように、ライフリングとかみ合う溝が設けられていた。

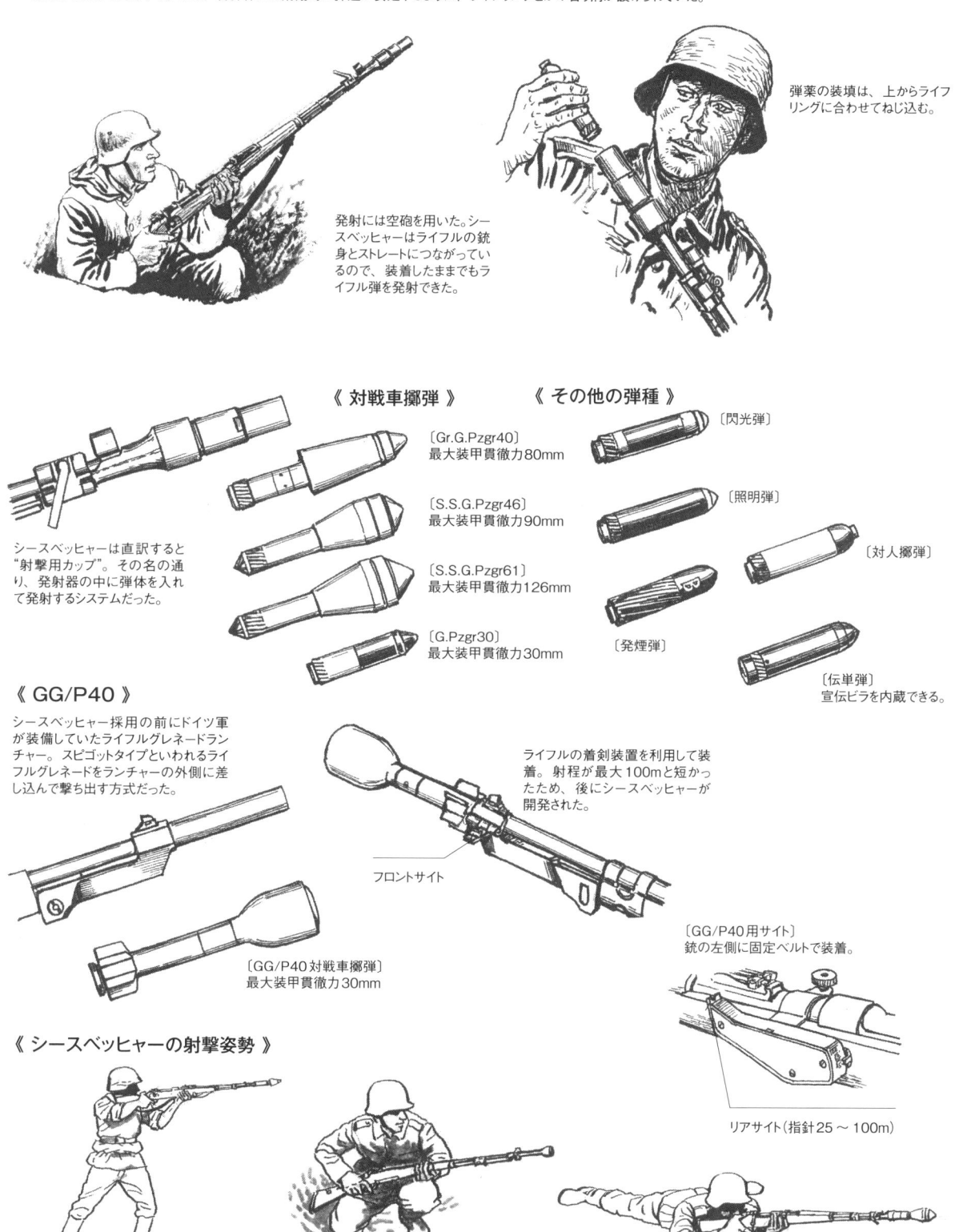

発射には空砲を用いた。シースベッヒャーはライフルの銃身とストレートにつながっているので、装着したままでもライフル弾を発射できた。

弾薬の装填は、上からライフリングに合わせてねじ込む。

《 対戦車擲弾 》

〔Gr.G.Pzgr40〕
最大装甲貫徹力80mm

〔S.S.G.Pzgr46〕
最大装甲貫徹力90mm

〔S.S.G.Pzgr61〕
最大装甲貫徹力126mm

〔G.Pzgr30〕
最大装甲貫徹力30mm

シースベッヒャーは直訳すると"射撃用カップ"。その名の通り、発射器の中に弾体を入れて発射するシステムだった。

《 その他の弾種 》

〔閃光弾〕

〔照明弾〕

〔対人擲弾〕

〔発煙弾〕

〔伝単弾〕
宣伝ビラを内蔵できる。

《 GG/P40 》

シースベッヒャー採用の前にドイツ軍が装備していたライフルグレネードランチャー。スピゴットタイプといわれるライフルグレネードをランチャーの外側に差し込んで撃ち出す方式だった。

ライフルの着剣装置を利用して装着。射程が最大100mと短かったため、後にシースベッヒャーが開発された。

フロントサイト

〔GG/P40対戦車擲弾〕
最大装甲貫徹力30mm

〔GG/P40用サイト〕
銃の左側に固定ベルトで装着。

リアサイト(指針25 ～ 100m)

《 シースベッヒャーの射撃姿勢 》

〔立ち射ち〕
膝射ちや伏せ撃ちができない場合に取る姿勢。ただし発射時の反動を肩に強く受けてしまう。

〔膝射ち〕
対人や対物目標に用いる射撃姿勢。ストックのバットプレートは射撃時の反動を吸収させるため、地面などに当てる。

〔伏せ撃ち〕
対戦車戦闘やトーチカの銃眼などを攻撃する際に行う。

手榴弾

第二次大戦ドイツ軍の手榴弾は、有名なM24柄付き手榴弾を始め、M43柄付き手榴弾、M39手榴弾など、爆風により殺傷させる攻撃型タイプが主流だった。さらに対戦車用など様々な手榴弾も開発され、戦場で使用している。

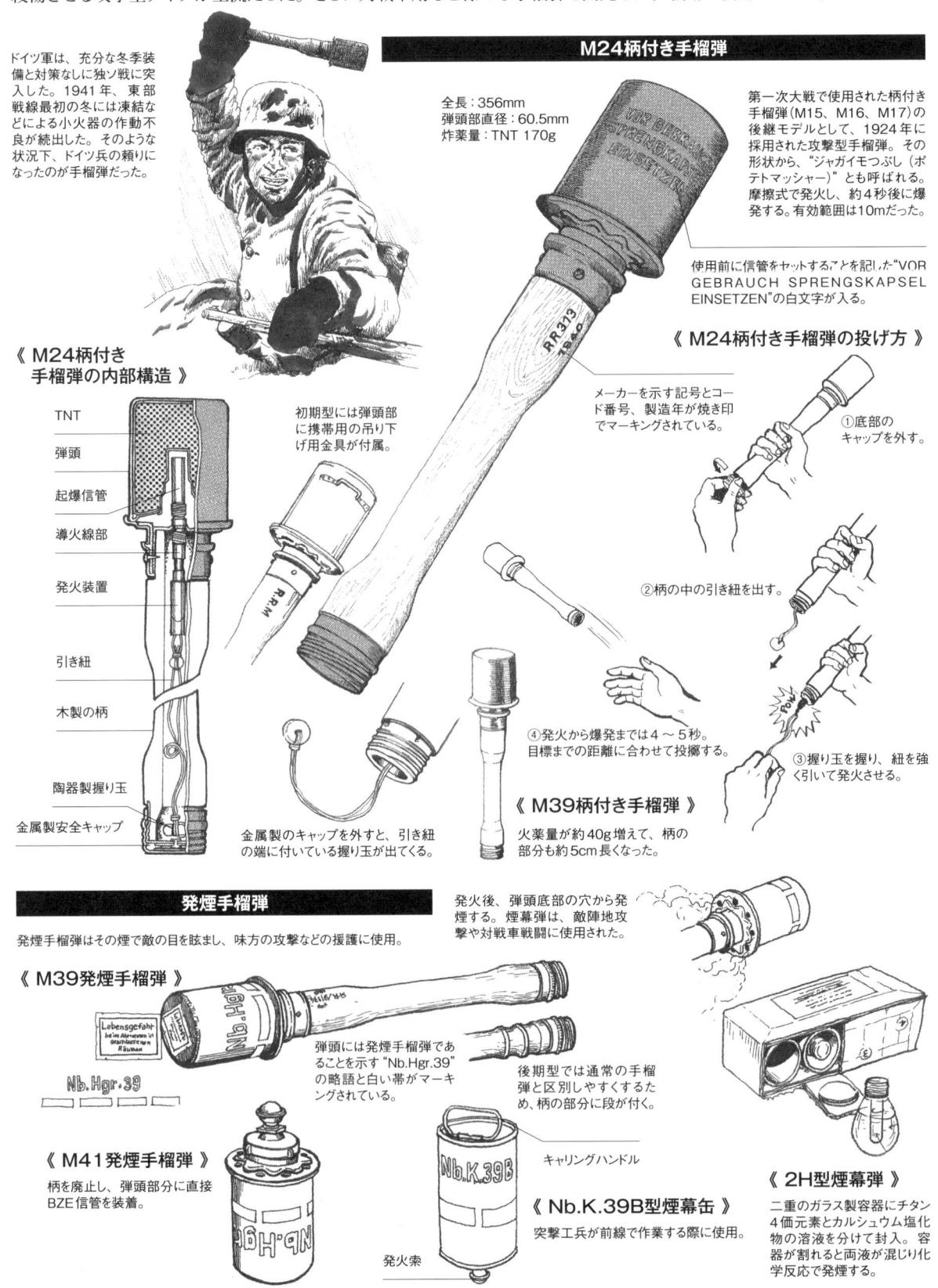

ドイツ軍は、充分な冬季装備と対策なしに独ソ戦に突入した。1941年、東部戦線最初の冬には凍結などによる小火器の作動不良が続出した。そのような状況下、ドイツ兵の頼りになったのが手榴弾だった。

M24柄付き手榴弾

全長：356mm
弾頭部直径：60.5mm
炸薬量：TNT 170g

第一次大戦で使用された柄付き手榴弾(M15、M16、M17)の後継モデルとして、1924年に採用された攻撃型手榴弾。その形状から、"ジャガイモつぶし（ポテトマッシャー）"とも呼ばれる。摩擦式で発火し、約4秒後に爆発する。有効範囲は10mだった。

使用前に信管をセットすることを記した"VOR GEBRAUCH SPRENGSKAPSEL EINSETZEN"の白文字が入る。

《 M24柄付き手榴弾の内部構造 》

- TNT
- 弾頭
- 起爆信管
- 導火線部
- 発火装置
- 引き紐
- 木製の柄
- 陶器製握り玉
- 金属製安全キャップ

初期型には弾頭部に携帯用の吊り下げ用金具が付属。

メーカーを示す記号とコード番号、製造年が焼き印でマーキングされている。

《 M24柄付き手榴弾の投げ方 》

①底部のキャップを外す。

②柄の中の引き紐を出す。

③握り玉を握り、紐を強く引いて発火させる。

④発火から爆発までは4〜5秒。目標までの距離に合わせて投擲する。

金属製のキャップを外すと、引き紐の端に付いている握り玉が出てくる。

《 M39柄付き手榴弾 》

火薬量が約40g増えて、柄の部分も約5cm長くなった。

発煙手榴弾

発煙手榴弾はその煙で敵の目を眩まし、味方の攻撃などの援護に使用。

発火後、弾頭底部の穴から発煙する。煙幕弾は、敵陣地攻撃や対戦車戦闘に使用された。

《 M39発煙手榴弾 》

Lebensgefahr

Nb.Hgr.39

弾頭には発煙手榴弾であることを示す"Nb.Hgr.39"の略語と白い帯がマーキングされている。

後期型では通常の手榴弾と区別しやすくするため、柄の部分に段が付く。

《 M41発煙手榴弾 》

柄を廃止し、弾頭部分に直接BZE信管を装着。

Nb.Hgr

《 Nb.K.39B型煙幕缶 》

キャリングハンドル

Nb.K.39B

発火索

突撃工兵が前線で作業する際に使用。

《 2H型煙幕弾 》

二重のガラス容器にチタン4価元素とカルシウム塩化物の溶液を分けて封入。容器が割れると両液が混じり化学反応で発煙する。

《 柄付き手榴弾の携行方法 》

腰側でベルトに差した携行例。

ベルトに挟んで携行するのが一般的であった。

ジャックブーツに差し込み携行。

折り畳みスコップのケースに2本差し込んで携行。

第一次大戦から使用されてきたグレネードキャリングバッグ。左右のバッグに合計10本の手榴弾を収納。

その他の手榴弾

《 M39手榴弾 初期型 》

M24柄付き手榴弾とともにもっとも多用されたドイツ軍手榴弾。発火方式は摩擦式。発火時間4〜5秒。

全長：76mm
直径：50mm
炸薬量：TNT 112g

《 M39手榴弾 後期型 》

携行しやすくするために底部に吊り下げリングが追加されている。

《 M43柄付き手榴弾 》

生産性向上のため柄の内部をくり抜く加工を廃止し、弾頭にBZ39信管を装着。

全長：345mm
直径：67mm
重量：624g
炸薬：TNT 165g

 BZ39信管

破片効果を得るためのアタッチメントも用意された。

《 投擲訓練用手榴弾 》

サイズと重量は、実弾と同じに造られている。

《 ニポリト手榴弾 》

樹脂のような強度を持つニポリト火薬を固めて弾頭を造り、信管を取り付けた戦時急造手榴弾。

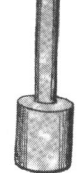

《 戦場での応用例 》

手榴弾は、その破壊力を生かして対戦車戦闘などの様々な攻撃にも多用された。

《 集束手榴弾 》

戦場で即製された対戦車攻撃用兵器の一つ。1個の柄付き手榴弾と6個の弾頭を針金などで束ね、戦車の履帯や機関部を狙った。

戦車の砲身内に手榴弾を入れて破壊する。

肉薄攻撃を支援するため、発煙弾を砲身に引っかけ、煙により搭乗員の視界を奪い、戦車の動きを止める。

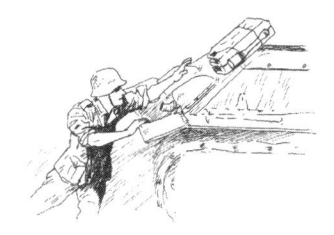

ジェリカンに手榴弾を括り付け、戦車の機関部などを火炎で破壊。

ラジエータ部分などの非装甲部分の破壊や開口部から車内に投げ入れ、戦車内部を破壊。

工兵隊は、板の上に14個の弾頭を固定し、爆破筒として鉄条網の破壊に利用した。

金属製の丈夫なケースで、15発のM24柄付き手榴弾、またはM39発煙手榴弾と信管を収めることができる。

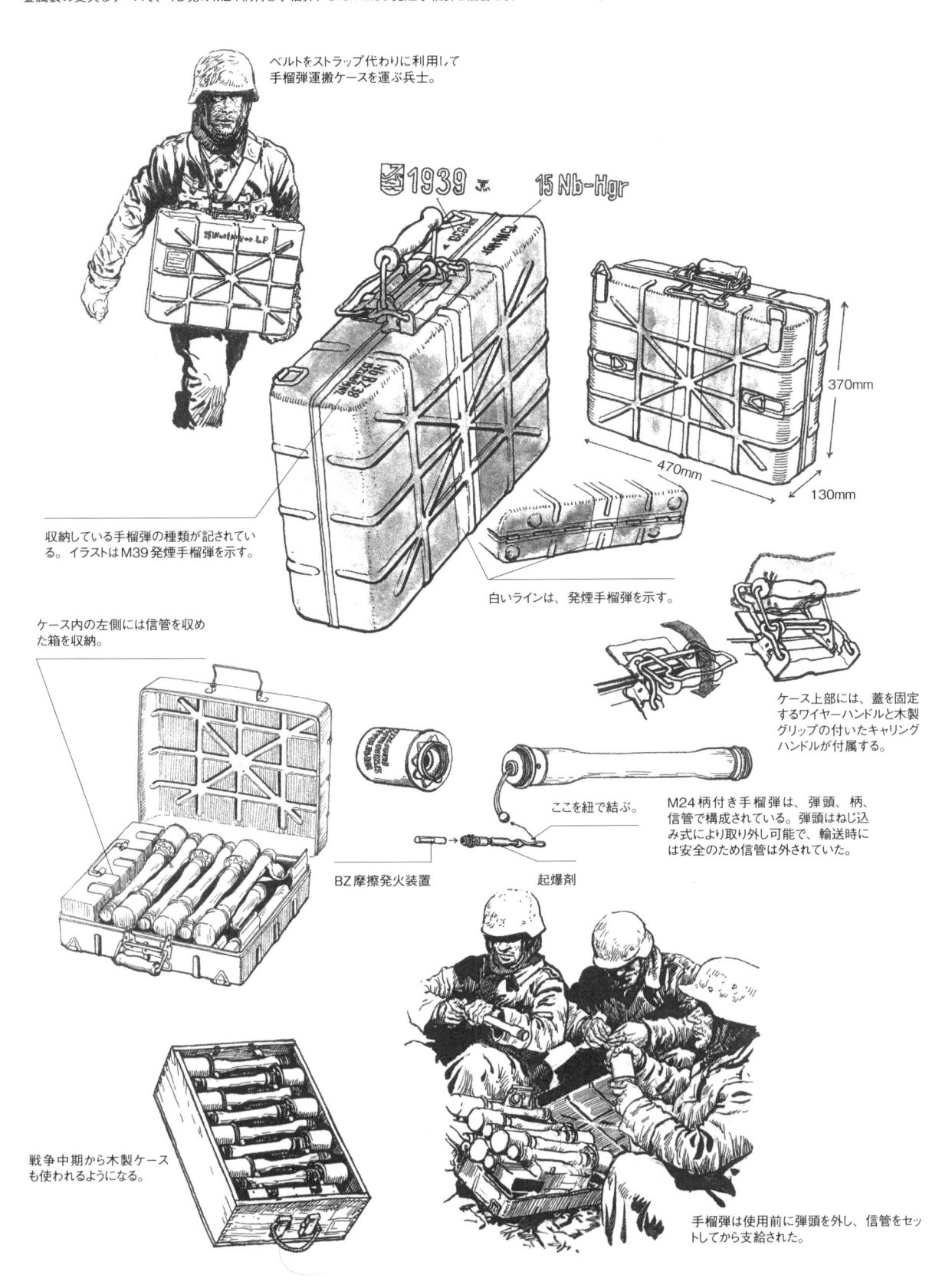

ベルトをストラップ代わりに利用して手榴弾運搬ケースを運ぶ兵士。

370mm

470mm

130mm

15 Nb-Hgr

収納している手榴弾の種類が記されている。イラストはM39発煙手榴弾を示す。

白いラインは、発煙手榴弾を示す。

ケース上部には、蓋を固定するワイヤーハンドルと木製グリップの付いたキャリングハンドルが付属する。

ケース内の左側には信管を収めた箱を収納。

ここを紐で結ぶ。

M24柄付き手榴弾は、弾頭、柄、信管で構成されている。弾頭はねじ込み式により取り外し可能で、輸送時には安全のため信管は外されていた。

BZ摩擦発火装置　　　　起爆剤

戦争中期から木製ケースも使われるようになる。

手榴弾は使用前に弾頭を外し、信管をセットしてから支給された。

120

歩兵携帯対戦車/対空兵器

ドイツが第二次大戦中に使用した歩兵携帯型対戦車兵器は、パンツァーファウストとパンツァーシュレックである。強力な破壊力を持つ成形炸薬弾を撃ち出せるこの兵器は、大戦末期、歩兵の対戦車戦闘主力兵器となった。また、大戦末期には歩兵が携行できる対空ロケットランチャーまでも開発していた。

パンツァーファウスト

パンツァーファウストはロケットランチャーとは違い、発射チューブに装填された発射薬により弾頭を撃ち出す対戦車兵器である。

《 パンツァーファウスト30クライン 》

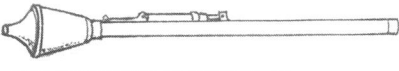

射程：30m
重量：3.2kg
装甲貫徹力：140mm

1942年12月に採用された最初のタイプ。

《 パンツァーファウスト30 》

射程：30m
重量：5.1kg
装甲貫徹力：200mm

弾頭を大型化し、発射チューブも太くするなど新たに設計され、1943年8月に採用されたモデル。

《 パンツァーファウスト60 》

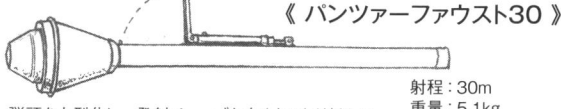

射程：60m
重量：6.1kg
装甲貫徹力：200mm

トリガーとサイトを改良。射程を60mとし、1944年10月に制式化された。

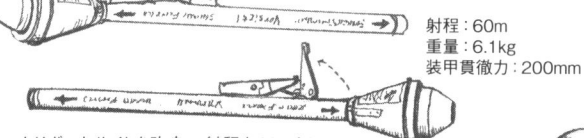

弾頭には撃ち出すと開くブリキ製の羽が付いている。弾頭自体にはロケット弾のように推進薬はない。

《 パンツァーファウスト150 》

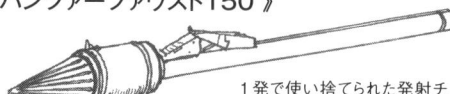

1発で使い捨てられた発射チューブを10発再使用可能としたモデル。1945年1月に制式化され、3月から生産が始まり、少数が部隊配備された。

射程：150m
重量：7kg
装甲貫徹力：200mm以上

パンツァーファウストの射撃姿勢は、イラストのように発射チューブを抱え込む姿勢と肩の上に載せて撃つ姿勢があった。

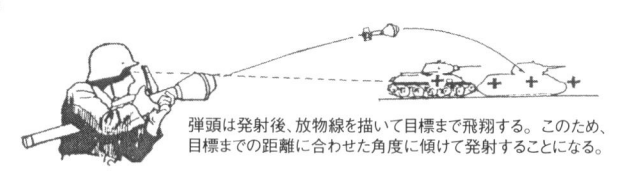

弾頭は発射後、放物線を描いて目標まで飛翔する。このため、目標までの距離に合わせた角度に傾けて発射することになる。

フリーガーファウスト

1945年初頭に生産が始まった歩兵携帯型対空ロケットランチャー。口径22mmのランチャーチューブを9本束ねたデザインで、簡易なグリップ、トリガー、照準器具を備える。トリガーを引くと、最初に4発、0.2秒遅れて残る5発が斉射され、広範囲の弾幕により敵機に命中弾を与えるようになっていた。

口径：22mm
弾薬：ロケット弾×9発
射程：有効射程500m、最大射程2000m
全長：1318mm
重量：9.1kg(ロケット弾装填時)

パンツァーシュレック

〔RPzB. Gr.4322〕
RPzB 43用の対戦車ロケット弾。命中角90°で230mm厚、60°で160mm厚の装甲貫徹力があった。

《 RPzB 43 》

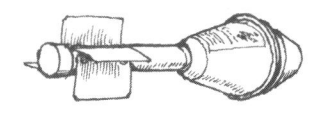

北アフリカ戦線で鹵獲したアメリカ軍のロケットランチャーを参考に開発した対戦車兵器。1943年2月に制式化された。

口径：88mm
最大射程：約200m
全長：1640mm
重量：9.29kg

最初のモデルRPzB 43は、射手は発射時にロケット弾の発射炎で火傷しないようにガスマスクなどで顔を保護した。

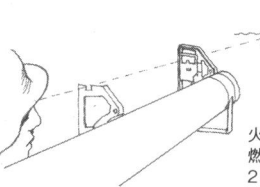

《 RPzB 54 》

ロケット弾の噴射炎から射手を守るために、防盾を追加したタイプ。重量11kg。1944年には全長を約30cm短くして重量9.5kgに軽量化したRPzB 54/1（最大射程200mのRPzB. Gr.4992弾を使用）も採用されている。

火薬により推進するロケット弾は、気温により燃焼速度が変化するため、夏季と冬季用の2種類が用意された。ランチャーのフロントサイトも使用するロケット弾の種類に合わせて調整できるようになっている。

火炎放射器

第一次大戦での経験から火炎放射器の有効性を重視していたドイツ軍は、第二次大戦中に、携帯型火炎放射器の小型軽量化を進め、開発と改良を続けて複数のタイプを採用している。

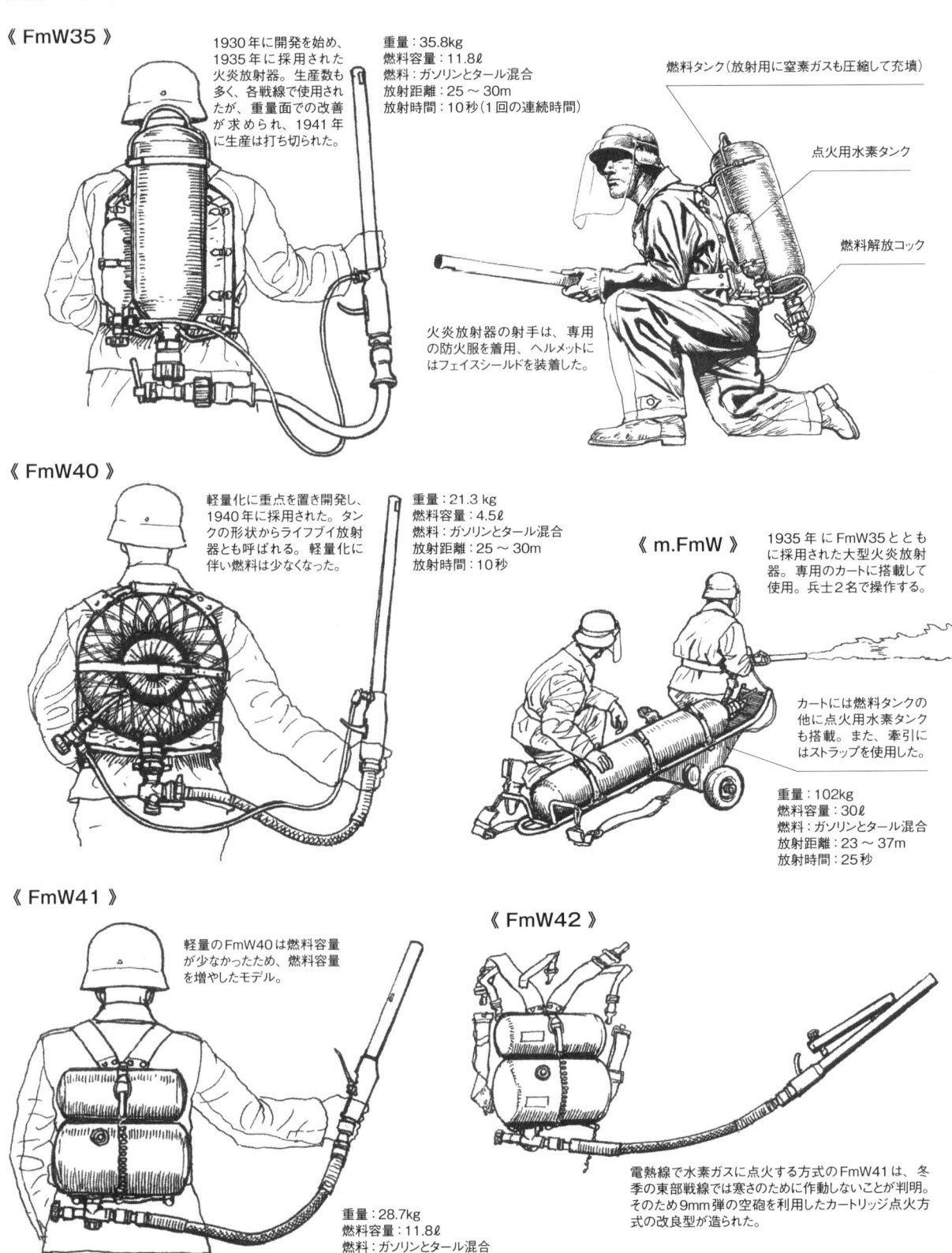

《 FmW35 》

1930年に開発を始め、1935年に採用された火炎放射器。生産数も多く、各戦線で使用されたが、重量面での改善が求められ、1941年に生産は打ち切られた。

重量：35.8kg
燃料容量：11.8ℓ
燃料：ガソリンとタール混合
放射距離：25〜30m
放射時間：10秒（1回の連続時間）

燃料タンク（放射用に窒素ガスも圧縮して充填）

点火用水素タンク

燃料解放コック

火炎放射器の射手は、専用の防火服を着用、ヘルメットにはフェイスシールドを装着した。

《 FmW40 》

軽量化に重点を置き開発し、1940年に採用された。タンクの形状からライフブイ放射器とも呼ばれる。軽量化に伴い燃料は少なくなった。

重量：21.3 kg
燃料容量：4.5ℓ
燃料：ガソリンとタール混合
放射距離：25〜30m
放射時間：10秒

《 m.FmW 》

1935年にFmW35とともに採用された大型火炎放射器。専用のカートに搭載して使用。兵士2名で操作する。

カートには燃料タンクの他に点火用水素タンクも搭載。また、牽引にはストラップを使用した。

重量：102kg
燃料容量：30ℓ
燃料：ガソリンとタール混合
放射距離：23〜37m
放射時間：25秒

《 FmW41 》

軽量のFmW40は燃料容量が少なかったため、燃料容量を増やしたモデル。

重量：28.7kg
燃料容量：11.8ℓ
燃料：ガソリンとタール混合
放射距離：20〜32m
放射時間：10秒

《 FmW42 》

電熱線で水素ガスに点火する方式のFmW41は、冬季の東部戦線では寒さのために作動しないことが判明。そのため9mm弾の空砲を利用したカートリッジ点火方式の改良型が造られた。

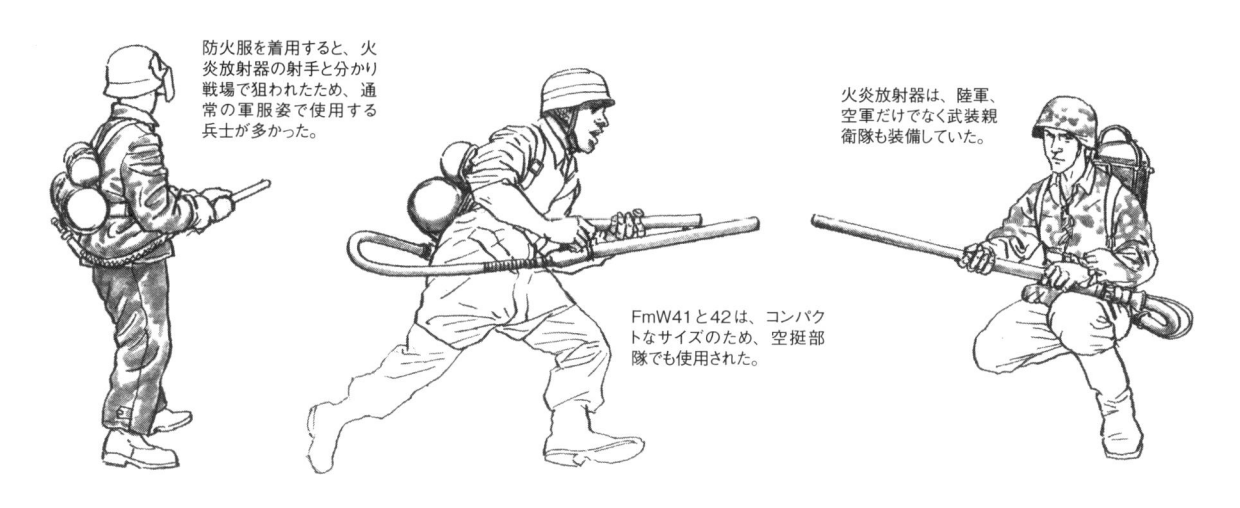

防火服を着用すると、火炎放射器の射手と分かり戦場で狙われたため、通常の軍服姿で使用する兵士が多かった。

FmW41と42は、コンパクトなサイズのため、空挺部隊でも使用された。

火炎放射器は、陸軍、空軍だけでなく武装親衛隊も装備していた。

《 FmW46 》

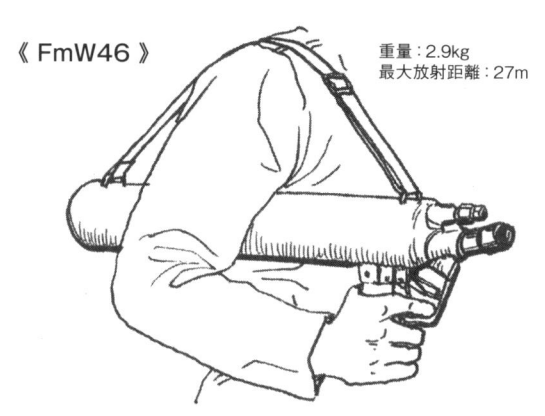

重量：2.9kg
最大放射距離：27m

1944年に採用。空挺部隊用に開発された小型携帯用火炎放射器。大戦末期に計画された連合軍に対してゲリラ活動を行う"ヴェアヴォルフ部隊"にも装備されたといわれている。

FmW46は、肩に掛けて使用できるコンパクトなモデルであるが、放射時間は数秒と短かった。

火炎放射器による攻撃の際には、敵の反撃を警戒して必ず護衛が付いた。

《 放射ノズル 》

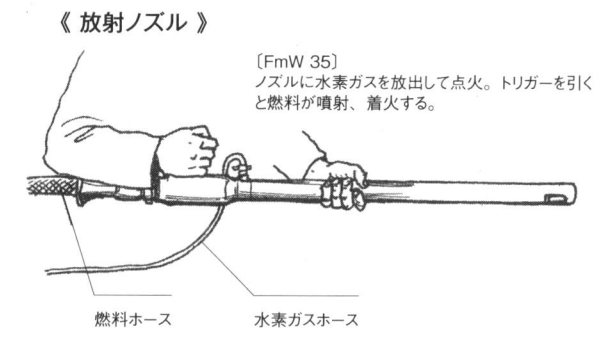

〔FmW 35〕
ノズルに水素ガスを放出して点火。トリガーを引くと燃料が噴射、着火する。

燃料ホース　　水素ガスホース

〔FmW 41〕
ノズル内の電熱線で水素ガスに点火する方式を採用。

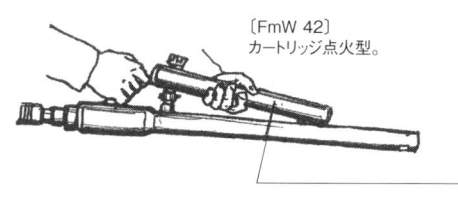

〔FmW 42〕
カートリッジ点火型。

ここに9mm弾の空砲が入っており、発砲し燃料に点火する。

地雷

ドイツ軍は、北アフリカ戦線や東部戦線などの防衛戦において、大量の対戦車用/対人用地雷を敷設し、有効活用した。また、地雷探知を難しくするため金属以外の木やガラス、合成繊維樹脂で造られた地雷も開発している。

対戦車地雷

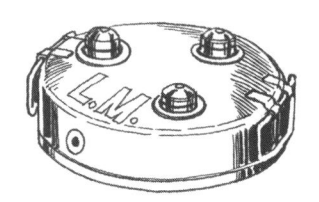

《 T.Mi.29 》

1929年に採用された対戦車地雷。陸軍への配備は1931年から始められた。上面には3個のZ.D.Z. 29感圧信管(45～125kgで作動)が付属する。

全高：180mm
直径：250mm
重量：6kg
炸薬：TNT 4.5kg

《 T.Mi.35 》

T.Mi.29に次いで採用された対戦車地雷。海岸や河原、水中に設置できるように信管部分などが防水加工されている。感圧荷重は90～180kg。

全高：76mm
直径：318mm
重量：9.1kg
炸薬：TNT 5.5kg

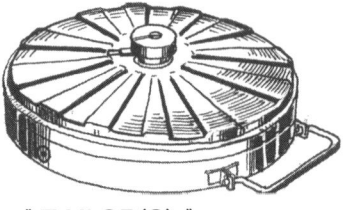

《 T.Mi.35(S) 》

T.Mi.35の後期型。地雷に被せた砂や土が飛散するのを防止するため、地雷上面にはプレス加工で凹凸が設けられた。

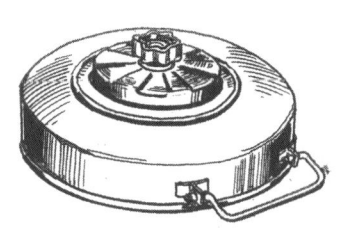

《 T.Mi.42 》

T.Mi.35を改良した対戦車地雷。それまでの地雷より、信管を小型化して爆風効果が高められている。信管は100～180kgで作動する。

全高：102mm
直径：324mm
重量：9.1kg
炸薬量：TNT 5.5kg、またはTNT混合アマトール

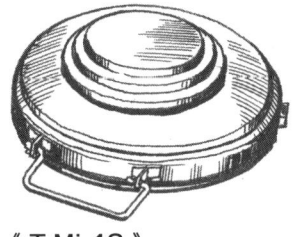

《 T.Mi.43 》

大きな感圧板が特徴の対戦車地雷。T.Mi.42の製造工程を省力化したタイプ。その形状から"ピルツ(キノコ)"とも呼ばれた。

全高：102mm
直径：318mm
重量：8.1kg
炸薬量：TNT 5.5kg、TNT 混合アマトール

《 R.Mi. 43 》

全高：120mm
全長：800mm
幅：95mm
重量：9.3kg
炸薬：TNT 4kg

棒状の対戦車地雷。地雷中央で360kg、両端で180kgの圧力が加わると爆発する。他に信管システムを改良したR.Mi. 44も採用されている。

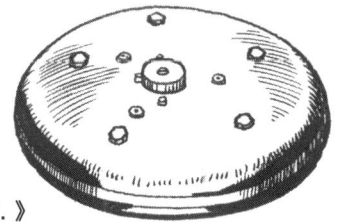

《 le.Pz.Mi. 》

空挺部隊用に設計され、パラシュート投下に対応した軽量対戦車地雷。地雷上面のボルトを外すと、対人地雷としても使用できた。最低感圧重量は4.5kg。

全高：57mm
直径：260
重量：4kg
炸薬：TNT 2kg

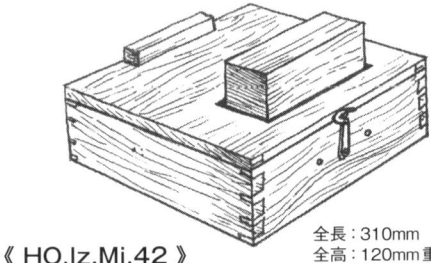

《 HO.Iz.Mi.42 》

地雷の生産不足を補うため本体を木で製作した対戦車地雷。

全長：310mm
全高：120mm 重量：8.2kg
炸薬：TNTまたはアマトール 5kg
幅：310mm

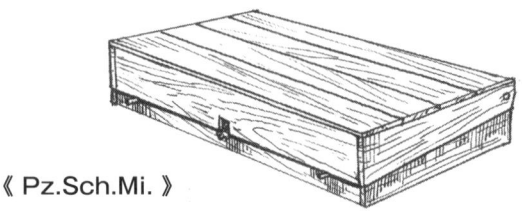

《 Pz.Sch.Mi. 》

木製対戦車地雷。信管の種類が異なるAとBの2タイプがある。木の使用は、金属の代用もあったが、磁気地雷探知機に反応しないためでもあった。ただし、信管やキャリングハンドルなどは金属なので、完全に反応しないわけではなかった。

全長：527mm
全高：330mm
炸薬：ピクリン酸
重量7.25kg

《 To.Mi.A4531トプフミーネA 》

トプフミーネ(鍋型地雷)と呼ばれた対戦車地雷。地雷探知機が反応しないように本体は、合成樹脂や圧縮成形したウッドパルプなどで造られ、ネジ類はガラス製だった。他にサイズが異なるBとCタイプもある。

直径：330mm
全重：9.5kg
炸薬：TNT 5.6kg

ドイツ軍は地雷の敷設に際して敵に発見されても除去作業を難しくするため、地雷を二重に埋めたり、探知機に対するダミーとして空き缶を利用するなど、地雷とブービートラップを組み合わせる手法を多用した。

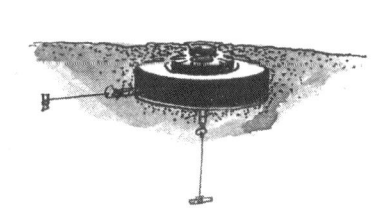

ドイツ軍の対戦車地雷には本体の感圧信管の他に信管を増結できた。これは敵の地雷処理を困難にさせるめで、埋設時に地雷の側面または底部に信管を増結。それを知らずに地雷を取り出そうと動かすと増結した信管が作動して爆発する仕組みだった。

ドイツ軍は、対戦車地雷を埋設するだけでなく、対戦車肉薄攻撃にも使用した。

対人地雷

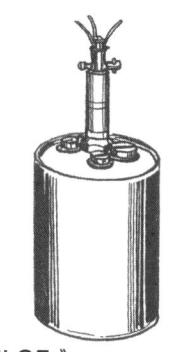

《 S.Mi.35 》

連合軍が"Sマイン"や"バウンシング・ベティ"と呼び、恐れた跳躍式対人地雷。発火すると地中から1.2mの高さに飛び出して、空中で炸裂する。

全高：127mm
直径：102mm
重量：4.1 kg
炸薬：TNT 182g

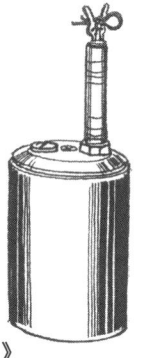

《 S.Mi.44 》

S.Mi.35を改良した簡易量産型。鉄球の数が増やされ、信管は円筒の中央から端にオフセットされている。

全高：220mm
直径：102mm
重量：5kg
炸薬：TNT 450g

Sマインは、信管が作動すると弾体が飛び出し、約350個の鉄球またはペレットを半径約10mの範囲に高速度で飛散させることによって人間を殺傷する。このため踏んだ本人だけでなく、周囲の人員にも被害が及んだ。信管は、加圧式、張力作動式、電気式などがあり、ブービートラップにも応用できた。

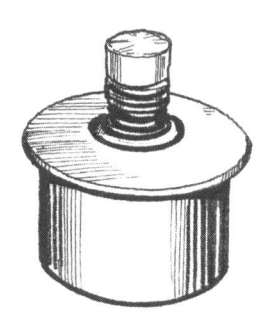

《 A200 》

信管内に入れられた薬品の化学反応で起爆する対人地雷。

全長：90mm
直径：64mm
重量：354g

《 グラスミーネ 43 》

ガラス製の対人地雷。初期型は雷管式の信管が用いられたが、後期型はガラスのアンプルに硫酸を入れた化学反応で点火する。

全高：15cm
直径：11cm
炸薬：TNT　200g

《 Ez44 》

時限発火装置を搭載した小型地雷。対戦車地雷などと組み合わせ、ブービートラップにも使用された。

《 シューミーネ 42 》

小型の木製対人地雷。地面に埋設するだけでなく様々なトラップに利用できた。

全長：127mm
全高：50mm
全幅：57mm
重量：500g
炸薬：TNT 200g

ドイツ軍の歩兵部隊編成

ライフル分隊

ドイツ陸軍のライフル分隊は、第二次大戦終戦までに数度の改編が行われたため、年代によりその構成人数に違いがある。第二次大戦開戦時の分隊は13名で構成されており、ポーランド戦終了後には1個分隊10名に改編された。この際、1個小隊に所属する分隊数は3個分隊から4個分隊に増やされている。1944年には分隊の兵員数は9名に減らされるが、その後も戦況の悪化により、終戦までに分隊員は8名までに減らされた。

ライフル分隊は、軍曹が分隊長として指揮を執った。

《 分隊の構成　1940〜1943年 》

〔分隊長〕　　〔機関銃手〕　├─〔弾薬手〕─┤　├───────〔ライフル兵〕───────┤　　〔副分隊長〕

装甲擲弾兵

"装甲擲弾兵"とは、装甲兵員輸送車などに乗車した歩兵が、装甲部隊（戦車部隊）に随伴して機動戦を行う部隊である。当初は機械化歩兵と呼ばれていたが、1943年の部隊改編の際に、装甲擲弾兵に改称された。

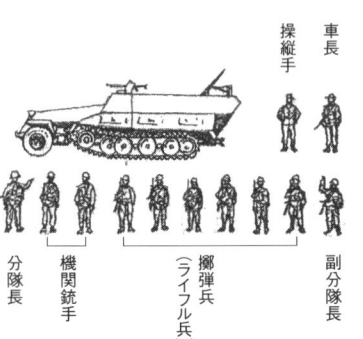

操縦手　　車長

分隊長　機関銃手　　擲弾兵（ライフル兵）　　副分隊長

《 分隊の構成 》

1個分隊の編成は、分隊長1名と兵9名の合計10名。人数は、ライフル分隊（歩兵分隊）と同じであるが、機関銃を2挺装備する。分隊の移動に使用されるSd.Kfz.251装甲兵員輸送車を操縦する車長と操縦手は、車両部隊に所属しており、分隊には含まれない。

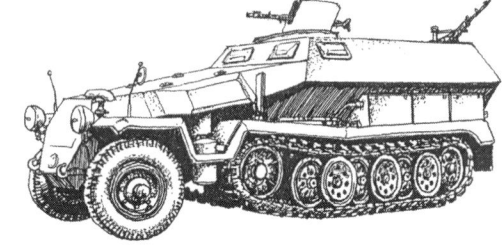

〔Sd.Kfz.251〕
装甲擲弾兵の移動に使用されたSd.Kfz.251シリーズは、第二次大戦前に開発された半装軌式の装甲兵員輸送車。A/B/C/D型の4バリエーションが造られた。

〔操縦手〕
操縦を担当する他に、車内から車両前方と左側の警戒に当たる。兵員輸送車はその構造のため視界が悪く、右側の警戒は車長が行った。

〔擲弾兵〕
歩兵は1943年に"擲弾兵"と改称。Kar98kライフルや大戦末期にはStG44アサルトライフルを使用した。

〔分隊長〕
MP40サブマシンガンまたはStG44アサルトライフルを携行。

〔機関銃手〕
後部機関銃のMG34やMG42を取り外して下車戦闘を行う。

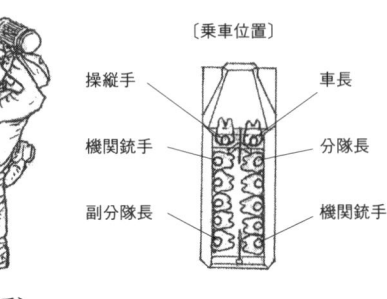

〔乗車位置〕

操縦手　　　　　車長

機関銃手　　　　分隊長

副分隊長　　　　機関銃手

機関銃チーム

ドイツ軍はMG34とMG42機関銃を、ライフル分隊に所属する軽機関銃チームと重機関銃小隊所属の重機関銃分隊の2種類に分けて運用した。

《 ライフル中隊編成　1944年 》

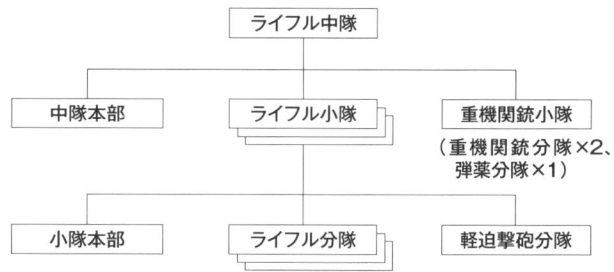

ライフル分隊は1939年まで3個分隊で編成。1940年の改編で4個分隊編成となり、その後1943年の大規模な改編の際に、ライフル小隊は3個ライフル分隊の編成に戻されている。

軽機関銃チーム

軽機関銃チームは、ライフル分隊の分隊長が指揮官となり、射手、装填手、弾薬手の合計4名で編成される。機関銃用の弾薬は通常、弾薬箱で搬送。戦闘時には素早く行動し、補給を行うためドラムマガジンが使われた他、射手が首に給弾ベルトを掛けて携行することもあった。

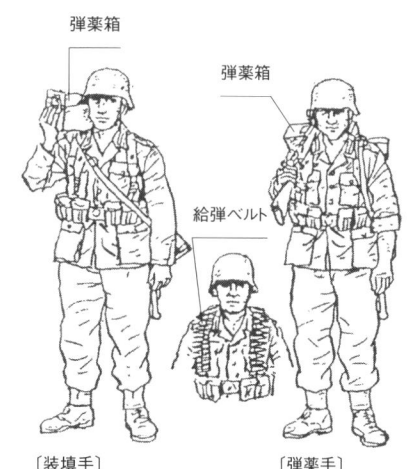

〔分隊長〕
MP38またはMP40サブマシンガンとピストルを携行。

〔射手〕
MG34またはMG42とピストルを装備。

〔装填手〕
Kar98kライフルを携行。

〔弾薬手〕
Kar98kライフルを携行。

重機関銃分隊

重機関銃分隊は、2個分隊で1個小隊を編成し、ライフル小隊への支援射撃を行う。機関銃の他にラフェッテを装備するため、分隊は5名で構成されており、ラフェッテの搬送は装填手が担当した。

〔指揮官〕
MP38またはMP40サブマシンガンとピストルを携行。

〔射手〕
MG34またはMG42とピストルを携行。

〔装填手〕
ピストルを携行。

〔弾薬手(2名)〕
Kar98kライフルを携行。

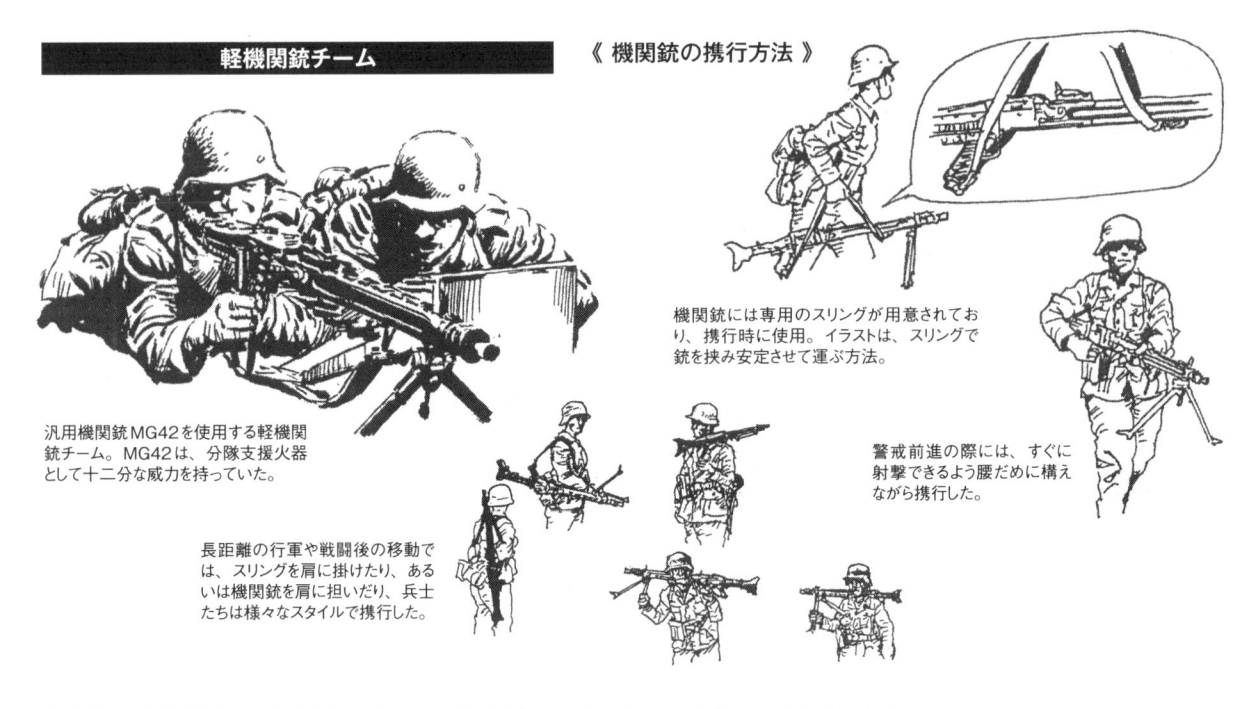

軽機関銃チーム

汎用機関銃MG42を使用する軽機関銃チーム。MG42は、分隊支援火器として十二分な威力を持っていた。

長距離の行軍や戦闘後の移動では、スリングを肩に掛けたり、あるいは機関銃を肩に担いだり、兵士たちは様々なスタイルで携行した。

《 機関銃の携行方法 》

機関銃には専用のスリングが用意されており、携行時に使用。イラストは、スリングで銃を挟み安定させて運ぶ方法。

警戒前進の際には、すぐに射撃できるよう腰だめに構えながら携行した。

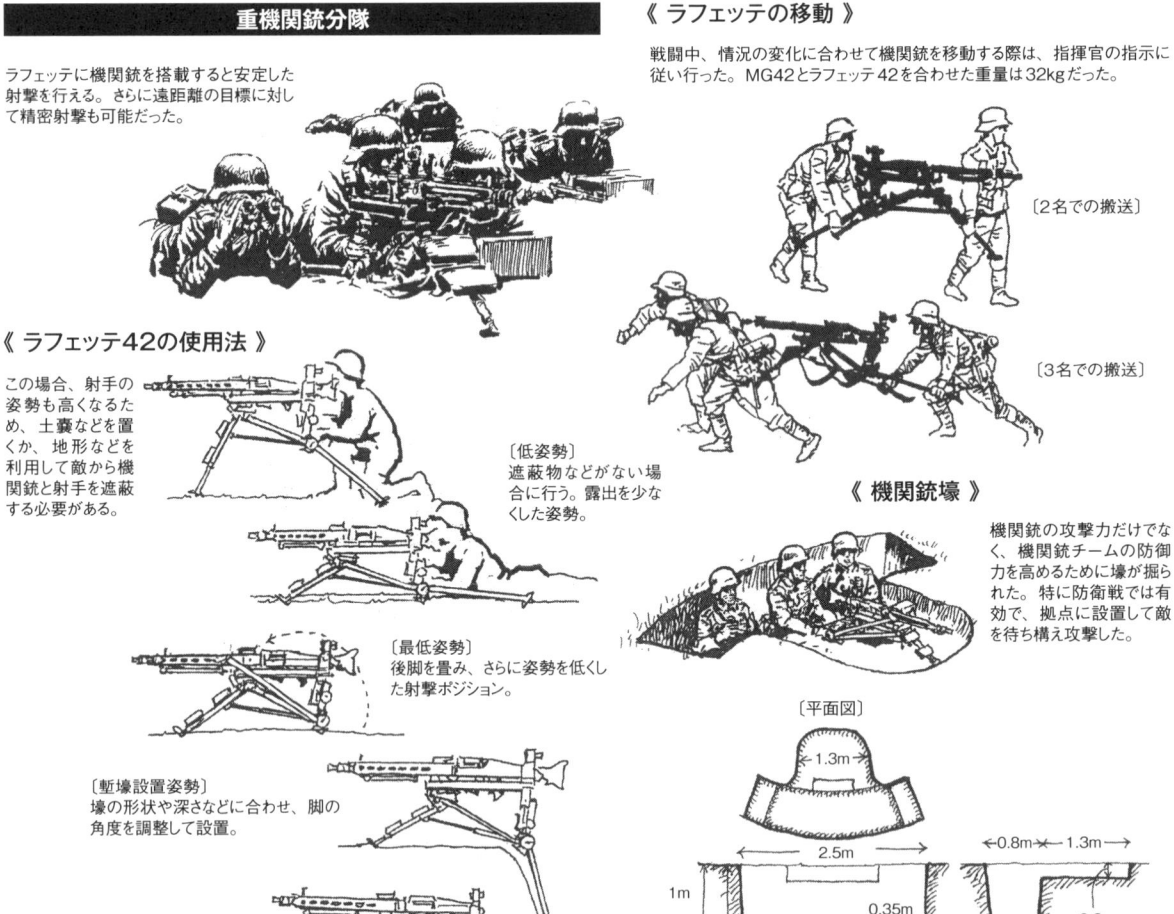

重機関銃分隊

ラフェッテに機関銃を搭載すると安定した射撃を行える。さらに遠距離の目標に対して精密射撃も可能だった。

《 ラフェッテ42の使用法 》

この場合、射手の姿勢も高くなるため、土嚢などを置くか、地形などを利用して敵から機関銃と射手を遮蔽する必要がある。

〔低姿勢〕
遮蔽物などがない場合に行う。露出を少なくした姿勢。

〔最低姿勢〕
後脚を畳み、さらに姿勢を低くした射撃ポジション。

〔塹壕設置姿勢〕
壕の形状や深さなどに合わせ、脚の角度を調整して設置。

〔最高姿勢〕
ラフェッテをもっとも高くした射撃ポジション。

《 ラフェッテの移動 》

戦闘中、情況の変化に合わせて機関銃を移動する際は、指揮官の指示に従い行った。MG42とラフェッテ42を合わせた重量は32kgだった。

〔2名での搬送〕

〔3名での搬送〕

《 機関銃壕 》

機関銃の攻撃力だけでなく、機関銃チームの防御力を高めるために壕が掘られた。特に防衛戦では有効で、拠点に設置して敵を待ち構え攻撃した。

〔平面図〕
1.3m
2.5m
1m
0.35m
1.4m
1.7m
〔横断面図〕

←0.8m→← 1.3m →
0.2m
0.6m
〔縦断面図〕

機関銃壕には、簡易的なものから掩蔽式まで様々なタイプがある。その種類と作り方は教範で指示されていた。

日本軍

日本軍の国産小火器は創立後、
幕末に欧米から輸入され旧式化した
小銃に代わる新型小銃の開発から始められた。
そして維新から10年後の明治13年（1880年）、
国産軍用小銃が誕生した。
以後、小銃だけでなく拳銃、
機関銃など海外の技術も採り入れられ
日本独自の小火器が開発されていった。

拳銃

日本軍の軍用ピストル（拳銃）は、二十六年式拳銃から国産化された。国産品の他にも欧米から輸入された様々なオートマチックモデル（自動拳銃）を将校が私物として購入し装備している。

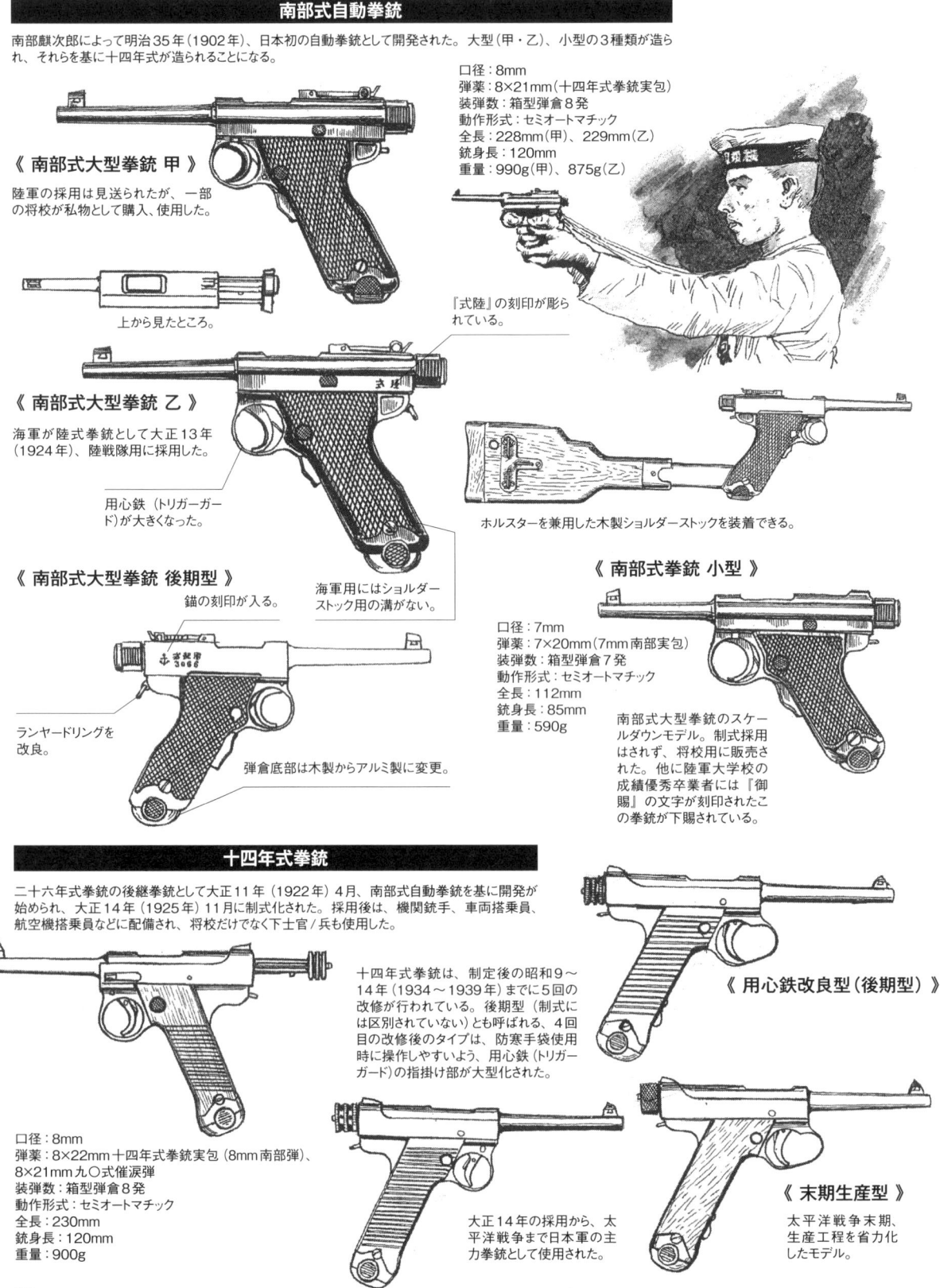

南部式自動拳銃

南部麒次郎によって明治35年（1902年）、日本初の自動拳銃として開発された。大型（甲・乙）、小型の3種類が造られ、それらを基に十四年式が造られることになる。

口径：8mm
弾薬：8×21mm（十四年式拳銃実包）
装弾数：箱型弾倉8発
動作形式：セミオートマチック
全長：228mm（甲）、229mm（乙）
銃身長：120mm
重量：990g（甲）、875g（乙）

《 南部式大型拳銃 甲 》

陸軍の採用は見送られたが、一部の将校が私物として購入、使用した。

上から見たところ。

『式陸』の刻印が彫られている。

《 南部式大型拳銃 乙 》

海軍が陸式拳銃として大正13年（1924年）、陸戦隊用に採用した。

用心鉄（トリガーガード）が大きくなった。

ホルスターを兼用した木製ショルダーストックを装着できる。

海軍用にはショルダーストック用の溝がない。

《 南部式大型拳銃 後期型 》

錨の刻印が入る。

ランヤードリングを改良。

弾倉底部は木製からアルミ製に変更。

《 南部式拳銃 小型 》

口径：7mm
弾薬：7×20mm（7mm南部実包）
装弾数：箱型弾倉7発
動作形式：セミオートマチック
全長：112mm
銃身長：85mm
重量：590g

南部式大型拳銃のスケールダウンモデル。制式採用はされず、将校用に販売された。他に陸軍大学校の成績優秀卒業者には『御賜』の文字が刻印されたこの拳銃が下賜されている。

十四年式拳銃

二十六年式拳銃の後継拳銃として大正11年（1922年）4月、南部式自動拳銃を基に開発が始められ、大正14年（1925年）11月に制式化された。採用後は、機関銃手、車両搭乗員、航空機搭乗員などに配備され、将校だけでなく下士官/兵も使用した。

十四年式拳銃は、制定後の昭和9〜14年（1934〜1939年）までに5回の改修が行われている。後期型（制式には区別されていない）とも呼ばれる、4回目の改修後のタイプは、防寒手袋使用時に操作しやすいよう、用心鉄（トリガーガード）の指掛け部が大型化された。

《 用心鉄改良型（後期型）》

口径：8mm
弾薬：8×22mm十四年式拳銃実包（8mm南部弾）、8×21mm九〇式催涙弾
装弾数：箱型弾倉8発
動作形式：セミオートマチック
全長：230mm
銃身長：120mm
重量：900g

大正14年の採用から、太平洋戦争まで日本軍の主力拳銃として使用された。

《 末期生産型 》

太平洋戦争末期、生産工程を省力化したモデル。

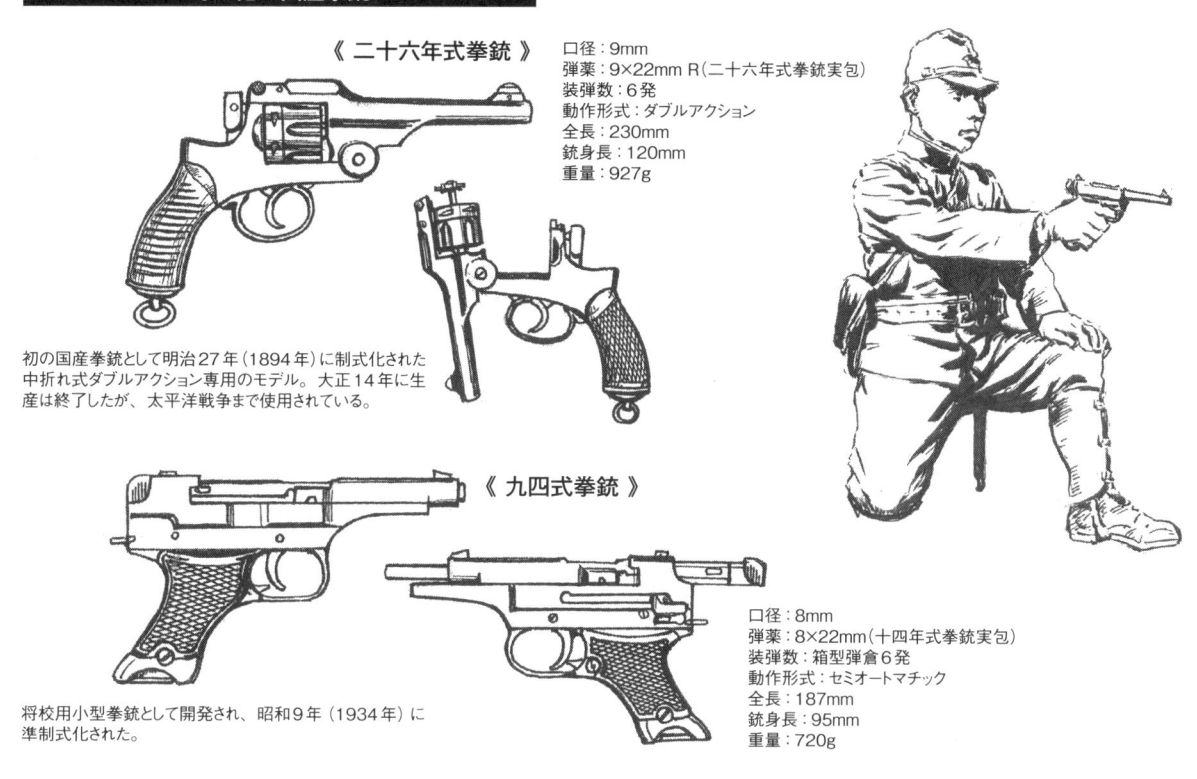

《 二十六年式拳銃 》

口径：9mm
弾薬：9×22mm R（二十六年式拳銃実包）
装弾数：6発
動作形式：ダブルアクション
全長：230mm
銃身長：120mm
重量：927g

初の国産拳銃として明治27年（1894年）に制式化された中折れ式ダブルアクション専用のモデル。大正14年に生産は終了したが、太平洋戦争まで使用されている。

《 九四式拳銃 》

口径：8mm
弾薬：8×22mm（十四年式拳銃実包）
装弾数：箱型弾倉6発
動作形式：セミオートマチック
全長：187mm
銃身長：95mm
重量：720g

将校用小型拳銃として開発され、昭和9年（1934年）に準制式化された。

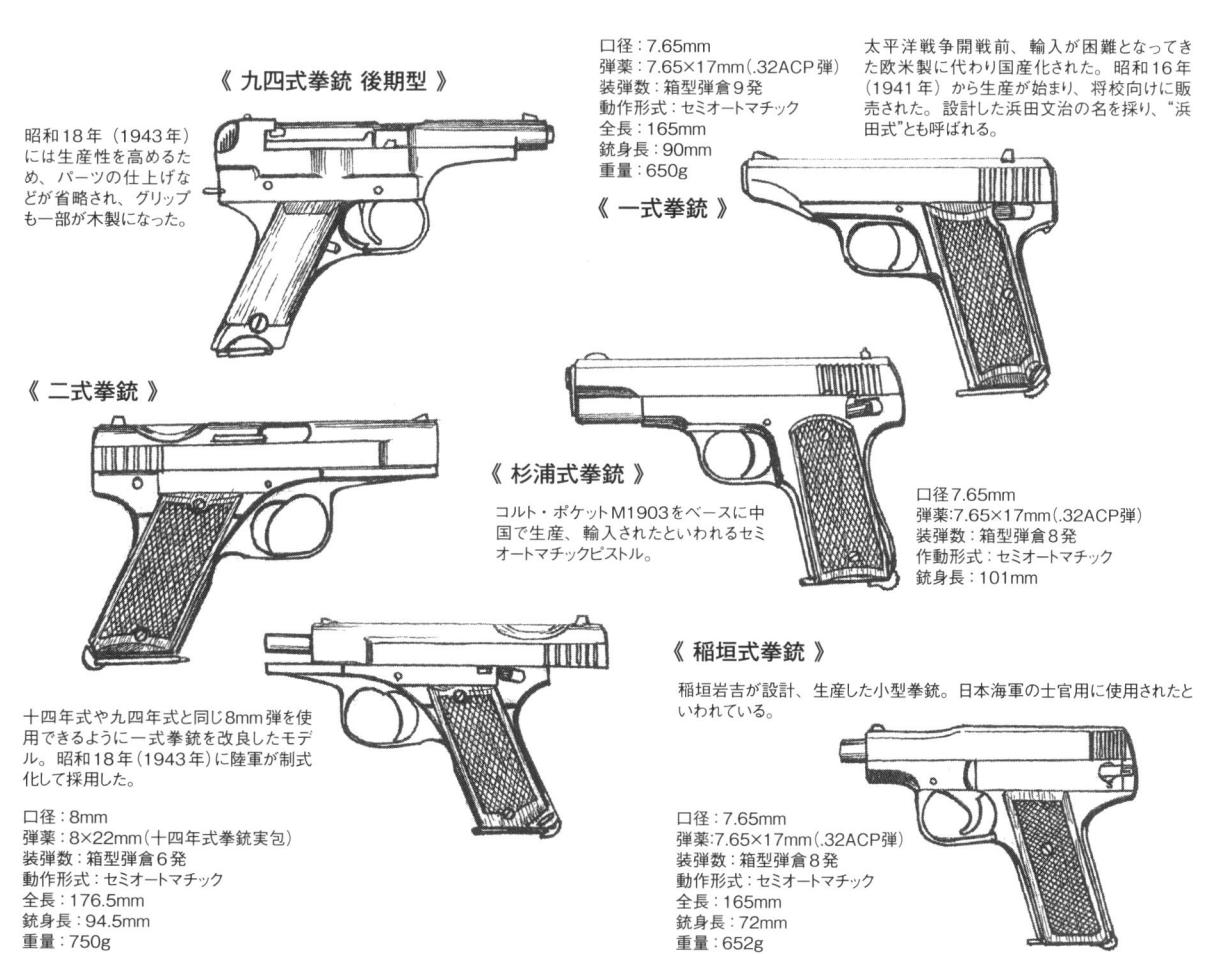

《 九四式拳銃 後期型 》

昭和18年（1943年）には生産性を高めるため、パーツの仕上げなどが省略され、グリップも一部が木製になった。

口径：7.65mm
弾薬：7.65×17mm（.32ACP弾）
装弾数：箱型弾倉9発
動作形式：セミオートマチック
全長：165mm
銃身長：90mm
重量：650g

太平洋戦争開戦前、輸入が困難となってきた欧米製に代わり国産化された。昭和16年（1941年）から生産が始まり、将校向けに販売された。設計した浜田文治の名を採り、"浜田式"とも呼ばれる。

《 一式拳銃 》

口径7.65mm
弾薬：7.65×17mm（.32ACP弾）
装弾数：箱型弾倉8発
作動形式：セミオートマチック
銃身長：101mm

《 二式拳銃 》

《 杉浦式拳銃 》

コルト・ポケットM1903をベースに中国で生産、輸入されたといわれるセミオートマチックピストル。

《 稲垣式拳銃 》

稲垣岩吉が設計、生産した小型拳銃。日本海軍の士官用に使用されたといわれている。

十四年式や九四式と同じ8mm弾を使用できるように一式拳銃を改良したモデル。昭和18年（1943年）に陸軍が制式化して採用した。

口径：8mm
弾薬：8×22mm（十四年式拳銃実包）
装弾数：箱型弾倉6発
動作形式：セミオートマチック
全長：176.5mm
銃身長：94.5mm
重量：750g

口径：7.65mm
弾薬：7.65×17mm（.32ACP弾）
装弾数：箱型弾倉8発
動作形式：セミオートマチック
全長：165mm
銃身長：72mm
重量：652g

陸海軍将校が装備する拳銃は、原則私物であり、欧米から輸入されたものを購入していた。

《 ブラウニングM1910（ベルギー） 》

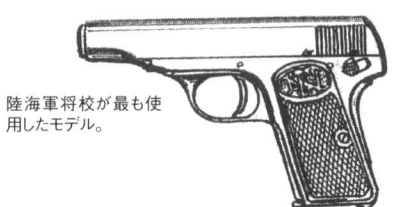

陸海軍将校が最も使用したモデル。

《 コルトM1903（アメリカ） 》

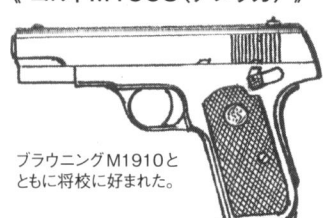

ブラウニングM1910とともに将校に好まれた。

《 マウザーM1914（ドイツ） 》

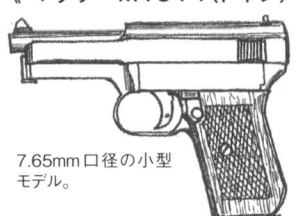

7.65mm口径の小型モデル。

《 ワルサー モデル4（ドイツ） 》

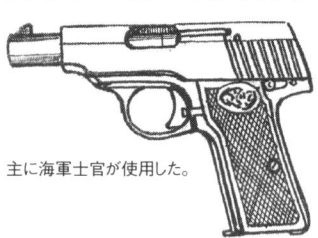

主に海軍士官が使用した。

《 ウエブリー＆スコットM1905（イギリス） 》

イギリスで民間向けに発売されたモデル。

《 ルビーウルトラプラス（スペイン） 》

ウルトラプラスが22発、M1916は11発と装弾数の多さが特徴のピストル。海軍のパイロットなどが使用した。

《 アストラM1916（スペイン） 》

信号拳銃

日本軍の信号拳銃は、陸海軍がそれぞれ別のモデルを採用しており、口径も陸軍が35mm、海軍は28mmと異なっていた。

《 十年式信号拳銃 》

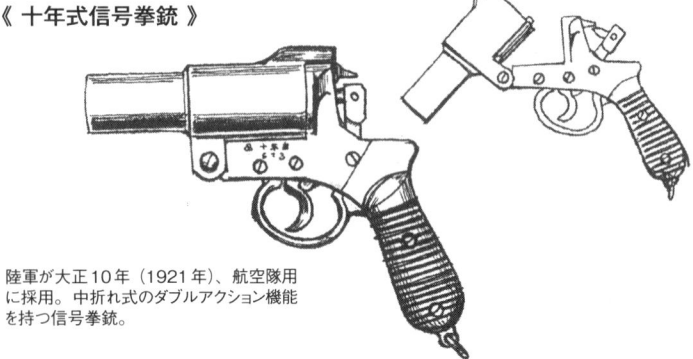

陸軍が大正10年（1921年）、航空隊用に採用。中折れ式のダブルアクション機能を持つ信号拳銃。

《 九七式信号拳銃 》

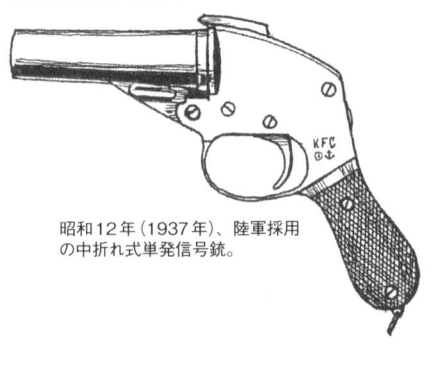

昭和12年（1937年）、陸軍採用の中折れ式単発信号拳銃。

《 九〇式信号拳銃 》

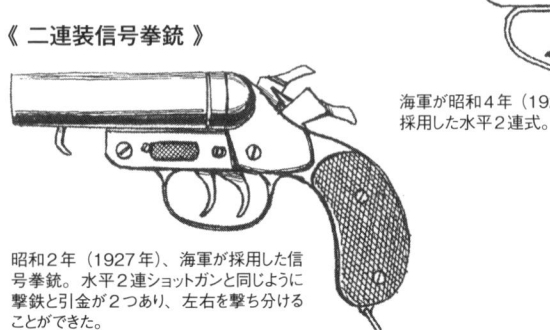

海軍が昭和4年（1929年）に採用した水平2連式。

《 二連装信号拳銃 》

昭和2年（1927年）、海軍が採用した信号拳銃。水平2連ショットガンと同じように撃鉄と引金が2つあり、左右を撃ち分けることができた。

《 九〇式信号拳銃 》

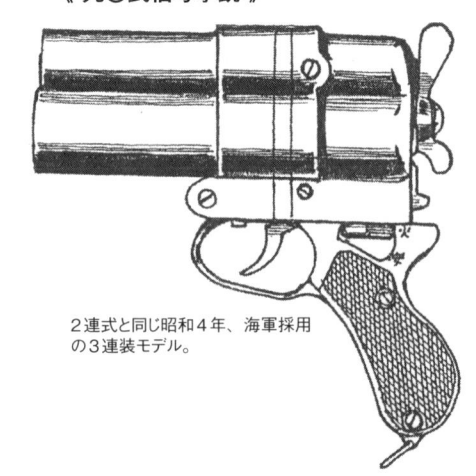

2連式と同じ昭和4年、海軍採用の3連装モデル。

小銃

日本の国産軍用小銃の歴史は、明治13年（1880年）に採用された十三年式から始まった。その後、採用された三八式歩兵銃と九九式小銃を主力小銃として、日本軍は太平洋戦争を戦った。

三十年式/三十五年式/三八式歩兵銃と派生型

《 三十年式歩兵銃 》

日露戦争時の主力小銃であったが、三八式歩兵銃の採用後は順次交換され、太平洋戦争中には軍以外の各種学校の教練銃として使用されていた。

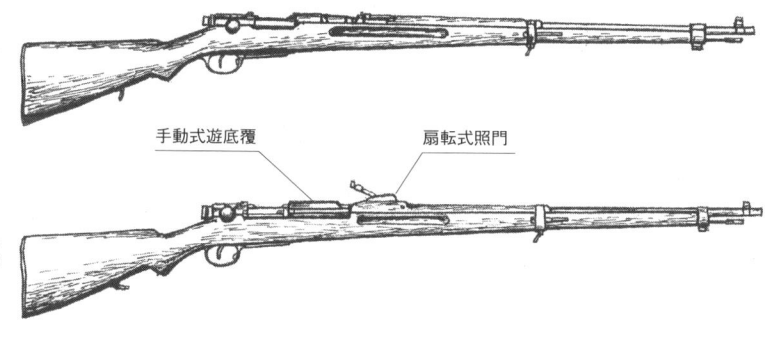

手動式遊底覆　　　扇転式照門

《 三十五年式海軍銃 》

三十年式歩兵銃を改良したモデルで、明治35年（1902年）に海軍が制式化した。

〔三十年式歩兵銃の遊底部分〕

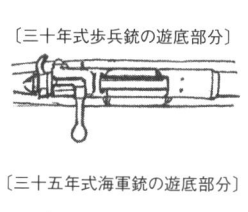

〔三十五年式海軍銃の遊底部分〕

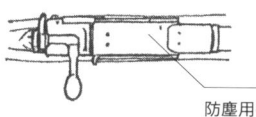

防塵用の手動式遊底覆。

《 三八式歩兵銃 》

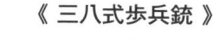

三十年式歩兵銃の後継小銃として明治39年（1906年）に制式採用された。開発に際しては、三十年式を基本に部品点数の削減、防塵対策が行われた。第一次大戦が初の実戦となり、以後太平洋戦争終結まで使用された。

口径：6.5mm
弾薬：6.5×50mm SR（三八式銃実包）
装弾数：5発
動作形式：ボルトアクション
全長：1275mm
銃身長：792mm
重量：3.9kg

《三八式短小銃 》

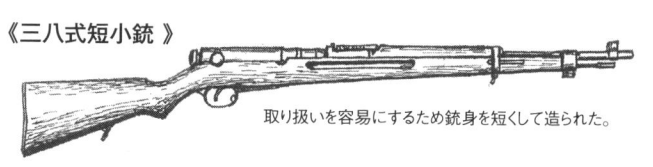

取り扱いを容易にするため銃身を短くして造られた。

《三八式騎兵銃 》

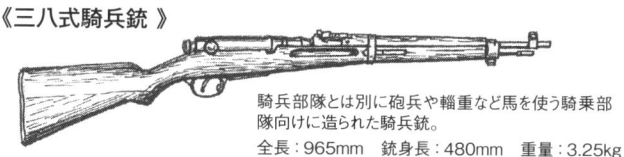

騎兵部隊とは別に砲兵や輜重など馬を使う騎乗部隊向けに造られた騎兵銃。

全長：965mm　銃身長：480mm　重量：3.25kg

《四四式騎銃（四四式騎兵銃）》

三八式歩兵銃を改造した騎兵部隊向け小銃。折り畳み銃剣が付属する。

口径：6.5mm
弾薬：6.5×50mm SR（三八式銃実包）
装弾数：5発
動作形式：ボルトアクション
全長：955mm（銃剣起剣時1309mm）
銃身長：419mm
重量：3.9kg

〔三八式歩兵銃の機関部〕

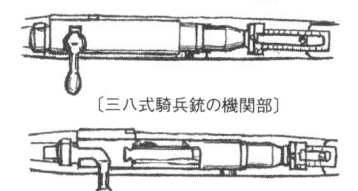

〔三八式騎兵銃の機関部〕

三十年式は、埃や細かい砂などで機関部が汚れると遊底が動かなくなるという問題が発生した。その防塵対策のため、三八式歩兵銃では遊底に防塵覆いが付けられた。

採用から40年間使われた三八式歩兵銃は、日本軍を象徴する小銃であった。

《 九九式小銃（九九式長小銃）》 主力小銃の威力向上及び機関銃弾薬との互換性を考慮し、新小銃として開発、昭和14年（1939年）に採用された。
九九式小銃の量産は昭和15年（1940年）から開始されるが、昭和16年（1941年）を最後に、生産は九九式短小銃に切り替えられている。

口径：7.7mm
弾薬：7.7×58mm（九九式普通実包）
装弾数：5発
動作形式：ボルトアクション
全長：1258mm
銃身長：797mm
重量：4.1kg

折り畳み式の単脚は後に廃止される。

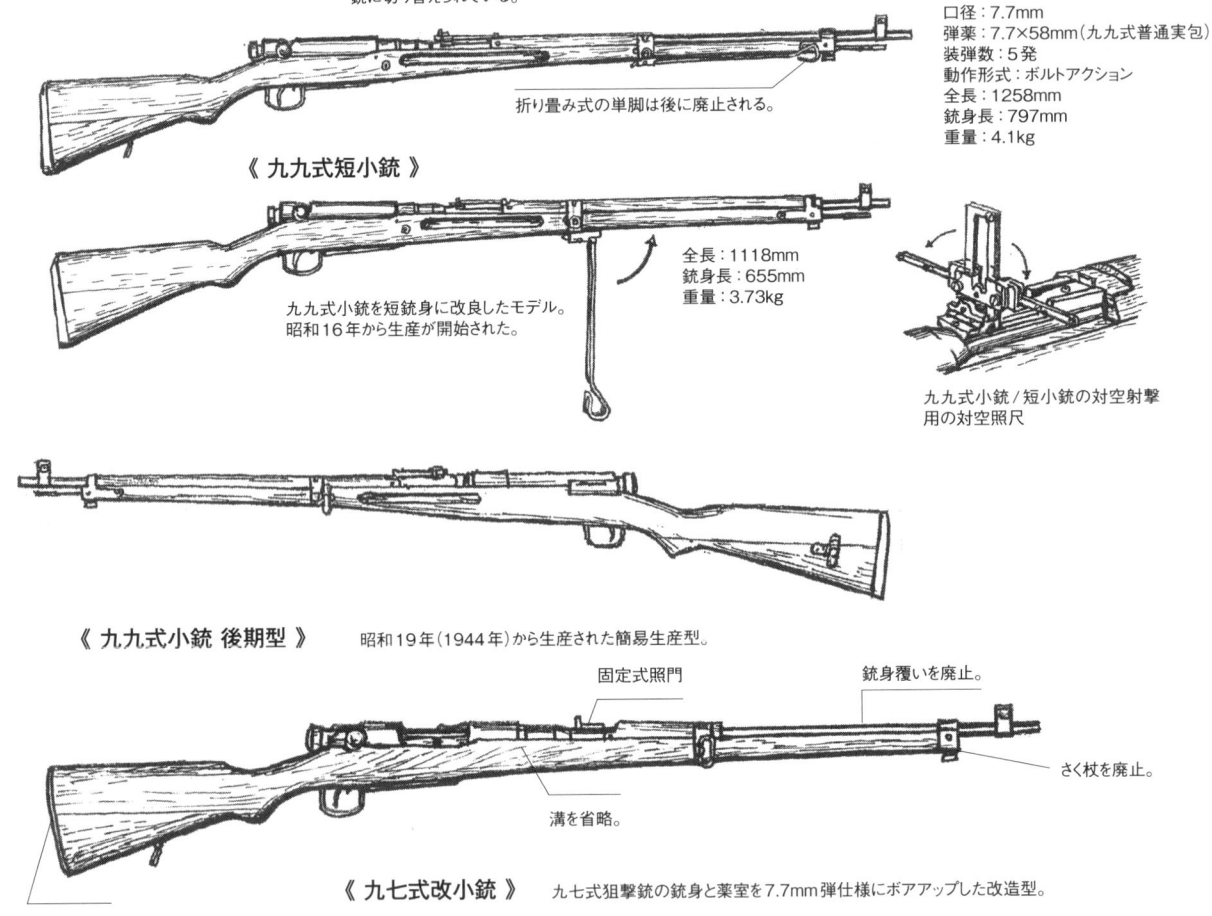

《 九九式短小銃 》

全長：1118mm
銃身長：655mm
重量：3.73kg

九九式小銃を短銃身に改良したモデル。
昭和16年から生産が開始された。

九九式小銃／短小銃の対空射撃
用の対空照尺

《 九九式小銃 後期型 》　昭和19年（1944年）から生産された簡易生産型。

固定式照門

銃身覆いを廃止。

溝を省略。

さく杖を廃止。

木製尾床板

《 九七式改小銃 》　九七式狙撃銃の銃身と薬室を7.7mm弾仕様にボアアップした改造型。

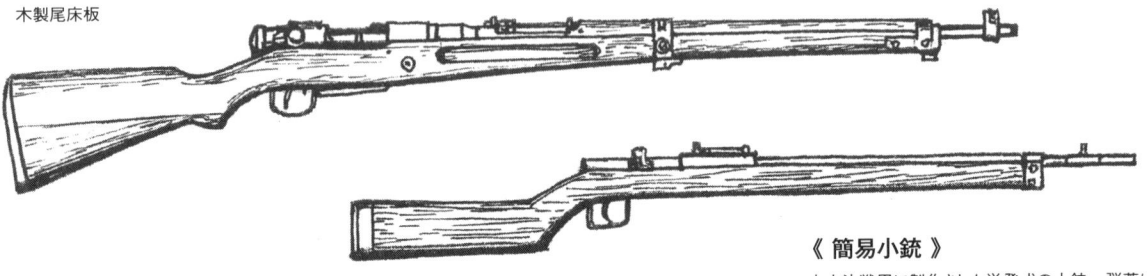

《 簡易小銃 》

本土決戦用に製作された単発式の小銃。弾薬は
九九式小銃と同じ九九式普通実包を使用する。

九九式小銃の7.7mm口径化は、小銃の火力強化と重機関銃との弾薬共通化
構想から実施された。しかし、量産化の遅れにより、日本軍は使用弾薬が異なる
九九式小銃と三八式歩兵銃の2種類で太平洋戦争を戦うことになってしまった。

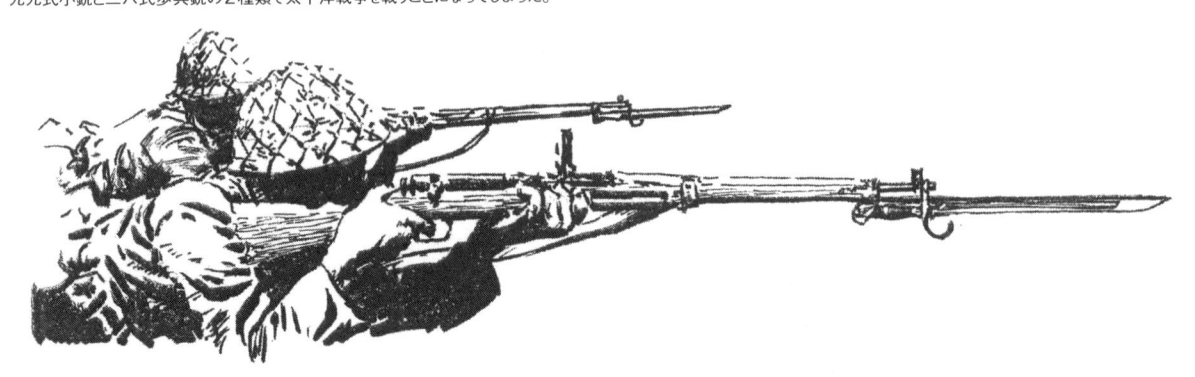

その他の日本軍小銃

《 試製一〇〇式小銃 》

九九式小銃をベースに試作された小銃。挺進連隊(空挺部隊)の隊員が降下の際に直接携帯できるように分解可能になっている。

《 二式小銃(二式テラ) 》

制式採用された挺進用モデル。テラは挺進落下傘の略。性能と構造は九九式小銃と同じである。

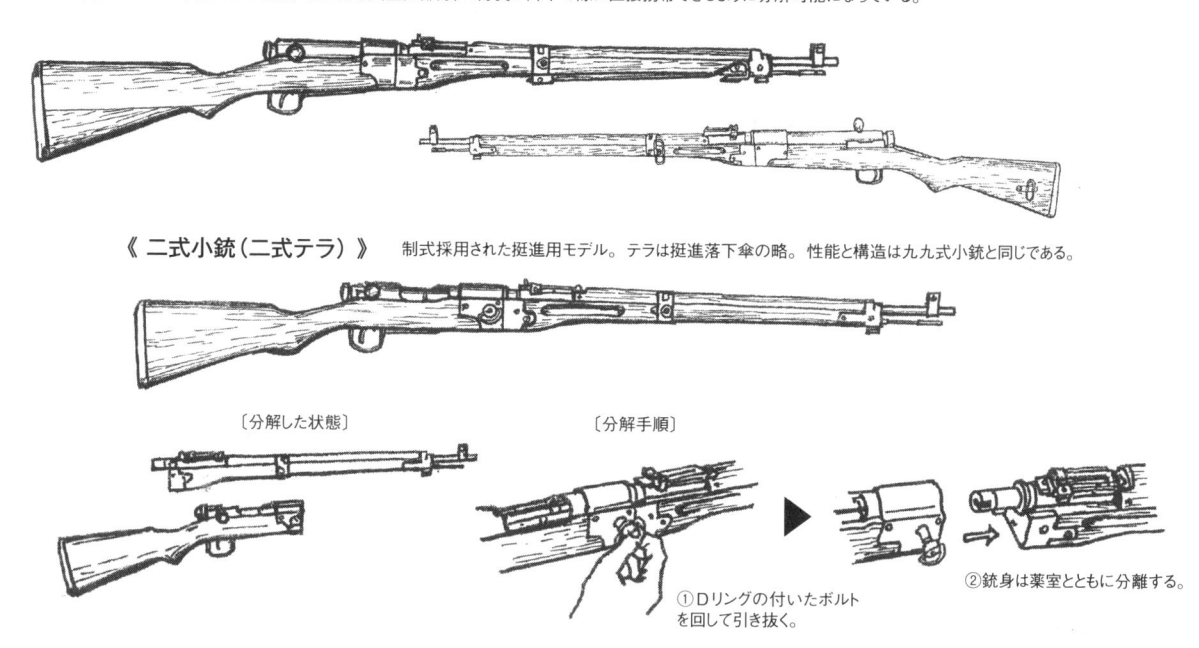

〔分解した状態〕　　　〔分解手順〕

①Dリングの付いたボルト
を回して引き抜く。

②銃身は薬室とともに分離する。

《 イ式小銃(イタリア式) 》

日独伊三国防共協定締結を記念して、イタリアに発注、生産された小銃。昭和15年(1940年)に準採用され、海軍と民間の教練用に使用されている。

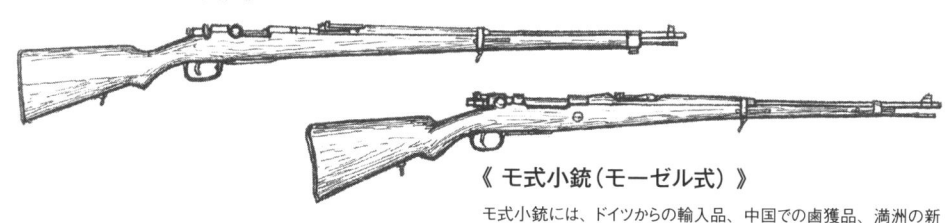

《 モ式小銃(モーゼル式) 》

モ式小銃には、ドイツからの輸入品、中国での歯獲品、満洲の新京造兵廠及び日本の小倉工廠で生産されたものがある。満洲で生産されたモ式小銃は、現地の満洲軍などに支給された。また、シャム王国(現タイ王国)には小倉と新京製のモ式小銃が輸出された。

《 四式小銃 》

海軍が歯獲し、日本で生産したM1ライフルのコピー。終戦時、日本国内でアメリカ軍に歯獲されている。

口径:7.7mm
弾薬:7.7×58mm(九九式普通実包)または7.7×56mm R(.303ブリティッシュ弾)
動作形式:セミオートマチック
装弾数:10発
全長:1100mm
銃身長:590mm
重量:4.14kg

狙撃銃

《 九七式狙撃銃 》

三八式歩兵銃をベースに造られた狙撃銃。

九七式狙撃眼鏡(倍率2.5倍)

折り畳み式脚

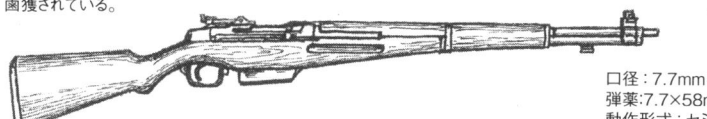

遊底の槓桿は、操作時に照準眼鏡に当たらないように曲げられている。

《 九九式狙撃銃 》

製造された中から精度の良い銃を選んで、昭和18年(1943年)から製造された。狙撃眼鏡は、倍率が2.5倍と4倍の2種類が造られている。

《 三八式改狙撃銃 》

既成の三八式歩兵銃の中から精度の良いものを選び、調整して狙撃銃に改修したモデル。

機関短銃

サブマシンガンの日本語表記は、一般的に"短機関銃"が広く用いられているが、旧日本軍での制式呼称は"機関短銃"である。日本陸軍の機関短銃開発は、他国より遅く昭和に入ってから始まった。しかし、陸軍の機関短銃に対する関心は低く、開発は続けられたが、その進行は遅く、国産機関短銃が制式化されたのは昭和16年（1941年）であった。

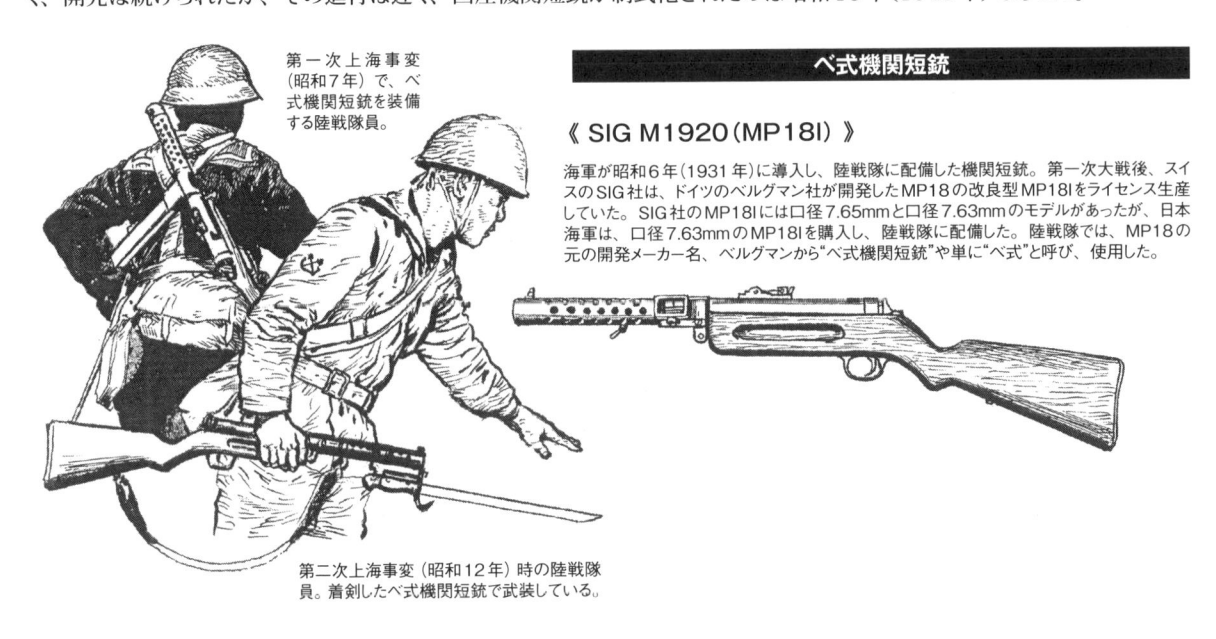

第一次上海事変（昭和7年）で、べ式機関短銃を装備する陸戦隊員。

第二次上海事変（昭和12年）時の陸戦隊員。着剣したべ式機関短銃で武装している。

べ式機関短銃

《 SIG M1920（MP18I）》

海軍が昭和6年（1931年）に導入し、陸戦隊に配備した機関短銃。第一次大戦後、スイスのSIG社は、ドイツのベルグマン社が開発したMP18の改良型MP18Iをライセンス生産していた。SIG社のMP18Iには口径7.65mmと口径7.63mmのモデルがあったが、日本海軍は、口径7.63mmのMP18Iを購入し、陸戦隊に配備した。陸戦隊では、MP18の元の開発メーカー名、ベルグマンから"べ式機関短銃"や単に"べ式"と呼び、使用した。

《 着剣装置付きSIG M1920（MP18I）》

スイスから購入後に着剣装置を追加した。

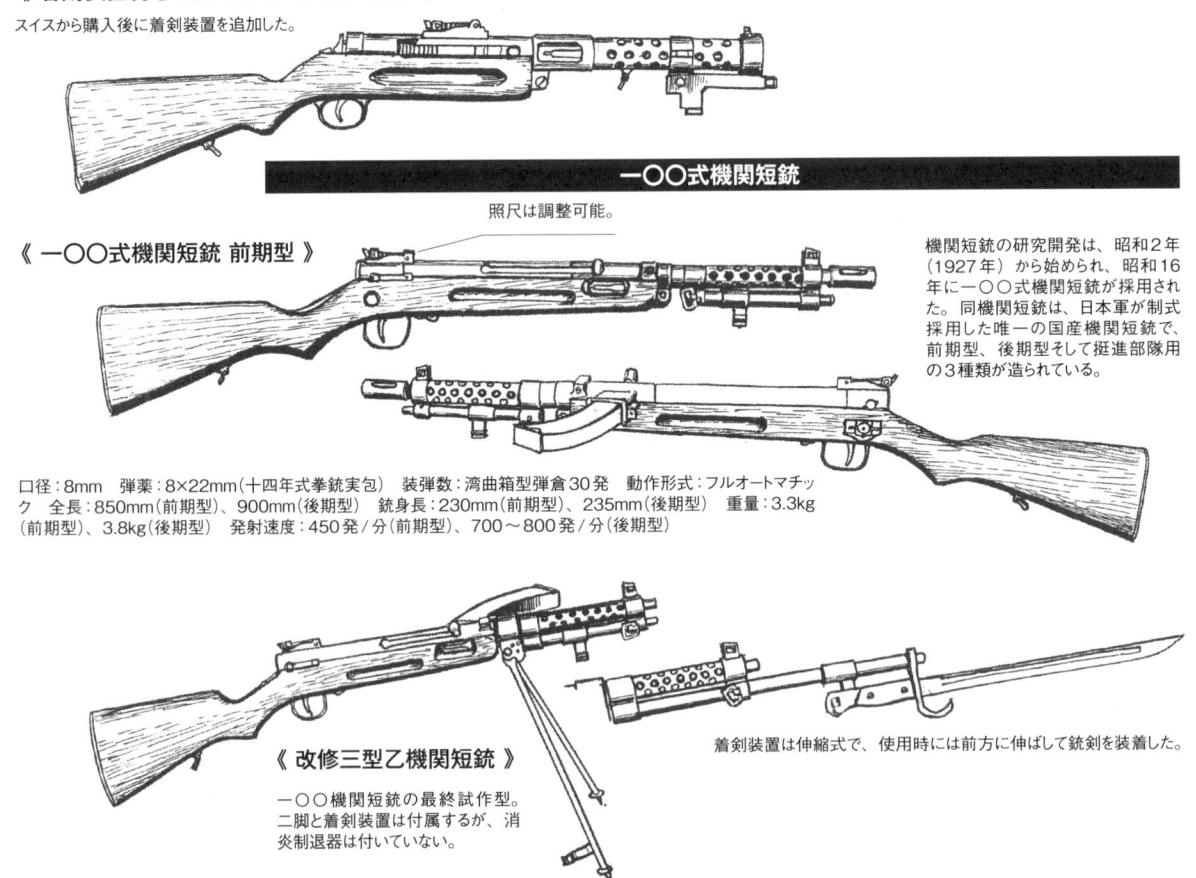

一〇〇式機関短銃

照尺は調整可能。

《 一〇〇式機関短銃 前期型 》

機関短銃の研究開発は、昭和2年（1927年）から始められ、昭和16年に一〇〇式機関短銃が採用された。同機関短銃は、日本軍が制式採用した唯一の国産機関短銃で、前期型、後期型そして挺進部隊用の3種類が造られている。

口径：8mm　弾薬：8×22mm（十四年式拳銃実包）　装弾数：湾曲箱型弾倉30発　動作形式：フルオートマチック　全長：850mm（前期型）、900mm（後期型）　銃身長：230mm（前期型）、235mm（後期型）　重量：3.3kg（前期型）、3.8kg（後期型）　発射速度：450発／分（前期型）、700～800発／分（後期型）

《 改修三型乙機関短銃 》

一〇〇機関短銃の最終試作型。二脚と着剣装置は付属するが、消炎制退器は付いていない。

着剣装置は伸縮式で、使用時には前方に伸ばして銃剣を装着した。

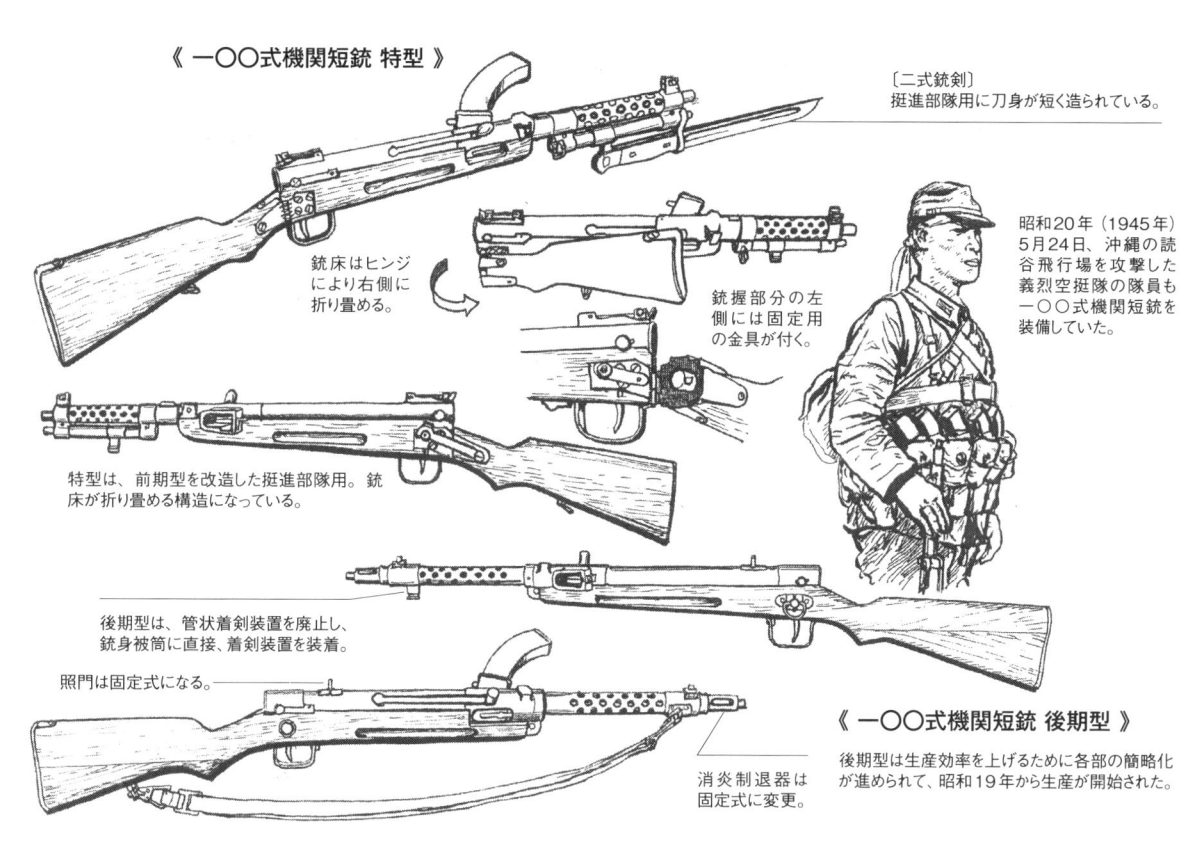

《 一〇〇式機関短銃 特型 》

〔二式銃剣〕
挺進部隊用に刀身が短く造られている。

銃床はヒンジにより右側に折り畳める。

銃握部分の左側には固定用の金具が付く。

昭和20年（1945年）5月24日、沖縄の読谷飛行場を攻撃した義烈空挺隊の隊員も一〇〇式機関短銃を装備していた。

特型は、前期型を改造した挺進部隊用。銃床が折り畳める構造になっている。

後期型は、管状着剣装置を廃止し、銃身被筒に直接、着剣装置を装着。

照門は固定式になる。

消炎制退器は固定式に変更。

《 一〇〇式機関短銃 後期型 》

後期型は生産効率を上げるために各部の簡略化が進められて、昭和19年から生産が開始された。

試作機関短銃

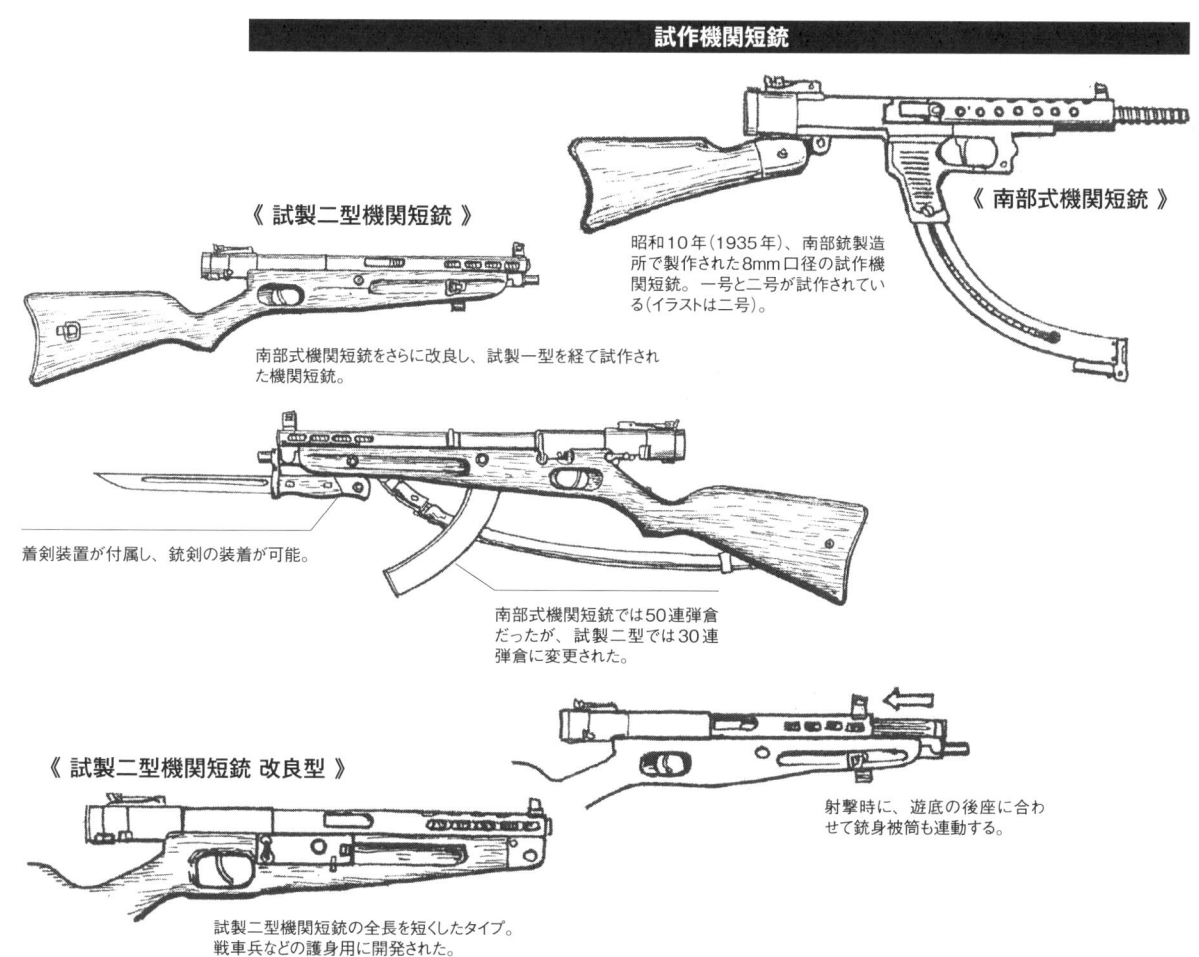

《 試製二型機関短銃 》

南部式機関短銃をさらに改良し、試製一型を経て試作された機関短銃。

《 南部式機関短銃 》

昭和10年（1935年）、南部銃製造所で製作された8mm口径の試作機関短銃。一号と二号が試作されている（イラストは二号）。

着剣装置が付属し、銃剣の装着が可能。

南部式機関短銃では50連弾倉だったが、試製二型では30連弾倉に変更された。

《 試製二型機関短銃 改良型 》

射撃時に、遊底の後座に合わせて銃身被筒も連動する。

試製二型機関短銃の全長を短くしたタイプ。戦車兵などの護身用に開発された。

機関銃

日本陸軍における機関銃の国内生産は、日清戦争時に国内生産した馬式機関砲から始まった。その後、保式機関砲、三八式機関銃の生産経験と海外の技術を採り入れて、国産の軽・重機関銃の開発と生産が行われるようになった。

軽機関銃

6.5mm弾を挿弾子ごと弾倉部に装填する(5個、計30発)。

《 十一年式軽機関銃 》

国産初の軽機関銃として大正11年(1922年)に採用された。ボックスマガジンや給弾ベルトなどを使用しない独特の弾薬装填架(ホッパー型)による給弾システムが特徴の軽機関銃である。

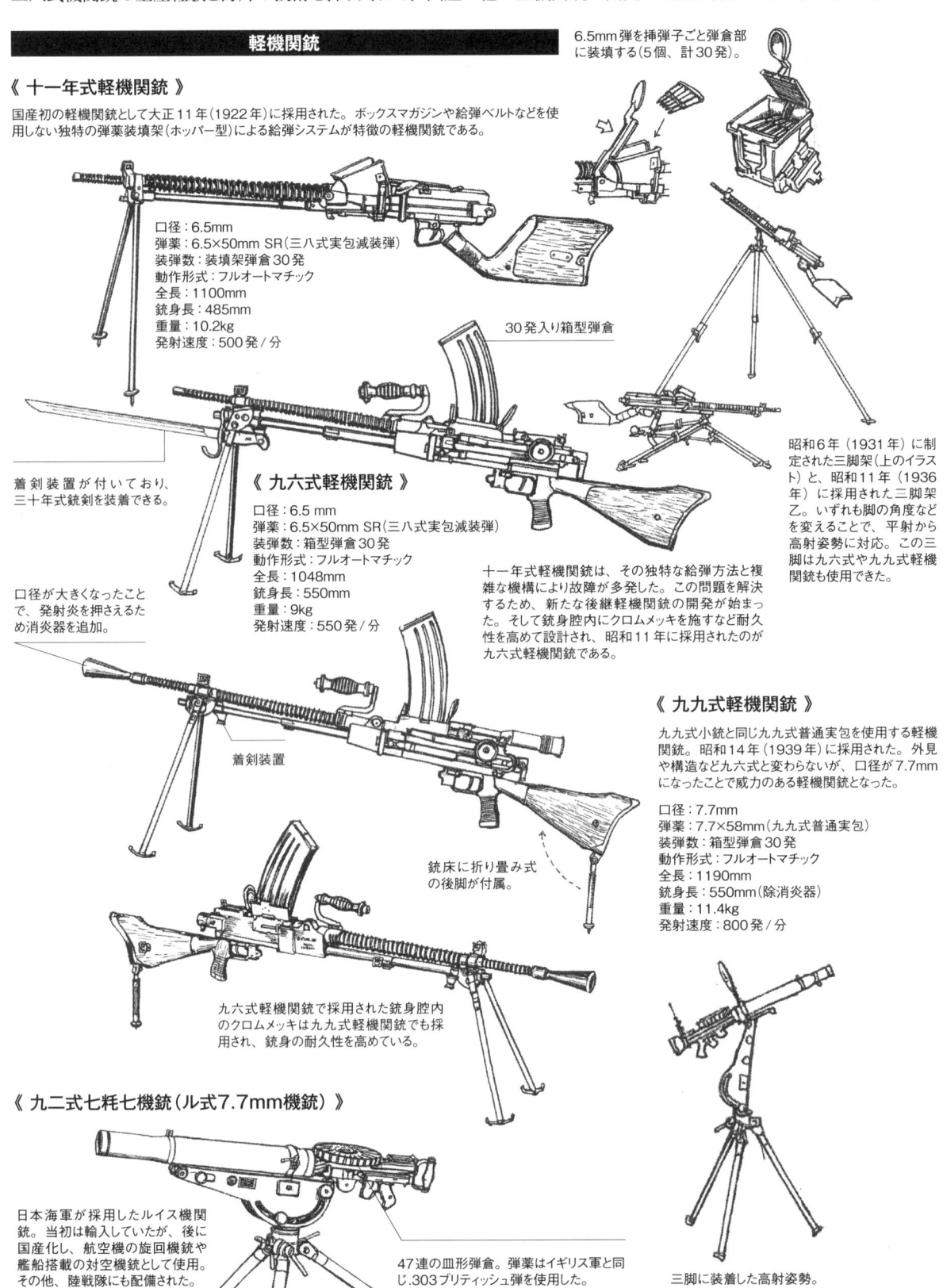

口径：6.5mm
弾薬：6.5×50mm SR(三八式実包減装弾)
装弾数：装填架弾倉30発
動作形式：フルオートマチック
全長：1100mm
銃身長：485mm
重量：10.2kg
発射速度：500発／分

30発入り箱型弾倉

着剣装置が付いており、三十年式銃剣を装着できる。

《 九六式軽機関銃 》

口径：6.5 mm
弾薬：6.5×50mm SR(三八式実包減装弾)
装弾数：箱型弾倉30発
動作形式：フルオートマチック
全長：1048mm
銃身長：550mm
重量：9kg
発射速度：550発／分

口径が大きくなったことで、発射炎を押さえるため消炎器を追加。

十一年式軽機関銃は、その独特な給弾方法と複雑な機構により故障が多発した。この問題を解決するため、新たな後継軽機関銃の開発が始まった。そして銃身腔内にクロムメッキを施すなど耐久性を高めて設計され、昭和11年に採用されたのが九六式軽機関銃である。

昭和6年(1931年)に制定された三脚架(上のイラスト)と、昭和11年(1936年)に採用された三脚架乙。いずれも脚の角度などを変えることで、平射から高射姿勢に対応。この三脚は九六式や九九式軽機関銃も使用できた。

着剣装置

銃床に折り畳み式の後脚が付属。

九六式軽機関銃で採用された銃身腔内のクロムメッキは九九式軽機関銃でも採用され、銃身の耐久性を高めている。

《 九九式軽機関銃 》

九九式小銃と同じ九九式普通実包を使用する軽機関銃。昭和14年(1939年)に採用された。外見や構造など九六式と変わらないが、口径が7.7mmになったことで威力のある軽機関銃となった。

口径：7.7mm
弾薬：7.7×58mm(九九式普通実包)
装弾数：箱型弾倉30発
動作形式：フルオートマチック
全長：1190mm
銃身長：550mm(除消炎器)
重量：11.4kg
発射速度：800発／分

《 九二式七粍七機銃(ル式7.7mm機銃) 》

日本海軍が採用したルイス機関銃。当初は輸入していたが、後に国産化し、航空機の旋回機銃や艦船搭載の対空機銃として使用。その他、陸戦隊にも配備された。

47連の皿形弾倉。弾薬はイギリス軍と同じ.303ブリティッシュ弾を使用した。

三脚に装着した高射姿勢。

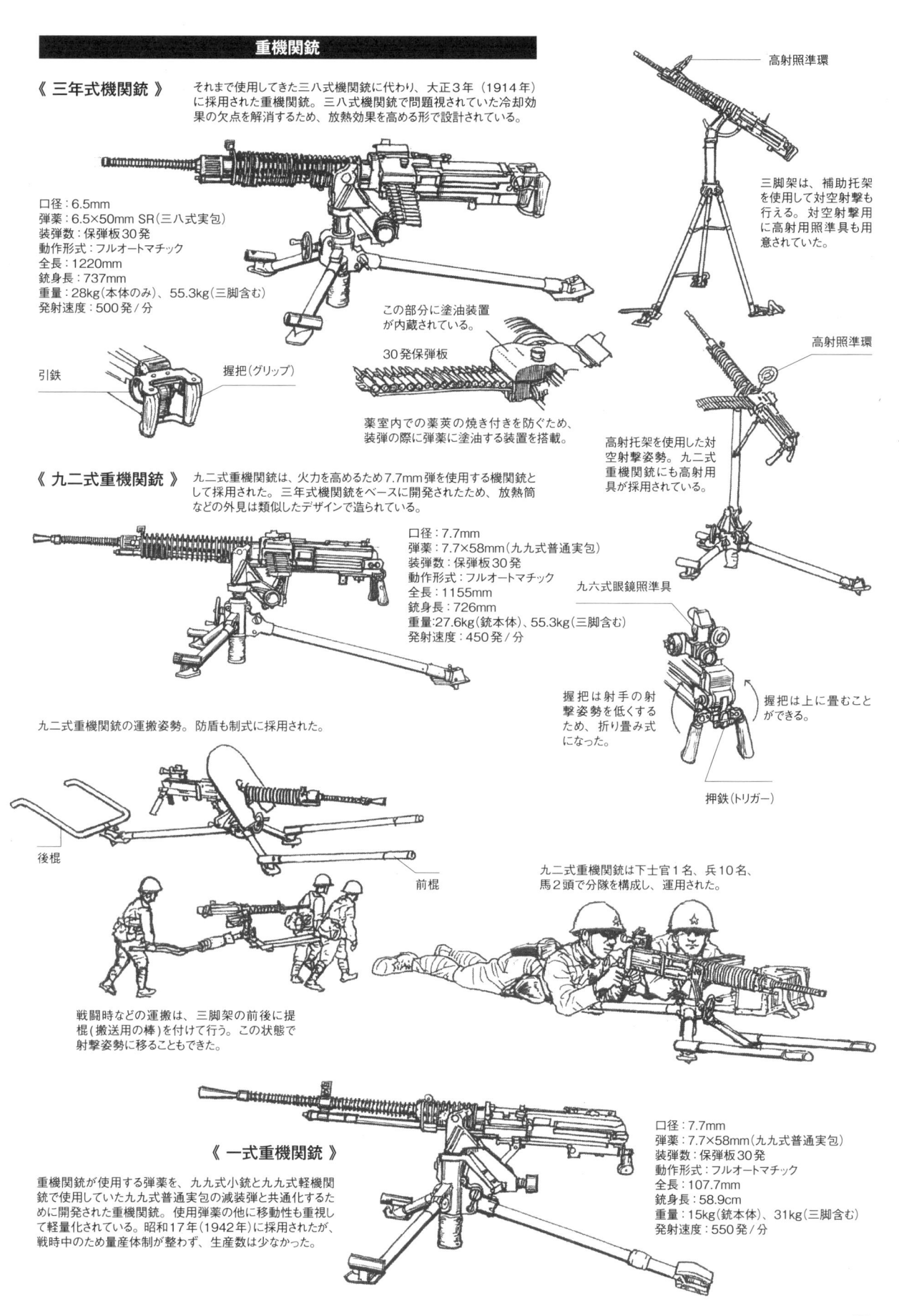

重機関銃

《 三年式機関銃 》

それまで使用してきた三八式機関銃に代わり、大正3年（1914年）に採用された重機関銃。三八式機関銃で問題視されていた冷却効果の欠点を解消するため、放熱効果を高める形で設計されている。

口径：6.5mm
弾薬：6.5×50mm SR（三八式実包）
装弾数：保弾板30発
動作形式：フルオートマチック
全長：1220mm
銃身長：737mm
重量：28kg（本体のみ）、55.3kg（三脚含む）
発射速度：500発/分

引鉄

握把（グリップ）

この部分に塗油装置が内蔵されている。

30発保弾板

薬室内での薬莢の焼き付きを防ぐため、装弾の際に弾薬に塗油する装置を搭載。

高射照準環

三脚架は、補助托架を使用して対空射撃も行える。対空射撃用に高射用照準具も用意されていた。

高射照準環

高射托架を使用した対空射撃姿勢。九二式重機関銃にも高射用具が採用されている。

《 九二式重機関銃 》

九二式重機関銃は、火力を高めるため7.7mm弾を使用する機関銃として採用された。三年式機関銃をベースに開発されたため、放熱筒などの外見は類似したデザインで造られている。

口径：7.7mm
弾薬：7.7×58mm（九九式普通実包）
装弾数：保弾板30発
動作形式：フルオートマチック
全長：1155mm
銃身長：726mm
重量：27.6kg（銃本体）、55.3kg（三脚含む）
発射速度：450発/分

九六式眼鏡照準具

握把は射手の射撃姿勢を低くするため、折り畳み式になった。

握把は上に畳むことができる。

押鉄（トリガー）

九二式重機関銃の運搬姿勢。防盾も制式に採用された。

後棍

前棍

戦闘時などの運搬は、三脚架の前後に提棍（搬送用の棒）を付けて行う。この状態で射撃姿勢に移ることもできた。

九二式重機関銃は下士官1名、兵10名、馬2頭で分隊を構成し、運用された。

《 一式重機関銃 》

重機関銃が使用する弾薬を、九九式小銃と九九式軽機関銃で使用していた九九式普通実包の減装弾と共通化するために開発された重機関銃。使用弾薬の他に移動性も重視して軽量化されている。昭和17年（1942年）に採用されたが、戦時中のため量産体制が整わず、生産数は少なかった。

口径：7.7mm
弾薬：7.7×58mm（九九式普通実包）
装弾数：保弾板30発
動作形式：フルオートマチック
全長：107.7mm
銃身長：58.9cm
重量：15kg（銃本体）、31kg（三脚含む）
発射速度：550発/分

手榴弾

第一次大戦で歩兵の近接戦闘に多用される兵器となった手榴弾。日本陸軍は日露戦争時、急造手榴弾を運用し、日露戦争後に手榴弾を制式に採用した。近代的な構造を持つ手榴弾の開発は、第一次大戦後に始まり、大平洋戦争までに5種類の手榴弾が制式採用されている。

九七式手榴弾

昭和12年（1937年）に採用された破片型手榴弾。擲弾筒と投擲との兼用だった九一式手榴弾を改良し、投擲用として造られた。

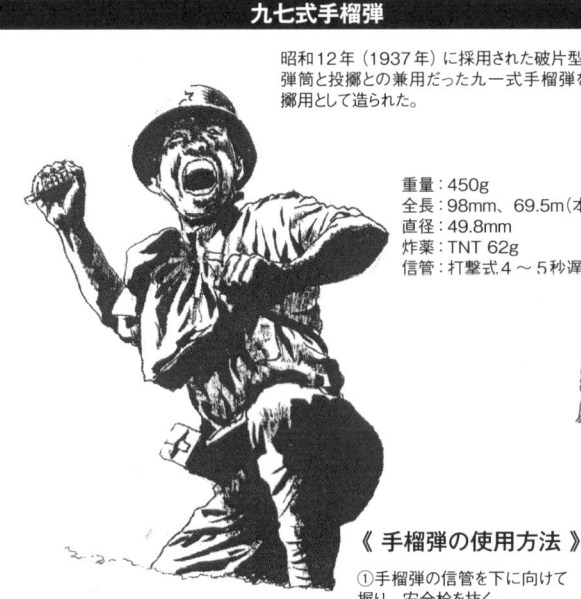

重量：450g
全長：98mm、69.5m（本体）
直径：49.8mm
炸薬：TNT 62g
信管：打撃式4〜5秒遅延

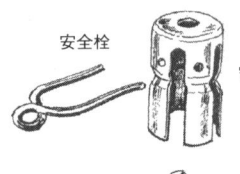

安全栓
安全被帽
撃針体
信管体

《 九七式手榴弾の内部構造 》

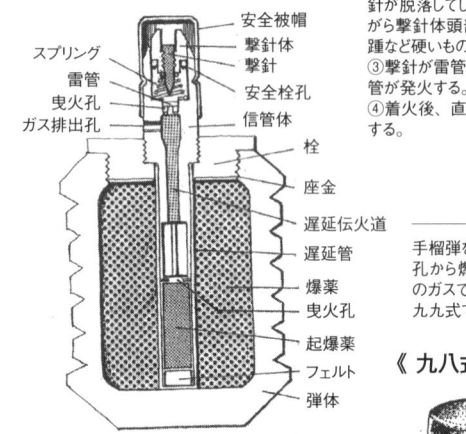

安全被帽
撃針体
スプリング
撃針
雷管
安全栓孔
曳火孔
信管体
ガス排出孔
栓
座金
遅延伝火道
遅延管
爆薬
曳火孔
起爆薬
フェルト
弾体

《 手榴弾の使用方法 》

①手榴弾の信管を下に向けて握り、安全栓を抜く。
②安全被帽が落ちないように（安全被帽が外れると中の撃針が脱落してしまう）、注意しながら撃針体頭部を鉄帽や靴の踵など硬いものに打ち付ける。
③撃針が雷管を叩き、遅延信管が発火する。
④着火後、直ちに目標へ投擲する。

手榴弾を発火させると、ガス噴出孔から燃焼ガスが排出する。このガスで手を火傷することがあり、九九式では保護筒が付けられた。

日中戦争や太平洋戦争時の日本兵は、1人2〜3個の手榴弾を携行した。

《 九八式手榴弾（柄付き） 》

昭和13年（1938年）に製作された攻撃型手榴弾。約10万個が中国戦線に送られたという。

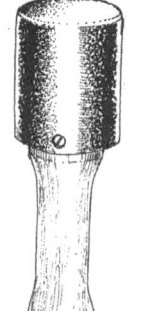

〔九八式手榴弾の内部構造〕

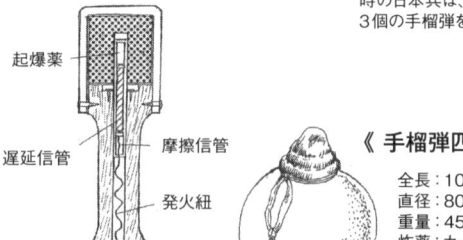

起爆薬
遅延信管
摩擦信管
発火紐

重量：600g
全長：200mm（弾頭80mm、柄120mm）
直径：50mm
炸薬：ピクリン酸 80g
信管：摩擦式4〜5秒遅延

その他の手榴弾

保護筒

《 九九式手榴弾 》

それまでの手榴弾より量産性が高く、軽量で投げやすいということを目的に昭和14年（1939年）に開発された手榴弾。小銃擲弾に使用できる甲と投擲専用の乙の2種類がある。

重量：300g　全長：89mm、58.5mm（本体）　直径：44.5mm　炸薬：ピクリン酸 55g　信管：打撃式4〜5秒遅延

《 手榴弾四型 》

全長：100mm
直径：80mm
重量：450g
炸薬：カーリット99〜130g前後
遅延時間：4〜5秒

太平洋戦争末期に金属不足のため、陶器で造られたといわれる手榴弾。弾体が陶製のため毒ガスや発煙剤を入れた化学弾との意見もある。

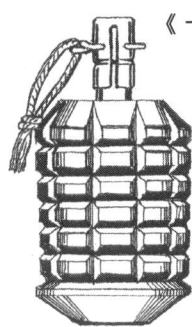

《 十年式手榴弾 》

兵士が投擲するだけでなく、十年式擲弾筒の榴弾としても使用できるように開発され、大正10年（1921年）に採用された。擲弾筒で使用するため、弾体底部には発射用の推進用装薬室が取り付けられている。

重量：540g
全長：123.5mm、69mm（本体）
直径：49.8mm
炸薬：TNT 65g、または塩斗薬 75g
信管：打撃式7～8秒遅延

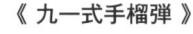

《 九一式手榴弾 》

十年式手榴弾を改良した手榴弾。信管の安全性が高められ、弾体も量産向けのデザインに変更された。

重量：530g
全長：125mm、68.5m（本体）
直径：49.8mm
炸薬：TNT 62g
信管：打撃式7～8秒遅延

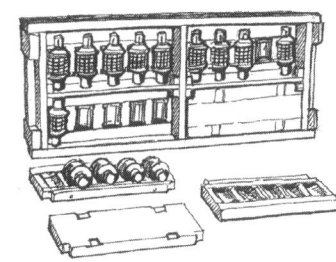

〔九一式手榴弾20発入り弾薬箱〕

擲弾器

手榴弾を遠くに飛ばすための小銃擲弾器は、各国の陸軍が導入していた兵器だが、日本軍も昭和14年（1939年）から開発を始め、各種擲弾器と弾頭が造られた。

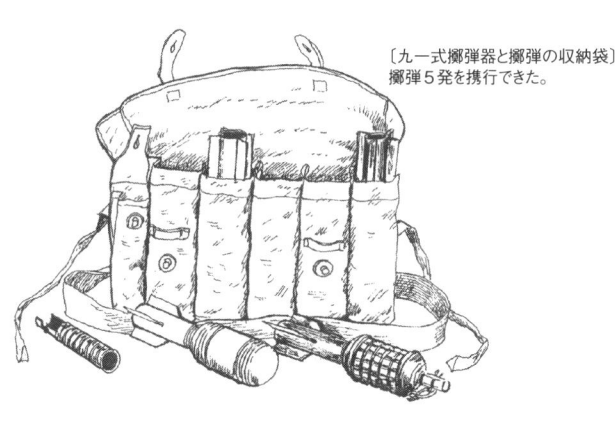

〔九一式擲弾器と擲弾の収納袋〕
擲弾5発を携行できた。

《 日本軍が使用した擲弾器と擲弾 》

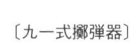
〔九一式擲弾器〕

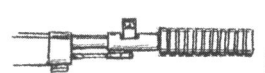

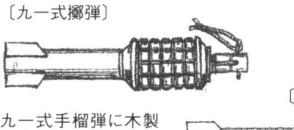
〔九一式擲弾〕

九一式手榴弾に木製の安定翼を付けた榴弾。信管は手榴弾と同じため、発射後7～8秒後に起爆。

〔九一式発煙弾〕

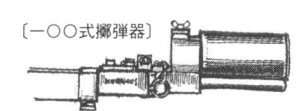
〔一〇〇式擲弾器〕

昭和15年（1940年）に採用されたカップ型の擲弾器。擲弾の発射には通常、空砲が用いられるが、一〇〇式擲弾器では実包を使用して擲弾の発射が可能。構造は、カップの下部に弾丸用のパイプが付属し、実包発射後にガスはこのパイプに開けられたガス噴出孔からカップへ導かれ擲弾を発射するというもので、実包の弾丸はパイプより射出された。

〔三式擲弾器〕

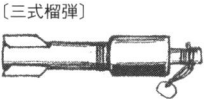
〔三式榴弾〕

海軍が陸戦隊用に採用した榴弾。

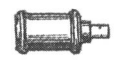

一〇〇式擲弾器には、九九式手榴弾を用いた。

〔二式対戦車擲弾（夕弾）弾頭口径40mm〕　〔二式対戦車擲弾（夕弾）弾頭口径30mm〕

〔二式擲弾器（タテ器）〕

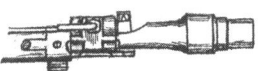

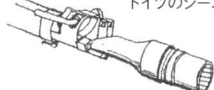

ドイツのシースベッヒャーを参考に製作された擲弾器。

二式擲弾器の内部にはドイツ製と同様に、ライフリングが付く。

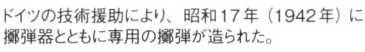
ドイツの技術援助により、昭和17年（1942年）に擲弾器とともに専用の擲弾が造られた。

擲弾筒

日本軍が運用した擲弾筒は、その威力と射程距離などから小銃擲弾と小隊迫撃砲の中間に位置する兵器であった。太平洋戦争では、手榴弾以上の破壊力を持つ榴弾の威力と高い命中率により、連合軍将兵の脅威となった兵器である。

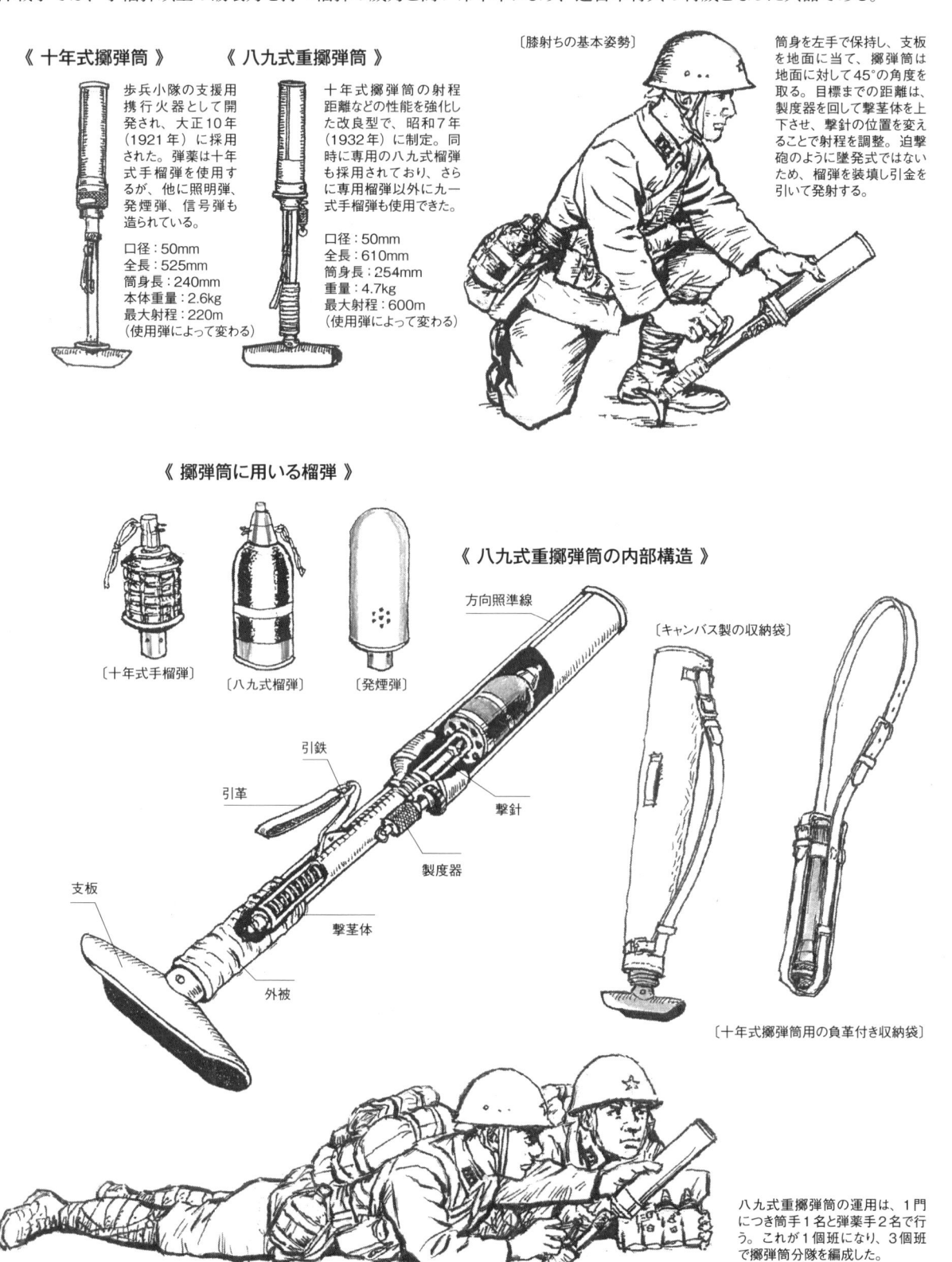

《 十年式擲弾筒 》

歩兵小隊の支援用携行火器として開発され、大正10年（1921年）に採用された。弾薬は十年式手榴弾を使用するが、他に照明弾、発煙弾、信号弾も造られている。

口径：50mm
全長：525mm
筒身長：240mm
本体重量：2.6kg
最大射程：220m
（使用弾によって変わる）

《 八九式重擲弾筒 》

十年式擲弾筒の射程距離などの性能を強化した改良型で、昭和7年（1932年）に制定。同時に専用の八九式榴弾も採用されており、さらに専用榴弾以外に九一式手榴弾も使用できた。

口径：50mm
全長：610mm
筒身長：254mm
重量：4.7kg
最大射程：600m
（使用弾によって変わる）

〔膝射ちの基本姿勢〕

筒身を左手で保持し、支板を地面に当て、擲弾筒は地面に対して45°の角度を取る。目標までの距離は、製度器を回して撃茎体を上下させ、撃針の位置を変えることで射程を調整。迫撃砲のように墜発式ではないため、榴弾を装填し引金を引いて発射する。

《 擲弾筒に用いる榴弾 》

〔十年式手榴弾〕　〔八九式榴弾〕　〔発煙弾〕

《 八九式重擲弾筒の内部構造 》

方向照準線
引鉄
引革
撃針
製度器
撃茎体
支板
外被

〔キャンバス製の収納袋〕

〔十年式擲弾筒用の負革付き収納袋〕

八九式重擲弾筒の運用は、1門につき筒手1名と弾薬手2名で行う。これが1個班になり、3個班で擲弾筒分隊を編成した。

対戦車肉薄兵器

ドイツ軍やアメリカ軍のように携帯型ロケット対戦車兵器を持たなかった日本軍の対戦車戦闘法は、肉薄攻撃しかなかった。その方法は、転輪や履帯を破壊して動きを止め、火炎瓶や手榴弾による戦車搭乗員への攻撃、あるいは地雷や爆雷を携帯したまま戦車への突撃という、まさに歩兵による特攻であった。

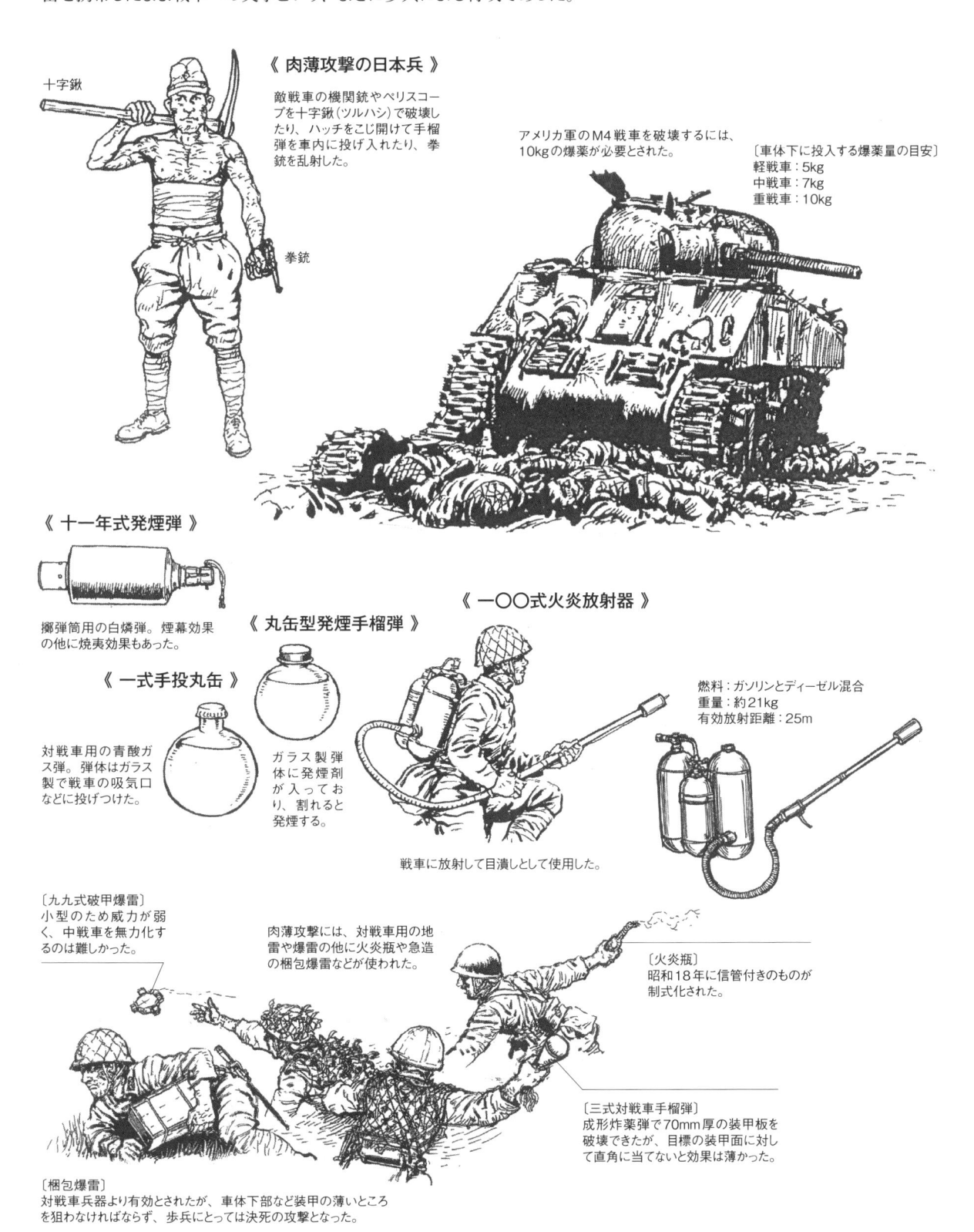

十字鍬

《 肉薄攻撃の日本兵 》

敵戦車の機関銃やペリスコープを十字鍬（ツルハシ）で破壊したり、ハッチをこじ開けて手榴弾を車内に投げ入れたり、拳銃を乱射した。

拳銃

アメリカ軍のM4戦車を破壊するには、10kgの爆薬が必要とされた。

〔車体下に投入する爆薬量の目安〕
軽戦車：5kg
中戦車：7kg
重戦車：10kg

《 十一年式発煙弾 》

擲弾筒用の白燐弾。煙幕効果の他に焼夷効果もあった。

《 一式手投丸缶 》

対戦車用の青酸ガス弾。弾体はガラス製で戦車の吸気口などに投げつけた。

《 丸缶型発煙手榴弾 》

ガラス製弾体に発煙剤が入っており、割れると発煙する。

《 一〇〇式火炎放射器 》

燃料：ガソリンとディーゼル混合
重量：約21kg
有効放射距離：25m

戦車に放射して目潰しとして使用した。

〔九九式破甲爆雷〕
小型のため威力が弱く、中戦車を無力化するのは難しかった。

肉薄攻撃には、対戦車用の地雷や爆雷の他に火炎瓶や急造の梱包爆雷などが使われた。

〔火炎瓶〕
昭和18年に信管付きのものが制式化された。

〔三式対戦車手榴弾〕
成形炸薬弾で70mm厚の装甲板を破壊できたが、目標の装甲面に対して直角に当てないと効果は薄かった。

〔梱包爆雷〕
対戦車兵器より有効とされたが、車体下部など装甲の薄いところを狙わなければならず、歩兵にとっては決死の攻撃となった。

《 手投火炎瓶 》

制式採用された火炎瓶。専用のガラス瓶に信管を付けたもので、信管はサイダーやビール瓶にも装着できた。

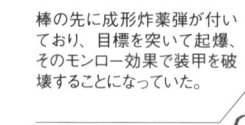

信管

信管がない場合は、布を詰めて着火する。

《 刺突爆雷 》

棒の先に成形炸薬弾が付いており、目標を突いて起爆、そのモンロー効果で装甲を破壊することになっていた。

弾頭先端の釘は信管でなく、モンロー効果を高めるために付けられた。

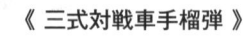

《 三式対戦車手榴弾 》

投擲後、飛行を安定させるため麻紐が付いている。装薬量により甲（853g）、乙（690g）、丙（500g）の3種類が造られた。

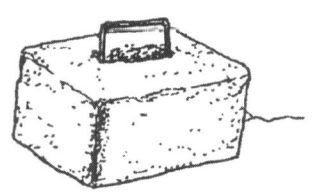

九九式破甲爆雷 》

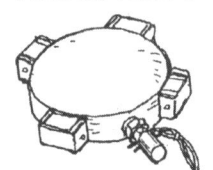

4個の磁石が弾体に付属しており、戦車の車体などに吸着させて破壊する。しかし、装薬量が630gと少なく、5〜6個を結束して使用しないとM4戦車に対して効果を得られなかった。

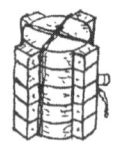

九九式破甲爆雷を結束させた場合、投擲は不可能なため直接戦車に吸着させた。

梱包爆雷を背負った兵士。このまま戦車に肉薄して車体の下に潜り込み起爆させた。

《 急造地雷/爆雷 》

〔コンクリート地雷〕
中に大量の黒色火薬が充填されている。

〔袋詰め地雷〕
麻布袋などにTNT火薬を詰めて信管を付けたもの。

〔梱包爆雷〕
木箱に火薬を入れて信管を付けたもの。箱のサイズにより、4kgから10kgなど数種類が造られた。

《 肉薄攻撃に使用した各種地雷 》

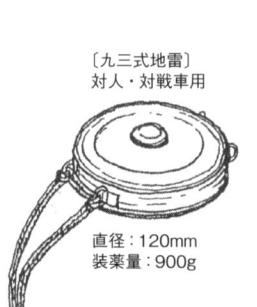

〔九三式地雷〕
対人・対戦車用

直径：120mm
装薬量：900g

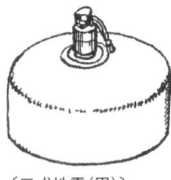

〔三式地雷(甲)〕
本体は陶器製。

直径：270mm(大)、230mm(小)
全長：190mm
装薬量：3kg(大)、2kg(小)

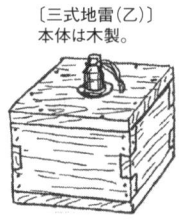

〔三式地雷(乙)〕
本体は木製。

縦横：225mm
全長：190mm
装薬量：2kg

〔棒地雷〕
肉薄攻撃に使用する際は、手榴弾を付けて起爆させた。

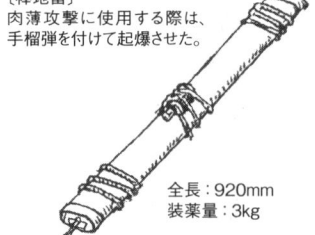

全長：920mm
装薬量：3kg

〔九八式舟艇機雷〕
海軍の機雷だが、対戦車用にも使用した。

底直径：510mm
装薬量：21kg

銃剣／軍刀

日本陸軍は、歩兵戦闘の雌雄を決するのは銃剣突撃であると白兵戦闘を重視していた。しかし、太平洋戦争では、連合軍の自動火器を使用した強力な防御の前に銃剣突撃は無力化されていくことになる。

三十年式銃剣

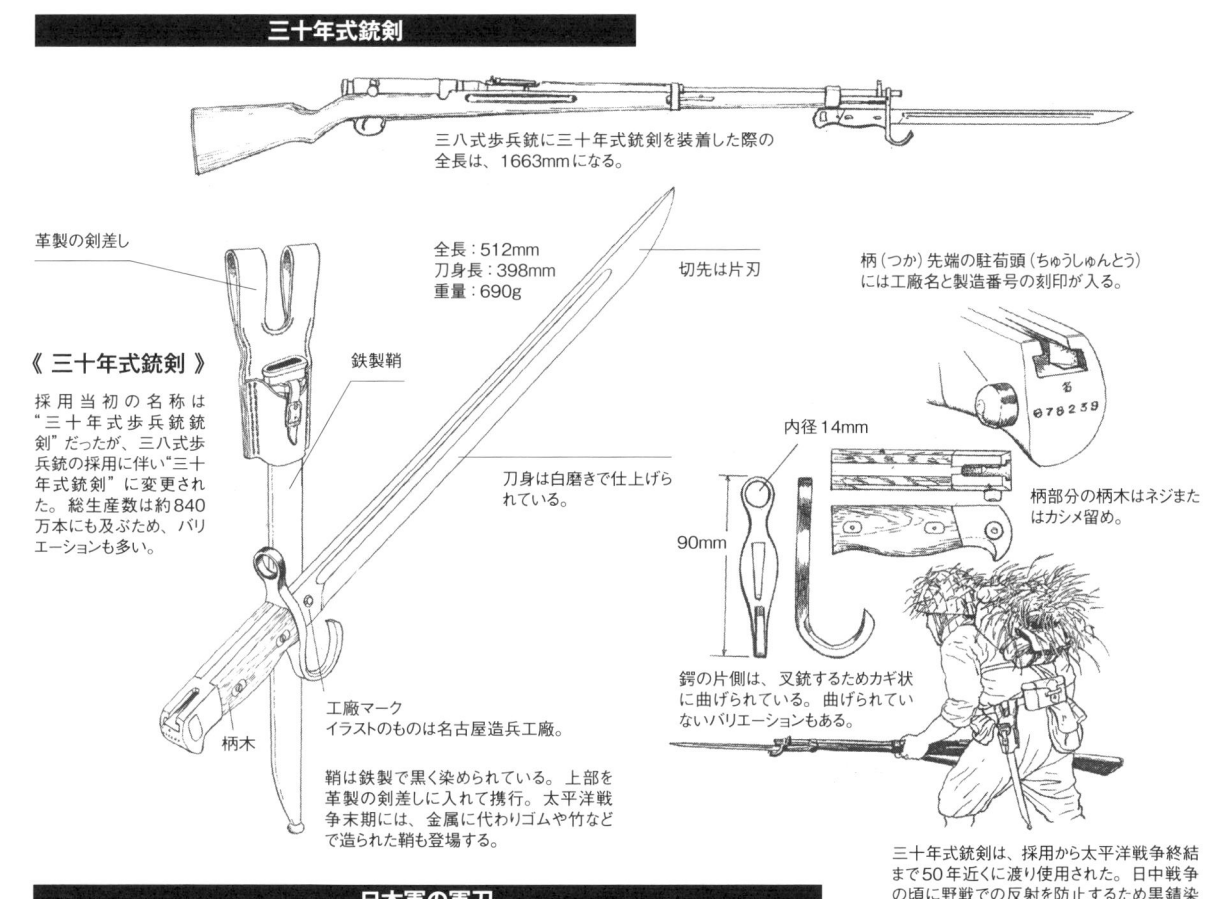

三八式歩兵銃に三十年式銃剣を装着した際の全長は、1663mmになる。

革製の剣差し

全長：512mm
刀身長：398mm
重量：690g

切先は片刃

柄（つか）先端の駐荀頭（ちゅうしゅんとう）には工廠名と製造番号の刻印が入る。

《 三十年式銃剣 》

採用当初の名称は"三十年式歩兵銃銃剣"だったが、三八式歩兵銃の採用に伴い"三十年式銃剣"に変更された。総生産数は約840万本にも及ぶため、バリエーションも多い。

鉄製鞘

刀身は白磨きで仕上げられている。

内径14mm

90mm

柄部分の柄木はネジまたはカシメ留め。

工廠マーク
イラストのものは名古屋造兵工廠。

柄木

鞘は鉄製で黒く染められている。上部を革製の剣差しに入れて携行。太平洋戦争末期には、金属に代わりゴムや竹などで造られた鞘も登場する。

鍔の片側は、叉銃するためカギ状に曲げられている。曲げられていないバリエーションもある。

三十年式銃剣は、採用から太平洋戦争終結まで50年近くに渡り使用された。日中戦争の頃に野戦での反射を防止するため黒錆染め仕様の刀身も造られるようになった。

日本軍の軍刀

軍刀は、白兵戦において有効な武器であった。20世紀に入り、軍隊の近代化が進む中でその実用性は失われたが、日本軍では太平洋戦争終結まで軍刀を実用兵器に位置付けていた。

《 下士官/兵用 》　陸軍の軍刀は将校以外に、騎兵や憲兵隊などの下士官/兵にも支給された。

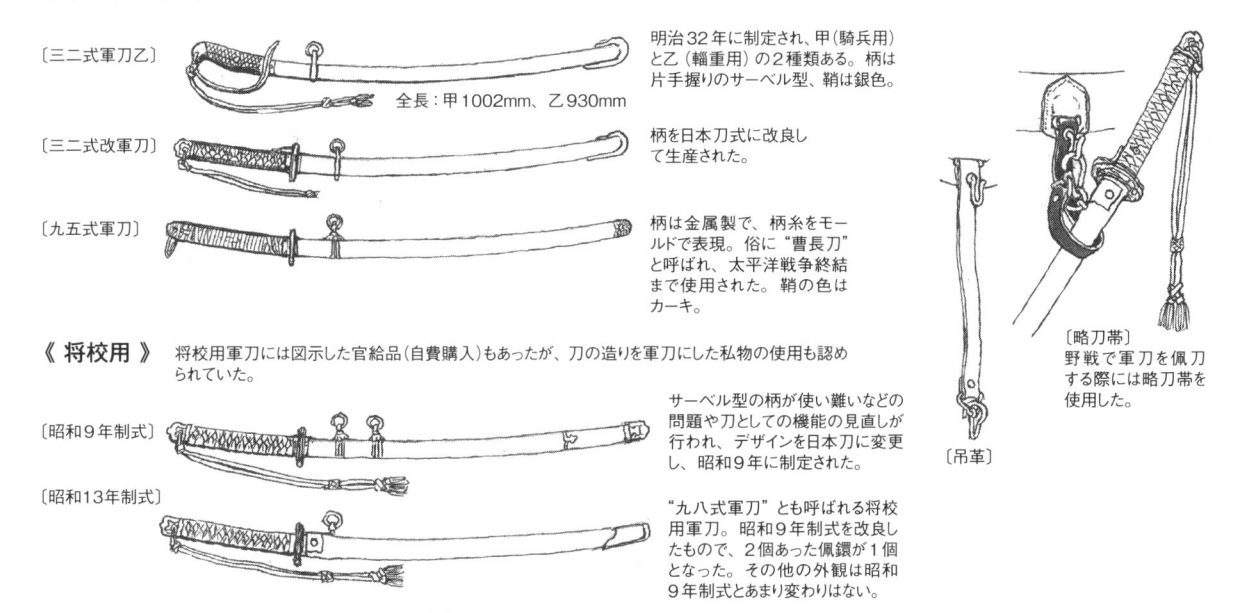

〔三二式軍刀乙〕

全長：甲1002mm、乙930mm

明治32年に制定され、甲（騎兵用）と乙（輜重用）の2種類がある。柄は片手握りのサーベル型、鞘は銀色。

〔三二式改軍刀〕

柄を日本刀式に改良して生産された。

〔九五式軍刀〕

柄は金属製で、柄糸をモールドで表現。俗に"曹長刀"と呼ばれ、太平洋戦争終結まで使用された。鞘の色はカーキ。

〔略刀帯〕
野戦で軍刀を佩刀する際には略刀帯を使用した。

〔吊革〕

《 将校用 》　将校用軍刀には図示した官給品（自費購入）もあったが、刀の造りを軍刀にした私物の使用も認められていた。

〔昭和9年制式〕

〔昭和13年制式〕

サーベル型の柄が使い難いなどの問題や刀としての機能の見直しが行われ、デザインを日本刀に変更し、昭和9年に制定された。

"九八式軍刀"とも呼ばれる将校用軍刀。昭和9年制式を改良したもので、2個あった佩鐶が1個となった。その他の外観は昭和9年制式とあまり変わりはない。

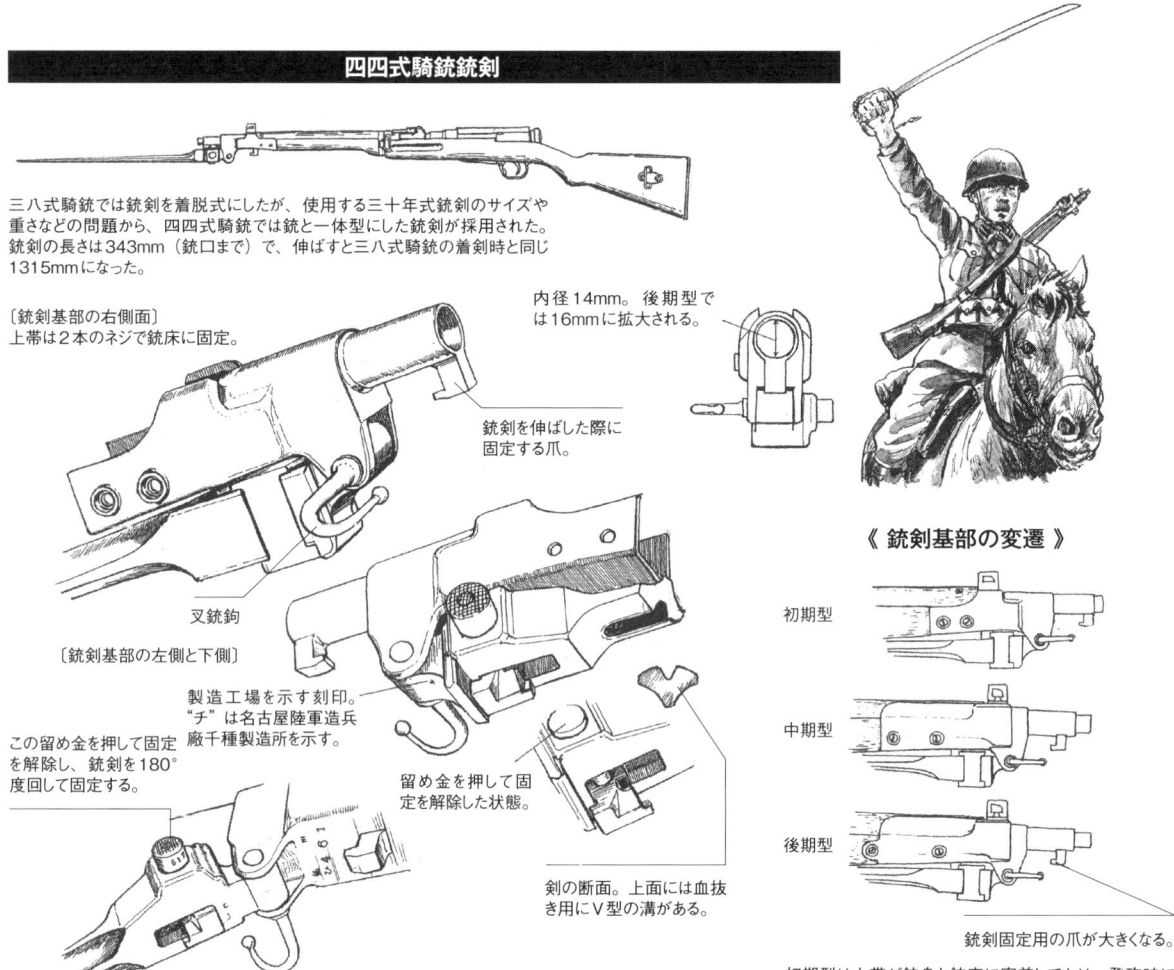

四四式騎銃銃剣

三八式騎銃では銃剣を着脱式にしたが、使用する三十年式銃剣のサイズや重さなどの問題から、四四式騎銃では銃と一体型にした銃剣が採用された。銃剣の長さは343mm（銃口まで）で、伸ばすと三八式騎銃の着剣時と同じ1315mmになった。

〔銃剣基部の右側面〕
上帯は2本のネジで銃床に固定。

内径14mm。後期型では16mmに拡大される。

銃剣を伸ばした際に固定する爪。

叉銃鉤

〔銃剣基部の左側と下側〕

製造工場を示す刻印。"チ"は名古屋陸軍造兵廠千種製造所を示す。

この留め金を押して固定を解除し、銃剣を180°度回して固定する。

留め金を押して固定を解除した状態。

剣の断面。上面には血抜き用にV型の溝がある。

《 銃剣基部の変遷 》

初期型

中期型

後期型

銃剣固定用の爪が大きくなる。

初期型は上帯が銃身と銃床に密着しており、発砲時にその振動で着弾が逸れることが分かり、中期型ではスペースを設ける改修を行った。後期型はさらに上帯の強化と銃床への取り付けを強化。

二式銃剣

挺進部隊が使用するには三十年式銃剣（全長512mm）は長過ぎて邪魔になるため、三十年式銃剣を改良して、刀身を短くした二式銃剣が造られた。

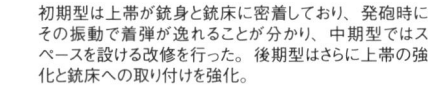

刀身の長さ以外は基本的に三十年式銃剣と同じ構造である。全長が短くなったことで戦闘用ナイフとしても使用できるようになった。

全長：323mm　刃長長：195mm

二式銃剣は、一〇〇式機関短銃と二式小銃用の銃剣として挺進部隊で使用された。

ベ式機関短銃に三十年銃剣を着剣した状態。

一〇〇式機関短銃に三十年式銃剣を装着した状態。

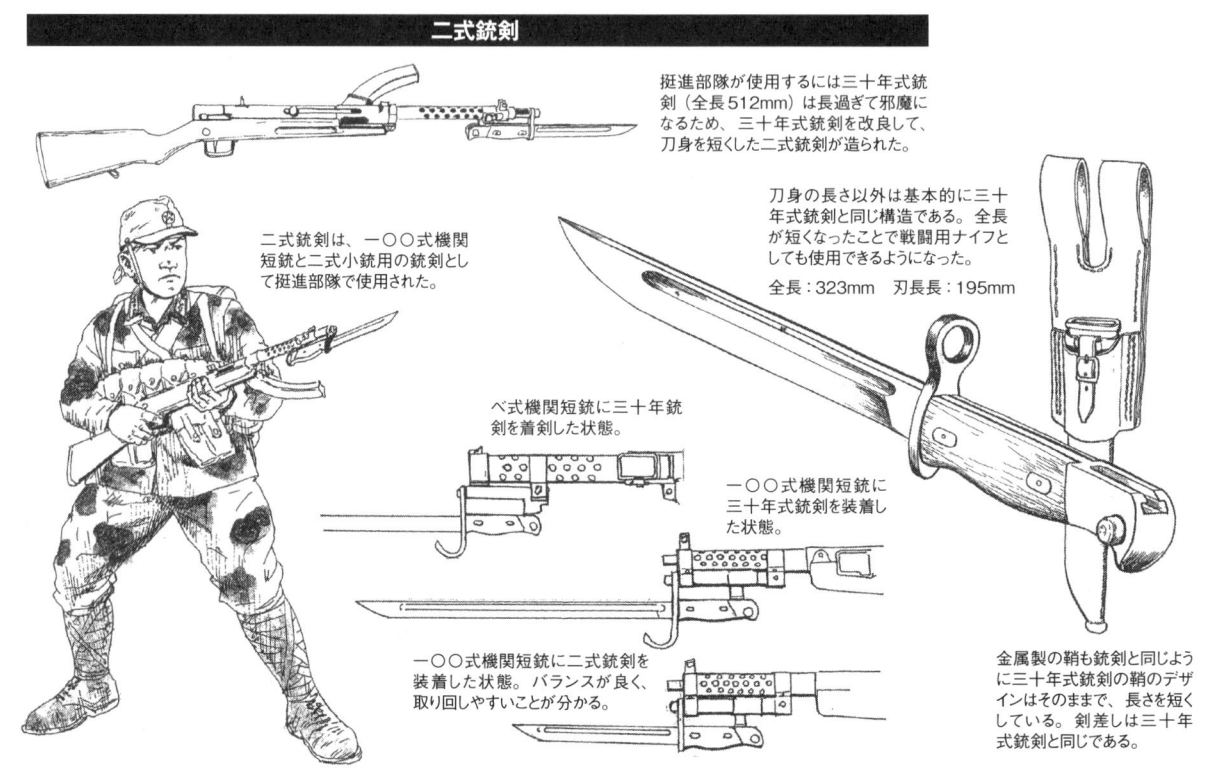

一〇〇式機関短銃に二式銃剣を装着した状態。バランスが良く、取り回しやすいことが分かる。

金属製の鞘も銃剣と同じように三十年式銃剣の鞘のデザインはそのままで、長さを短くしている。剣差しは三十年式銃剣と同じである。

日本軍の歩兵部隊編成

日本軍の分隊

日本陸軍の小隊と分隊は、戦時編成に沿って編成されている。そのため、小隊及び分隊の平時編成はなく、日常の活動は中隊を基本に内務班単位で行われる。ただし、演習などの訓練時には小隊と分隊を編成した。太平洋戦争時の歩兵小隊は基本的に4個分隊で編成されていた。

《 歩兵小隊の戦時編成　1940年 》

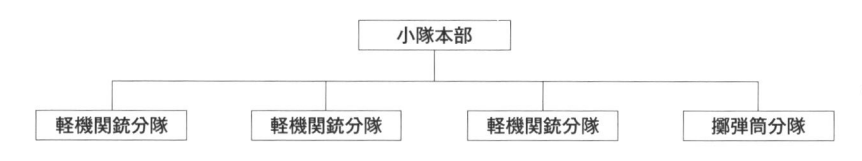

```
               小隊本部
   ┌──────┬──────┬──────┐
軽機関銃分隊  軽機関銃分隊  軽機関銃分隊  擲弾筒分隊
```

歩兵小隊は、4個分隊が基本編成だった。しかし、日中戦争から太平洋戦争にかけて大量の兵士を動員したことから、兵員と兵器に不足をきたして3個分隊編成や軽機関銃と擲弾筒の配備数が減らされる場合もあった。分隊の装備火器は、軽機関銃×1、小銃×11、拳銃×1である。

軽機関銃（歩兵）分隊の構成

歩兵小隊には、3個の軽機関銃（歩兵）分隊が所属。各分隊は、指揮官の分隊長と軽機関銃班4名、小銃班7名の合計12名の分隊員で構成されている。

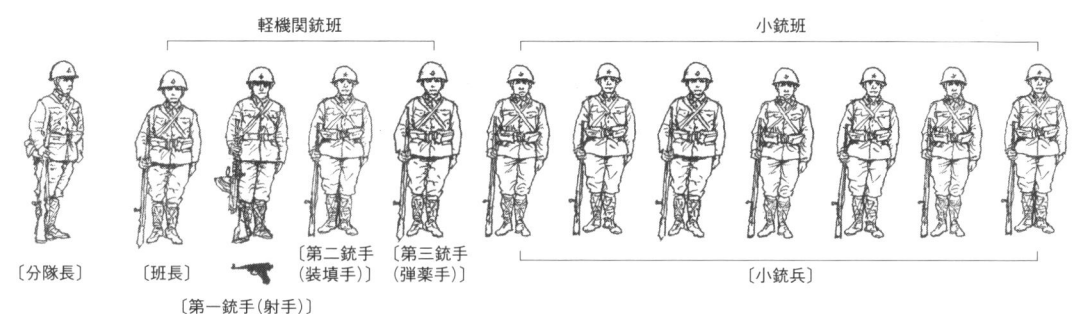

軽機関銃班　　　　　　　　　　　　　　　　小銃班

〔分隊長〕　〔班長〕　〔第二銃手（装填手）〕〔第三銃手（弾薬手）〕　　〔小銃兵〕

〔第一銃手（射手）〕
拳銃も携行。

《 軽機関銃班の装備 》

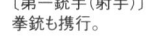

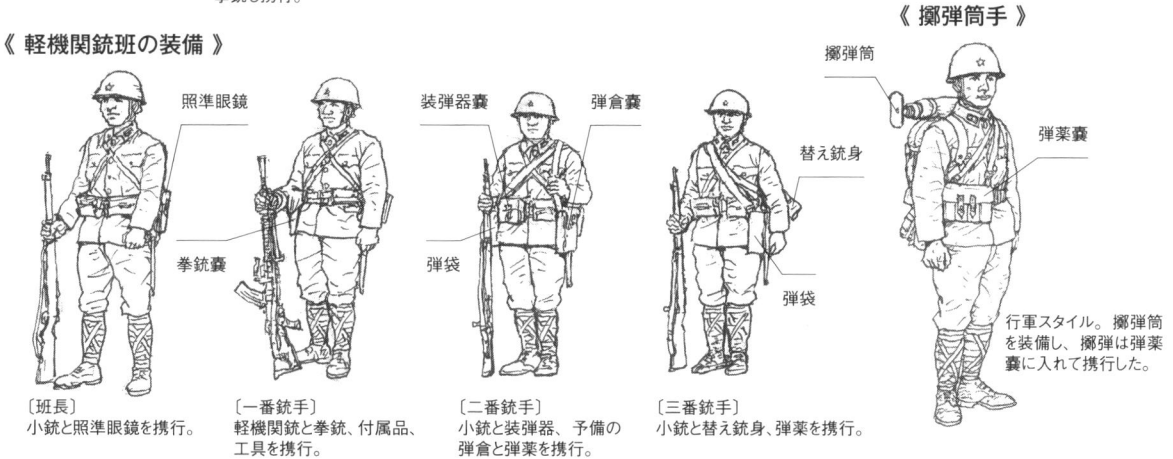

《 擲弾筒手 》

擲弾筒

弾薬嚢

替え銃身

弾袋

行軍スタイル。擲弾筒を装備し、擲弾は弾薬嚢に入れて携行した。

照準眼鏡

拳銃嚢

装弾器嚢　弾倉嚢

弾袋

〔班長〕
小銃と照準眼鏡を携行。

〔一番銃手〕
軽機関銃と拳銃、付属品、工具を携行。

〔二番銃手〕
小銃と装弾器、予備の弾倉と弾薬を携行。

〔三番銃手〕
小銃と替え銃身、弾薬を携行。

擲弾筒分隊の構成

歩兵小隊4個目の分隊が擲弾筒分隊である。1個分隊に付き擲弾筒3筒が配備され、3つの班に分れ、軽機関銃分隊の攻撃を支援した。擲弾筒の弾薬は擲弾筒手の他に分隊長を除く、全員が携行した。擲弾筒分隊の装備火器は、擲弾筒×3、小銃×10である。

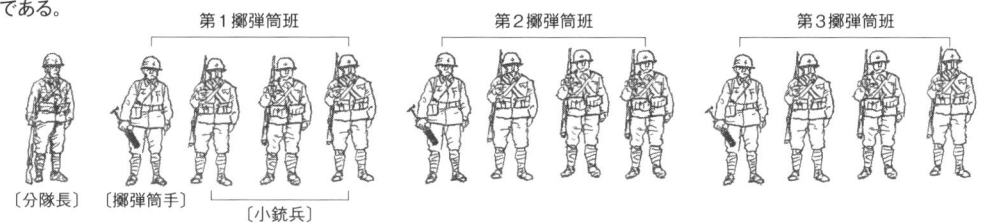

第1擲弾筒班　　　　　　第2擲弾筒班　　　　　　第3擲弾筒班

〔分隊長〕〔擲弾筒手〕
〔小銃兵〕

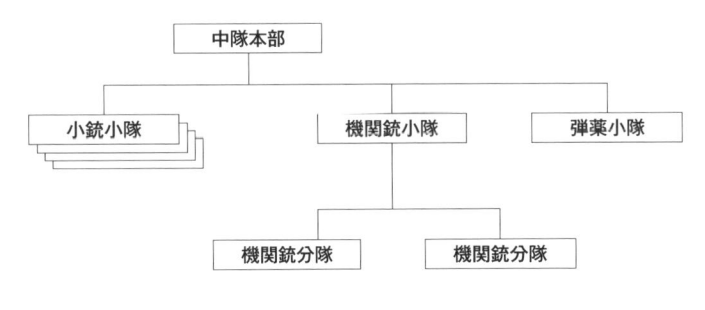

《 歩兵中隊の編成 》

歩兵中隊で運用される機関銃分隊は、機関銃小隊に所属し、小銃小隊の支援攻撃を
行う。弾薬の補給は弾薬小隊が担当した。

機関銃分隊

機関銃分隊は、分隊長以下10名と重機関銃及び弾薬を運搬する馬2頭で構成されている。

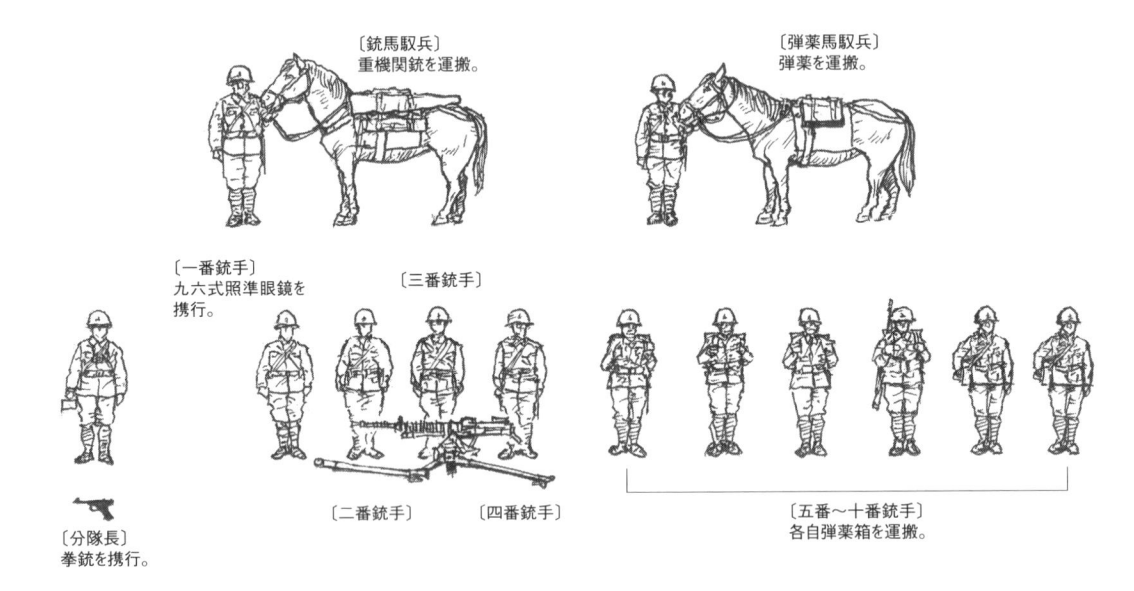

〔銃馬取兵〕
重機関銃を運搬。

〔弾薬馬取兵〕
弾薬を運搬。

〔一番銃手〕
九六式照準眼鏡を
携行。

〔三番銃手〕

〔二番銃手〕　〔四番銃手〕

〔五番〜十番銃手〕
各自弾薬箱を運搬。

〔分隊長〕
拳銃を携行。

《 重機関銃の布陣 》　分隊長の指示した位置に機関銃を設置して各自が指
定の位置に付く。射撃は小隊長の命令により行った。

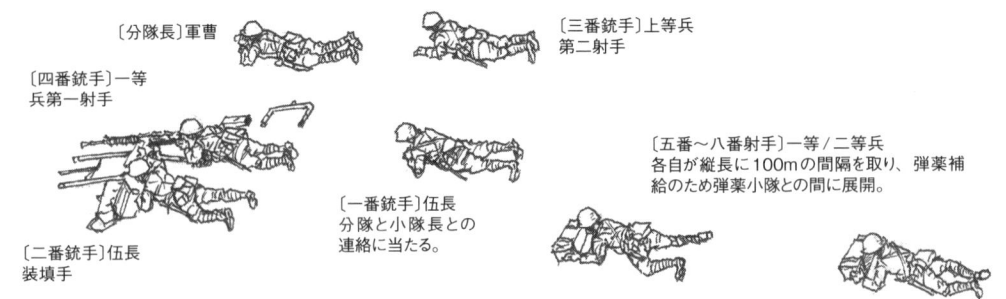

〔分隊長〕軍曹

〔三番銃手〕上等兵
第二射手

〔四番銃手〕一等
兵第一射手

〔一番銃手〕伍長
分隊と小隊長との
連絡に当たる。

〔五番〜八番射手〕一等／二等兵
各自が縦長に100mの間隔を取り、弾薬補
給のため弾薬小隊との間に展開。

〔二番銃手〕伍長
装填手

《 人力搬送 》　機関銃と弾薬は行軍時には馬で搬送するが、戦闘時の移動は分隊員による人力で搬送した。一番か
ら四番銃手は機関銃を搬送。五番銃手以下は、1箱22kg、540発入りの甲弾薬箱を搬送する。

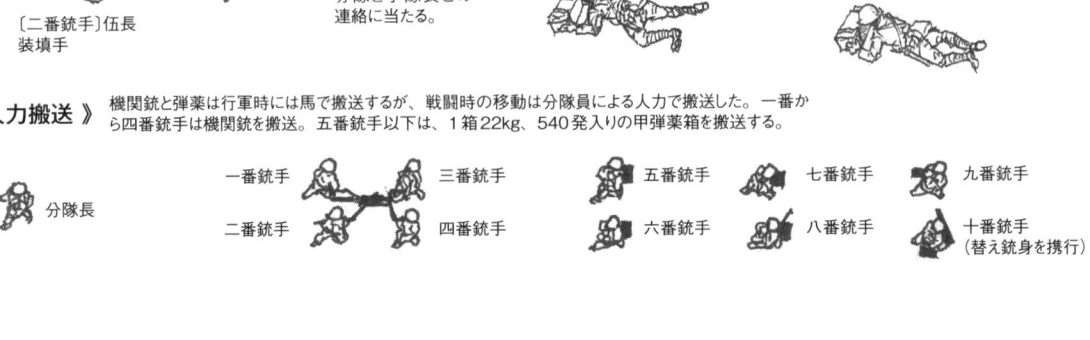

分隊長

一番銃手　三番銃手　五番銃手　七番銃手　九番銃手

二番銃手　四番銃手　六番銃手　八番銃手　十番銃手
（替え銃身を携行）

イタリア軍

第一次大戦の戦勝国だったイタリアは、
戦後の国内経済が安定しない状況などから、
兵器の発達は遅れがちであった。
そのため旧式化した小火器の更新が遅れ、
戦間期に開発・採用された銃器も
改良の余地を残すなどの問題を抱えていた。

ピストル

イタリア軍は19世紀末以降、軍用ピストルの国産化を始めた。20世紀に入ると、リボルバーからオートマチックモデルが主力となり、第一次大戦時はベレッタM1915が登場する。以降、改良と開発が続けられ、ベレッタM1934で完成形となった。

《 ボデオM1889 》

口径：10.35mm
弾薬：10.35×20mm
装弾数：6発
動作形式：ダブル／
シングルアクション
全長：235mm
銃身長：115mm
重量：950g

1889年の採用後、第二次大戦まで使用された軍用リボルバー。イラストは、フレーム左側にリバウンドセフティが追加されたM1889の改良型。

〔M1889用ヒップホルスター〕

《 ボデオM1889/94 》

M1889を改良した最終モデル。基本構造は、M1889と同じであるが、バレルを円形に変更するなど軽量化が図られている。

《 グリセンティM1910 》

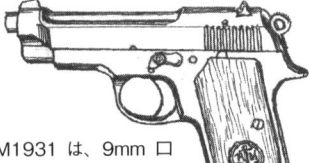

イタリア軍が初めて制式採用したセミオートマチックピストル。パーツ点数の多さと、削り出し加工のため、第一次大戦が始まると軍の需要に生産が追い付かず、ベレッタM1915の誕生を促すことになった。

口径：9mm
弾薬：9×19mm（9mmグリセンティ弾）
装弾数：ボックスマガジン7発
動作形式：セミオートマチック
全長：206mm
銃身長：100mm
重量：905g

〔M1910用ホルスター〕

《 ベレッタM1931 》

M1931 は、9mm 口径のM1923をベースに、7.65mm 口径で小型・軽量化したモデルである。

口径：7.65mm
弾薬：7.65×17mm（.32ACP弾）
装弾数：ボックスマガジン8発
動作形式：セミオートマチック
全長：150mm
銃身長：85mm
重量：610g

《 ベレッタM1915 》

口径：9mm
弾薬：9×19mm（9mmグリセティ弾）
装弾数：ボックスマガジン8発
動作形式：セミオートマチック
全長：167mm
銃身長：95mm
重量：850g

ベレッタ社が開発した初のオートマチックピストル。第一次大戦時に不足するピストルを補うため、開発・生産された。

《 ベレッタM1934 》

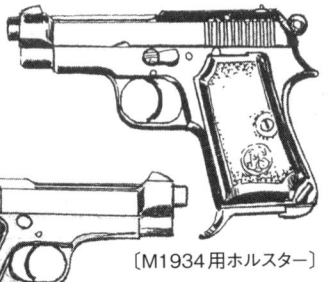

〔M1934用ホルスター〕

口径：9mm
弾薬：9×17mm（.380ACP弾）
装弾数：ボックスマガジン7発
動作形式：セミオートマチック
全長：150mm
銃身長：88mm
重量：625g

M1931を改良し、少ないパーツ点数と強度を高めて設計された。小型でシンプルな構造のM1934は、故障が少なく将兵から信頼された。第二次大戦では、自衛用として将校だけでなく航空機、装甲車両の搭乗員も使用している。

《 M00シグナルピストル 》

口径254mmの単発、中折れ式の信号拳銃。

ベレッタM1934は、小型のため軍用ピストルとしては威力が低いなどの欠点はあったが、故障が少なく将校に好まれた。

ライフル

第二次大戦中のイタリア軍のライフルは、カルカノM1891ライフルを中心とし、その複数の改良型とバリエーションモデルが使用された。

《 カルカノM1891 》

口径：6.5mm
弾薬：6.5×52mmカルカノ弾
装弾数：6発
動作形式：ボルトアクション
全長：1295mm
銃身長：780mm
重量：3.8kg

サルバトーレ・カルカノが1890年に開発し、1891年にイタリア軍が採用した最初のカルカノ・ライフル。後継ライフルの生産と配備が整わず、1943年9月のイタリア降服まで主力ライフルとして使用が続いた。

口径：6.5mm
弾薬：6.5×52mmカルカノ弾
装弾数：6発
動作形式：ボルトアクション
全長：1170mm
銃身長：690mm
重量：3.72kg

《 カルカノM1937 》

M1891の生産工程を簡略化した戦時生産モデル。1941年に採用された。

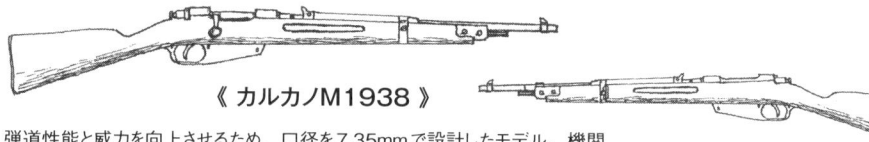

口径：7.35mm
弾薬：7.35×51mmカルカノ弾
装弾数：6発
動作形式：ボルトアクション
全長：1020mm
銃身長：530mm
重量：3.4kg

《 カルカノM1938 》

弾道性能と威力を向上させるため、口径を7.35mmで設計したモデル。機関部はM1891と同じ構造である。M1938は採用後、ライフル用の弾薬を統一するため口径を6.5mmに改修、制式名称はM1891/38となった。

口径：6.5mm
弾薬：6.5×52mmカルカノ弾
装弾数：6発
動作形式：ボルトアクション
全長：920mm
銃身長：434mm
重量：3kg

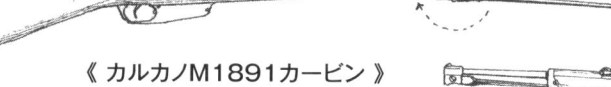

《 カルカノM1891カービン 》

M1891の全長と銃身長を短くしたカービン（騎兵銃）タイプ。1893年に採用された。

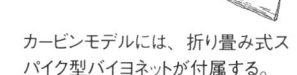

カービンモデルには、折り畳み式スパイク型バイヨネットが付属する。

口径：7.35mm
弾薬：7.35×51mmカルカノ弾
装弾数：6発
動作形式：ボルトアクション
全長：920mm
銃身長：450mm
重量：2.95kg

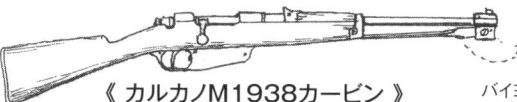

《 カルカノM1938カービン 》

M1938のカービンタイプ。基本的なデザインはM1891カービンを踏襲している。

バイヨネットは通常、銃身の下に畳んで収納。着剣状態にするには、前方へ180°回転させ引き出す。

サブマシンガン

評価の低いイタリア軍小火器の中にあって、その信頼性や耐久性などから高く評価されているのがサブマシンガンである。

《 ベレッタM1938A 》

M1938Aは、設計者マレンゴーリによって開発され、1938年に採用された。ストレートブローバック方式で作動し、セミ/フルオート射撃の切り替えは、2本のトリガーで撃ち分ける構造になっている。放熱バレルのデザインの違いや着剣装置の有無など4つのバリエーションが造られた。

口径：9mm
弾薬：9×19mm（9mmパラベラム弾）
装弾数：ボックスマガジン10発、20発、30発、40発
動作形式：セミ/フルオートマチック切り替え
全長：947mm
銃身長：315mm
重量：3.9kg
発射速度：600発／分

《 ベレッタM1938/42初期型 》

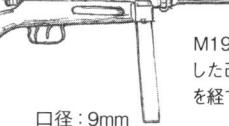

M1938Aの全長を短縮し、軽量化した改良モデル。1941年の試作を経て、1942年に採用された。

口径：9mm
弾薬：9×19mm（9mパラベラム弾）
装弾数：ボックスマガジン10発、20発、30発、40発
動作形式：セミ/フルオートマチック切り替え
全長：800mm
銃身長：210mm
重量：3.5kg
発射速度：550発／分

機関銃

イタリア軍では第一次大戦後、国産機関銃の開発を進め、1920年代から第二次大戦が始まるまでの間に数種類の軽・重機関銃を開発し、採用した。

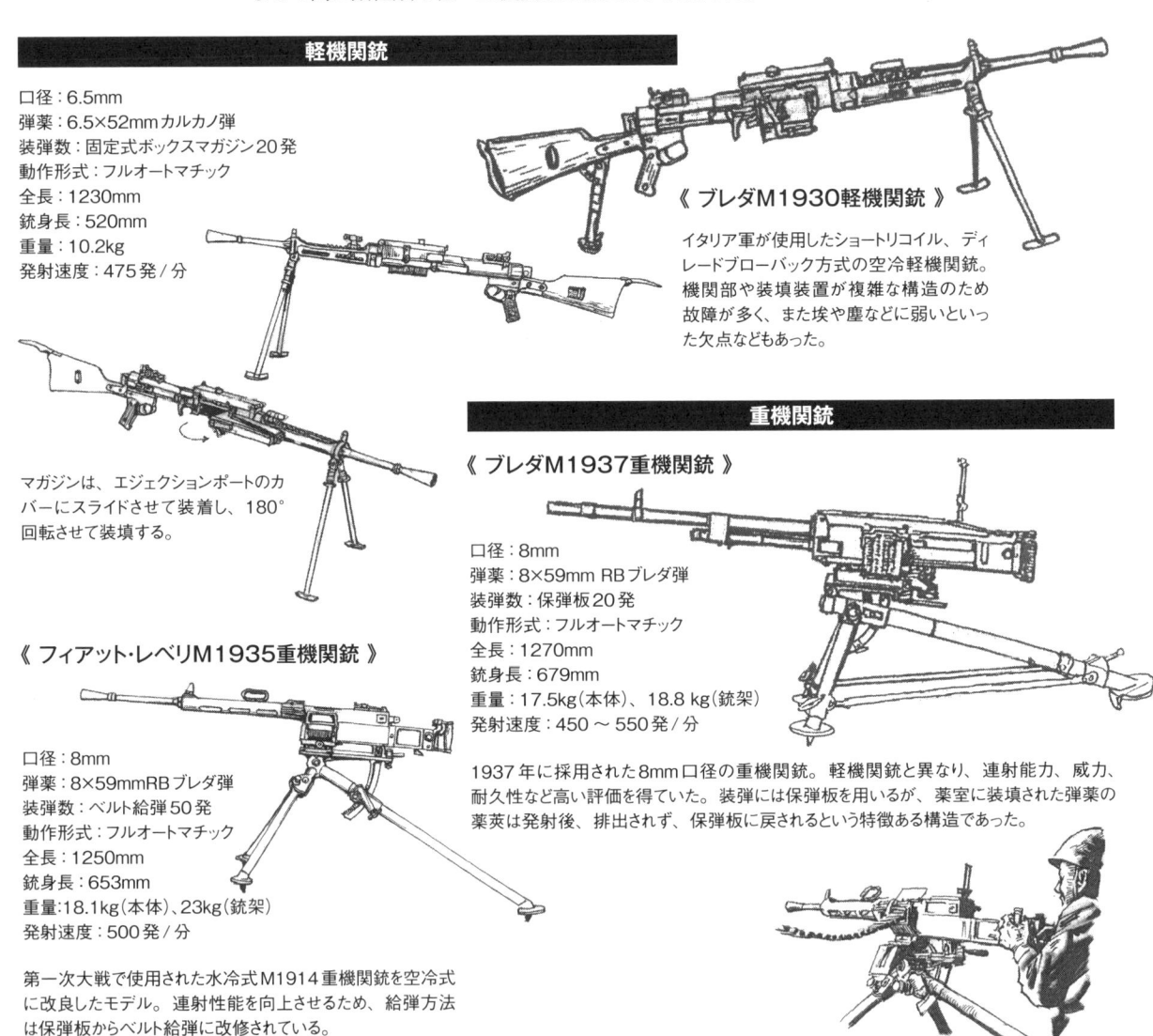

軽機関銃

口径：6.5mm
弾薬：6.5×52mmカルカノ弾
装弾数：固定式ボックスマガジン20発
動作形式：フルオートマチック
全長：1230mm
銃身長：520mm
重量：10.2kg
発射速度：475発／分

《 ブレダM1930軽機関銃 》

イタリア軍が使用したショートリコイル、ディレードブローバック方式の空冷軽機関銃。機関部や装填装置が複雑な構造のため故障が多く、また埃や塵などに弱いといった欠点などもあった。

マガジンは、エジェクションポートのカバーにスライドさせて装着し、180°回転させて装填する。

重機関銃

《 ブレダM1937重機関銃 》

口径：8mm
弾薬：8×59mm RB ブレダ弾
装弾数：保弾板20発
動作形式：フルオートマチック
全長：1270mm
銃身長：679mm
重量：17.5kg(本体)、18.8 kg(銃架)
発射速度：450〜550発／分

1937年に採用された8mm口径の重機関銃。軽機関銃と異なり、連射能力、威力、耐久性など高い評価を得ていた。装弾には保弾板を用いるが、薬室に装填された弾薬の薬莢は発射後、排出されず、保弾板に戻されるという特徴ある構造であった。

《 フィアット・レベリM1935重機関銃 》

口径：8mm
弾薬：8×59mmRBブレダ弾
装弾数：ベルト給弾50発
動作形式：フルオートマチック
全長：1250mm
銃身長：653mm
重量：18.1kg(本体)、23kg(銃架)
発射速度：500発／分

第一次大戦で使用された水冷式M1914重機関銃を空冷式に改良したモデル。連射性能を向上させるため、給弾方法は保弾板からベルト給弾に改修されている。

その他の火器

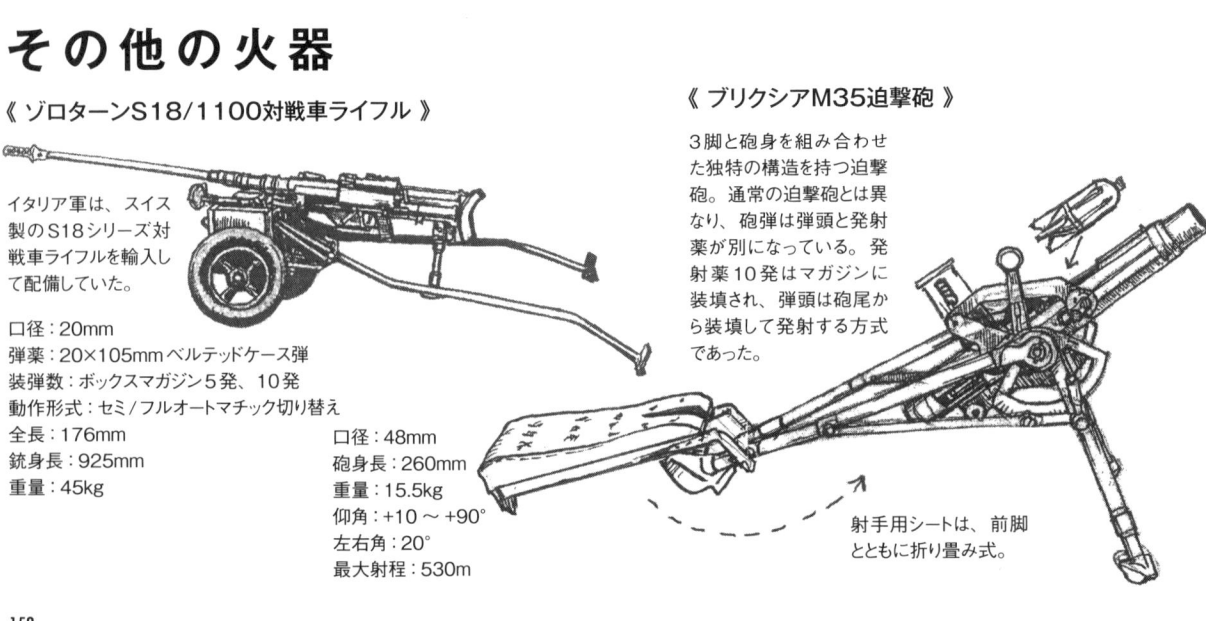

《 ゾロターンS18/1100対戦車ライフル 》

イタリア軍は、スイス製のS18シリーズ対戦車ライフルを輸入して配備していた。

口径：20mm
弾薬：20×105mmベルテッドケース弾
装弾数：ボックスマガジン5発、10発
動作形式：セミ／フルオートマチック切り替え
全長：176mm
銃身長：925mm
重量：45kg

《 ブリクシアM35迫撃砲 》

3脚と砲身を組み合わせた独特の構造を持つ迫撃砲。通常の迫撃砲とは異なり、砲弾は弾頭と発射薬が別になっている。発射薬10発はマガジンに装填され、弾頭は砲尾から装填して発射する方式であった。

口径：48mm
砲身長：260mm
重量：15.5kg
仰角：+10〜+90°
左右角：20°
最大射程：530m

射手用シートは、前脚とともに折り畳み式。

手榴弾

イタリア軍の手榴弾の特徴は、着発信管を備えていたことである。これは、投擲後、地面など に着弾した衝撃で起爆する構造で、第一次大戦までは手榴弾に広く用いられていた。延期式 信管より構造は単純であったが、地面の柔らかい砂漠などでは接地時に作動しないことが多く、 いつ爆発するか分からない不発弾となり、敵だけではなく、味方も危険に晒すことになってしまっ た。そのため赤いペイントのイタリア軍手榴弾は連合軍からは"赤い悪魔"と呼ばれた。

《 OTO M35 》

イタリア軍が1935年に採用したオート・ メラーラ社製の手榴弾。

全長：95mm
直径：58mm
重量：150g
炸薬：TNT 36g

《 OTO M35の内部構造 》

セフティカバー
散弾
ストライカー（撃針）
プルタブ
セフティプレート
デトネーター（信管）
炸薬

セフティカバー
セフティプレート
プルタブ

セフティカバーと本体は 赤く塗装されている。

《 ブレダM35 》

ブレダ社が製造した M35手榴弾。構造は OTO M35とほぼ同じ。

《 S.R.C.M. M35 》

S.R.C.M. 社製の手榴弾。 OTO社に比べ炸薬量は多 いが、発火システムは同じ で不発に悩まされた。

全長：85mm
直径：57mm
重量：240g
炸薬：TNT 43g

《 S.R.C.M. M35の内部構造 》

セフティキャップ
キャップ
セフティストリップ
ストライカー
ヘリカル
スプリング
プルタブ
デトネーター
炸薬

《 ブレダM40柄付き手榴弾 》

ブレダM35に遠方投擲用の柄を追 加したモデル。

全長：241mm
直径：53mm
重量：不明
炸薬：TNT 50g

《 ブレダM42対戦車手榴弾 》

全長：305mm
直径：91mm
重量：1kg
炸薬：TNT 574g

対人用手榴弾の約10倍 の炸薬を充填し、20mm 厚の装甲版を破壊できると されていた。信管は対人 用と同じ着発型。

火焔放射器

《 M35火炎放射器 》

重量：27kg
燃料：12ℓ
放射距離：22m

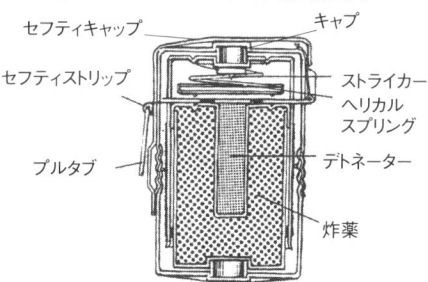

1935年に採用された携帯型火炎放射器。重油とガ ソリンの混合燃料を使用する。着火方法は、初期型 は発火石を用いたが、後期型ではバッテリーを使用し た電気着火になった。

《 M40火炎放射器 》

M35の改良モデル。着火方法が電 磁石を使用する電気式になった。

重量：27kg
燃料：12ℓ
放射距離：16.5m

イタリア軍の歩兵部隊編成

イタリア陸軍の基本的な歩兵小隊の編成は、2個ライフル分隊と2個軽機関銃分隊から構成される。なお、この編成は、兵科（機械化部隊、空挺部隊、山岳部隊など）の違いや時期などによって多少の相違があった。

アサルト分隊（ライフル分隊）

分隊は、軍曹の分隊長とライフル兵10名の合計11名からなる。装備するライフルは所属部隊などによって違いがあり、カルカノM1891を含めた各種ライフルとカービンなどが使用されている。

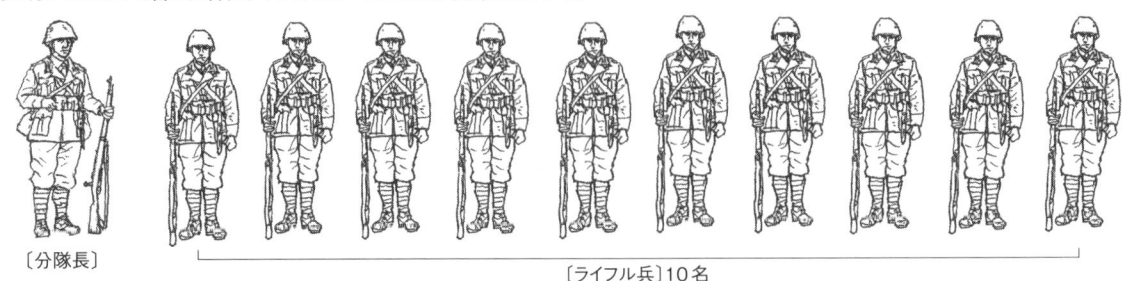

〔分隊長〕　　　　〔ライフル兵〕10名

サポート分隊（軽機関銃分隊）

イタリア軍は、ライフル分隊内に分隊支援火器を配備せず、別に軽機関銃分隊を編成した。1個分隊は分隊長、軽機関銃手と装填手（弾薬手）各2名、ライフル兵5名の合計10名で構成される。分隊には2挺のブレダM1930軽機関銃が装備された。

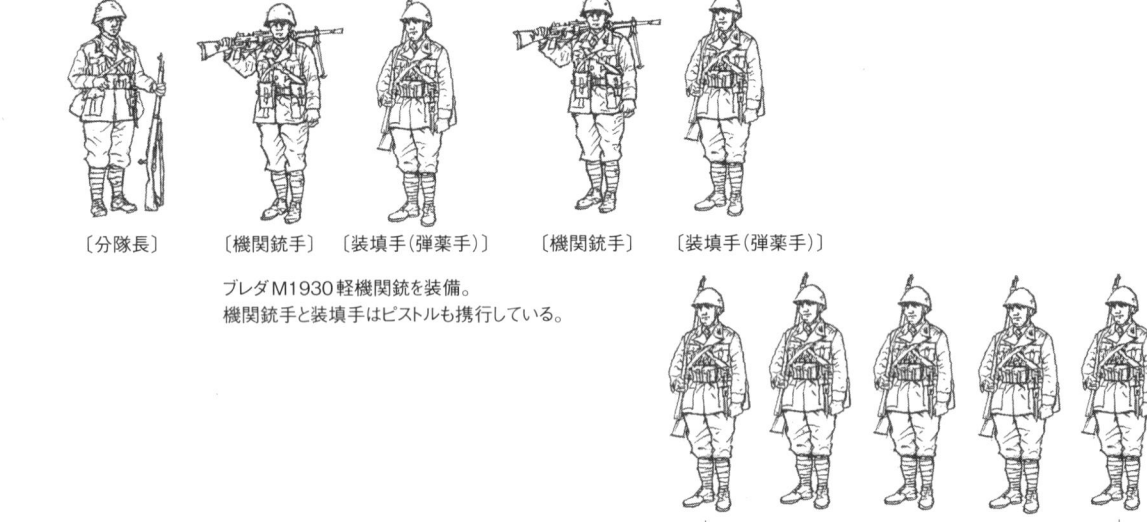

〔分隊長〕　　〔機関銃手〕　〔装填手（弾薬手）〕　　〔機関銃手〕　〔装填手（弾薬手）〕

ブレダM1930軽機関銃を装備。
機関銃手と装填手はピストルも携行している。

〔ライフル兵〕5名

重機関銃分隊

重機関銃分隊は、重機関銃小隊に2個分隊が配置された。分隊は9名で編成され、フィアット・レベリM1935またはブレダM1937重機関銃を使用している。

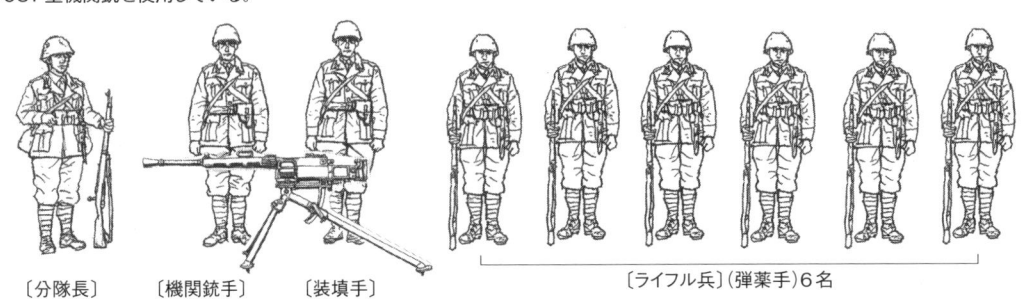

〔分隊長〕　　〔機関銃手〕　　〔装填手〕　　　　　〔ライフル兵〕（弾薬手）6名

フィアット・レベリM1935重機関銃を装備。
機関銃手と装填手はピストルも携行している。

その他の枢軸軍

ヨーロッパにおける枢軸軍が装備する小火器は、
ドイツ、イタリアと同様に第一次大戦モデルや
その後の改良タイプが主流であった。
チェコスロバキアなど戦前から国産兵器を開発していた国では、
第二次大戦中は自国軍とドイツ軍向けの小火器を生産した。

フィンランド軍

フィンランド陸軍では、第一次大戦後、小火器の国産化が進められた。そしてそれら国産兵器を主体にソ連軍を相手に冬戦争（1939年11月〜1940年3月）と継続戦争（1941年6月〜1944年9月）を戦い抜いたのである。

《 モシンナガンM1891/30 》

国産モデルの他に独立戦争時にロシアから入手したものと冬戦争などでソ連軍から鹵獲したものを使用。

《 M27 》

ロシアから入手したモシンナガンM1891を改良した国産ライフル。

口径：7.62mm
弾薬：7.62×54mm R
装弾数：5発
動作形式：ボルトアクション
全長：1195mm
銃身長：685mm
重量：4.3kg

《 M34スナイパーライフル 》

生産されたM28/30ライフルの中から、精度良いものを選別して造られた。ストックはM39で採用された新型を使用。ソビエト製PEスコープを装着している。

《 ラハティ/サロランタM1926軽機関銃 》

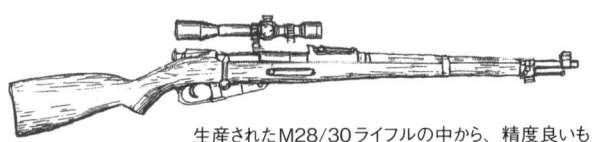

アイモ・ラハティ技師とA・E・サロランタ中尉が開発したショートリコイル方式の空冷機関銃。1926年に採用されて主力軽機関銃となるが、マガジンの装弾不良や精密な構造が災いし、冬季に作動不良を起こす問題があり、1942年に生産は終了。

口径：7.62mm
弾薬：7.62×54mmR
装弾数：ボックスマガジン20発、ドラムマガジン75発
動作形式：フルオートマチック
全長：1109mm
銃身長：500mm
重量：9.3kg
発射速度：450〜550発/分

《 ラハティL1935 》

口径：9mm
弾薬：9×19mm（9mmルガー弾）
装弾数：ボックスマガジン8発
動作形式：セミオートマチック
全長：245mm
銃身長：107mm
重量：1.2kg

アイモ・ラハティが設計し、1935年に採用された国産軍用ピストル。フィンランド軍は1980年代まで使用している。

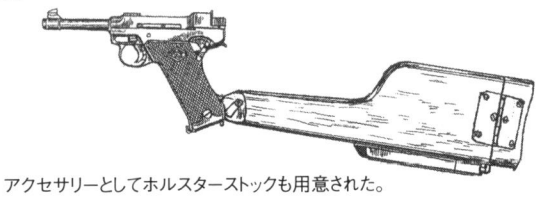

アクセサリーとしてホルスターストックも用意された。

《 M32手榴弾 》

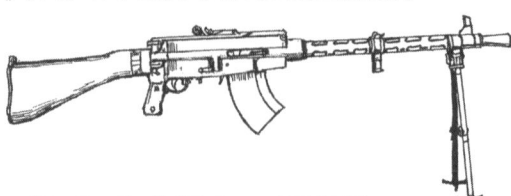

《 スオミM1931（KP/-31） 》

M1931はM1922（試作）、M1926に次いでフィンランドで開発されたシンプルブローバック、オープンボルト撃発方式の国産サブマシンガン。発射速度の調整が可能で銃身交換も簡単に行える機能を備えている。

口径：9mm
弾薬：9×19mm（9mmパラベラム弾）
装弾数：ボックスマガジン20発、40発、50発、ドラムマガジン71発
全長：875mm
銃身長：314mm
重量：4870g
発射速度：750〜900発/分

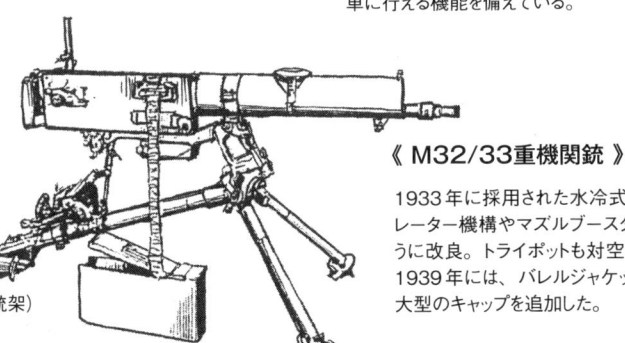

口径：7.62mm
弾薬：7.62×54mmR
装弾数：ベルト給弾200発
動作形式：フルオートマチック
全長：1190mm
銃身長：720mm
重量：25kg（本体）、31.1kg（銃架）
発射速度：600〜850発/分

《 M32/33重機関銃 》

1933年に採用された水冷式重機関銃。M32重機関銃のアクセレーター機構やマズルブースター、金属給弾ベルトが使用できるように改良。トライポットも対空射撃が可能なように改修されている。1939年には、バレルジャケットに冷却水を素早く補充できるように大型のキャップを追加した。

ルーマニア軍

ルーマニアは、その時代ごとの同盟関係にあった国から兵器を輸入・配備していた。第二次大戦中に使用された純国産兵器は、サブマシンガンのみであった。

《 ベレッタM1938/42 》

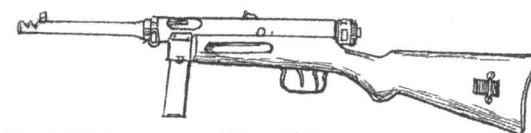

第二次大戦時にイタリアより輸入して使用した。

《 Vz24 》

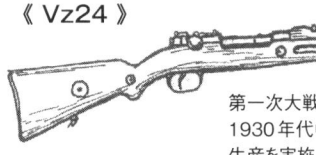

第一次大戦後、チェコスロバキアより輸入。1930年代中頃にはルーマニアでライセンス生産を実施。

《 シュワルツローゼM7/12重機関銃 》

オーストリア製の水冷式重機関銃。

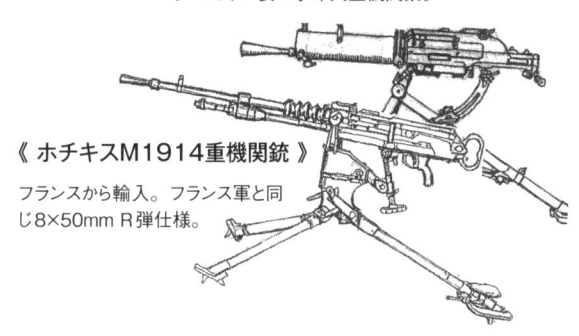

《 ホチキスM1914重機関銃 》

フランスから輸入。フランス軍と同じ8×50mm R弾仕様。

ハンガリー軍

ハンガリーは19世紀末より、ライフルなどの小火器は国産品を装備してきた。第二次大戦でも機関銃を除き、ピストル、ライフル、サブマシンガンを生産している。

《 FÉG 37M（M1937） 》

ルドルフ・フロムマーが設計したハンガリー国産の軍用ピストルFÉG 29M（M1929）に改修を加え、1937年に制定されたモデル。

弾薬：9×17mm（.380 ACP弾）
装弾数：ボックスマガジン7発
動作形式：セミオートマチック
全長：182mm
銃身長：110mm
重量：735g

《 FÉG 35M（M1935） 》

31Mライフルをベースとし、新たに設計・生産された国産ライフル。1935年に制式化された。

口径：8mm　弾薬：8×56mmマンリッヒャー弾
装弾数：5発　動作形式：ボルトアクション　全長：1226 mm　銃身長：725 mm　重量：3.83 kg

《 ステアーM1912 》

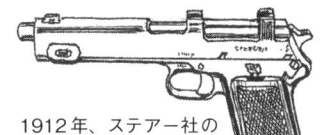

1912年、ステアー社のM1912を採用。ルーマニア軍仕様には、スライド左側面に同国を示す王冠が刻印されている。

口径：9mm
弾薬：9×23mm（9mステアー弾）
装弾数：ボックスマガジン8発
動作形式：セミオートマチック
全長：205mm
銃身長：129mm
重量：980g

《 FNブローニング ハイパワー M1935 》

1938年採用、ベルギーから輸入。

《 MAN手榴弾 》

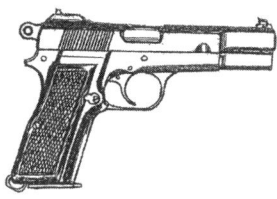

《 オーリタM1941 》

ルーマニア国産サブマシンガン。コブサ・ミカ造兵廠の技師、レオポルド・スカヤが1941年に設計、1943年から生産・配備された。

口径：9mm　弾薬：9×19mm（9mmパラベラム弾）　装弾数：ボックスマガジン25発、32発
動作形式：セミ/フルオートマチック切り替え　全長：894 mm　銃身長：278 mm　重量：3.45 kg　発射速度：400〜600発/分

《 ZB30軽機関銃 》

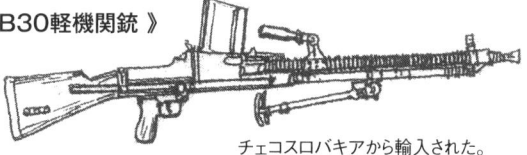

チェコスロバキアから輸入された。

《 M1942手榴弾 》

《 シュワルツローゼM07/31 》

オーストリア・ハンガリー帝国時代のM07/12重機関銃を改修した水冷式機関銃。1931年、主力ライフルの変更に合わせ、8×50mm R弾から8×56mm R弾仕様にするためバレルとチェンバーが改修された。

《 ダヌビア39M 》

ハンガリー国産のサブマシンガン。バリエーションには1943年に採用された、折り畳みストックの43Mがある。

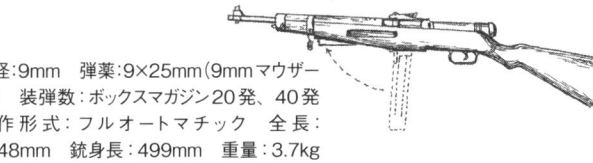

口径：9mm　弾薬：9×25mm（9mmマウザー弾）　装弾数：ボックスマガジン20発、40発
動作形式：フルオートマチック　全長：1048mm　銃身長：499mm　重量：3.7kg
発射速度：750発/分

スロバキア軍

工業国であったチェコスロバキアでは、重火器から小火器までを設計・生産し、自国軍用だけではなく、海外へも多く輸出していた。1939年のドイツ併合以降は主にドイツ軍と同盟国向けの兵器生産を行うようになり、枢軸国となったスロバキアはそのままチェコスロバキア製火器を装備していた。

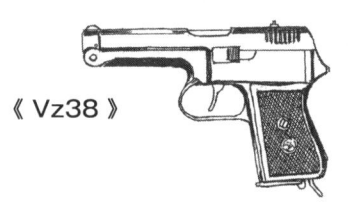

《 Vz38 》

口径：9mm
弾薬：9×17mm（.380 ACP）
装弾数：ボックスマガジン8発
動作方式：セミオートマチック
全長：206mm
銃身長：118mm
重量：910g

チェコスロバキアの軍用ピストルとして開発されたが、ドイツへの併合によって自軍には支給されず、ドイツ軍の制式ピストルとして使用された。

《 Vz1927 》

口径：7.65mm
弾薬 7.65×17mm（.32ACP弾）
装弾数：ボックスマガジン8発
動作形式：セミオートマチック
全長：155mm
銃身長：90.5mm
重量：670g

1924年に造られたVz1924の改良モデル。併合後はドイツ軍もP27(t)の制式名称で使用。

ドイツのマウザー社から製造権を得て、ライセンス生産したライフル。1924年にチェコスロバキア軍制式ライフルとなり、他国にも輸出された。

《 Vz24 》

口径：7.92mm
弾薬：7.92×57mm
装弾数：5発
動作方式：ボルトアクション
全長：1100mm
銃身長：590mm
重量：4.2kg

《 M24手榴弾 》

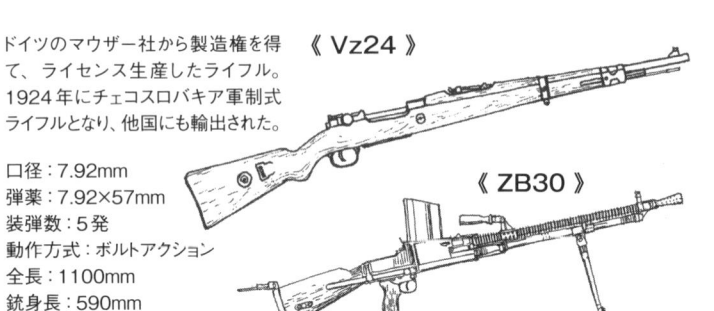

《 ZB30 》

口径：7.92mm
弾薬：7.92×57mm
装弾数：ボックスマガジン20発
動作方式：フルオートマチック
全長：1130mm
銃身長：503mm
重量：9.6kg
発射速度：550発/分

各国の軽機関銃開発に影響を与えたZB26の改良型。耐久性を高め、閉鎖機構が改修された。ヨーロッパやアジアなどに輸出されるだけでなく、国外でライセンス生産も行われている。

《 ZB Vz37重機関銃 》

口径：7.92mm　弾薬：7.92×57mm　装弾数：ベルト給弾100発、200発　動作形式：セミ/フルオートマチック切り替え（フルオート射撃は、高速と低速の調整可能）　全長：1105mm　銃身長：733mm　重量：18.8kg　発射速度：500～700発/分

チェコスロバキア軍が1935年に採用した空冷式重機関銃。機関部はパーツ点数を抑えた設計により、構造が単純化したことで連続射撃時の信頼性が高かった。ZB53の名称で中華民国、ルーマニアなどに輸出されている。イギリスでは戦車搭載用にライセンス生産し、"ベサ機関銃"の名称で使用した。

ブルガリア軍

ブルガリア軍は、第一次大戦前からオーストリア軍に準じた小火器を輸入し装備していた。第二次大戦が始まると、ドイツの支援を受けて、MP40やKar98kなどのドイツ製小火器も使用している。

《 シュワルツローゼM07/12重機関銃 》

《 ステアーM1912 》　《 ルガーP08 》

《 マンリッヒャーM1895カービン 》

《 柄付き手榴弾 》

《 ZB30軽機関銃 》

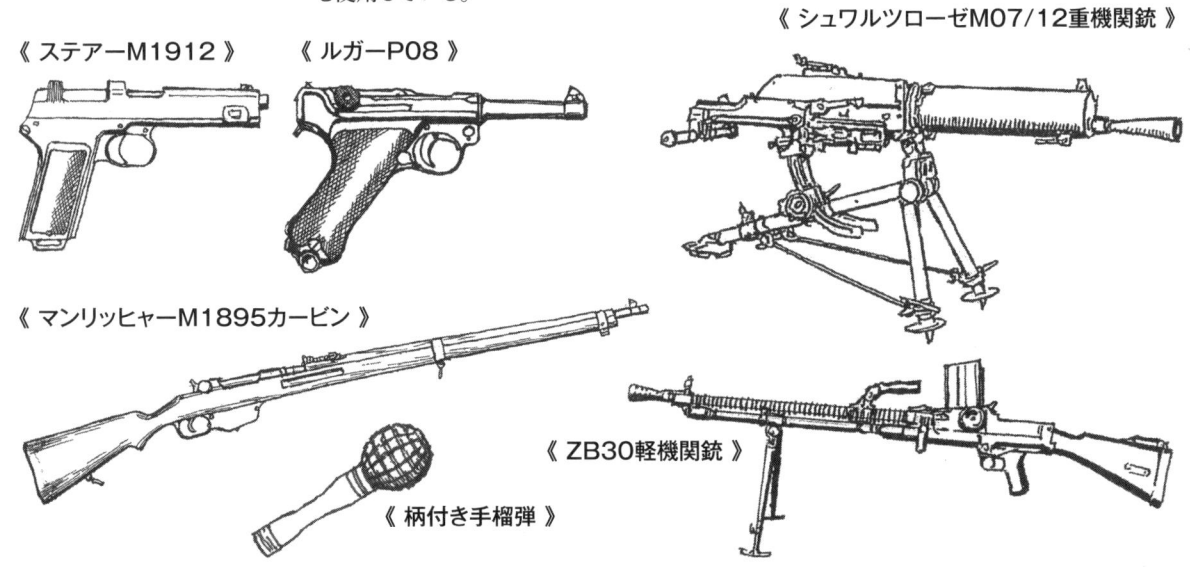

特殊火器 &
装備など

第二次大戦では、兵士の役割はより多用化し、対戦車戦闘や特殊作戦、さらに諜報活動などにも従事するようになった。そうした任務・活動のために各国では様々な火器や装備が開発されている。

対戦車ライフル

歩兵が戦う相手は、敵兵士だけではない。第一次大戦後半以降は、戦車及び装甲車両も歩兵の攻撃目標となった。歩兵が携行する対戦車戦闘の専用兵器として初めて開発されたのが対戦車ライフルである。戦車の装甲がまださほど厚くなかった第二次大戦前期まで対戦車ライフルは有効な対戦車用兵器となった。

ドイツ軍の対戦車ライフル

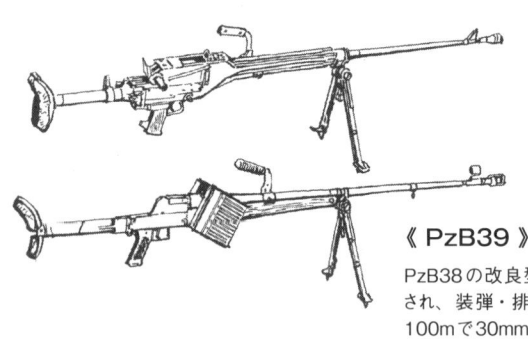

《 PzB38 》

1938年に採用された対戦車ライフル。通常のライフルとは異なり、機関部には大砲などに用いる垂直鎖栓式構造が採り入れられている。弾薬の装填は1発ごと手動で行い、発射すると薬莢は自動排出された。距離100mで30mm装甲板を貫通できた。

口径：7.92mm　弾薬：7.92×94mm　装弾数：1発　動作形式：閉鎖器式　全長：1615mm、1290mm（ストック折り畳み時）　銃身長：1085mm　重量：16.2kg

《 PzB39 》

PzB38の改良型。自動排莢装置が廃止され、装弾・排莢は手動になった。距離100mで30mm装甲板を貫通可能。

口径：7.92mm　弾薬：7.92×94mm　装弾数：1発　動作形式：閉鎖器式　全長：1620mm、1255mm（ストック折り畳み時）　銃身長：1085mm　重量：12.6kg

口径：15mm　弾薬：15×104mm　装弾数：ボックスマガジン5発、10発　動作形式：ボルトアクション　全長：1710mm　銃身長：1500mm　重量：18.5kg

《 PzB M.SS.41 》

チェコスロバキアがドイツ武装親衛隊向けに生産したモデル。距離100mで30mm装甲板を貫通可能。

《 GrB39 》

PzB39を改造して、バレル先端にシースベッヒャーを取り付けたモデル。擲弾の発射には空砲を用いた。

口径：7.92mm、30mm（シースベッヒャー）　弾薬：各種ライフルグレネード　装弾数：1発　全長：1232mm、903mm（ストック折り畳み時）　銃身長：749mm　重量：10.44kg　有効射程：125〜150m（弾種により異なる）

その他の国の主な対戦車ライフル

《 Wz. 35〔ポーランド〕 》

第二次大戦開戦時、ポーランド軍が装備していた対戦車ライフル。装甲車両に対する有効射程は300m。傾斜角30°で15mmの装甲板を貫徹できた。そのためドイツ軍の1号、II号戦車など軽装甲車両に対して有効な攻撃が可能だった。ポーランド降服後、ドイツ軍は鹵獲してWz.35をPzB（35p）の名称で採用している。

口径：7.9mm　弾薬：7.92×107mm DS　装弾数：ボックスマガジン4発　動作形式：ボルトアクション　全長：1760mm　銃身長：1200mm　重量：10kg

《 ボーイズ .55 in 対戦車ライフル〔イギリス〕 》

1937年に採用された対戦車ライフル。第二次大戦初期、対戦車兵器として歩兵部隊や軽装甲車両に搭載して運用された。Mk.Iに続き、威力を向上させた改良型Mk.I*（Mk.II）も採用された。距離91mで12mm（Mk.I）、23mm（Mk.I*）の装甲板を貫通可能。

口径：13.97mm　弾薬：13.9×99 mm（.55ボーイズ弾）　装弾数：ボックスマガジン5発　動作形式：ボルトアクション　全長：1575mm　銃身長：914.44mm　重量：15.875kg　発射速度：10発/分

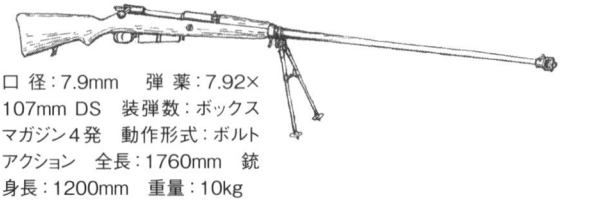

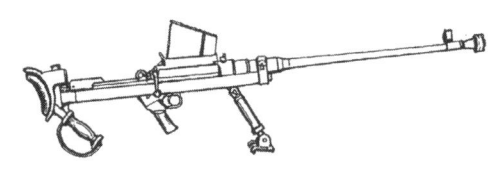

《 デグチャレフPTRD1941〔ソ連〕 》

口径：14.5mm
弾薬：14.5×114mm
装弾数：1発
動作形式：ボルトアクション単発
発射速度：8〜10発/分
全長：2020mm
銃身長：1350mm
重量：15.75kg
有効射程距離：300m

PTRS-1941と並行開発されたボルトアクションの対戦車ライフル。構造が簡単だったため、PTRS-1941より早期に量産されて実戦に投入されている。

《 シモノフPTRS1941〔ソ連〕 》

口径：14.5mm
弾薬：14.5×114mm
装弾数：ボックスマガジン5発
動作形式：セミオートマチック
全長：2140mm
銃身長：1219mm
重量：20.8kg
有効射程距離：400m

独ソ開戦により急遽開発され、1941年8月に採用された。本格的な戦闘部隊への配備は、量産体制が整った1942年以降となった。

歩兵の対戦車戦闘用兵器

敵戦車に対抗するため造られたのが、携帯型対戦車兵器である。第二次大戦では簡易的な火炎瓶から、ロケットランチャーまで様々な種類が戦場で使用された。

連合軍の対戦車兵器

《 イギリス軍 》

ドイツ軍の本土上陸を警戒したイギリス軍は、制式兵器に加えて簡易的な対戦車兵器を急遽生産して軍とホームガードに配備した。

〔ノースオーヴァー擲弾発射器〕
本土防衛用に急造された口径2.5インチ（635mm）の擲弾発射器。No.76特殊焼夷手榴弾の投射用に開発。

〔PIAT〕

Mo.74手榴弾は、粘着式のためカバーを外して投擲する。

〔No.68対戦車榴弾〕
No.68対戦車榴弾は、カップ型のグレネードランチャーを使用して投射する。

〔No.74手榴弾〕
ステッキー爆弾とも呼ばれる。

〔No.73手榴弾〕
ホームガード用に製造された対戦車手榴弾。

〔No.75対戦車手榴弾〕
地雷やブービートラップにも利用できる多用途手榴弾。開発者の名前を取り、"ホーキンス地雷"とも呼ばれる。

〔No.76特殊焼夷弾〕
ガラス瓶に白燐などを入れた急造焼夷弾。ホームガードに配備された。

〔No.77手榴弾〕
軍とホームガードに配備された白燐焼夷弾。

〔RPG40対戦車手榴弾〕

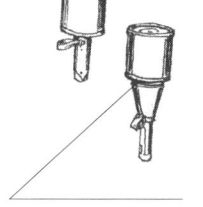

RPG43は、弾頭が垂直に目標へ当たるよう、投擲すると内蔵されている安定用の吹き流しが出てくる。

〔RGD33手榴弾〕
数個を針金などで縛り付け、集束して対戦車戦闘に使用した。

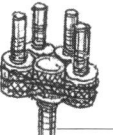

〔RPG43対戦車手榴弾〕
弾頭は成形炸薬式。

《 アメリカ軍 》

アメリカ軍は世界に先駆けて、対戦車ロケットランチャーを開発。この兵器は、歩兵の対戦車戦闘に革命をもたらした。

〔M9A1ロケットランチャー〕
1944年から配備されたM1の改良モデル。ドイツ軍重戦車には威力不足だった。

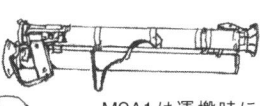

M9A1は運搬時に中央部から分解できる。

〔M1A1ロケットランチャー〕
通称バズーカ。1942年の北アフリカ戦線から実戦投入。

〔M9A1対戦車擲弾〕
ライフルグレネードランチャーはM1ライフル用とM1カービン用があり、歩兵分隊に配備された。

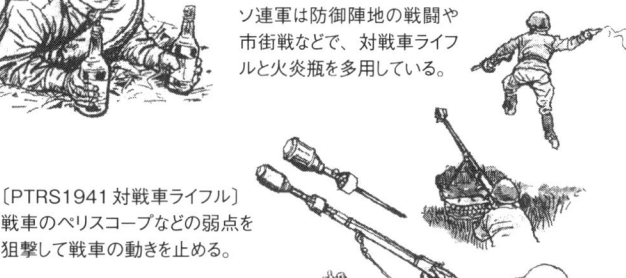

《 ソ連軍 》

ソ連軍は、連合国の中では戦車への肉薄攻撃を多用している。火炎瓶や対戦車手榴弾、対戦車ライフルを使い、戦車の上面や後面などの弱点を狙って破壊した。

一番簡易的な対戦車兵器である火炎瓶（モロトフカクテル）を防御戦闘で活用した。

ソ連軍は防御陣地の戦闘や市街戦などで、対戦車ライフルと火炎瓶を多用している。

〔PTRS1941対戦車ライフル〕
戦車のペリスコープなどの弱点を狙撃して戦車の動きを止める。

〔VPGS-41ライフルグレネード〕
スティック型の対戦車擲弾。スティック部分を銃身に挿入し、空砲で発射。最大射程距離は160m。

ドイツ軍の対戦車兵器

対戦車手榴弾からロケットランチャーまで、ドイツは多種多様な対戦車兵器を開発・使用している。他にも戦場で兵士たちが、火炎瓶などあり合わせの兵器を利用して対戦車戦闘を行った。

〔パンツァーファウスト〕

パンツァーファウスト運搬用の木箱（4本収容）。

パンツァーシュレックの対戦車ロケット弾運搬ラック。

〔パンツァーシュレック〕
ドイツ版バズーカ。本家バズーカよりもかなり強力だった。

〔カンプピストル〕
シグナルピストルも対戦車用に改造された。

戦車の動きを止めるため発煙弾を砲身などに絡ませ、乗員の目を眩ませる。

火炎瓶や手榴弾を付けたジェリカンでエンジングリルを狙う。

〔シースベッヒャー〕
Kar98kに装着して使用。

M24手榴弾を縛り付けたジェリカン。

対戦車手榴弾は、装甲の薄い上面部分などを狙って投擲。

〔2H型閃光発煙弾〕
二重構造のガラス製弾体が割れると、中に入っている薬品が化学反応を起こして発光・発煙する。

〔パンツァーヴルフミーネ〕
成形炸薬弾頭の対戦車手榴弾。弾頭後部には投擲すると開く、姿勢安定用の傘が付く。

吸着地雷を車体側面にセットして破壊する。

前進する戦車の履帯の上に地雷を置き、落下したところで踏ませる。

板に地雷を固定して通過する戦車に踏ませる。

〔火炎瓶〕
ドイツ軍も戦場で火炎瓶を急造した。

第二次大戦後半、特に東部戦線における防御戦闘でドイツ軍は対戦車肉薄攻撃を行った。

〔M39発煙手榴弾〕

M24にM39手榴弾を付けた集束手榴弾。

M24手榴弾を利用した集束手榴弾。

砲身に引っ掛けるため、M39発煙手榴弾の柄を紐で結んだ。

〔パンツァーハンドミーネ35〕
装薬を3.5kgに増やした改良型の吸着地雷。

〔発煙缶〕

〔パンツァーハンドミーネ3〕
磁石付きの初期型吸着地雷。

〔T.Mi.42対戦車地雷〕
直接踏ませるだけでなく、発火ヒューズを側面に付けて使用した。

〔T.Mi.43対戦車地雷〕

3個にまとめた工兵隊用1kg爆薬。

日本軍の対戦車兵器

十分な威力と数の対戦車砲や戦車を持たなかった日本軍は、敵戦車に対しては歩兵の肉薄攻撃で対応するしかなかった。

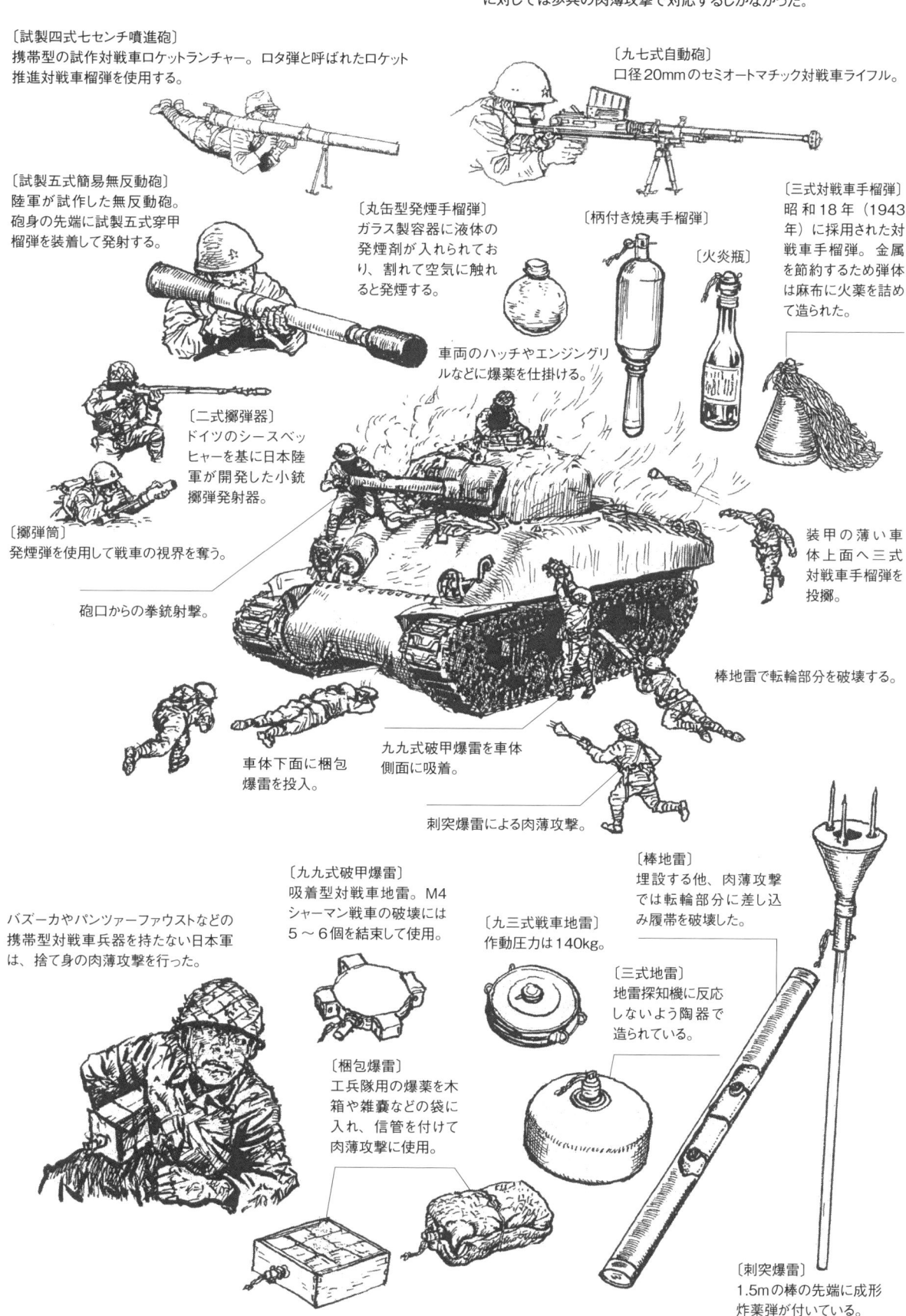

〔試製四式七センチ噴進砲〕
携帯型の試作対戦車ロケットランチャー。ロタ弾と呼ばれたロケット推進対戦車榴弾を使用する。

〔九七式自動砲〕
口径20mmのセミオートマチック対戦車ライフル。

〔試製五式簡易無反動砲〕
陸軍が試作した無反動砲。砲身の先端に試製五式穿甲榴弾を装着して発射する。

〔丸缶型発煙手榴弾〕
ガラス製容器に液体の発煙剤が入れられており、割れて空気に触れると発煙する。

〔柄付き焼夷手榴弾〕

〔火炎瓶〕

〔三式対戦車手榴弾〕
昭和18年（1943年）に採用された対戦車手榴弾。金属を節約するため弾体は麻布に火薬を詰めて造られた。

車両のハッチやエンジングリルなどに爆薬を仕掛ける。

〔二式擲弾器〕
ドイツのシースベッヒャーを基に日本陸軍が開発した小銃擲弾発射器。

〔擲弾筒〕
発煙弾を使用して戦車の視界を奪う。

砲口からの拳銃射撃。

装甲の薄い車体上面へ三式対戦車手榴弾を投擲。

棒地雷で転輪部分を破壊する。

車体下面に梱包爆雷を投入。

九九式破甲爆雷を車体側面に吸着。

刺突爆雷による肉薄攻撃。

〔棒地雷〕
埋設する他、肉薄攻撃では転輪部分に差し込み履帯を破壊した。

バズーカやパンツァーファウストなどの携帯型対戦車兵器を持たない日本軍は、捨て身の肉薄攻撃を行った。

〔九九式破甲爆雷〕
吸着型対戦車地雷。M4シャーマン戦車の破壊には5〜6個を結束して使用。

〔九三式戦車地雷〕
作動圧力は140kg。

〔三式地雷〕
地雷探知機に反応しないよう陶器で造られている。

〔梱包爆雷〕
工兵隊用の爆薬を木箱や雑嚢などの袋に入れ、信管を付けて肉薄攻撃に使用。

〔刺突爆雷〕
1.5mの棒の先端に成形炸薬弾が付いている。

特殊任務用火器

第二次大戦で使用されたピストルは、正規軍が使用した一般的なモデルの他に特殊作戦を行う軍の隊員や諜報員、秘密警察用に特殊なタイプが各国で試作・製作された。

特殊ピストル

《 FP-45 》

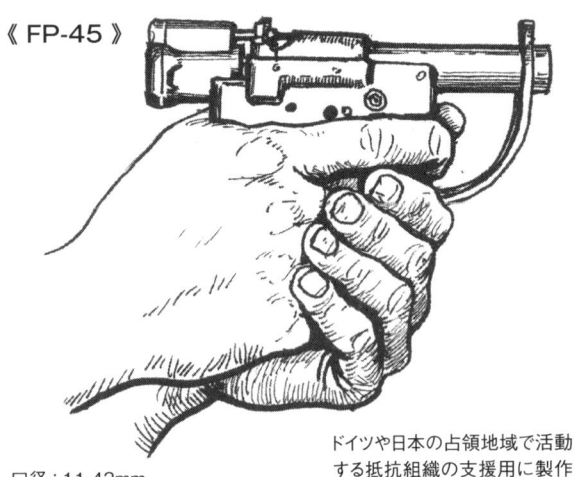

口径：11.43mm
弾薬：11.43×23mm（.45ACP弾）
装弾数：1発
全長：140mm
銃身長：101mm
重量：430g

ドイツや日本の占領地域で活動する抵抗組織の支援用に製作した単発式ピストル。別名"リベレーター"とも呼ばれる。空中投下や潜水艦などで目的地に配布された。

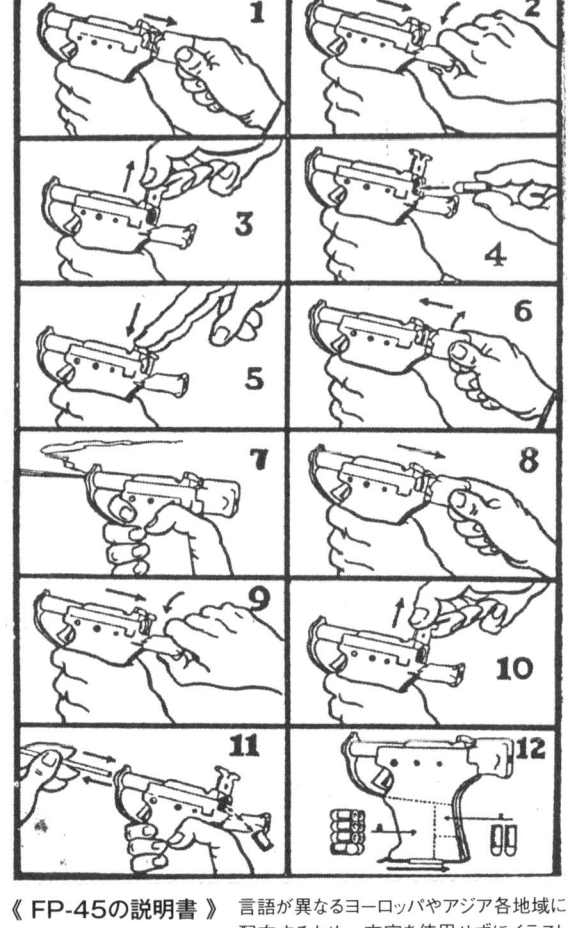

《 FP-45の説明書 》　言語が異なるヨーロッパやアジア各地域に配布するため、文字を使用せずにイラストだけでデザインされた。

《 FP-45のバリエーション 》

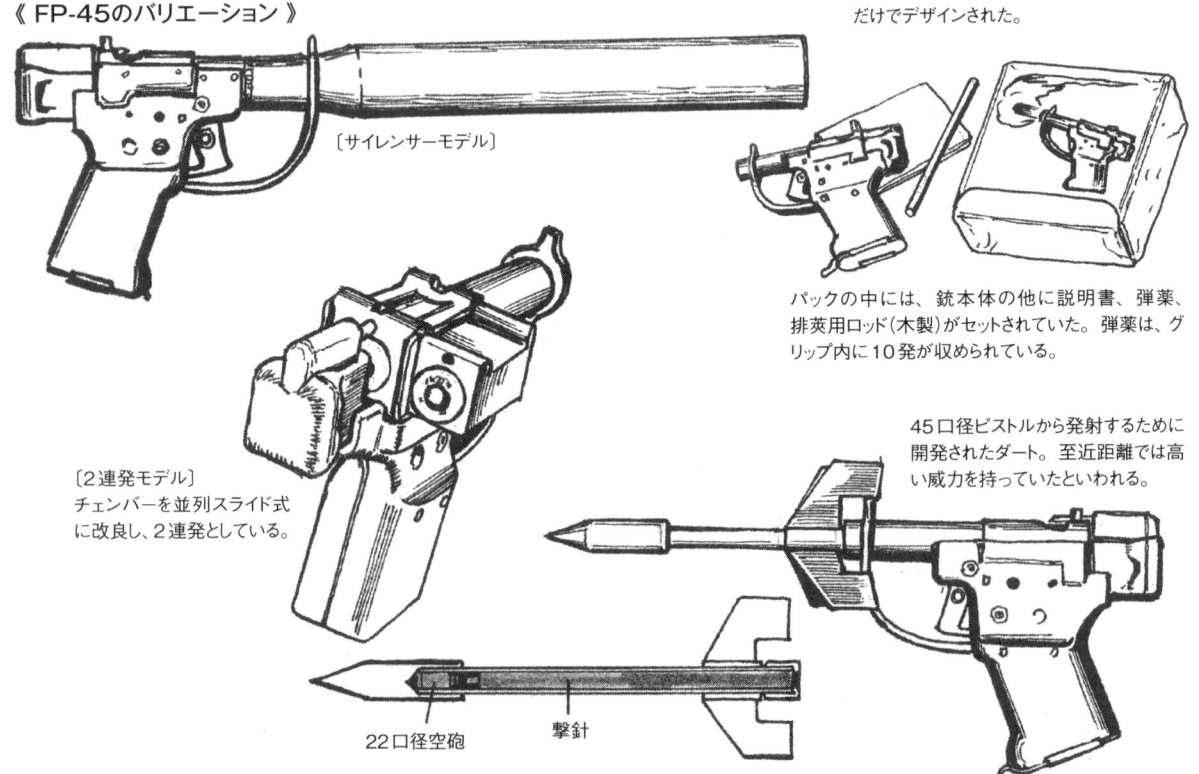

〔サイレンサーモデル〕

〔2連発モデル〕
チェンバーを並列スライド式に改良し、2連発としている。

パックの中には、銃本体の他に説明書、弾薬、排莢用ロッド（木製）がセットされていた。弾薬は、グリップ内に10発が収められている。

45口径ピストルから発射するために開発されたダート。至近距離では高い威力を持っていたといわれる。

22口径空砲　　撃針

ダートの全長は約170mm。内蔵された22口径空砲を発火させて発射した。

《 ウェルロッドMk.I 》

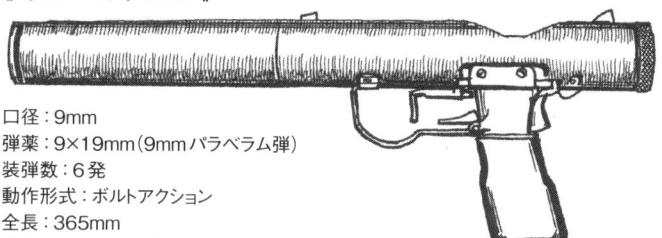

口径：9mm
弾薬：9×19mm（9mmパラベラム弾）
装弾数：6発
動作形式：ボルトアクション
全長：365mm
銃身長：140mm（サイレンサー含む）
重量：1.2kg

口径9mmのサイレンサーピストル。イギリスSOE（特殊作戦執行部）の特殊兵器研究所で開発。パイプ状の本体前方1/3がサイレンサーになっており、ねじ込み式で着脱可能。グリップはマガジンを兼ねており、握りやすいようにゴムでカバーされている。

《 スティンガー 》

アメリカOSS（戦略情報局）隊員の護身用として造られたペン型の単発ピストル。全長は83mm、銃身にはライフリングはなく、有効射程は約3mだった。

チューブ内に22口径ショート弾が装填されている。

〔スティンガーの使用方法〕

①レバーを引き起こす。　②引き起こしたレバーを後方へ引く。　③レバーを押す。　④撃発して発射。

《 ハンドファイアリングメカニズムMk.II 》

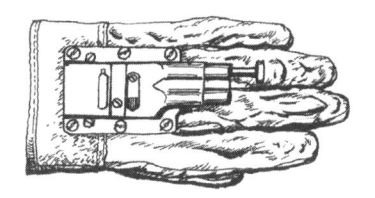 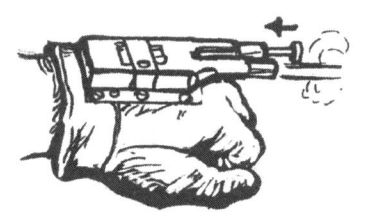

レザーグローブに.38スペシャル弾の発射装置を付けた特殊拳銃。アメリカ海軍と海兵隊の情報部が装備した。

発射装置は単発式で、再装填も可能。手を握り、拳を相手に押し付けて発射する。

《 煙草型単発銃 》

フィルター部分を引くと弾が発射される。

《 ベルトガン 》

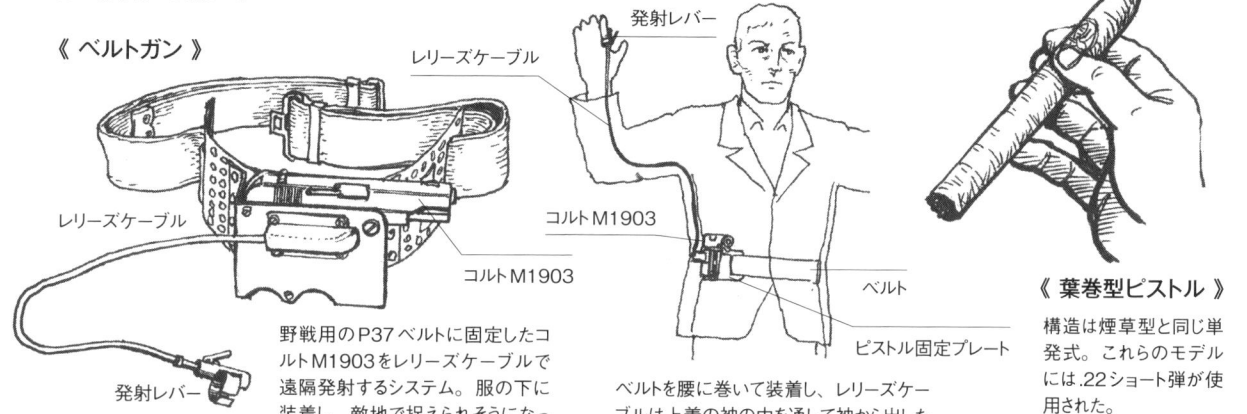

野戦用のP37ベルトに固定したコルトM1903をレリーズケーブルで遠隔発射するシステム。服の下に装着し、敵地で捉えられそうになった際、使用できるように開発された。

ベルトを腰に巻いて装着し、レリーズケーブルは上着の袖の中を通して袖から出したトリガーレバーを指にはめて使用した。

《 葉巻型ピストル 》

構造は煙草型と同じ単発式。これらのモデルには.22ショート弾が使用された。

〔パイプピストルの使用方法〕

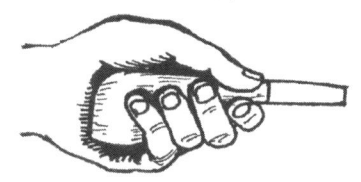 

①吸い口を外し、銃口を目標に向けて握る。　②銃身を左に回して発射。

《 パイプピストル 》

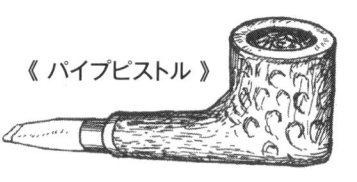

外見をパイプ型で製作した22口径単発の特殊銃。

《 バックルガン 》

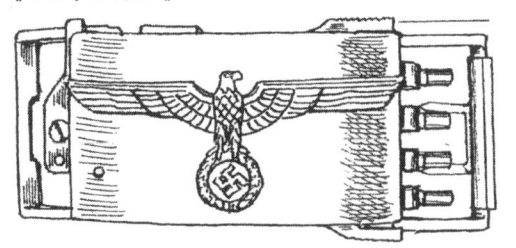

制服のベルトに装着できるバックル型の護身用兵器。ドイツのナチス党高官や武装親衛隊の高級将校用に造られたといわれる。

〔バックルガンの内部構造〕

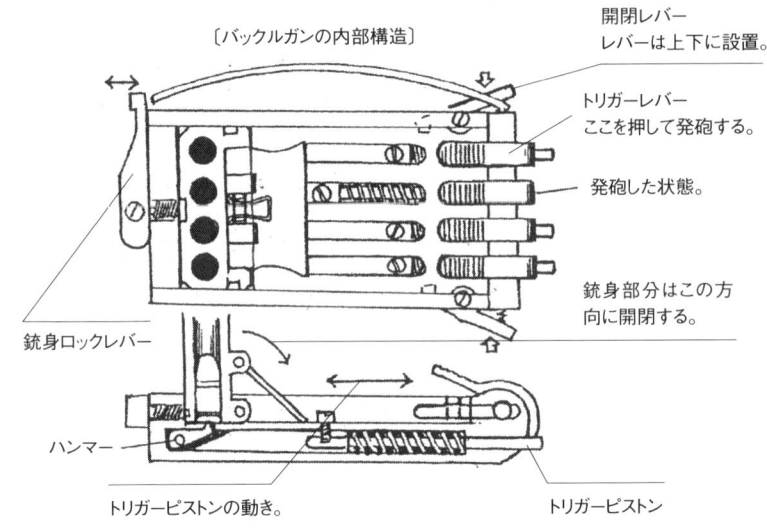

銃身ロックレバー

ハンマー

トリガーピストンの動き。

トリガーピストン

各銃身には、.32ACP弾1発を装填。

開閉レバー
レバーは上下に設置。

トリガーレバー
ここを押して発砲する。

発砲した状態。

銃身部分はこの方向に開閉する。

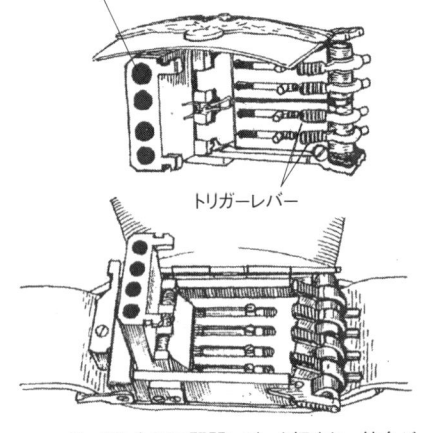

トリガーレバー

バックル上下の開閉レバーを押すと、銃身がスプリングの力で立ち上がり、それと同時に正面カバーも開き、発射準備となる。

《 リボルバーDD（E）3313 》

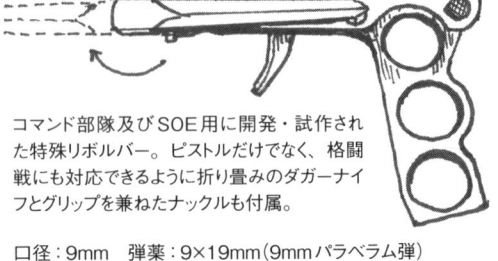

コマンド部隊及びSOE用に開発・試作された特殊リボルバー。ピストルだけでなく、格闘戦にも対応できるように折り畳みのダガーナイフとグリップを兼ねたナックルも付属。

口径：9mm　弾薬：9×19mm（9mmパラベラム弾）
装弾数：5発　全長：185mm　銃身長：85mm　重量：485g

《 スリーブガン 》

口径：7.65mm
全長：228mm
重量：720g

トリガーレバー

サイレンサー

枢軸軍占領下での諜報、偵察、抵抗組織への支援などを行うイギリスのSOE（特殊作戦執行部）が採用した単発式ピストル。服の袖内に隠し持ち、近距離または目標に密着させて発射する。

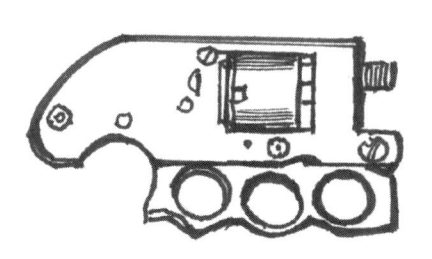

DD（E）3313の銃身は、ねじ込み式で脱着できる。グリップも折り畳み可能。

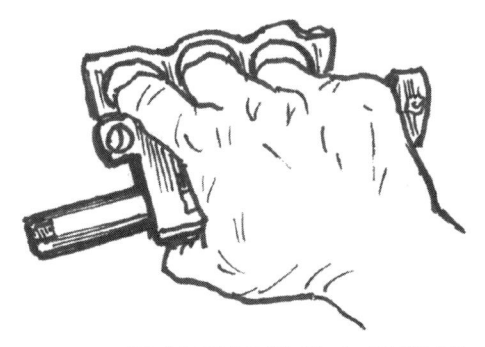

DD（E）3313のグリップ・ナックルは畳んだ状態で使用する。

《 ウエブリー＆スコット M1908（イギリス） 》

SOE隊員用に大型サイレンサーを装着したモデル。

《 ハイスタンダード モデルB（イギリス） 》

口径：5.6mm
弾薬：5.6×15mm R（.22ロングライフル弾）
装弾数：ボックスマガジン10発
動作形式：セミオートマチック
全長：315mm
銃身長：114m
重量：1.14kg

SOEが製作したハイスタンダード社22口径ピストルのサイレンサーモデル。銃身全体をサイレンサーが覆う形で消音効果を上げている。

《 ハイスタンダードH-D（アメリカ） 》

消音効果を上げるために、銃身には発射ガスを逃す穴が開けられている。

口径：5.6mm
弾薬：5.6×15mm R（.22ロングライフル弾）
装弾数：ボックスマガジン10発
動作形式：セミオートマチック
全長：350mm
銃身長：236m
重量：1.3kg

モデルBを参考に、アメリカの諜報機関OSS（戦略情報局）が開発・使用したサイレンサーモデル。

《 デリーズルカービン 》

口径：11.4mm
使用弾薬：11.4×23mm（.45ACP弾）
装弾数：ボックスマガジン7発
動作形式：ボルトアクション
全長：894mm
銃身長：184mm
重量：3.74kg

特殊作戦用にイギリス軍が使用したボルトアクションのサイレンサーカービン。SMLE Mk.III ライフルのパーツを使用して製造された。

サイレンサーは、バレルに対して下方にオフセットされている。

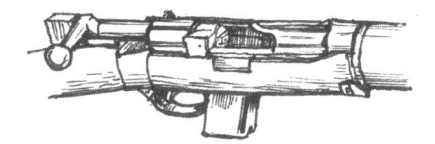

名称はカービンだが、弾薬は.45ACP弾を使用する。そのためM1911A1のマガジンが流用された。

《 ワルサーP38 サイレンサーモデル（ドイツ） 》

サイレンサーモデルは、ドイツの秘密警察ゲシュタポが使用。P38のサイレンサーモデルは第二次大戦中に数種類造られている。

《 ルガーP08 サイレンサーモデル（ドイツ） 》

《 Cz27 サイレンサーモデル（ドイツ） 》

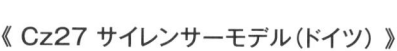

チェコ製のCz27を利用したサイレンサーモデル。

サイレンサーモデルは消音効果を高めるため、主に小型ピストルが使用されていたが、威力が弱いとの指摘もあり、大型の軍用ピストルを利用したモデルも造られた。

《 ベレッタM1934 サイレンサーモデル（イタリア） 》

イタリアの秘密警察OVRAが使用した。

間接射撃装置

間接射撃装置は、敵から姿を隠して攻撃するためのもので、第一次大戦の塹壕戦で登場した。第一次大戦後も開発が進められたが、第二次大戦の戦いはもはや塹壕戦から機動戦が主流となり、同装置の使用は限定的だった。

《 Gew41用間接射撃装置 》

東部戦線でソ連軍スナイパーに悩まされたドイツ軍は、1942年に間接射撃装置の開発を始め、1943年1月、Gew41セミオートマチックライフル用の間接射撃装置（DZG=Deckungszielgerät）を採用した。

間接射撃装置は当初、Gew41用に造られたが、同ライフルの支給率が低いことから、Kar98kも使用している。また、ソ連から鹵獲したトカレフSVTがマウントできるようにも改造された。

《 機関銃用間接射撃装置 》

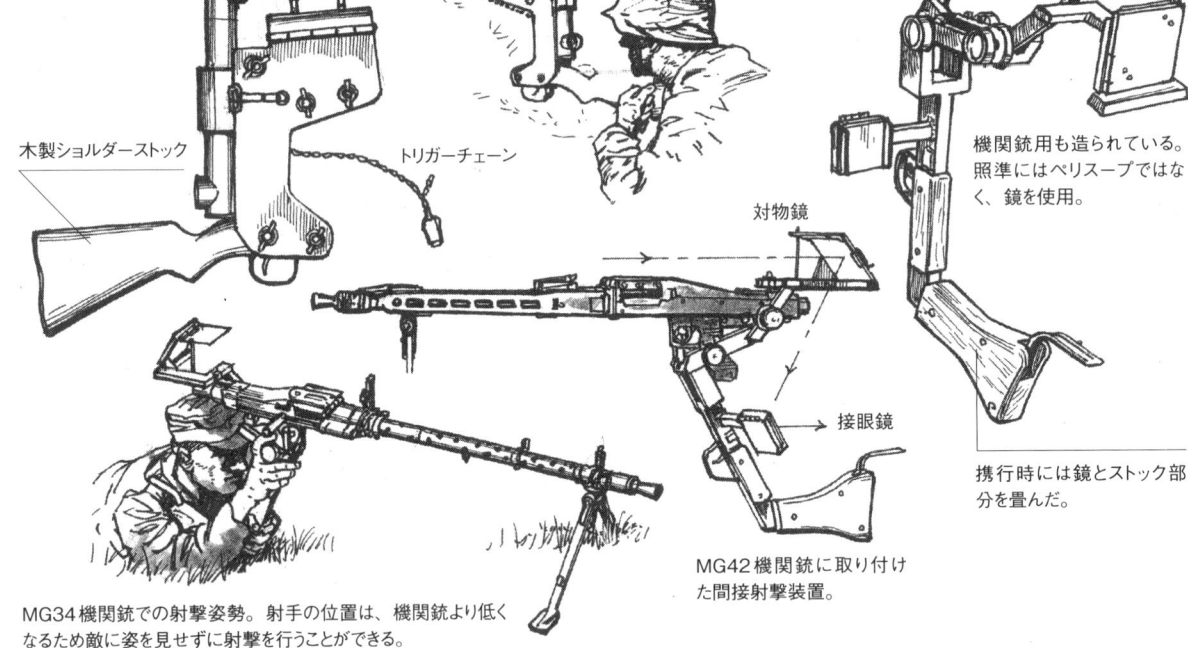

ペリスコープ

木製ショルダーストック

トリガーチェーン

対物鏡

接眼鏡

この部分を銃のトリガーにセットする。

機関銃用も造られている。照準にはペリスープではなく、鏡を使用。

携行時には鏡とストック部分を畳んだ。

MG42機関銃に取り付けた間接射撃装置。

MG34機関銃での射撃姿勢。射手の位置は、機関銃より低くなるため敵に姿を見せずに射撃を行うことができる。

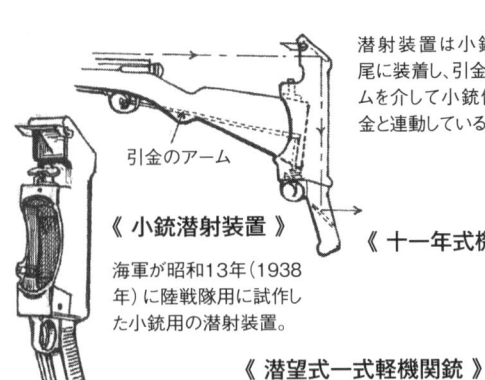

潜射装置は小銃の床尾に装着し、引金はアームを介して小銃側の引金と連動している。

引金のアーム

《 小銃潜射装置 》

海軍が昭和13年（1938年）に陸戦隊用に試作した小銃用の潜射装置。

《 十一年式機関銃の潜射装置 》

《 潜望式狙撃銃 》

陸軍が九七式狙撃銃を基に試作した狙撃銃。銃の左側に4倍率のペリスコープを搭載している。

銃床の天地を逆にして、ペリスコープを装着できるように改良した。

通常の銃床位置。

《 潜望式一式軽機関銃 》

昭和14年（1939年）に陸軍が試作した機関銃。試作された潜望式火器はいずれも採用されていない。

銃床にペリスコープ用のマウントが増設された。

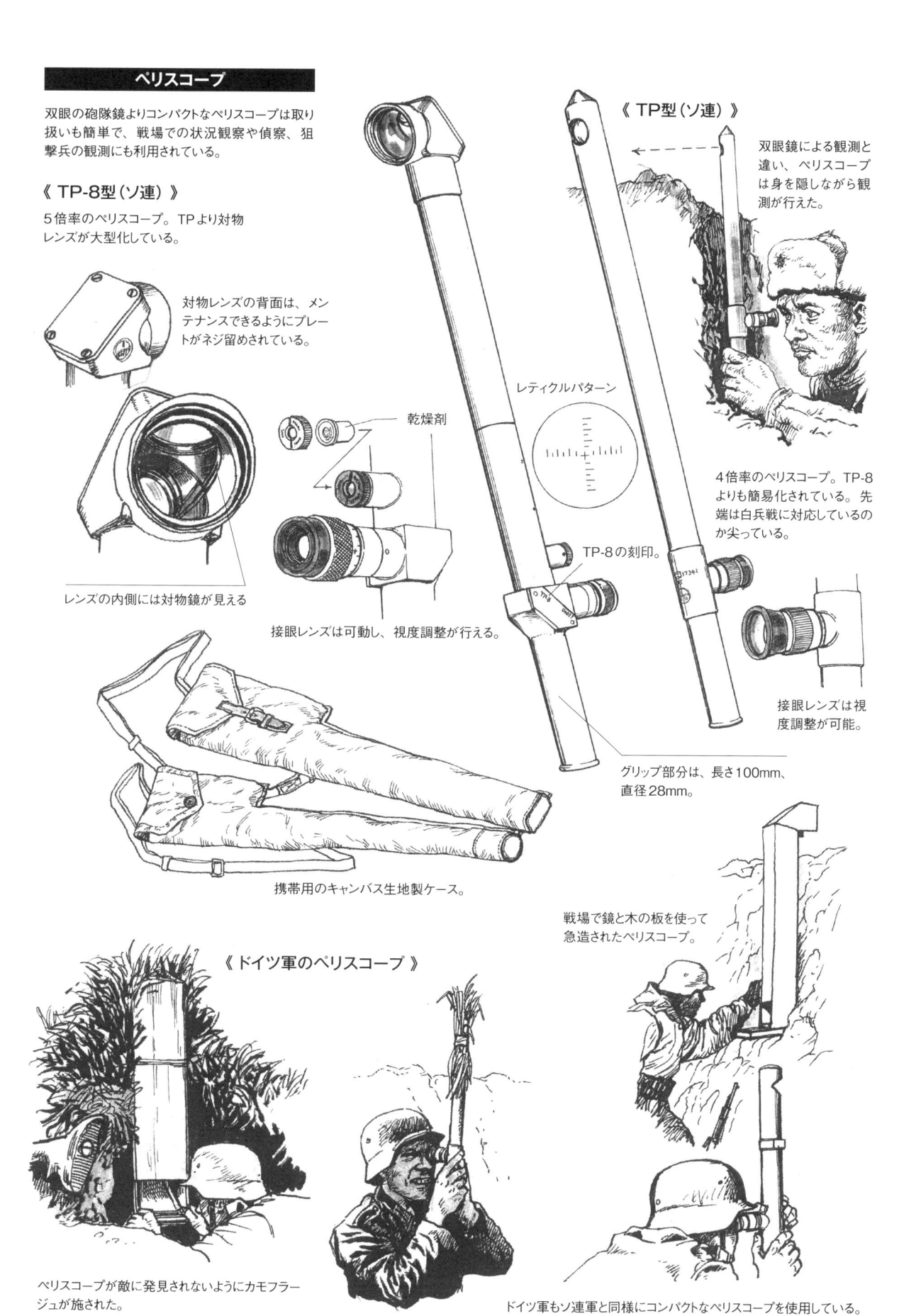

ペリスコープ

双眼の砲隊鏡よりコンパクトなペリスコープは取り扱いも簡単で、戦場での状況観察や偵察、狙撃兵の観測にも利用されている。

《 TP-8型（ソ連）》

5倍率のペリスコープ。TPより対物レンズが大型化している。

対物レンズの背面は、メンテナンスできるようにプレートがネジ留めされている。

乾燥剤

レンズの内側には対物鏡が見える

接眼レンズは可動し、視度調整が行える。

携帯用のキャンバス生地製ケース。

《 TP型（ソ連）》

双眼鏡による観測と違い、ペリスコープは身を隠しながら観測が行えた。

4倍率のペリスコープ。TP-8よりも簡易化されている。先端は白兵戦に対応しているのか尖っている。

接眼レンズは視度調整が可能。

レティクルパターン

TP-8の刻印。

グリップ部分は、長さ100mm、直径28mm。

《 ドイツ軍のペリスコープ 》

ペリスコープが敵に発見されないようにカモフラージュが施された。

戦場で鏡と木の板を使って急造されたペリスコープ。

ドイツ軍もソ連軍と同様にコンパクトなペリスコープを使用している。

ワイヤーカッター

歩兵突撃の際に障害物となる鉄条網。これを突破するために必要となるのがワイヤーカッターだ。各国の軍隊は、工兵だけでなく歩兵部隊の兵士にもワイヤーカッターを支給していた。

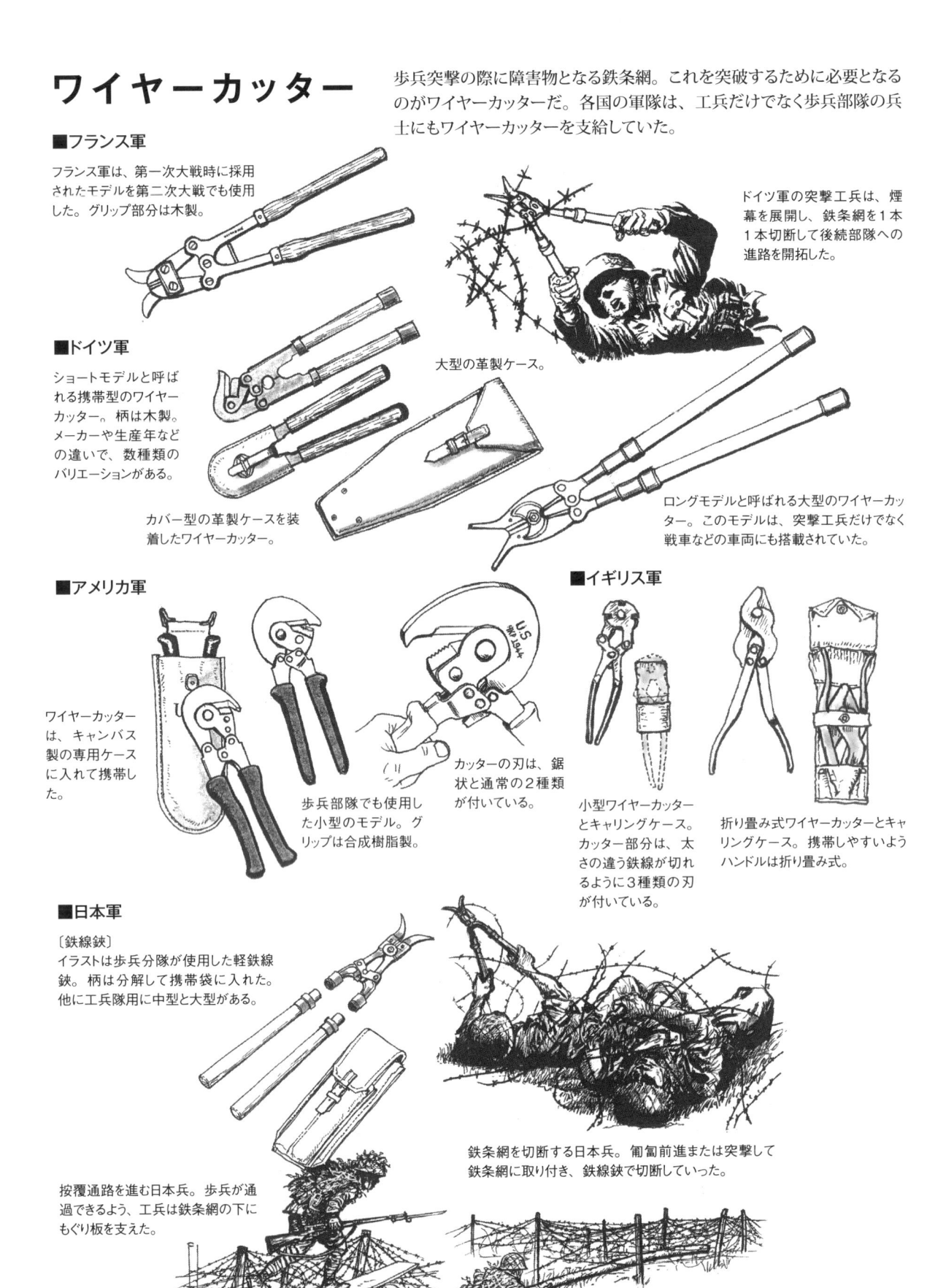

■フランス軍

フランス軍は、第一次大戦時に採用されたモデルを第二次大戦でも使用した。グリップ部分は木製。

ドイツ軍の突撃工兵は、煙幕を展開し、鉄条網を1本1本切断して後続部隊への進路を開拓した。

■ドイツ軍

ショートモデルと呼ばれる携帯型のワイヤーカッター。柄は木製。メーカーや生産年などの違いで、数種類のバリエーションがある。

大型の革製ケース。

カバー型の革製ケースを装着したワイヤーカッター。

ロングモデルと呼ばれる大型のワイヤーカッター。このモデルは、突撃工兵だけでなく戦車などの車両にも搭載されていた。

■アメリカ軍

ワイヤーカッターは、キャンバス製の専用ケースに入れて携帯した。

歩兵部隊でも使用した小型のモデル。グリップは合成樹脂製。

カッターの刃は、鋸状と通常の2種類が付いている。

■イギリス軍

小型ワイヤーカッターとキャリングケース。カッター部分は、太さの違う鉄線が切れるように3種類の刃が付いている。

折り畳み式ワイヤーカッターとキャリングケース。携帯しやすいようハンドルは折り畳み式。

■日本軍

〔鉄線鋏〕
イラストは歩兵分隊が使用した軽鉄線鋏。柄は分解して携帯袋に入れた。他に工兵隊用に中型と大型がある。

鉄条網を切断する日本兵。匍匐前進または突撃して鉄条網に取り付き、鉄線鋏で切断していった。

按覆通路を進む日本兵。歩兵が通過できるよう、工兵は鉄条網の下にもぐり板を支えた。

破壊筒を用いて支柱ごと有刺鉄線を爆破する方法は各国で行われた。

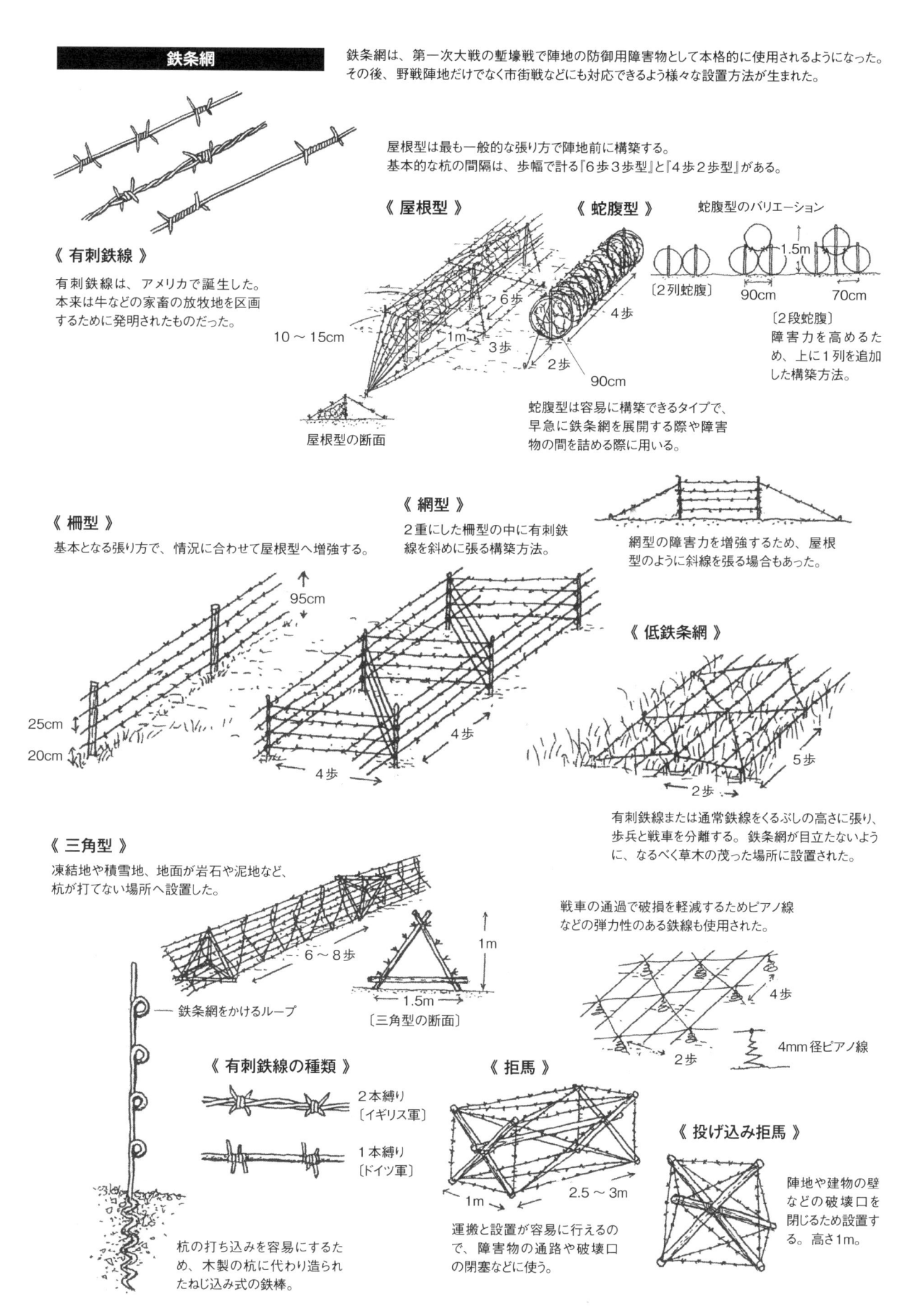

鉄条網

鉄条網は、第一次大戦の塹壕戦で陣地の防御用障害物として本格的に使用されるようになった。その後、野戦陣地だけでなく市街戦などにも対応できるよう様々な設置方法が生まれた。

屋根型は最も一般的な張り方で陣地前に構築する。
基本的な杭の間隔は、歩幅で計る『6歩3歩型』と『4歩2歩型』がある。

《 有刺鉄線 》

有刺鉄線は、アメリカで誕生した。本来は牛などの家畜の放牧地を区画するために発明されたものだった。

《 屋根型 》

10〜15cm
1m
6歩
3歩
2歩
90cm

屋根型の断面

《 蛇腹型 》

4歩

蛇腹型は容易に構築できるタイプで、早急に鉄条網を展開する際や障害物の間を詰める際に用いる。

蛇腹型のバリエーション

1.5m
〔2列蛇腹〕
90cm　70cm

〔2段蛇腹〕
障害力を高めるため、上に1列を追加した構築方法。

《 柵型 》

基本となる張り方で、情況に合わせて屋根型へ増強する。

95cm
25cm
20cm
4歩

《 網型 》

2重にした柵型の中に有刺鉄線を斜めに張る構築方法。

4歩

網型の障害力を増強するため、屋根型のように斜線を張る場合もあった。

《 低鉄条網 》

5歩
2歩

有刺鉄線または通常鉄線をくるぶしの高さに張り、歩兵と戦車を分離する。鉄条網が目立たないように、なるべく草木の茂った場所に設置された。

《 三角型 》

凍結地や積雪地、地面が岩石や泥地など、杭が打てない場所へ設置した。

6〜8歩
1m
1.5m
〔三角型の断面〕

鉄条網をかけるループ

戦車の通過で破損を軽減するためピアノ線などの弾力性のある鉄線も使用された。

4歩
2歩
4mm径ピアノ線

《 有刺鉄線の種類 》

2本縛り
〔イギリス軍〕

1本縛り
〔ドイツ軍〕

杭の打ち込みを容易にするため、木製の杭に代わり造られたねじ込み式の鉄棒。

《 拒馬 》

1m
2.5〜3m

運搬と設置が容易に行えるので、障害物の通路や破壊口の閉塞などに使う。

《 投げ込み拒馬 》

陣地や建物の壁などの破壊口を閉じるため設置する。高さ1m。

スコープのレティクルパターン

スコープを覗くと見えるレティクル。他に照準線やヘアラインなどとも呼ばれる。このレティクルは目標を狙うだけでなく、目標までの距離の測定や着弾位置の修正などに必要であり、そのデザインによってスコープ機能の優劣が分かれることもある。

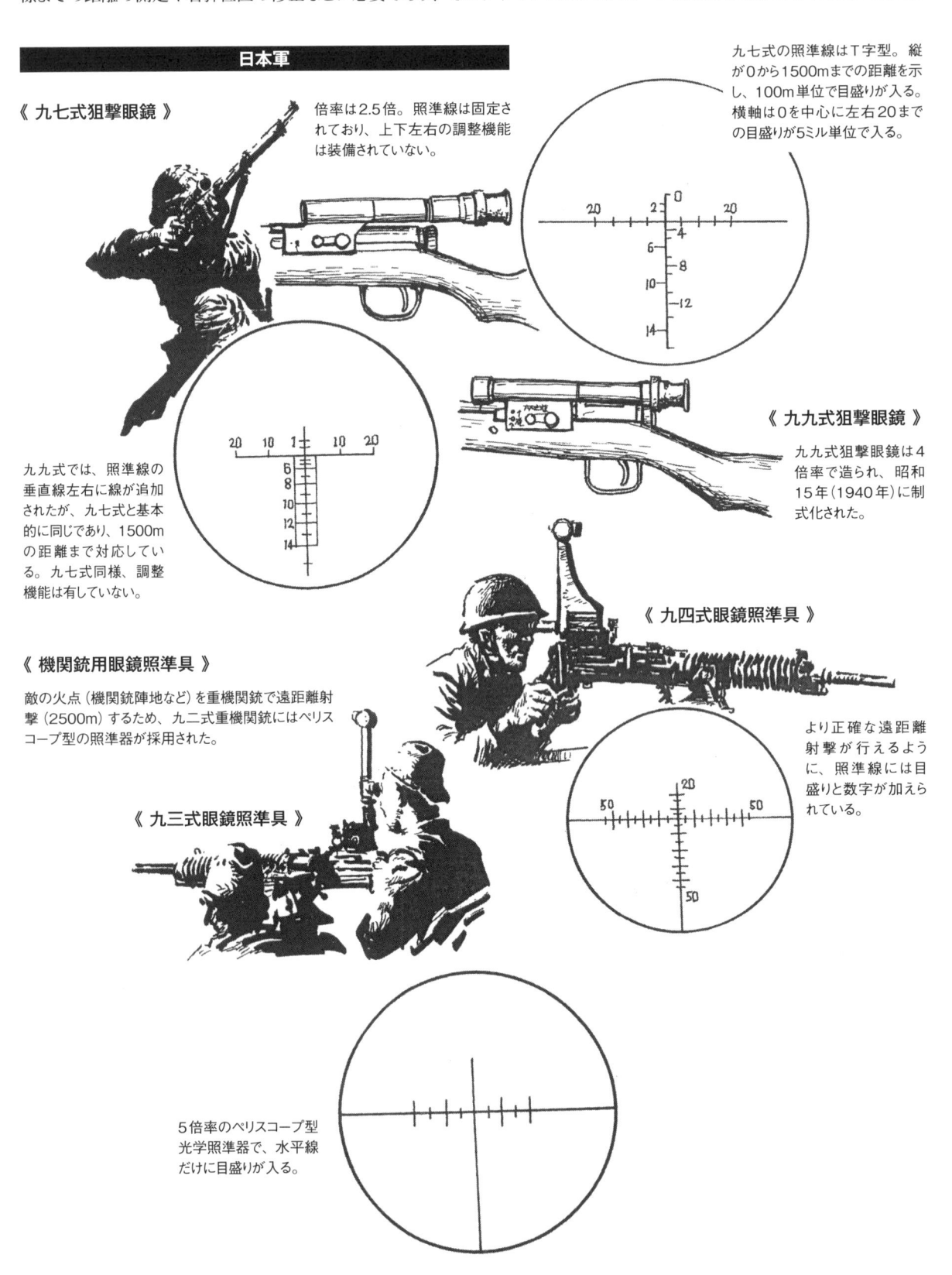

日本軍

《 九七式狙撃眼鏡 》

倍率は2.5倍。照準線は固定されており、上下左右の調整機能は装備されていない。

九七式の照準線はT字型。縦が0から1500mまでの距離を示し、100m単位で目盛りが入る。横軸は0を中心に左右20までの目盛りが5ミル単位で入る。

《 九九式狙撃眼鏡 》

九九式狙撃眼鏡は4倍率で造られ、昭和15年（1940年）に制式化された。

九九式では、照準線の垂直線左右に線が追加されたが、九七式と基本的に同じであり、1500mの距離まで対応している。九七式同様、調整機能は有していない。

《 機関銃用眼鏡照準具 》

敵の火点（機関銃陣地など）を重機関銃で遠距離射撃（2500m）するため、九二式重機関銃にはペリスコープ型の照準器が採用された。

《 九四式眼鏡照準具 》

より正確な遠距離射撃が行えるように、照準線には目盛りと数字が加えられている。

《 九三式眼鏡照準具 》

5倍率のペリスコープ型光学照準器で、水平線だけに目盛りが入る。

ドイツ軍

ドイツ軍が使用したスコープ、ZFシリーズの標準的なレティクル。水平垂直線の太さが同じ。

狙撃を重視したドイツ軍が使用したスコープは、戦前から戦時中に採用した数種類のモデルを使用しているが、レティクルのパターーンはT型がメインであった。

大戦後半に採用されたZF4スコープは、当初Gew43セミオートマチックライフル用だった。その後、ドイツ軍はスコープの標準化を行い、FG42やStG44などでも使用されている。

〔レティクルのバリエーション〕

水平線が細い。

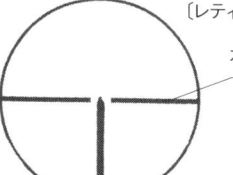

垂直線先端の角度が鋭くない。

距離500m（肩幅5人分）

距離400m（4人またはオートバイ1台）

距離300m（3人）

距離200m（2人またはオートバイ半分）

距離100m（1人）

ソ連軍

モシンナガンM1891/30に搭載されたPUスコープ。倍率は3.5倍。

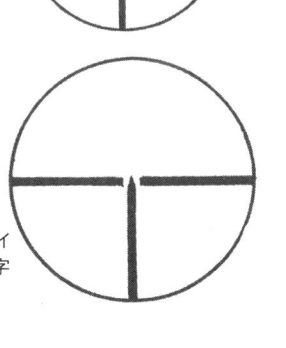

レティクルはドイツ軍と同じT字型をしている。

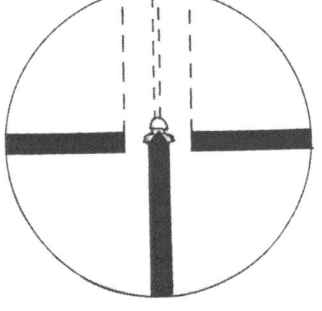

ドイツ軍のレティクルには目盛りはないが、敵兵士の肩幅を基準にして距離を測定することができた。

アメリカ軍

M1903A4スナイパーライフル用に採用されたM73B1。倍率は2.5倍。

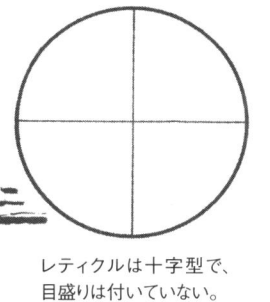

レティクルは十字型で、目盛りは付いていない。

M82のレティクルは、垂直線1本。

1944年6月にM1ライフル用のスコープとして採用されたM82スコープ。

M84スコープは、M82を改良して1945年4月に採用された。

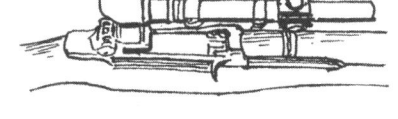

M84のレティクル。M82で不評だったレティクルを改良してT型になった。しかし、倍率はM82と同じ2.5倍と他国より低いままであった。

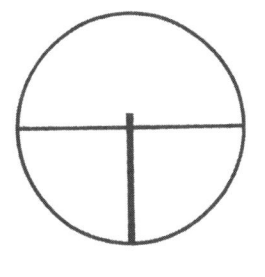

給弾ベルト装填器

ベルト給弾式機関銃の弾薬は、基本的に給弾ベルトに弾薬が装填された状態で支給される。しかし、前線では弾薬と給弾ベルトが別に支給されることや一度使用した給弾ベルトに弾薬を再装填する場合もあった。そうした装填作業に用いたのが装填器である。

ドイツ軍の給弾ベルト装填器

《 グルトフュレアー41 》

アメリカ軍やイギリス軍と違い、ドイツ軍は弾薬を給弾ベルトに装填せずに支給していた。そのため、部隊ごとに装填器を用いて弾薬を給弾ベルトに装填した。

装填器はプレス加工のパーツで造られている。

トレイの後ろにある大型のレバーを押して弾薬をベルトに装填する。

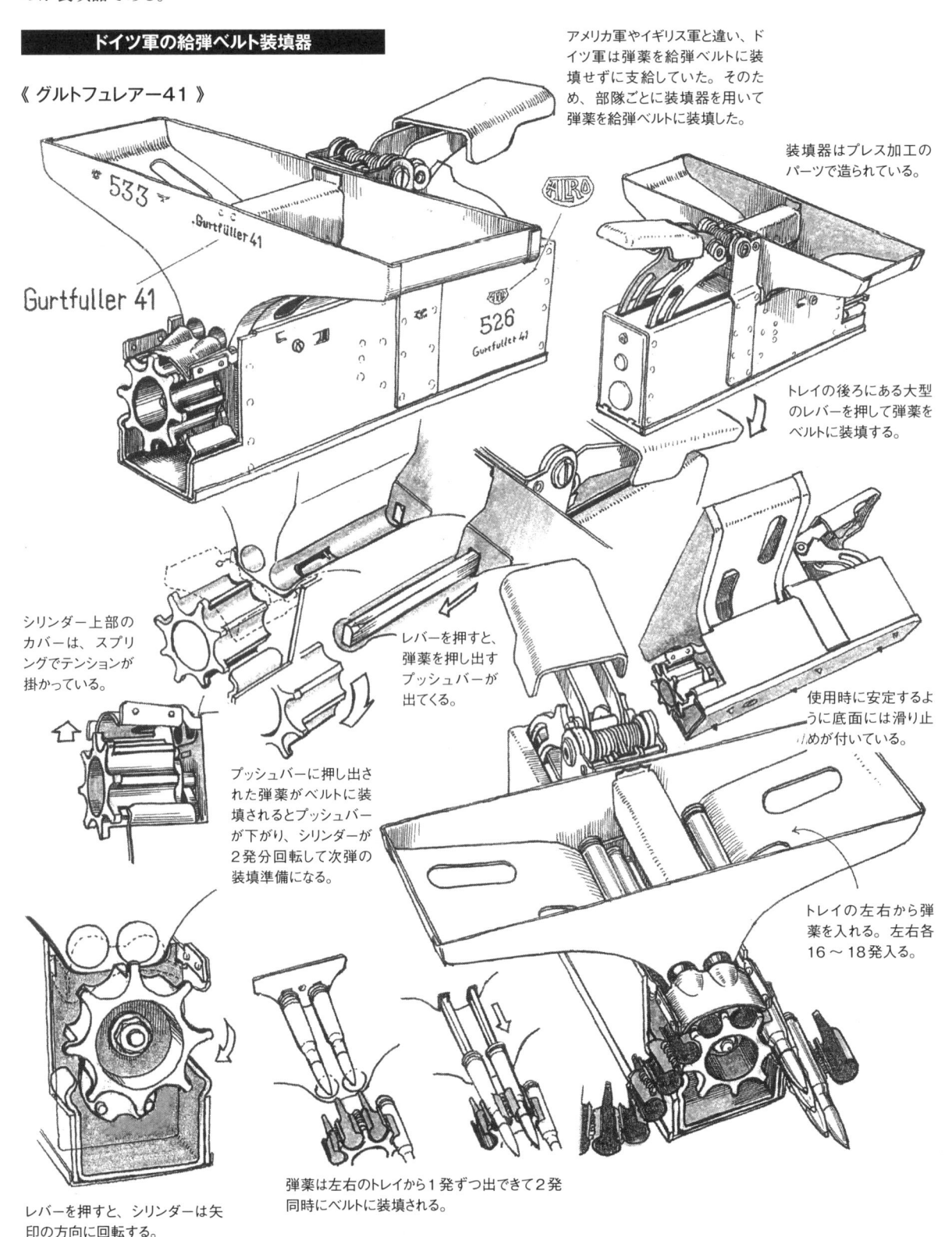

シリンダー上部のカバーは、スプリングでテンションが掛かっている。

レバーを押すと、弾薬を押し出すプッシュバーが出てくる。

プッシュバーに押し出された弾薬がベルトに装填されるとプッシュバーが下がり、シリンダーが2発分回転して次弾の装填準備になる。

使用時に安定するように底面には滑り止めが付いている。

トレイの左右から弾薬を入れる。左右各16〜18発入る。

レバーを押すと、シリンダーは矢印の方向に回転する。

弾薬は左右のトレイから1発ずつ出てきて2発同時にベルトに装填される。

《 グルトフュレアー34 》

1934年にドイツ軍が採用した装填器。グルトフュレアー41より大型で使用の際は、テーブルなどに固定した。

MG34とMG42で使用した給弾ベルトは金属製の非分離型で1本50発が装填できる。給弾ベルトを延長したい場合は、各ベルトの両端に弾薬を入れて連結する。

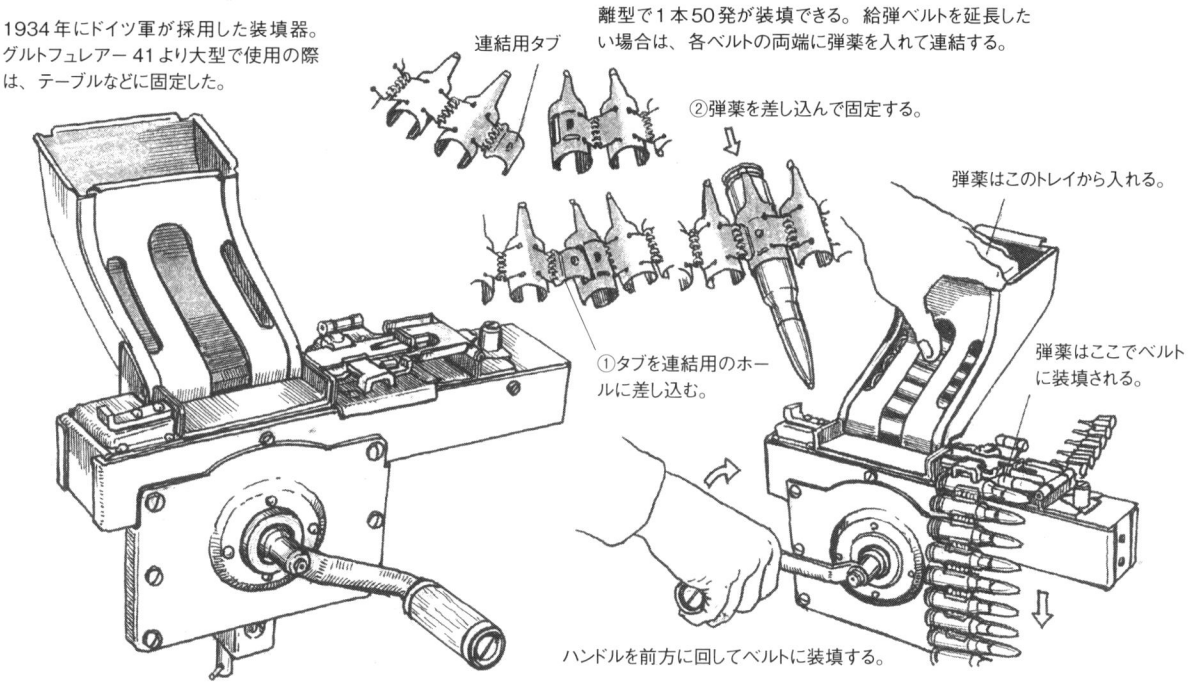

連結用タブ

②弾薬を差し込んで固定する。

弾薬はこのトレイから入れる。

①タブを連結用のホールに差し込む。

弾薬はここでベルトに装填される。

ハンドルを前方に回してベルトに装填する。

アメリカ軍

《 ブラウニング・ベルトフィリングマシーンCAL .30 シャトルタイプ 》

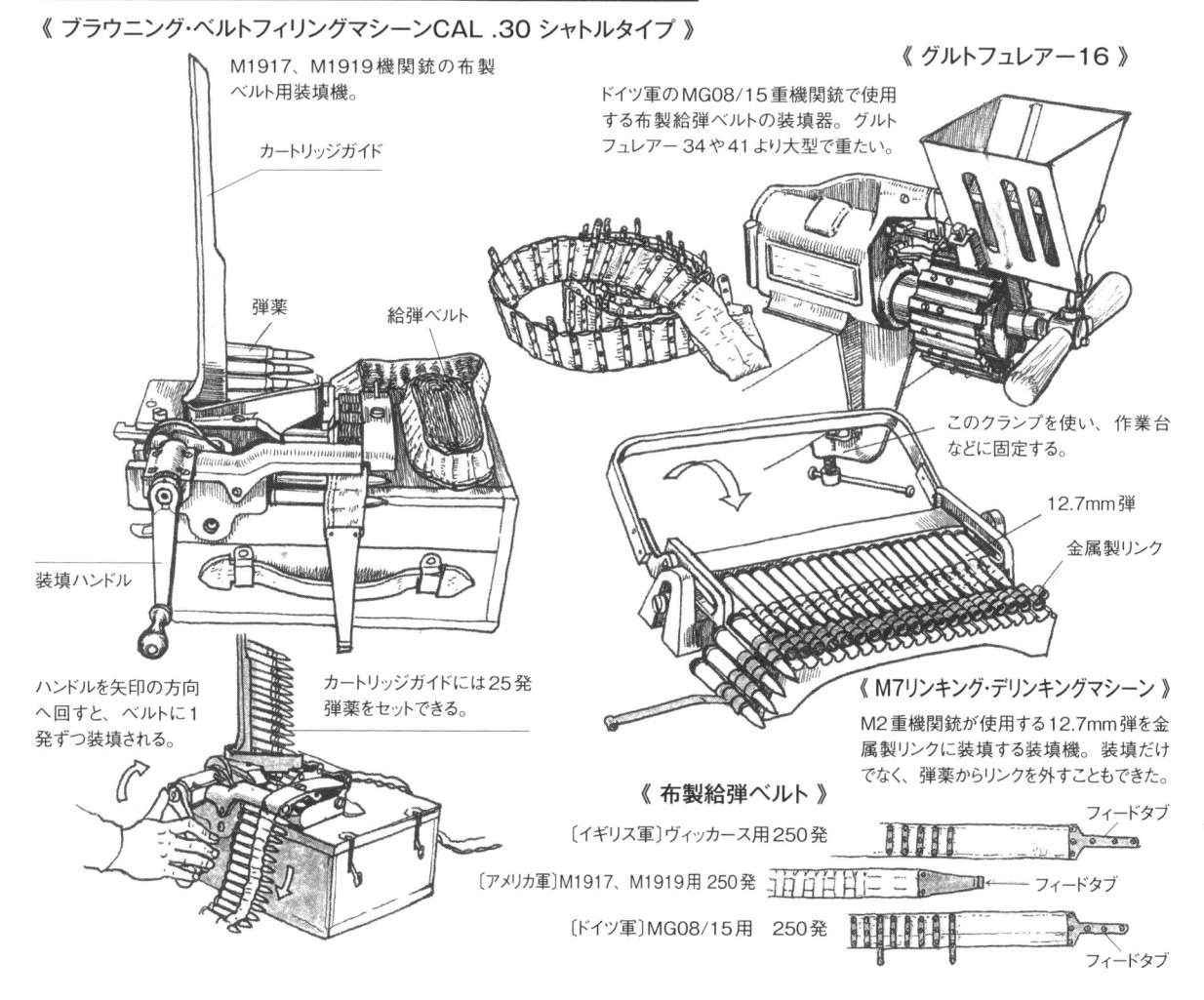

M1917、M1919機関銃の布製ベルト用装填機。

カートリッジガイド

弾薬

給弾ベルト

装填ハンドル

ハンドルを矢印の方向へ回すと、ベルトに1発ずつ装填される。

カートリッジガイドには25発弾薬をセットできる。

《 グルトフュレアー16 》

ドイツ軍のMG08/15重機関銃で使用する布製給弾ベルトの装填器。グルトフュレアー34や41より大型で重たい。

このクランプを使い、作業台などに固定する。

12.7mm弾

金属製リンク

《 M7リンキング・デリンキングマシーン 》

M2重機関銃が使用する12.7mm弾を金属製リンクに装填する装填機。装填だけでなく、弾薬からリンクを外すこともできた。

《 布製給弾ベルト 》

〔イギリス軍〕ヴィッカース用250発 ── フィードタブ

〔アメリカ軍〕M1917、M1919用250発 ── フィードタブ

〔ドイツ軍〕MG08/15用 250発 ── フィードタブ

【図解】第二次大戦 各国小火器

■作画　上田 信
■解説　沼田和人

編集　　塩飽昌嗣
デザイン　今西スグル
　　　　　矢内大樹
　　　　　〔株式会社リパブリック〕

2018 年 11 月 15 日　初版発行
2022 年 8 月 2 日　3 刷発行
発行者　　福本皇祐
発行所　　株式会社 新紀元社
〒 101-0054 東京都千代田区神田錦町 1-7
錦町一丁目ビル 2F
Tel 03-3219-0921　FAX 03-3219-0922
smf@shinkigensha.co.jp
http://www.shinkigensha.co.jp/
郵便振替　00110-4-27618
印刷・製本　中央精版印刷株式会社

ISBN978-4-7753-1654-2
定価はカバーに表記してあります。